建筑装饰专业系列教材

装饰工程造价 （第4版）

卜龙章　周　欣　黄才森　唐云坤　编著

东南大学出版社
SOUTHEAST UNIVERSITY PRESS

南京·2017

内容提要

本书是在第 3 版基础上修订而成,修订时以《建设工程工程量清单计价规范》(GB50500—2013)、《房屋建筑与装饰工程工程量计算规范》(GB50854—2013)、《江苏省建筑与装饰工程计价定额》(2014 年)及《江苏省建设工程费用定额》(2014 年)为主要依据。全书系统地介绍了两种不同计价模式下装饰造价的确定方法,分上、下篇。上篇为传统定额计价模式,主要介绍装饰工程预算定额的性质、作用、编制原理及装饰工程施工图预算编制原理、编制方法、编制程序及装饰概(预)算费用的组成,重点介绍了江苏省装饰工程计价定额的应用;下篇为工程量清单计价模式,主要介绍了装饰工程清单计价规范、计算规范及其具体应用。同时对清单计价模式下装饰工程的招投标等内容也作了简单的介绍。为了适应教学和实际运用,书中不仅详细讲述了装饰工程工程量的计算规则及计价要点外,还列举了大量例题、复习思考题和完整的装饰工程造价编制实例。

本书作为装饰专业系列教材之一,也可作为装饰企业造价人员或各部门基建管理人员的培训教材或参考用书。

图书在版编目(CIP)数据

装饰工程造价 / 卜龙章等编著. —4 版.—南京:东南大学出版社,2017.4(2023.1 重印)

建筑装饰专业系列教材

ISBN 978 - 7 - 5641 - 7095 - 0

Ⅰ. ①装… Ⅱ. ①卜… Ⅲ. ①建筑装饰-工程造价-高等学校-教材 Ⅳ. ①TU723.3

中国版本图书馆 CIP 数据核字(2017)第 051945 号

书　　　名:装饰工程造价(第 4 版)
编 著 者 者:卜龙章　周　欣　黄才森　唐云坤
责任编辑:徐步政　孙惠玉　　　　　邮箱:894456253@qq.com
出版发行:东南大学出版社　　　　　社址:南京市四牌楼 2 号(210096)
网　　　址:http://www.seupress.com
出 版 人:江建中
印　　　刷:兴化印刷有限责任公司　　排版:南京新洲制版有限公司
开　　本:787mm×1092mm　1/16　印张:23.5　字数:617 千
版 印 次:2017 年 4 月第 4 版　2023 年 1 月第 5 次印刷
书　　　号:ISBN 978 - 7 - 5641 - 7095 - 0　定价:79.00 元
经　　　销:全国各地新华书店　　　　发行热线:025 - 83790519　83791830

第 4 版前言

随着我国建设工程工程量清单计价方法的推行和建筑装饰业的迅速发展,装饰工程造价计价方法已发生了根本性的变化,实行在工程招投标活动中,由招标人按照国家统一的工程量计算规则提供工程量清单,由投标人自主报价,实行经评审低价中标的工程造价计价模式。由于装饰工程工艺、材料复杂多样,新的计价方法又将装饰工程造价全面推向了市场,对装饰工程造价产生了很大的影响。如何进一步规范、准确地确定建筑装饰工程造价,实行装饰工程工程清单计价,在市场竞争激烈的今天,显得尤为重要,它直接影响着建筑装饰企业的经济效益和社会效益。为了适应市场经济发展的客观要求,尤其是 2013 版计价规范和计算规范、2014 版江苏计价定额的颁布实施,我们适时地对原《装饰工程造价》进行了再次修订,完善了工程量清单及计价的相关内容,以期望读者能更快更好地掌握这一新的计价理论和方法。

本书在编写过程中,力求将基础理论和实际应用相结合。对传统定额计价模式部分,本书系统地讲述了装饰工程施工定额、预算定额和概算定额的基本理论;装饰工程概(预)算费用的组成和装饰工程施工图预算的编制方法及编制程序。并以《江苏省建筑与装饰工程计价定额》(2014 年)为例,较为详细地介绍了装饰工程量的计算规则及其具体应用要点,其中,列举了较多的典型例题和复习思考题,以帮助读者熟悉和应用计价定额。

工程量清单计价部分系统地讲述了装饰工程清单计价方法、江苏省装饰工程计价表的基本理论、装饰工程清单费用组成并对清单计价方法下装饰工程的招投标等内容也作了简单的介绍。为了适应教学和实际应用的需要,本书以 2013 版计价规范和计算规范、江苏计价定额《江苏省建筑与装饰工程计价定额》(2014 年)为例,详细介绍了装饰工程量的计算规则和投标报价的应用要点,其中,列举了大量的典型例题,以帮助读者熟悉和应用《计价规范》和《江苏省建筑与装饰工程计价表》。

本书概论、上篇第一、四章和下篇第三、五章由扬州大学建筑科学与工程学院卜龙章及扬州市建筑安全监察站周欣编写。上篇第二、三、五章和下篇的第一、二、四章及附录由远洋地产镇江有限公司黄才淼及江苏省装饰幕墙工程有限公司唐云坤编写。另外,本书在编写过程中,参考了国家和江苏省颁发的有关清单计价方法和装饰工程预算编制的资料,并得到了同行和扬州市建设工程定额站有关专家的大力支持,在此一并致谢!

由于编写时间仓促和水平有限,书中难免存在缺点和错误,恳请读者批评指正,以便再版时修改完善。

编者

2017 年 1 月

目录

上篇　装饰工程定额计价模式

下篇　装饰工程工程量清单计价模式

概论

第一节　基本建设概述

一、基本建设的定义

基本建设是人们用各种施工机具对各种建筑材料、机械设备等进行建造和安装,使之成为固定资产的过程,包括生产性和非生产性固定资产的更新、改建、扩建和新建。与此相关的工作,如征用土地、勘察设计、筹建机构、培训生产职工等也属于基本建设的内容。

二、基本建设项目的划分

基本建设工程项目是一个有机的整体,为了有利于建设项目的科学管理和经济核算,基本建设工程将工程项目由大到小划分为:建设项目、单项工程、单位工程、分部工程、分项工程。

1. 建设项目

它是指按一个总体设计或初步设计进行施工的一个或几个单项工程的总体。建设项目在行政上具有独立的组织形式,经济上实行独立核算,并编有计划任务书和总体设计。如兴建一个工厂、一所学校都可称为一个建设项目。一个建设项目可有几个单项工程,也可能只有一个单项工程。

2. 单项工程

单项工程也称工程项目。是指具有独立的设计文件,竣工后可以独立发挥生产设计能力或效益的工程。单项工程是具有独立存在意义的一个完整工程,也是一个复杂的综合体,它由若干个单位工程组成。生产性建设项目的单项工程,一般是指能独立生产的车间,它包括厂房建设,设备的安装,以及设备、工具、器具、仪器的购置等;非生产性建设项目的单项工程,如一所学校的教学楼、办公楼、图书馆、学生宿舍以及食堂等。

3. 单位工程

单位工程是指不能独立发挥生产能力或效益但具有独立设计的施工图,可以独立组织施工的工程。如土建工程、设备安装工程、工业管道工程、电气照明工程等。所以,一个单项工程可划分为若干个单位工程。如某车间是一个单项工程,则车间的厂房建筑是一个单位工程,车间设备安装又为另一个单位工程。

4. 分部工程

它是单位工程的组成部分。在一般土建工程中,单位工程可按照结构的主要部位划分,如房屋建筑工程可划分为基础工程、墙体工程、楼地面工程、屋面工程等;也可按工种划分,如土方工程、混凝土及钢筋混凝土工程、木结构工程、金属结构工程、砖石结构工程等。又如建筑装饰工程可按照装饰的部位和性质划分为楼地面工程、墙柱面工程、天棚工程、门窗工程、油漆和涂料工程以及其他零星工程等。

5. 分项工程

它是建筑安装工程的基本构成因素,通过较为简单的施工过程就能完成,且可以用适当的计量单位加以计算的建筑安装工程产品。如装饰工程中的天棚分部工程,按不同的材质和规格分为砂浆面层、天棚骨架、天棚面层及饰面等分项工程。

三、基本建设的内容

基本建设一般包括以下 5 个部分的内容:建筑工程、设备安装工程、设备购置、工具器具及生产家具购置,以及其他基本建设工作。

1. 建筑工程

包括各种厂房、仓库、住宅、商店等建筑物(包括装饰装潢工程)和矿井、铁路、公路、码头、电视塔等构筑物的建筑工程;各种管道、电力和电信导线的敷设工程;设备基础、各种工业炉砌筑、金属结构等工程;水利工程和其他特殊工程等。

2. 设备安装工程

包括动力、电信、起重、运输、医疗、实验等设备的安装工程;与设备配套的工作台、梯子等的装设工程;附属于被安装设备的管线敷设工程;被安装设备的绝缘、保温和油漆的工程;安装设备的测试和进行无负荷试车等。

3. 设备购置

包括一切需要安装和不需要安装设备的购置。

4. 工具、器具及生产家具的购置

包括车间、实验室等所应配备的,符合固定资产条件的各种工具、器具、仪器及生产家具的购置。

5. 其他基本建设工作

包括上述内容以外的如征用土地、建设场地、原有建筑物的拆迁赔偿、青苗补偿、建设单位日常管理、生产职工培训等。

基本建筑投资也按上述内容相应地分为:建筑工程费(包括装饰工程费)、设备安装工程费、设备购置费、工具器具及生产家具购置费、其他基本建设费五部分。

第二节　建筑装饰工程概述

一、建筑装饰工程的内容及作用

建筑装饰工程是建筑工程的重要组成部分。建筑装饰工程分为内装饰和外装饰两大部分。内装饰主要起着保护主体结构、防潮、防渗、保温、隔热和隔声的作用,以改善居住条件和生活环境。同时内装饰的效果还直接影响着人们的生活和意识。如典雅舒适的居住环境能使人心情舒畅,学习、工作、休息得更好。外装饰主要起着保护建筑物的作用,使建筑物不直接受风、雨、雪及大气的侵蚀,提高建筑物的耐久性,并能起到保温、隔热、隔声及防潮等作用,使房屋冬暖夏凉、减少噪音和潮湿等。随着生活条件的不断改善和文化水平的不断提高,人们愈来愈注重室内外环境气氛与造型艺术,这将使建筑装饰沿着美观、适用而又经济的方向不断发展。

外装饰包括:散水、台阶、勒脚、外墙面、柱面、雨篷、阳台、腰线(各种装饰线条)、檐口、外墙门窗、屋面及其他外墙装饰(招牌、霓虹灯、美术字等)。

内装饰包括:天棚、楼地面、墙面、墙裙、柱面、踢脚线、楼梯及栏杆、室内门窗、阴阳角线、门窗套、窗帘及窗帘盒、室内设施(给排水卫生设备、电器与照明设备、空调设备等)。

二、建筑装饰等级与标准

1. 建筑等级

房屋建筑等级,通常按建筑物的使用性质和耐久性等划分为一级、二级、三级和四级,如表0.1所示。

表 0.1 建筑等级

建筑等级	建筑物性质	耐久性
一级	有代表性、纪念性、历史性建筑物,如国家大会堂、博物馆、纪念馆建筑	100年以上
二级	重要公共建筑物:如国宾馆、国际航空港、城市火车站、大型体育馆、大剧院、图书馆建筑	50年以上
三级	较重要的公共建筑和高级住宅,如外交公寓、高级住宅、高级商业服务建筑、医疗建筑、高等院校建筑	40—50年
四级	普通建筑物,如居住建筑,交通、文化建筑等	15—40年

2. 建筑装饰等级

一般来讲,建筑物的等级愈高,装饰标准也愈高。故根据房屋的使用性质和耐久性要求确定的建筑等级,应作为确定建筑装饰标准的参考依据。所以建筑装饰等级的划分是按照建筑等级并结合我国国情,按不同类型的建筑物来确定的,如表0.2所示。

表 0.2 建筑装饰等级

建筑装饰等级	建筑物类型
一级	大型博览建筑,大型剧院,纪念性建筑,大型邮电、交通建筑,大型贸易建筑,大型体育馆,高级宾馆、别墅,一级行政机关办公楼
二级	广播通讯建筑,医疗建筑,商业建筑,普通博览建筑,邮电、交通、体育建筑,旅馆建筑,高教建筑,科研建筑,普通观演建筑,局级以上行政办公楼,中级居住建筑
三级	普通居住建筑,生活服务性建筑,普通行政办公楼,中、小学和托幼建筑

3. 建筑装饰标准

根据不同建筑装饰等级的建筑物的各个部位,使用的材料和做法,按照不同类型的建筑来区分装饰标准。

建筑装饰等级为一级的建筑物的门厅、走道、楼梯以及房间的内、外装饰标准,如表0.3所示。

表 0.3　一级建筑的内、外装饰标准

装饰部位	内装饰及材料	外装饰及材料
墙　面	大理石,各种面砖,塑料墙纸(布),织物墙面,木墙裙,喷涂高级涂料	天然石材(花岗岩),饰面砖,金属板,装饰混凝土,高级涂料,玻璃幕墙
楼地面	彩色水磨石,大理石,木地板,各种塑料地板,软木橡胶地板,地毯	
天　棚	金属装饰板,塑料装饰板,装饰吸音板,塑料墙纸(布),金属墙纸,玻璃顶棚,喷涂高级涂料	雨棚底部、悬挑部分的挑板下参照室内天棚装饰
门　窗	铝合金门窗,一级木材门窗,高级五金配件,窗帘盒,窗台板,喷涂高级油漆	各种铝合金门窗,钢窗,遮阳板,卷帘门窗,电子感应门
设　施	各种花饰,灯具,空调,防火设备,自动扶梯,高档卫生洁具	

建筑装饰等级为二级的建筑物的门厅、走道、楼梯以及房间的内、外装饰标准,如表0.4所示。

表 0.4　二级建筑的内、外装饰标准

装饰部位		内装饰及材料	外装饰及材料
墙　面		装饰抹灰,内墙涂料,有窗帘盒	各种面砖,外墙涂料,局部石材
楼地面		水磨石,大理石,地毯,各种塑料地板,碎拼大理石地面	
天　棚		胶合板,钙塑板,吸音板,各种涂料	外廊,雨篷底部,参照天棚内装饰
门　窗		窗帘盒	普通钢,木门窗,主入口铝合金门
卫生间	墙面	水泥砂浆,瓷砖内墙裙	
	地面	水磨石,马赛克	
	天棚	混合砂浆,纸筋灰浆,涂料	
	门窗	普通钢木门窗	

建筑装饰等级为三级的建筑物,内墙面用混合砂浆、纸筋灰浆、内墙涂料,局部油漆墙裙,柱子不做特殊装饰;外墙面局部贴面砖,大部分用水刷石、干粘石、外墙涂料,禁用大理石、外墙装饰板。楼地面局部为水磨石,大部分为水泥砂浆地面。除幼儿园、文体用房外,一般不用木地板、花岗石板、铝合金门窗,不贴墙纸等。

第三节　装饰工程定额与预算概述

一、我国的建设预算制度

新中国成立以来,国家建设经济管理部门先后颁发了《建筑工程统一预算定额》《建筑安装工程统一劳动定额》《全国统一安装工程预算定额》《园林工程预算定额》《建筑安装工程费用项目划分》等一系列具有法规性质的指导性文件(有些定额还经过多次修订),另外,各省、市、自治区还相继编制了适合本地区的各种预算定额或单位估价表及相应的取费标准,所有这些,都标志着我国的工程建设预算制度日趋完善。

建设工程定额是工程预算的基础。所谓建设工程定额是指在建设工程中规定单位合格产品消耗的人工、材料、机械、水电资源、资金及工期的数量标准。建设工程定额涉及一般土建工程、水电安装工程等不同专业,也包括了传统施工工艺中房屋工程的普通内外装饰,但这些装饰内容已不能适应不断涌现的新材料、新工艺的要求,因此,必须单独编制装饰工程预算定额。

二、装饰工程定额

为了解决建筑装饰企业消耗无定额、收费无标准的问题,自1987年以来,各地先后颁发了各种装饰预算管理办法、装饰工程估价指标、装饰工程预算定额、装饰工程价格表,如各地以建设部颁发的《全国统一建筑装饰工程预算定额》《全国统一建筑工程基础定额》(GJD—101—95)为基础,制定了相应的装饰工程造价管理办法或地区定额。江苏省建委在《全国统一建筑装饰工程预算定额》及《全国统一建筑工程基础定额》(GJD—101—95)(装饰工程部分)的基础上,江苏省首次于1998年颁发了《江苏省建筑装饰工程预算定额》及《江苏省建筑装饰工程费用定额》。在实行工程清单计价之前,此两种定额是编制江苏省装饰工程预决算、标底、投标报价的主要依据。

装饰工程预算定额,是建筑工程预算定额的一个组成部分,它和其他工程概预算定额一样,在市场经济条件下都具有工程技术经济法规的性质。

1. 装饰定额存在的必要性

装饰工程定额存在的必要性主要表现在以下两个方面:

(1)装饰工程计价的客观要求。装饰工程与一般房屋建筑一样,存在着产品的单一性、固定性及产品生产的流动性和最终产品千差万别等技术经济特点,特别是中高档装饰工程和家庭装饰,正由"实用型"向"豪华型"方向发展,其用工用料及施工方法已远远超出了现行建筑安装定额的项目内容,因此,装饰工程定额及配套的计价标准是市场经济条件下定额管理对装饰工程计价的客观要求。

(2)规范装饰市场管理的客观需要。装饰工程的要求愈来愈高,新材料、新工艺层出不穷,但不少中小型施工企业人员素质较差,无照或挂靠经营、漫天要价的不规范行为屡见不鲜。一些装饰工程因不申报而无法审批,送审报批的报价也是五花八门,结果给预算的审查审定、投资管理和造价控制带来难度。为此,迫切需要以装饰工程预算定额、各类取费标准和有关政策法规为手段,指导和规范市场行为。

2. 装饰工程定额的特点

(1)装饰定额的科学性。装饰定额中各种参数是在遵循客观规律的条件下,以实事求是的态度,运用科学的方法确定的。装饰定额的制定,借鉴了各类工程定额的经验,特别是注意了市场经济条件下价值规律的作用,以现阶段装饰工程施工的劳动生产率为前提,广泛收集技术测定资料,进行科学分析,对各种动态因素进行研究、论证。

(2)装饰工程定额的法令性。装饰工程定额具有技术法规的性质,任何单位或者个人只要在规定的执行范围内都必须贯彻执行。擅自修改定额指标或高估冒算者,必须承担一定的法律责任。

法令性限制的目的是引导装饰市场计价,保证装饰工程质量和安全,同时允许买方货比三家,也允许卖方在保证工程质量的前提下,通过各种有效措施降低工程成本和取费标准。

（3）装饰工程定额的群众性。装饰工程定额水平的高低,取决于建筑装饰工人的生产能力和创造水平。广大群众既是测定和编制定额的参与者,又是定额的执行者和拥护者。

（4）装饰工程定额的时效性。装饰工程定额的科学性和法令性表现出一种相对的稳定性。即装饰定额的使用年限,一切事物都是不断发展和变化的,装饰定额如何适应劳动生产率的变化,如何满足新材料、新工艺对工程计价的要求呢? 这就要求我们认真研究定额原理,灵活应用和不断补充新定额,在确保市场交易行为规范的前提下满足装饰工程的时代要求。

3. 装饰工程定额的分类

（1）按编制程度和用途分为:装饰工程施工定额、装饰工程预算定额、装饰工程概算定额等。

（2）按生产因素分为:装饰工程劳动消耗定额、材料消耗定额、机械台班使用定额等。

（3）按主编单位和执行范围分为:全国统一建筑装饰定额、专业主管部门装饰定额、地方装饰定额和企业装饰定额等。

（4）按费用性质的不同分为:直接费定额和间接费定额。

上述定额中劳动消耗定额、材料消耗定额、机械台班使用定额是最基本的定额,是制定其他定额的基础。其分类可参见图 0.1 所示。

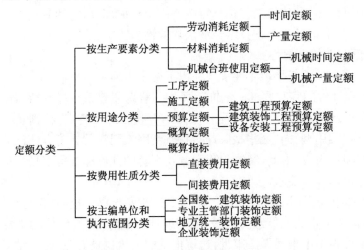

图 0.1 建筑装饰工程定额分类

4. 装饰工程定额的作用

（1）是作为装饰工程组织管理和编制装饰工程施工组织设计的依据。

（2）是确定装饰工程造价、标底、报价、决算的主要依据。

（3）是装饰工程按劳分配及经济核算的依据。

（4）是总结、分析和改进施工方法的手段。

三、建筑装饰工程预算

1. 建筑装饰工程预算的作用

建筑装饰工程预算是根据装饰设计图纸、建筑装饰工程预算定额及相应的取费标准编制的预算文件。其主要作用为:

（1）建筑装饰工程预算是确定工程造价，以及施工单位和建设单位进行工程结算的依据。

（2）建筑装饰工程预算是银行拨付工程价款，并监督甲、乙双方进行工程结算的依据。

（3）在实行招标承包制的情况下，是建设单位确定标底，施工单位投标报价的依据。

（4）建筑装饰工程预算是施工企业编制施工计划和加强企业经济核算的依据。

2. 建筑装饰工程预算（书）的内容

（1）预算封面及编制说明

① 预算封面：工程名称、建设单位名称、施工单位名称、结构类型、建筑面积、工程造价、经济指标等。② 编制说明：工程概况、费用内容、取费标准及编制中的其他附加说明等。

（2）装饰造价计算程序

装饰造价计算程序的内容包括：单位工程造价，总的定额直接费，人工、材料、机械费调整值，综合间接费，计划利润，独立费，税金等。

（3）装饰工程预算表

装饰工程预算表内容包括：各分部分项工程名称及对应的工程量、定额子目编号、定额单位、定额单价和合价、定额人工单价和合价、定额机械单价和合价。

（4）各分部分项工程量计算表

（5）工料机分析表及汇总表

工料分析表是用来分析建筑装饰工程主要材料、人工及机械消耗量的表格。工料分析是按照分部分项工程项目，计算出人工、各种材料和机械的消耗数量，并进行同类项合并，从而可得出工料机分析汇总表。

（6）工程量计算书

3. 装饰工程预算的编制方法

（1）单位估价法

它是利用分部分项工程单价计算工程造价的方法。计算程序是：① 根据施工图纸计算各分部分项工程量；② 套定额确定各分部分项工程定额直接费，并汇总为单位工程定额直接费；③ 进行工料机的分析；④ 计算人工、材料、机械费调整差价；⑤ 计算综合间接费、计划利润、独立费及税金；⑥ 汇总以上各费用得出单位工程造价。

（2）实物法

对于一些新材料、新技术、新设备或定额的缺项可采用实物法来编制装饰工程预算。其计算程序为：① 根据施工图纸计算各材料的数量；② 按照劳动定额计算人工工日数；③ 按照建筑机械台班使用定额计算机械台班数量；④ 根据人工日工资标准、材料预算价格及机械台班费用单价等资料，计算单位工程直接费；⑤ 计算综合间接费、计划利润及税金；⑥ 汇总以上费用得出单位工程预算造价。

第四节 装饰工程工程量清单计价概述

一、我国工程造价发展概况

（1）新中国成立以前我国现代意义上的工程造价的产生，应追溯到 19 世纪末至 20 世纪上半叶。当时在外国资本侵入的一些口岸和沿海城市，工程投资的规模有所扩大，出现了招投标承包方式,建筑市场开始形成。为适应这一形势,国外工程造价方法和经验逐步传入。但是,由于受历史条件的限制,特别是受到经济发展水平的限制,工程造价及招投标只能在狭小的地区和少量的工程建设中采用。

(2)概预算制度的建立时期。1949年新中国成立后,三年经济恢复时期和第一个五年计划时期,全国面临着大规模的恢复重建工作,为合理确定工程造价,用好有限的基本建设资金,引进了前苏联一套概预算定额管理制度,同时也为新组建的国营建筑施工企业建立了企业管理制度。

(3)概预算制度的削弱时期。1958~1966年,概预算定额管理逐渐被削弱。各级基建管理机构的概算部门被精简,设计单位概预算人员减少,只算政治账,不讲经济账,概预算控制投资作用被削弱,投资大撒手之风逐渐滋长。尽管在短时期内也有过重整定额管理迹象,但总的趋势并未改变。

(4)概预算制度的破坏时期。1966~1976年,概预算定额管理遭到严重破坏。概预算和定额管理机构被撤销,预算人员改行,大量基础资料被销毁。定额被说成是"管、卡、压"的工具。1967年,建工部直属企业实行经常费制度,工程完工后向建设单位实报实销,从而使施工企业变成了行政事业单位。这一制度实行了6年,于1973年1月1日被迫停止,恢复建设单位与施工单位施工图预算结算制度。

(5)概预算制度的恢复和发展时期。1977~1992年,这一阶段是概预算制度的恢复和发展时期。1977年,国家恢复重建造价管理机构。1978年,国家计委、国家建委和财政部颁发《关于加强基本建设概、预、决算管理工作的几项规定》,强调了加强"三算"在基本建设管理中的作用和意义。1983年,国家计委、中国建设银行又颁发了《关于改进工程建设概预算工作的若干规定》。此外,《中华人民共和国经济合同法》明确了设计单位在施工图设计阶段编制预算,也就是恢复了设计单位编制施工图预算。1988年建设部成立标准定额司,各省市、各部委建立了定额管理站,全国颁布一系列推动概预算管理和定额管理发展的文件,以及大量的预算定额、概算定额、估算指标。20世纪80年代后期,中国建设工程造价管理协会成立,全过程造价管理概念逐渐为广大造价管理人员所接受,对推动建筑业改革起到了促进作用。

(6)市场经济条件下工程造价管理体制的建立时期。1993~2001年在总结10年改革开放经验的基础上,党的十四大明确提出我国经济体制改革的目标是建立社会主义市场经济体制。广大工程造价管理人员也逐渐认识到,传统的概预算定额管理必须改革,不改革就没有出路,而改革又是一个长期的艰难的过程,不可能一蹴而就,只能是先易后难,循序渐进,重点突破。与过渡时期相适应的"统一量、指导价、竞争费"工程造价管理模式被越来越多的工程造价管理人员所接受,改革的步伐正在加快。

(7)与国际惯例接轨。2001年,我国顺利加入WTO,工程造价工作的首要任务是与国际惯例接轨。

(8)工程量清单计价方式深入推进。2003年2月17日,建设部119号令颁布了《建设工程工程量清单计价规范》GB 50500—2003,并于2003年7月1日正式实施。2008年7月9日,住房和城乡建设部以第63号公告发布了《建设工程工程量清单计价规范》GB 50500—2008,自2008年12月1日起实施。2012年12月25日,住房和城乡建设部公布了《建设工程工程量清单计价规范》GB 50500—2013和9部专业工程工程量计算规范,自2013年7月1日起实施。这是我国工程造价计价方式适应社会主义市场经济发展的一次重大变革,也是我国工程造价计价工作逐步实现向"政府宏观调控、企业自主报价、市场形成价格"的目标迈出坚实的一步。

二、我国传统工程造价管理体制存在的问题

我国的建设工程概、预算定额产生于 20 世纪 50 年代,当时的大背景是学习前苏联先进经验,因此定额的主要形式还是仿前苏联的定额,到 60 年代"文革"时被废止,变成了无定额的实报实销制度。"文革"以后拨乱反正,于 80 年代初又恢复了定额。可以看出在相当长的一段时期,工程预算定额都是我国建设工程承发包计价、定价的法定依据。在当时,全国各省市都有自己独立实行的工程概、预算定额,作为编制施工图设计预算、编制建设工程招标标底、投标报价以及签订工程承包合同等的依据,任何单位、任何个人在使用中必须严格执行,不能违背定额所规定的原则。应当说,定额是计划经济时代的产物,这种量价合一的工程造价静态管理的模式,在特定的历史条件下起到了确定和衡量建安造价标准的作用,规范了建筑市场,使专业人士有所依据、有所凭借,其历史功绩是不可磨灭的。

到 20 世纪 90 年代初,随着市场经济体制的建立,我国在工程施工发包与承包中开始初步实行招投标制度,但无论是业主编制标底,还是施工企业投标报价,在计价的规则上也还都没有超出定额规定的范畴。招投标制度本来引入的是竞争机制,可是因为定额的限制,因此也谈不上竞争,而且当时人们的思想也习惯于四平八稳,按定额计价,并没有什么竞争意识。

近年来,我国市场化经济已经基本形成,建设工程投资多元化的趋势已经出现。在经济成分中不仅仅包含了国有经济、集体经济,私有经济、"三资"经济、股份经济等也纷纷把资金投入建筑市场。企业作为市场的主体,必须是价格决策的主体,并应根据其自身的生产经营状况和市场供求关系决定其产品价格。这就要求企业必须具有充分的定价自主权,再用过去那种单一的、僵化的、一成不变的定额计价方式已显然不适应市场化经济发展的需要了。

传统定额模式对招投标工作的影响也是十分明显的。工程造价管理方式还不能完全适应招投标的要求。工程造价计价方式及管理模式上存在的问题主要有:

(1)定额的指令性过强、指导性不足,反映在具体表现形式上主要是施工手段消耗部分统得过死,把企业的技术装备、施工手段、管理水平等本属竞争内容的活跃因素固定化了,不利于竞争机制的发挥。

(2)组成工程总造价的定额单价虽然能够反映社会平均先进水平,但它是静态的单价,很难反映具体工程中千差万别的动态变化,无法在施工企业中实行有效竞争。

(3)量、价合一的定额表现形式不适应市场经济对工程造价实施动态管理的要求,难以就人工、材料、机械等价格的变化适时调整工程造价。

(4)各种取费计算繁琐,取费基础也不统一。

(5)缺乏全国统一的基础定额和计价办法,地区和部门自成体系,且地区间、部门间同样项目定额水平悬殊,不利于全国统一市场的形成。

(6)适应编制标底和报价要求的基础定额尚待制定。一直使用的概算指标和预算定额都有其自身适用范围。概算指标,项目划分比较粗,只适用于初步设计阶段编制设计概算;预算定额,子目和各种系数过多,目前用它来编制标底和报价反映出来的问题是工作量大、进度迟缓。

（7）现行的费用定额计划经济的色彩非常浓厚，施工企业的管理费与利润等费率是固定不变的。每一个单位工程，施工单位报价都是采用相同的间接费率，这违背了市场的规律，不利于企业在提高自身管理水平上下工夫，也使施工企业难以发挥各自的优势，无法展开良性的竞争。

（8）现行的造价管理及招投标管理模式跟不上市场经济发展的要求。目前工程招投标都以主管部门的指令为依据，发包方与投标方共用一本定额制定报价，施工企业不能根据自身的劳动生产率以及经济灵活的施工方案合理制定报价，因此往往使预算人员的业务水平成为是否能中标的关键因素，也导致施工企业之间互相盲目压价，从而产生恶性竞争。

（9）建筑市场的不断更新发展，使得更多新技术、新工艺、新机具、新材料不断出现，相应的工、料、机水平也处于相对的变化中，现行的预算定额水平和更新速度肯定赶不上建筑市场的发展，因此全面以预算定额来确定工程造价很难解决一些现实的复杂的问题。

长期以来，我国发承包计价、定价是以工程预算定额作为主要依据的。1992年，为了适应建设市场改革的要求，针对工程预算定额编制和使用中存在的问题，建设部提出了"控制量、指导价、竞争费"的改革措施，将工程预算定额中的人工、材料、机械台班的消耗量和相应的单价分离，这一措施在我国实行市场经济初期起到了积极的作用。但随着建设市场化进程的发展，这种做法难以改变工程预算定额中国家指令性的状况，不能准确地反映各个企业的实际消耗量，不能全面地体现企业技术装备水平、管理水平和劳动生产率。为了适应目前工程招投标竞争由市场形成工程造价的需要，特别是我国已经加入WTO，建设工程造价行业与国际接轨已是势在必行。而工程量清单计价方式在国际上通行已有上百年历史，规章完备，体系成熟。我国先后三次出台办法推行工程量清单计价方式，这给我国工程造价领域带来一场深刻革命，进一步推进工程计价依据的改革，与国际惯例靠拢，通过市场形成价格，以顺应我国加入WTO的挑战。

三、我国工程造价改革的状况

1. 国家造价改革的整体思想

建设工程造价，是指进行某项工程建设自开始直至竣工，到形成固定资产为止的全部费用。平时我们所说的建安费用，是指某单项工程的建筑及设备安装费用。一般采用定额管理计价方式计算确定的费用就是指建安费用。建筑工程计价是整个建设工程程序中非常重要的一环，计价方式的科学正确与否，从小处讲，关系到一个企业的兴衰，从大处讲，则关系到整个建筑工程行业的发展。因此，建设工程计价一直是建筑工程各方最为重视的工作之一。

在改革开放前，我国在经济上施行的根本制度是计划经济制度，因此与之相适应的建设工程计价方法就是定额计价法。定额计价法是由政府有关部门颁发各种工程预算定额，实际工作中以定额为基础计算工程建安造价。

我国加入WTO之后，全球经济一体化的趋势将使我国的经济更多地融入世界经济中，我国必须进一步改革开放。从工程建筑市场来观察，更多的国际资本将进入我国的工程建筑市场，从而使我国的工程建筑市场的竞争更加激烈。我国的建筑企业也必然更多地走向世界，在世界建筑市场的激烈竞争中占据我们应有的份额。在这种形势下，我国的工程造价管理制度，不仅要适应社会主义市场经济的需求，还必须与国际惯例接轨。

基于以上认识,我国的工程造价计算方法应该适应社会主义市场经济和全球经济一体化的需求,要进行重大的改革。长期以来,我国的工程造价计算方法,一直采用定额加取费的模式,即使经过二十多年的改革开放,这一模式也没有根本改变。中国加入 WTO 后,这一计价模式应该进行重大的改革。为了进行计价模式的改革,必须首先进行工程造价依据的改革。

我国加入 WTO 后,WTO 的自由贸易准则将促使我国尽快纳入全球经济一体化轨道,放开我国的建筑市场,大量国外建筑承包企业进入我国市场后,将以其采用的先进计价模式与我国企业竞争。这样,我们不得不被迫引进并遵循工程造价管理的国际惯例,所以我国工程造价管理改革的最终目标是建立适应市场经济的计价模式。

那么,市场经济的计价模式是什么?简言之,就是全国制定统一的工程量计算规则,在招标时,由招标方提供工程量清单,各投标单位(承包商)根据自己的实力,按照竞争策略的要求自主报价,业主择优定标,以工程合同使报价法定化,施工中出现与招标文件或合同规定不符合的情况或工程量发生变化时据实索赔,调整支付。

这种模式其实是一种国际惯例,广东省顺德市于 2000 年 3 月起实施这种计价模式,它的具体内容是:"控制量,放开价,由企业自主报价,最终由市场形成价格。"

市场化、国际化,使工程量清单计价法势在必行。工程量清单计价法有两股最强的催生力量,即市场化和国际化。在国内,建筑工程的计价过去是政出多门,各省、市都有自己的定额管理部门,都有自己独立执行的预算定额。各省市定额在工程项目划分、工程量计算规则、工程量计算单位上都有很大差别,甚至在同一省内,不同地区都有不同的执行标准。这样在各省市之间,定额根本无法通用,也很难进行交流。可是现在的市场经济,又打破了地区和行业的界限,在工程施工招投标过程中,按规定不允许搞地区及行业的垄断、不允许排斥潜在投标人。国内经济的发展,也促进了建筑行业跨省市的互相交流、互相渗透和互相竞争,在工程计价方式上也亟须有一个全国通用和便于操作的标准,这就是工程量清单计价法。

在国际上,工程量清单计价法是通用的原则,是大多数国家所采用的工程计价方式。为了适应在建筑行业方面的国际交流,我国在加入 WTO 谈判中,在建设领域方面作了多项承诺,并拟废止部门规章、规范性文件 12 项,拟修订部门规章、规范性文件 6 项。并在适当的时期,允许设立外商投资建筑企业,外商投资建筑企业一经成立,便有权在中国境内承包建筑工程。这种竞争是国际性的,假如我们不进行计价方式的改革,不采用工程量清单计价法,在建筑领域也将无法和国际接轨,与外企也无法进行交流。

在国外,许多国家在工程招投标中采用工程量清单计价,不少国家还为此制定了统一的规则。我国加入 WTO 以来,建设市场将进一步对外开放,国外的企业以及投资的项目越来越多地进入国内市场,我国企业走出国门在海外投资的项目也会增加。为了适应这种对外开放建设市场的形势,在我国工程建设中推行工程量清单计价,逐步与国际惯例接轨已十分必要。

因此,一场国家取消定价,把定价权交还给企业和市场,实行量价分离,由市场形成价格的造价改革势在必行。其主导原则就是"确定量、市场价、竞争费",具体改革措施就是在工程施工发承包过程中采用工程量清单计价法。

工程量清单计价,从名称来看,只表现出这种计价方式与传统计价方式在形式上的区别。但实质上,工程量清单计价模式是一种与市场经济相适应的、允许承包单位自主报价的、通过市场竞争确定价格的、与国际惯例接轨的计价模式。因此,推行工程量清单计价是我国工程造价管理体制的一项重要改革措施,必将引起我国工程造价管理体制的重大变革。

2. 工程量清单的定义

工程量清单是指在工程量清单计价中载明建设工程分部分项工程项目、措施项目、其他项目的名称和相应数量以及规费、税金项目等内容的明细清单。在建设工程发承包及实施过程的不同阶段,又可分别称为"招标工程量清单"和"已标价工程量清单"。

招标工程量清单是指招标人依据国家标准、招标文件、设计文件以及施工现场实际情况编制的,随招标文件发布供投标人投标报价的工程量清单,包括其说明和表格。招标工程量清单应以单位(项)工程为单位编制,应由分部分项工程项目清单、措施项目清单、规费和税金项目清单、其他项目清单组成。

已标价工程量清单是指构成合同文件组成部分的投标文件中已标明价格,经算术性错误修正(如有)且承包人已确认的工程量清单,包括其说明和表格。

工程量清单的作用是:(1)工程量清单是编制工程预算或招标人编制招标控制价的依据;(2)工程量清单是供投标者报价的依据;(3)工程量清单是确定和调整合同价款的依据;(4)工程量清单是计算工程量以及支付工程款的依据;(5)工程量清单是办理工程结算和工程索赔的依据。

工程量清单编制的一般规定包括:

(1)招标工程量清单的编制人:招标工程量清单应由具有编制能力的招标人或受其委托、具有相应资质的工程造价咨询人编制。

(2)招标工程量清单的编制责任:采用工程量清单计价方式,招标工程量清单必须作为招标文件的组成部分,其准确性和完整性应由招标人负责,投标人依据工程量清单进行投标报价,对工程量清单不负有核实的义务,更不具有修改和调整的权力。

(3)编制招标工程量清单的依据:计价规范和相关工程的国家计算规范;国家或省级、行业建设主管部门颁发的计价定额和办法;建设工程设计文件及相关资料;与建设工程有关的标准、规范、技术资料;拟定的招标文件;施工现场情况、地勘水文资料、工程特点及常规施工方案;其他相关资料。

3. 工程量清单计价的定义

工程量清单计价是指投标人完成由招标人提供的工程量清单所需的全部费用,包括分部分项工程费、措施项目费、其他项目费和规费、税金。工程量清单计价的基本原则就是以招标人提供的工程量清单为依据,投标人根据自身的技术、财务、管理能力进行投标报价,招标人根据具体的评标细则进行优选。这种计价方式是市场定价体系的具体表现形式。工程量清单计价采取综合单价计价。

工程量清单计价的基本过程可以描述为:在统一的工程量计算规则的基础上,制定工程量清单项目设置规则,根据具体工程的施工图纸计算出各个清单项目的工程量,再根据各种渠道所获得的工程造价信息和经验数据计算得到工程造价。其编制过程可以分为两个阶段:工程量清单格式的编制和利用工程量清单来编制招标控制价或投标报价。投标报价是在业主提供的工程量计算结果的基础上,根据企业自身所掌握的各种信息、资料,结合企业定额编制出来的。

在工程施工阶段发承包双方都面临许多的计价风险,但不是所有的风险都应由某一方承担,而是应按风险共担的原则对风险进行合理分摊。其具体体现在招标文件、合同中对计价风险内容及其范围进行界定和明确。明确计价中的风险内容及其范围,不得采用无限风险、所有风险或类似语句规定计价中的风险内容及范围。根据我国工程建设特点,投标人应完全承担技术风险和管理风险,如管理费和利润;应有限承担市场风险,如材料价格、施工机械使用费等;应完全不承担法律、法规、规章和政策变化的风险。

应由发包人承担的风险有:国家法律、法规、规章和政策发生变化;省级或行业建设主管部门发布的人工费调整,但承包人对人工费或人工单价的报价高于发布的除外;由政府定价或政府指导价管理的原材料等价格进行了调整。

由于市场物价波动影响合同价款的,应由发承包双方合理分摊。

由于承包人使用机械设备、施工技术以及组织管理水平等自身原因造成施工费用增加的,应由承包人全部承担。

因不可抗力事件导致的人员伤亡、财产损失及其费用增加,发承包双方应按以下原则分别承担并调整合同价款和工期:(1)合同工程本身的损害、因工程损害导致第三方人员伤亡和财产损失以及运至施工场地用于施工的材料和待安装的设备的损害,应由发包人承担。(2)发包人、承包人人员伤亡应由其所在单位负责,并应承担相应费用。(3)承包人的施工机械设备损坏及停工损失,应由承包人承担。(4)停工期间,承包人应发包人要求留在施工场地的必要的管理人员及保卫人员的费用应由发包人承担。(5)工程所需清理、修复费用,应由发包人承担。

4. 工程量清单计价的性质及特点

(1)工程量清单计价的性质

① 强制性。工程量清单计价规范包含了一部分必须严格执行的强制性条文,如:全部使用国有资金投资或国有资金为主的工程建设项目,必须采用工程量清单计价;采用工程量清单方式招标,工程量清单必须作为招标文件的组成部分,其准确性和完整性由招标人负责;分部分项工程量清单应根据附录规定的项目编码、项目名称、项目特征、计量单位和工程量计算规则进行编制;分部分项工程量清单应采用综合单价计价;招标文件中的工程量清单标明的工程量是投标人投标报价的共同基础,竣工结算的工程量按承发包双方在合同中的约定应予计量且实际完成的工程量确定;措施项目清单中的安全文明施工措施费应按照国家或省级、行业建设主管部门的规定计价,不得作为竞争性费用;投标人应按招标人提供的工程量清单填报价格,填写的项目编码、项目名称、项目特征、计量单位和工程量必须与招标人提供的一致。

② 实用性。主要表现在计价规范的附录中,工程量清单及其计算规则的项目名称表现的是工程实体项目,项目名称明确清晰,工程量计算规则简洁明了。同时还列有项目特征和工作内容,易于编制工程量清单时确定具体项目名称和投标报价。

③ 竞争性。一方面,表现在工程量清单计价规范中从政策性规定到一般内容的具体规定,充分体现了工程造价由市场竞争形成价格的原则。工程量清单计价规范中的措施项目,在工程量清单中只列"措施项目"一项,具体采用什么措施由投标企业的施工组织设计,视具体情况报价。另一方面,工程量清单计价规范中人工、材料和施工机械没有具体的消耗量,投标企业可以依据企业定额、市场价格或参照建设主管部门发布的社会平均消耗量定额、价格信息进行报价,为企业报价提供了自主的空间。

④ 通用性。表现在我国工程量清单计价是与国际惯例接轨的,符合工程量计算方法标准化、工程量清单计算规则统一化、工程造价确定市场化的要求。

（2）工程量清单计价的特点

① 统一计价规则。通过制定统一的建设工程工程量清单计价方法、统一的工程量计量规则、统一的工程量清单项目设置规则，达到规范计价行为的目的。这些规则和办法是强制性的，建设各方面都应该遵守，这是工程造价管理部门首次在文件中明确政府应管什么，不应管什么。

② 有效控制消耗量。通过由政府发布统一的社会平均消耗量指导标准，为企业提供一个社会平均尺度，避免企业盲目或随意大幅度减少或扩大消耗量，从而达到保证工程质量的目的。

③ 彻底放开价格。将工程消耗量定额中的工、料、机价格和利润、管理费全面放开，由市场的供求关系自行确定价格。

④ 企业自主报价。投标企业根据自身的技术专长、材料采购渠道和管理水平等，制定企业自己的报价定额，自主报价。企业尚无报价定额的，可参考使用造价管理部门颁布的《建设工程消耗量定额》。

⑤ 市场有序竞争形成价格。通过建立与国际惯例接轨的工程量清单计价模式，引入充分竞争形成价格的机制，制定衡量投标报价合理性的基础标准，在投标过程中，有效引入竞争机制，淡化标底的作用，在保证质量、工期的前提下，按《中华人民共和国招标投标法》有关条款规定，最终以"不低于成本"的合理低价者中标。

5. 工程量清单计价的影响因素

以工程量清单中标的工程，其施工过程与传统的投标形式没有很大区别。但对工程成本要素的确认同以往传统投标工程却大相径庭。现就工程量清单中标的工程成本要素如何管理，进行一些分析研究。

工程单价的计价方法，大致可分为以下三种形式：

① 完全费用单价法；② 综合单价法；③ 工料单价法。

工程成本要素最核心的内容包含在工料单价法之中，也是下面论述的主要方面。《计价规范》中采用的综合单价法为不完全费用单价法，完全费用单价是在《计价规范》综合单价的基础上增加了规费、税金等工程造价内容的扩展。具体内容组成为：

综合单价＝工料单价＋管理费用＋利润

完全费用单价＝工料单价＋管理费用＋利润＋规费＋税金

工程量清单报价中标的工程，无论是以上哪种形式，在正常情况下，基本说明工程造价已确定，只是当出现设计变更或工程量变动时，通过签证再结算调整另行计算。工程量清单工程成本要素的管理重点，是在既定收入的前提下，如何控制成本支出。

（1）对用工批量的有效管理

人工费支出约占建筑产品成本的 17%，且随市场价格波动而不断变化。对人工单价在整个施工期间作出切合实际的预测，是控制人工费用支出的前提条件。

首先根据施工进度，月初依据工序合理做出用工数量预测，结合市场人工单价计算出本月控制指标。其次在施工过程中，依据工程分部分项，对每天用工数量连续记录，在完成一个分项后，就与工程量清单报价中的用工数量对比，进行横评找出存在问题，办理相应手续以便对控制指标加以修正。每月完成几个工程分项后，各自与工程量清单报价中的用工数量对比，考核控制指标完成情况。通过这种控制节约用工数量，就意味着降低人工费支出，即增加了相应的效益。这种对用工数量控制的方法，最大优势在于不受任何工程结构形式的影响,分阶段加以控制,有很强的实用性。如果包清工的工程,结算用工数量一定要在控制指标以内考虑。确实超过控制指标分项工日数时,应及时找出问题的工程部位,及时同业主办理有关手续。人工费用控制指标,主要是从量上加以控制。重点通过对在建工程过程控制,积累各类结构形式下实际用工数量的原始资料,以便形成企业定额体系。

（2）材料费用的管理

材料费用开支约占建筑产品成本的63%,是成本要素控制的重点。材料费用因工程量清单报价形式不同、材料供应方式不同而有所不同。如业主限价的材料价格及如何管理等问题。其主要问题可从施工企业采购过程降低材料单价来把握。首先对本月施工分项所需材料用量下发采购部门,在保证材料质量的前提下货比三家。采购过程以工程清单报价中材料价格为控制指标,确保采购过程产生收益。对业主供材供料,确保足斤足两,严把验收入库关。其次在施工过程中,严格执行质量方面的程序文件,做到材料堆放合理布局,减少二次搬运。具体操作依据工程进度实行限额领料,完成一个分项后,考核控制效果。最后是杜绝没有收入的支出,把返工损失降到最低限度。月末应把控制用量和价格同实际数量横向对比,考核实际效果,对超用材料数量落实清楚,如造成超用材料的工程子项及其原因、是否存在同业主计取材料差价的问题等。

（3）机械费用的管理

机械费的开支约占建筑产品成本的7%,其控制指标,主要是根据工程量清单计算出使用的机械控制台班数。在施工过程中,每天做详细台班记录,是否存在维修、待班的台班。如存在现场停电超过合同规定时间,应在当天同业主做好待班现场签证记录,月末将实际使用台班同控制台班的绝对数进行对比,分析量差发生的原因。对机械费价格一般采取租赁协议,合同一般在结算期内不变动,所以控制实际用量是关键。依据现场情况做到设备合理布局,充分利用,特别是要合理安排大型设备进出场时间,以降低费用。

（4）施工过程中水电费的管理

水电费的管理,在以往工程施工中一直被忽视。水作为人类赖以生存的宝贵资源,越来越短缺,正在给人类敲响警钟。这对加强施工过程中水电费管理的重要性不言而喻。为便于施工过程支出的控制管理,应把控制用量计算到施工子项以便于水电费用控制。月末依据完成子项所需水电用量同实际用量对比,找出差距的出处,以便制定改正措施。总之施工过程中对水电用量控制不仅仅是一个经济效益的问题,更重要的是一个合理利用宝贵资源的问题。

（5）对设计变更和工程签证的管理

在施工过程中,时常会遇到一些原设计未预料的实际情况或业主单位提出要求改变某些施工做法、材料代用等,引发设计变更;同样,对施工图以外的内容及停水、停电,或因材料供应不及时造成停工、窝工等都需要办理工程签证。以上两部分工作,首先应由负责现场施工的技术人员做好工程量的确认,如存在工程量清单不包括的施工内容,应及时通知技术人员,将需要办理工程签证的内容落实清楚。其次工程造价人员审核变更或签证签字内容是否清楚完整、手续是否齐全。如手续不齐全,应在当天督促施工人员补办手续,变更或签证的资料应连续编号。最后工程造价人员还应特别注意在施工方案中涉及的工程造价问题。在投标时工程量清单是依据以往的经验计价,建立在既定的施工方案基础上的。施工方案的改变便是对工程量清单造价的修正。变更或签证是工程量清单工程造价中所不包括的内容,但在施工过程中费用已经发生,工程造价人员应及时地编制变更及签证后的变动价值。加强设计变更和工程签证工作是施工企业经济活动中的一个重要组成部分,它可防止应得效益的流失,反映工程真实造价构成,对施工企业各级管理者来说显得更重要。

(6) 对其他成本要素的管理

成本要素除工料单价法包含的以外,还有管理费用、利润、临设费、税金、保险费等。这部分收入已分散在工程量清单的子项之中,中标后已成既定的数,因而在施工过程中应注意以下几点:① 节约管理费用是重点,制定切实的预算指标,对每笔开支严格依据预算执行审批手续;提高管理人员的综合素质做到高效精干,提倡一专多能。对办公费用的管理,从节约一张纸、减少每次通话时间等方面着手,精打细算,控制费用支出。② 利润作为工程量清单子项收入的一部分,在成本不亏损的情况下,就是企业既定利润。③ 临设费管理的重点是,依据施工的工期及现场情况合理布局临设。尽可能就地取材搭建临设,工程接近竣工时及时减少临设的占用。如对购买的彩板房每次安、拆要高抬轻放,延长使用次数,日常使用及时维护易损部位,延长使用寿命。④ 对税金、保险费的管理重点是一个资金问题,依据施工进度及时拨付工程款,确保国家规定的税金及时上缴。

以上 6 个方面是施工企业的成本要素,针对工程量清单形式带来的风险性,施工企业要从加强过程控制的管理入手,才能将风险降到最低。积累各种结构形式下成本要素的资料,逐步形成科学、合理的,具有代表人力、财力、技术力量的企业定额体系。通过企业定额,使报价不再盲目,避免了一味过低或过高报价所形成的亏损、废标,以应付复杂激烈的市场竞争。

在工程量清单计价中,按照分部分项工程单价组成来分,工程量清单报价有三种形式:直接费用单价、综合费用单价和全费用单价。无论哪一种报价形式,单价中都含有机械费。目前这种普遍做法效仿于工业企业单位产品成本计算模式,但是建设项目具有单件性、一次性等特点。在项目实施过程中,发生的机械成本都是一次性投入到单位产品中,其费用应直接计入分部分项工程综合单价。而且施工机械的选择与施工方案息息相关,它与非实体工程部分的造价一样具有竞争性质。因此按工程量清单报价时,机械费用应结合企业自身的技术装备水平和施工方案来制定,以反映出施工机械投入量,最大限度地体现企业自身的竞争能力。

单价中,有些费用对投标企业而言是不可控的,比如材料费用,按照我国工程造价改革精神,材料价格将逐渐脱离定额价,实行市场价。在项目实施过程中材料不是全部投入到项目中,而有一定的损耗。这些损耗是不可避免的,而且损耗量的大小取决于管理水平和施工工艺等。虽然投标人不会承担这部分损耗,但是作为管理水平的体现,它具有竞争性质,应单独反映在报价中。对于实体工程部分,可在各清单项目下直接反映。

劳动力市场价格对投标企业而言是不可控的,但是投标企业可以通过现场的有效管理、改进工艺流程等措施来降低单位工程量的人工投入,从而降低人工费用;而且人工费用与机械化水平有关。事实证明,各投标企业的现场技术力量、管理水平和机械化程度存在差异,单位工程量的人工费用都不相同。这些都表明人工费用具有竞争性质,但是这种竞争的目的不是为了降低工人收入,而是在维护工人现有权益基础上,促使投标企业通过合理的组织与管理、改进工艺等措施来提高生产效率,因此人工费用也应该在报价中单独反映出来。

四、我国实行工程造价改革的配套措施

1. 工程量清单的法律依据及有关法律

《建设工程工程量清单计价规范》是根据《中华人民共和国招标投标法》、建设部令第 107 号《建筑工程施工发包与承包计价管理办法》制定的。工程量清单计价活动是政策性、技术性很强的一项工作,它涉及国家的法律、法规和标准规范比较广泛。所以,进行工程量清单计价活动时,除遵循《计价规范》外,还应符合国家有关法律、法规及标准规范的规定。主要包括:《中华人民共和国建筑法》《中华人民共和国合同法》《中华人民共和国价格法》《中华人民共和国招标投标法》和住房和城乡建设部第 16 号令《建筑工程施工发包与承包计价管理办法》(原建设部第 107 号令《建筑工程施工发包与承包计价管理办法》于 2014 年 2 月 1 日起废止)及直接涉及工程造价的工程质量、安全及环境保护等方面的工程建设强制性标准规范。执行《计价规范》必须同贯彻《中华人民共和国建筑法》等法律法规结合起来。

为了保证工程量清单计价模式的顺利推行,必须大力完善法制环境,尽快建立承包商信誉体系。

我们知道,引入竞争机制后,招标投标必然演绎成低价竞标。《中华人民共和国招标投标法》第四十一条规定,中标人的投标应当符合下列条件之一:

(1) 能够最大限度地满足招标文件中规定的各项综合评价标准。

(2) 能够满足招标文件的实质性要求,并且经评审的投标价格最低;但是投标价格低于成本的除外。

这其中对于条件(1),我们可以理解为以目前较为常用的定量综合评议法(如百分制评审法)评标定标,即评标小组在对投标文件进行评审时,按照招标文件中规定的各项评标标准,例如投标人的报价、质量、工期、施工组织设计、施工技术方案、经营业绩以及社会信誉等方面进行综合评定,量化打分,以累计得分最高的投标人为中标。而条件(2),则可以理解为以"合理最低评标价法"评标定标,它有以下几个方面的含义:① 能够满足招标文件的实质性要求,这是投标中标的前提条件;② 经过评审的投标价格为最低,这是评标定标的核心;③ 投标价格应当处于不低于自身成本的合理范围之内,这是为了制止不正当的竞争、垄断和倾销的国际通行做法。

目前有不少世界组织和国家采用合理最低评标价法。如联合国贸易法委员会采购示范法、欧盟理事会有关招标采购的指令、世界银行贷款采购指南、亚洲开发银行贷款采购准则,以及英国、意大利、瑞士、韩国的有关法律规定,招标方应选定"评标价最低"人中标。评标价最低人的投标不一定是投标报价最低的投标。评标价是一个以货币形式表现的衡量投标竞争力的定量指标,它除了考虑投标价格因素外,还综合考虑质量、工期、施工组织设计、企业信誉、业绩等因素,并将这些因素尽可能加以量化折算为一定的货币额,加权计算得到。所以可以认为"合理最低评标价法"是定量综合评议法与最低投标报价法相结合的一种方法。

在工程招投标中实行"合理最低评标价法"是体现与国际惯例接轨的重要方面。但目前对实行这一办法有许多担忧,并且这种担忧不无道理。关键是这种低价如何在正常的生产条件下得到执行,否则,在交易中业主获得了承包商的低价,而在执行中得到的却是劣质建筑产品,这就事与愿违了。因此,我们不仅要重视价格形成的交易阶段——招投标阶段,各级工程造价管理部门更要重视合同履行阶段的价格监督。从广义范围上讲,合同履行阶段更要借助于业主对自己利益的保护实施完善的建设监理制度,还要完善纠纷仲裁制,发挥各

地仲裁委员会的作用,使报出低价而又制造纠纷、试图以索赔赢利的施工企业得不到好处。另外,要实行严格的履约担保制,既要使违约的承包商受到及时的处罚,又要使任意拖欠工程款的业主得到处罚。当上述法制环境完善后,承包商就会约束自己的报价,不敢报出低于成本的价格,或者报出低于成本的价格也要承担下来。

建立承包商信誉体系也就是完善法制环境的辅助体系。可以编制一套完善的承包商信誉评级指标体系,为每个施工企业评定信誉等级,并在全国建立承包商信誉等级信息网。全国建设市场中任一个招标投标活动都可以在该网中查找到每个投标企业的履约信誉等级,从而为评标提供依据。这个承包商信誉等级网可以作为全国工程造价信息网中的辅助部分存在。

2. 工程量清单计价配套措施

工程量清单计价不是孤立的改革,必须与其他改革配套实施才能成功。最重要的是与招标法的实施相配套。尤其是关于评标方法,必须改变以标底为基准上下划定浮动区间的评标方法,采用合理低价中标的评标方法。具体要从以下几个方面加以推进:

(1) 继续推进计价依据的改革

实行工程量清单计价后,定额并不会被抛弃,至少目前乃至今后相当长一段时间是如此,如江苏省 2014 年又修编出台了《江苏省建筑与装饰工程计价定额》等。关键是要将定额属性由指令性向指导性过渡,积极发挥企业定额在工程量清单报价中的作用。推行工程量清单招标投标报价,要具有配套发展的思想,应在原有定额的基础上,按"量价分离"的原则建立一套统一的计价规则,并制定全国统一的工程量计算规则、统一计量单位、统一项目划分。作为企业而言,应尽早建立起符合施工企业内部机制的施工企业定额,只有这样,才能使定额逐步实现由法定性向指导性的过渡;才能改革现行定额中工程实体性消耗与措施性消耗"合一"的现象,逐步实行两者分离;才能有利于施工企业进行新技术、新工艺、新材料的不断研究,促进技术进步,提高企业的经营管理水平,真正实现依据工程量清单招标投标,企业自主定价,政府宏观调控,逐步推行以工程成本加利润报价,通过市场竞争形成价格的价格形成和运行机制。

清单计价中的实物消耗量的标准,可以以现行的预算定额为依据,但是必须改变预算定额的属性,预算定额规定的实物消耗量标准不再是法令强制性的标准,而是作为指导性参考性的资料。招标单位可以根据全国统一定额的实物消耗量标准来编制招标标底;投标单位可以根据本企业的实物消耗量来编制投标报价。实施这一改革后,预算定额不再是处理当事双方争端的法令性依据。

对于长期以来各地制定的计价定额,主管部门可以制定统一的计价定额作为计价依据,但不是法令性文件,与预算定额一样,只是提供参考的信息资料。投标单位可以根据本企业的实际水平和市场行情自主报价,并对所报单价负责。招标单位也不能以根据统一的计价定额编制的预算造价作为标底标准来进行评标。投标单位应该逐步建立起本企业的实物量消耗标准和单价资料库。

在费用项目和费率上,主管部门可以制定统一的费用项目,并制定一定幅度的费率标准供参考,但费率标准最终由投标单位自主确定,进行竞争。统一制定的费率标准只是供参考的信息资料,不再是法令性指标。

(2) 建立工程保险和担保制度

实行投标担保和履约担保,目的是防止施工企业以不切实际的低价中标,或因无实际施工能力而无法履行合同，影响工程质量、进度、投资，从而促使施工企业在投标时量力而行。招标方必须对中标的最低标价进行详细审核，不能仅看总金额，重点是检查有无漏项或计算错误，以确保最低价已包括所有工程内容，要求施工企业对组成的合理性予以解释，并在合同中加以明确。要推行业主支付担保制度，杜绝带资施工等现象发生，减少不必要的纠纷。要深化设计领域的改革，目前边设计边施工现象十分普遍，所以必须加大设计深度，减少业务联系单，避免不必要的设计修改，以利于控制造价，为工程量清单计价提供必要的条件。

（3）加强对工程量清单编制单位的资质管理

工程量清单应由具有相应资质的单位编制。由于编制质量直接关系到标底价与投标报价的合理性与准确性，因此，对其编制单位资质的审核与年检必须严肃、认真，并应做好相关的考核、考查记录，对不合格的单位，应及时取消其资质。同时，以工程量清单招投标，要求编制人员应具有较高的业务水平和职业道德，应定期对其业务知识进行考核与培训，提高其执业水平，对编制质量低劣者，应及时取消其编制资格。

（4）强化执业资格，充分发挥造价工程师的作用

实行工程量清单计价，对广大造价工程师来说既是很好的机遇，又将面临许多全新的挑战。21世纪我国即将规范工程造价管理人员的结构，将把造价人员分为执业资格与从业资格两部分。绝大部分计量计价的任务将主要由从业人员借助电脑和电脑计量计价软件完成，造价工程师将主要从事传统的工程造价管理业务中的"造价分析、投标策略、合同谈判与处理索赔"等事务。因此，他们有大量剩余时间进入更高层次的业务领域，这就为21世纪的造价工程师拓展业务空间提供了可能；同时，由于造价工程师日趋高学历化、年轻化，并且接受继续教育，从而为他们拓展业务空间提供了知识准备；此外，市场的变化也为造价工程师拓展业务提供了需求。那么21世纪造价工程师的业务到底有什么变化呢？

新世纪信息技术与手段的飞速发展，以及快速报价、准确报价的竞争方式，将对造价工程师的年龄和素质提出更高的要求。

20世纪80年代末统计工程造价管理从业人员为100万～120万，90年代末统计工程造价管理从业人员降至80万～100万。这说明了一个问题，新时代的到来，新技术与手段（电脑与软件）的出现，竞争的加剧（要求快速、准确的报价），对造价管理人员在质量上提出了更高要求，而对数量的要求则相对减少；又由于电脑的出现和计价、计量规则的变化，与国际惯例的靠拢等等又促使从业人员在年龄上下降，许多单位的工程造价管理人员在学历结构本科以上者占80％以上，在年龄结构中40岁以下者占80％以上，这是符合当今数字化时代、知识经济时代要求的。从这一点看，造价工程师今后也应该加速其在知识结构方面的转变。

我国加入WTO后，全球经济一体化的进程加快，使我们更加深切地感受到境外咨询业在我国市场中造成的竞争压力，这一进程和压力在沿海开放城市中更为明显。每个造价工程师最起码应该了解和掌握国际上通行的工程量计算规则与报价理论、国际工程项目管理惯例、国际工程合同与招投标（FIDIC与ICB）等，应该尽快掌握电脑与网络信息技术等新技术手段，极大地丰富自己的知识，以便在将来的国际竞争中处于优势地位。

另外，强制工程保险制度将为造价工程师进入工程保险界提供机会。随着改革的不断深化，不久将要在全国工程建设领域强制实行工程保险和工程担保制度。工程保险即将成为财产保险市场中与机动车辆险并驾齐驱的第二大险种，工程保险界需要大量工程保险人才。由于工程保险需要了解工程计量与工程计价的知识，才能处理好理赔事务，因此我们可以把工程保险构建在工程造价管理和风险分析基础之上。每个造价工程师都有深厚的工程

计量与计价基础，在继续教育方案中，风险分析课程又是必修课之一，所以造价工程师在 21 世纪进入工程保险界是必然趋势，这也是符合国际保险界和测量师行业惯例的。造价工程师可以在未来的工程保险界直接由保险人聘用，或者充当保险中介，或者为业主提供风险分析与风险防范服务。他们的工作内容包括：对工程风险进行辨识、评价、计算风险度，并确定保险对策；在风险评价的基础上，计算保险费率，提出保险人与被保险人满意的保险费率；安排保险合同，谈判合同条款；对工程进行风险管理、风险培训、风险控制等；出险后，确定损失部位及程度，对受损工程定损，计量计价，确定赔偿额。造价工程师进入工程保险领域后，将为他们提供大显身手的极佳舞台。

此外，我国还将考虑取消监理工程师的执业资格的专业地位，这一举措为造价工程师进入更高层次的工程项目管理提供了机会。造价工程师和建筑师、结构工程师以及注册建造师都是担任监理工程师的最佳人选。造价工程师担任工程项目管理的工作符合国际惯例，也符合工程造价管理专业发展的趋势。造价工程师充任监理工程师，在下列领域有与其他执业专业人士不可比拟的优势：协助业主编制标底与审核标底，分析报价；评标；定标；谈判确定合同价，安排合同文本与推敲合同协议条款；施工中支付程序的设计与审核，进度与成本关系的分析和控制；结算文件审核；合同纠纷处理，处理索赔事项。此外，造价工程师在经过几个工程项目的实践和磨炼后，可以直接充当总监理工程师或为施工企业充当项目经理，全面负责工程项目的管理。造价工程师还可以在专业业务知识领域拓展自己的知识面，参加注册建造师执业资格考试，可直接获取注册建造师资格。

（5）规范市场环境，建立有形的建筑交易市场

市场经济是法制经济，我们应当针对建筑立法滞后的实际，从法制建设入手，加快立法步伐，使建筑市场的运行早日走上法制化轨道，用完备的法律法规体系来引导、推进和保障工程造价管理体制改革的顺利进行。当务之急是要抓紧制定规范市场主体、市场秩序，有利于加强宏观调控的法律。探索建立建筑市场管理交易中心的模式，使建筑市场从"无形"走向"有形"。要求所有工程项目均进入市场，由市场主体在交易中心公开交易，并在管理部门监督下完成一系列程序。交易活动由隐形变公开，业主、承包商和中介单位的交易活动纳入有形建筑市场，实行集中统一管理和公开、公平竞争；在项目管理上由部门分割、专业垄断向统一、开放、平等、竞争转变。只要积极进行实践与探索，就能建立起规范、有序的有形建筑市场。

（6）要有一套严格的合同管理制度

从发达国家的经验来看，合同管理在市场机制运行中的作用是非常重大的。通过竞争形成的工程造价，应不折不扣地以合同形式确定下来，合同约定的工程造价应受到法律保护，不得随意变化。目前我国建筑市场的合同管理还相当薄弱，违法合同还一定程度存在，一些合同得不到有效履行，市场主体的合法权益没有得到很好的维护。今后要加强合同管理工作，保证价格机制的有效运行，切实维护市场主体各方的权益。

综上所述，采用工程量清单计价，规范和完善招标价格的确定方式，不仅是真正落实招标投标法的关键，而且也是适应国际招标投标惯例的必由之路。同时，也应看到大量的法律法规以及与之配套的各项工作都有待于进一步深入完善与发展，尤其现阶段在推行工程量清单计价方法过程中，应努力做好与招标、评标、合同管理等工作的衔接与配合。只有这样才能推动我国工程造价改革不断地向纵深发展，真正营造一个既符合国际惯例，又适合我国国情的"公开、公平、公正和诚实信用"的市场竞争机制和市场竞争环境。

复习思考题

1. 建筑装饰工程包括哪些内容？确定装饰标准的根据是什么？
2. 基本建设的内容包括哪些？基本建设项目是如何进行划分的？
3. 各类概(预)算的作用是什么？
4. 装饰工程定额如何进行分类？它们各自的作用有哪些？
5. 简述装饰工程预算的作用。
6. 装饰工程预算的编制方法有哪些？
7. 简述我国传统工程造价管理体制存在的问题。
8. 我国工程造价改革的整体思想是什么？
9. 什么叫工程量清单及工程量清单计价？
10. 工程量清单计价的特点有哪些？
11. 工程量清单计价配套措施有哪些？
12. 简述实行工程量清单计价的现实意义。

上篇　装饰工程定额计价模式

第一章　装饰工程计价定额

建筑定额标准按其性质可分为:用于产品施工生产的活劳动与物化劳动等资源消耗合理配置定额;用于工程投资、使用与管理等的资金定额。就用于产品施工生产的活劳动与物化劳动等消耗定额而言,按其定额标准的用途、功能、内容及管理层次的不同,可作如下分类(图1.1)。

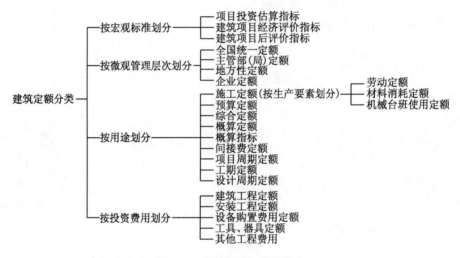

图1.1　建筑定额标准分类表

第一节　装饰工程施工定额

一、定义

规定建筑装饰工人或小组在正常的施工条件下,完成单位合格产品所必须消耗的劳动、材料、机械的数量标准,它是根据专业施工的作业对象和工艺制定的。施工定额是以施工过程为编制对象的,即施工过程中的人工、材料、机械消耗量的定额。

二、作用

(1)供施工企业编制施工预算;(2)编制施工组织设计的依据;(3)施工企业内部经济核算的依据;(4)与工程队签发任务单的依据;(5)供计件工资和超额奖励计算的依据;(6)编制装饰预算定额的基础。

三、组成

装饰施工定额包括劳动定额、材料消耗定额、机械台班使用定额。三者之间联系密切。但是,从其性质和用途来看,它们又可以根据不同的需要,单独发挥作用。

1. 装饰工程劳动定额

(1) 定义

装饰工程劳动定额(又称人工定额或工时定额)是指在正常装饰施工(生产)技术组织条件下,为完成一定量的合格装饰产品或完成一定量的工作所规定的必要劳动消耗量的标准。

(2) 形式

劳动定额的表现形式有两种:时间定额和产量定额。

① 时间定额。时间定额是指在正常装饰施工条件下(生产技术和劳动组织),工人为完成单位合格装饰产品所必须消耗的工作时间。定额时间包括工人的有效工作时间(准备与结束时间、基本工作时间、辅助工作时间)、必需的休息与生理需要时间和不可避免的中断时间。时间定额以"工日"为单位,按现行制度规定,每个工日工作时间为 8h。如《全国统一建筑工程基础定额》(GJD—101—95)装饰工程部分规定:内墙面干挂花岗岩,工作内容包括清理基层、清洗花岗岩、钻孔成槽、安铁件(螺栓)、挂花岗岩、刷胶、打蜡及清洁面层等全部操作过程,干挂 $100 \ m^2$ 花岗岩内墙面的综合工日数为 88.24 工日,则干挂 $1 \ m^2$ 花岗岩内墙面的时间定额为 0.882 4 工日。时间定额的计算公式如下:

单位产品的时间定额=1÷每单位工日完成的产量(每工产量)

或

单位产品的时间定额=小组成员工日数之和÷组台班产量(班组完成产品数量)

② 产量定额。产量定额是指在正常装饰施工条件下(生产技术和劳动组织),工人在单位时间内完成合格装饰产品的数量。计量单位为:产品计量单位/工日。其计算公式如下:

每工产量定额=1÷单位装饰产品的时间定额

或

台班产量定额=完成合格装饰产品的数量÷小组成员工日数之和

③ 两者关系。互为倒数即:

时间定额×产量定额=1

如上例中,已知干挂 $1 \ m^2$ 花岗岩内墙面的时间定额是 0.882 4 工日,则每工日产量定额应是 $1÷0.882 \ 4=1.133 \ (m^2)$。

④ 定额中的表现形式。在装饰工程劳动定额中,时间定额、产量定额有单式和复式两种表现形式。单式表示一般只列时间定额,复式表示既列出时间定额又列出产量定额,具体表示方法为:时间定额/产量定额或时间定额/台班产量。

(3) 装饰工程劳动定额的作用

① 是计划管理的重要依据;② 是衡量工人劳动生产率的主要尺度;③ 是贯彻按劳分配原则和推行经济责任制的重要依据;④ 是合理组织劳动的依据;是推广先进技术的必要条件;⑤ 是企业实行经济核算的重要基础。

(4) 装饰劳动定额编制原则

为了保证装饰工程劳动定额的质量,在编制装饰工程劳动定额时必须遵守以下原则:

① 定额水平平均先进的原则。平均先进的原则：指在正常的施工（生产）条件下，经过努力，大多数装饰工人都可以达到或超过的标准，少数装饰工人经努力可以接近或超过的水平。装饰定额不仅包含数量，而且还包含质量、消耗等。要坚持平均先进原则，对于编制装饰工程劳动定额来说，应处理好以下3个方面的关系：a. 正确处理数量与质量的关系：数量与质量既对立又统一。平均先进的装饰定额水平，不仅包含数量，而且还包含质量、消耗。不同的装饰质量要求和材料消耗，对装饰工人劳动效率的影响是不一样的，质量和效率二者既互相制约，又互相促进。装饰工程劳动定额规定的质量要求，必须以符合国家颁发的《装饰工程施工及验收规范》、《装饰工程质量检验与评定标准》等为标准。b. 合理确定劳动组织：在生产力"三要素"中起决定作用的是人，是人的劳动。如劳动组织是否合理，将直接影响到装饰定额的水平。人员过多，会造成窝工、浪费，影响装饰定额水平；人员过少，会延误工期，影响装饰工程进度。如安排的人员等级过低，或以低代高，会影响装饰工程施工质量；反之，则浪费技术力量，增加装饰工程成本。因此，确定装饰工程定额水平时，必须根据具体装饰工程的技术复杂程度、工艺要求，合理确定劳动组织，以减少不必要的劳动消耗。c. 明确劳动手段和劳动对象：不同的劳动手段和劳动对象（如不同的装饰等级、装饰标准、施工方法）对装饰定额有直接影响。所以，在确定装饰工程定额时，必须明确完成某装饰工程项目所使用的施工机械、施工方法及原材料的规格、型号和质量要求等。

② 装饰劳动定额结构形式应简明适用。简明适用是指装饰定额结构合理、步距适当、文字通俗易懂、计算方法简便，易为广大群众掌握和运用。

（5）装饰劳动定额编制方法

① 经验估计法。经验估计法，是由定额专业人员、工程技术人员和工人三结合，根据实践经验和工程具体情况座谈讨论制定定额的方法。经验估计法的优点是制定定额简单易行、速度快、工作量小。其缺点是缺乏科学资料依据，容易出现偏高或偏低的现象。故这种方法主要适用于产品品种多、批量小或不易计算工程量的施工作业。

② 技术测定法。技术测定法，是指通过深入的调查研究，拟订合理的施工条件、操作方法、劳动组织和工时消耗，在考虑生产潜力的基础上经过严格的技术测定和科学的数据处理后制定装饰定额的方法。

技术测定法通常采用的方法有测时法、写实记录法、工作日写实法和简易测定法4种：a. 测时法主要研究施工过程中各循环组成部分定额工作时间的消耗，即主要研究基本工作时间。b. 写实记录法研究所有性质的工作时间消耗、休息时间以及各种损失时间。c. 工作日写实法研究工人全部工作时间中各种工时消耗，运用这种方法分析哪些工时消耗是有效的，哪些是无效的，进而找出工时损失的原因，并拟订改进的技术、组织措施。d. 简易测定法是保持现场实地观察记录的原则，对前几种测定方法予以简化。

技术测定法测定的装饰定额水平科学、精确。但技术要求高、工作量大，在技术测定机构不健全或力量不足的情况下，不宜选用此法。

③ 比较类推法。比较类推法，是指以同类型工序或产品的典型定额为标准，用比例数示法或图示坐标法，经过分析比较，类推出相邻项目定额水平的方法。这种方法适用于同类型产品规格多、批量小的装饰施工过程。一般只要典型定额选择确当，分析合理，类推出的定额水平也比较合理。

④ 统计分析法。统计分析法，是将同类工程或同类产品的工时消耗统计资料，结合当前的技术、组织条件，进行分析，研究制定定额。这种方法适用于施工条件正常、产品稳定、

统计制度健全、统计工作真实可信的情况,它比经验估计法更能真实反映生产水平。其缺点是不能剔除不合理的时间消耗。

2. 装饰工程材料消耗定额

(1) 定义

在正常装饰施工条件和节约、合理使用装饰材料的条件下,完成单位合格的装饰产品所必须消耗的一定品种规格的材料、成品、半成品等的数量标准。其计量单位为实物的计量单位。

完成单位合格装饰产品所必需的装饰材料消耗量,包括净用量和合理损耗量。

净用量是指直接组成工程实体的材料用量。

合理损耗量是指不可避免的材料损耗,例如,场内运输及场内堆放中在允许范围内不可避免的损耗、加工制作中的合理损耗及施工操作中的合理损耗等。

材料的消耗量用下式计算:

装饰材料消耗量＝材料净用量＋损耗量

装饰材料损耗量＝材料净用量×材料损耗率

由以上两式可知:

装饰材料消耗量＝材料净用量×(1＋材料损耗率)

材料损耗率是由国家有关部门根据观察和统计资料确定的。(对大多数材料可直接查预算手册,对一些新型材料可采用现场实测,报有关部门批准)。

(2) 装饰材料消耗定额的制定

装饰材料消耗定额的确定方法,主要有以下 4 种方法:

① 观察法。观察法是根据施工现场在合理使用装饰材料条件下完成合格装饰产品时,对装饰材料消耗过程的测定与观察,通过计算来确定各种装饰材料消耗定额的一种方法。

观察对象的选择是观察法的首要任务。选择观察对象应注意:所选装饰对象应具有代表性;施工技术、施工条件应符合操作规范要求;装饰材料的品种、质量应符合设计和施工技术规范要求。在观察前应做好充分的技术和组织准备工作,如研究装饰材料的运输方法、堆放地点、计量方法、采取减少损耗的措施等,以保证观察法的准确性和合理性。

② 试验法。试验法是在试验室内通过专门的仪器确定装饰材料消耗定额的一种方法。如混凝土、砂浆、油漆涂料等。由于这种方法不一定能充分估计到施工过程中的某些因素对装饰材料消耗量的影响,因此往往还需作适当调整。

③ 统计法。统计法是指根据长期积累的分部分项工程所拨发的各种装饰材料数量、完成的产品数量和材料的回收量等资料,进行统计、整理分析、计算,以确定装饰材料消耗定额的方法。

统计法的优点是不需要组织专门人员进行现场测定或试验。但其准确度受统计资料、具体情况的限制,精确度不高,使用时应认真分析并进行修正,使其数据具有代表性。

④ 计算法。计算法是指根据施工图纸,利用理论公式计算装饰材料消耗量的一种方法。计算时应考虑装饰材料的合理损耗(损耗率仍要在现场实测得出)。这种方法适用于确定板、块类材料的消耗定额。举例如下:

例1.1 采用 1：1 水泥砂浆贴 100 mm×250 mm×6 mm 瓷砖墙面,结合层厚度为

10 mm,灰缝宽度为 1 mm,试计算 10 m² 墙面瓷砖和砂浆的总消耗量?(瓷砖、砂浆损耗率分别为 2.5%、2%)。

解 每 10 m² 瓷砖墙面中瓷砖净用量＝10÷[(0.1＋0.001)×(0.25＋0.001)]＝398(块)

瓷砖总消耗量＝398×(1＋2.5%)＝408(块)

每 10 m² 墙面中结合层砂浆净用量＝10×0.01＝0.1(m³)

每 10 m² 墙面中灰缝砂浆净用量＝(10－398×0.1×0.25)×0.006＝0.000 3(m³)

每 10 m² 瓷砖墙面砂浆总消耗量＝(0.1＋0.000 3)×(1＋2%)＝0.102(m³)

(3) 装饰材料消耗定额的作用

是装饰企业编制材料需要量计划、运输计划、供应计划、计算仓储面积、签发限额领料单和进行经济核算的依据;是编制装饰工程预算定额的基础。

3. 装饰施工机械台班使用定额

(1) 定义

指在正常装饰施工条件下(合理组织生产、合理使用机械),某种专业的工人班组使用机械、完成单位合格装饰产品所必须消耗的工作时间(台班)或在一定工作台班内完成质量合格的装饰产品的数量标准。其表现形式有两种:机械时间定额和机械产量定额。

① 机械时间定额:是指在合理施工条件下,生产单位合格装饰产品所必须消耗的时间,以"台班"表示。计算公式为:

机械时间定额＝1÷机械台班产量

机械时间定额＝小组成员工日数之和(工人配合机械)÷机械台班产量

② 机械产量定额:是指在合理施工条件和劳动组织情况下,每一机械台班时间中,必须完成合格装饰产品的数量。计算公式为:

机械台班产量定额＝1÷机械时间定额

机械台班产量定额＝机械台班产量÷小组成员工日数之和(工人配合机械)

机械时间定额和机械台班产量定额互为倒数。例如,塔式起重机吊装一块混凝土楼板,建筑物层数在 6 层以内,楼板重量在 0.5 t 以内,如果规定机械时间定额为 0.008 台班,则该塔式起重机的台班产量定额应为 1÷0.008＝125(块)。

(2) 装饰施工机械台班定额的编制

编制装饰施工机械台班定额的主要步骤是:拟订机械施工的正常条件;确定机械 1h 纯工作正常生产率;确定施工机械的正常利用系数;计算施工机械的台班定额。

(3) 装饰施工机械台班使用定额的作用

装饰施工机械台班使用定额,是编制机械作业计划、核定企业机械调度和维修计划、下达施工任务的依据;是编制预算定额的基础。

四、装饰工程施工定额的编制及应用

1. 装饰工程施工定额的主要内容

装饰工程施工定额手册是施工定额的汇编,其主要内容由文字说明、分节定额和附录三部分组成。

文字说明包括总说明、分册说明和分章说明;分节定额包括定额表的文字说明、定额表和附注;附录一般包括名词解释、图示及有关参考资料。如混凝土、砂浆配合比,材料损耗率等。

2. 装饰工程施工定额的编制依据

(1) 现行国家建筑装饰工程施工及验收规范、质检标准、技术安全操作规程和有关装饰标准图。(2) 全国统一建筑装饰工程劳动定额。(3) 现场有关测定资料。(4) 装饰工人技术等级资料。

3. 装饰工程施工定额的编制方法

装饰工程施工定额的编制,总的来看有2种方法:一是实物法,由劳动定额、材料消耗定额和机械台班使用定额三部分组成;二是实物单价法,由劳动定额、材料消耗定额和施工机械台班使用定额的数量乘以各自对应的单价,得出单位合价。编制装饰工程施工定额,就是在具有足够的技术测定资料、经验统计资料和其他有关资料的基础上,选定定额方案,编制出3种定额并加以汇总成册。

4. 装饰工程施工定额的应用

要正确使用装饰工程施工定额,首先必须熟悉定额的文字说明,了解定额项目的工作内容、有关规定、工程量计算规则、施工方法等,只有这样,才能正确地套用和换算定额。

第二节　装饰工程预算定额

建筑装饰工程预算定额是指在正常的装饰施工组织条件下,确定一定计量单位的装饰分项工程或结构构件的人工、材料、机械台班消耗量的标准,它是编制装饰施工图预算的主要依据,它是分别以装饰工程中各分部分项工程为单位进行编制的。定额中包括所需人工工日数、各种主要装饰材料及机械台班数量。预算定额的具体价格表现形式是单位估价表,它是计算装饰工程造价直接费的依据。形式有全国、各省及直辖市、各地区的装饰预算定额,如《全国统一建筑装饰工程预算定额》、《江苏省建筑装饰工程预算定额》(1998年)、《江苏省建筑与装饰工程计价定额》(2004年)、《江苏省建筑与装饰工程计价定额》(2014年)等。本节对传统预算定额的作用、编制、组成等内容作一简单介绍。

一、装饰工程预算定额的作用

(1) 是编制装饰施工图预算、标底、投标报价的依据;(2) 是比较、分析、评价装饰设计方案,进行技术经济分析的依据;(3) 是企业进行经济活动分析的依据;(4) 是编制施工组织设计或方案的依据;(5) 是控制装饰项目投资,办理装饰工程拨、贷款及决算的依据;(6) 是编制装饰概算定额及概算指标的基础。

二、装饰工程预算定额的编制

1. 编制依据

(1) 现行国家建筑装饰工程施工及验收规范、质检标准、技术安全操作规程和有关装饰标准图。(2) 全国统一建筑装饰工程劳动定额及各省、市、自治区补充劳动定额。(3) 现行有关设计资料(各种装饰通用标准图集;构件、产品的定型图集;其他有代表性的设计图纸)。(4) 现行的人工工资标准、材料预算价格、机械台班预算价格、其他有关设备及构配件等价格资料。(5) 新材料、新技术、新结构和先进经验、资料等。

2. 编制原则

(1) 必须全面贯彻国家的方针、政策。装饰预算定额一经颁发执行即具有法令性。装饰预算定额的编制工作,实质上是一种立法工作。其影响面较广,在编制时必须全面贯彻国家的方针、政策。(2) 按平均水平确定装饰预算定额的原则。装饰预算定额是确定装饰产品预算价格的工具,其编制应遵守价值规律的客观要求,即按产品生产过程中所消耗的社会必要劳动时间来确定定额水平。所谓装饰预算定额的平均水平,是根据在现实的平均中等的生产条件、平均劳动熟练程度、平均劳动强度下,生产单位合格装饰产品所必须消耗的劳动时间来确定的。(3) 装饰预算定额必须体现简明、准确和适用的原则。要使装饰预算定额做到简明、准确和适用,应注意以下几点:① 尽量简化和综合,尽可能减少定额项目。通过细算粗编的方法,将常用的主要项目划分得细一点,量少价小的项目适当综合,近似项目合并,以减少定额项目。② 编制装饰定额时应尽量少留活口,减少定额的换算。为适应装饰工程的特点,装饰预算定额也应有一定的灵活性,允许按设计及施工的具体要求进行调整。③ 定额子目的计量单位和工程量计算规则,应考虑运用统筹法及计算机计算分析,以达到计算方便、迅速和准确的目的。

3. 编制的步骤

(1) 准备阶段。根据国家主管部门对编制装饰预算定额的要求,组织各地区建委、建行、设计、施工等部门人员参加编制。经过广泛调查分析研究,收集有关资料,确定定额项目和拟订编制方案。(2) 编制初稿阶段。审查、熟悉和修改收集到的预算资料,按编制方案确定定额项目,综合确定人工幅度差、机械幅度差、材料损耗率等,并计算出一个定额单位所消耗的人工、材料、机械台班数量,再根据本地区人工工资标准、材料预算价格、机械台班使用费,计算出装饰定额基价,最后编制出相应的预算定额项目表初稿。(3) 测定定额水平。预算定额项目表初稿编制完成后,应将新旧定额进行比较,测算出新定额的定额水平,分析研究定额水平提高或降低的原因,从而对新定额初稿进行必要的修正。(4) 审定阶段。组织有关基建部门征求意见,讨论、修改定额初稿,最后再报送有关部门批准。

4. 编制方法

(1) 确定定额项目的工程内容。根据装饰预算定额必须简明、准确和适用的原则,结合一般装饰专业和所处的装饰工程部位特点来确定定额的项目和所包括的工程内容。(2) 确定各个定额项目的计量单位。确定定额项目的计量单位,应当能准确地反映对应的分项工程的工料机的实物消耗指标,有利于减少定额子目、简化工程量的计算和装饰定额的编制,真正做到定额的准确性和适用性。(3) 确定人工、材料、机械台班消耗量。确定装饰预算定额项目的各种消耗量,一般是根据有代表性的图纸或资料、典型的施工方法,先按照规定的计算规则计算出某定额项目的工程量,再计算出这个工程量所对应的人工、材料、机械台班消耗量,最后再折算成一个定额单位所消耗的人工、材料、机械台班消耗量。(4) 确定装饰定额基价。将本地区人工工资标准、材料预算价格、机械台班使用单价分别乘以一个定额单位所消耗的人工、材料、机械台班消耗量,即得到一个定额单位所需的人工费、材料费和机械费,三者之和即为定额基价。另外,根据计价规范的要求,现行预算定额还包括企业管理费及利润,人工费、材料费、机械费、企业管理费及利润五者之和称为定额综合单价。(5) 编制定额项目表。即将计算出的"三量"和"三价"分别填入规定的定额项目表内(根据计价规范的要求,现行预算定额表还应包括企业管理费及利润)。(6) 编写装饰定额说明。包括装饰定额的总说明、分部工程说明、工程量计算规则、工程内容、施工方法、附注等内容。要求文字简明扼要、使用方便,少留活口。

三、装饰工程预算定额的组成内容

装饰工程预算定额是编制装饰施工图预算的主要依据。要能正确地运用装饰预算定额,就必须全面了解装饰定额的组成。建筑装饰工程预算定额的组成和内容一般包括6个部分:总说明;建筑面积计算规则;分部工程(章)定额说明及计算规则;分项工程(节)工程内容;定额项目表;定额附录等。

1. 建筑装饰工程预算定额总说明

(1)装饰工程预算定额的适用范围、指导思想及目的和作用。(2)装饰工程预算定额的编制原则、编制依据及上级主管部门下达的编制或修订文件精神。(3)使用装饰工程定额必须遵守的规则及其适用范围。(4)装饰工程预算定额在编制过程中已经考虑的和没有考虑的因素及未包括的内容。(5)装饰工程预算定额所采用的材料规格、材质标准、允许或不允许换算的原则。(6)各部分装饰工程预算定额的共性问题和有关统一规定及使用方法。

2. 建筑面积的计算规则

建筑面积是计算单位平方米取费或工程造价的基础,是分析建筑装饰工程技术经济指标的重要数据,是计划和统计的指标依据。必须根据国家有关规定(有些省还有补充规定),对建筑面积的计算作出统一的规定。目前执行的是《建筑工程建筑面积计算规范》(GB/T 50353—2013),该规范自2014年7月1日起实施。

3. 分部工程(章)定额说明及计算规则

(1)说明分部工程(章)所包括的定额项目内容和子目数量。(2)分部工程(章)各定额项目工程量的计算规则。(3)分部工程(章)定额内综合的内容及允许和不允许换算的界限及特殊规定。(4)使用本分部工程(章)允许增减系数范围规定。

4. 分项工程(节)工程内容

(1)在本定额项目表表头上方说明各分项工程(节)的工作内容及施工工艺标准。(2)说明本分项工程(节)项目包括的主要工序及操作方法。

5. 定额项目表

(1)分项工程定额编号(子目号)及定额单位。(2)分项工程定额名称。(3)定额基价。其中包括:人工费、材料费、机械费(现行预算定额还包括企业管理费及利润,人工费、材料费、机械费、企业管理费及利润五者之和称为定额综合单价)。(4)人工表现形式:一般只表示综合工日数。(5)材料(含构、配件)表现形式:材料一览表内一般只列出主要材料和周转性材料名称、型号、规格及消耗数量。次要材料多以其他材料费的形式以"元"表示。(6)施工机械表现形式:一般只列出主要机械名称及数量,次要机械以其他机械费形式以"元"表示。(7)预算定额单价(基价):包括人工工资单价、材料价格、机械台班单价,此三部分均为预算价格。在计算工程造价时还要按各地规定调整价差。(8)有的定额表下面还列有与本节定额有关的说明和附注。说明设计与本定额规定不符时如何调整,以及说明其他应明确的但在定额总说明和分部说明不包括的问题。定额表表格的版面设计有2种,一种是竖排版,另一种是横排版,各地区根据习惯选用,但其表格内容基本相同。如《江苏省建筑与装饰工程计价定额》(2014年)采用的是竖排版。

6. 定额附录

装饰预算定额内容最后一部分是附录或称为附表，是配合本定额使用不可缺少的组成部分。一般包括以下内容：(1)各种不同强度等级的混凝土和砂浆的配合比表，不同体积比的砂浆、装饰油漆、涂料等混合材料的配合比用量表。(2)各种材料成品或半成品场内运输及施工操作损耗率表。(3)常用的建筑材料名称及规格、表观密度换算表。(4)材料、机械综合取定的预算价格表。(5)以上(1)～(4)各部分组成内容中，不另表示的其他内容，均可以定额附录、附表的形式表示，以方便使用。

例如《江苏省建筑与装饰工程计价定额》(2014年)的附录部分内容包括：附录说明；混凝土及钢筋混凝土构件模板、钢筋含量表；机械台班预算单价取定表；混凝土、特种混凝土配合比表；砌筑砂浆、抹灰砂浆、其他砂浆配合比表；防腐耐酸砂浆配合比表；主要材料预算价格取定表；抹灰分层厚度及砂浆种类表；主要材料、半成品损耗率取定表；常用钢材重量及体形公式计算表。

四、装饰预算定额项目的排列

装饰工程预算定额项目的排列是根据结构部位按章、节、项目(子目)排列的。

如《江苏省建筑与装饰工程计价定额》(2014年)划分为二十四章(另含附录九个)，共有881个版面，3 755个子目。

五、装饰工程预算定额的项目编号

1. "三符号"编号法

"三符号"编号法是以装饰工程预算定额中的分部工程序号—分项工程序号—分项工程的子目序号(或分部工程序号—工程项目所在定额页号—分项工程的子目序号)等3个号码，进行编号。

2. "二符号"编号法

"二符号"编号法，是以装饰工程预算定额中的分部工程序号—分项工程的子目序号(或工程项目所在定额页号—分项工程的子目序号)等2个号码，进行编号。如《江苏省建筑与装饰工程计价定额》(2014年)采用双代号编号：第一个符号表示所在章(分部工程)的序号，用阿拉伯数字表示；第二个符号表示各个具体项目(子目)在本章的顺序号，仍用阿拉伯数字表示。

六、装饰工程预算定额的应用

在装饰工程施工过程中，如何正确应用定额是非常重要的。为了准确地应用定额，必须全面了解定额，深刻理解定额，熟练地掌握定额。最好通过编制概预算等的实践，来熟练地应用定额，也可通过做练习题的方法来掌握定额。

1. 定额的直接套用

如果设计的要求、工作内容及确定的工程项目完全与相应定额的工程项目吻合，则直接套用即可。但应特别注意定额的总说明、章说明、工程内容及定额表下方小注的要求，应仔细阅读，以防发生错误。

2. 定额的抽换

所谓定额抽换，就是设计的要求、工作内容、子目或与表中某序号所列的规格(如混凝土强度等级、材料规格)不符合时,则应查用相应定额或基本定额予以替换。换算后的定额项目应在其子目号后的右下角注上"换"字,以示区别。在抽换前应认真理解定额的总说明、章说明、工程内容及定额表下方的注解,确定是否需要抽换,以及怎样抽换。切记:一般定额允许抽换的才能抽换!

3. 定额应用要点

(1)正确套用定额子目,不多项也不漏项;(2)子目名称精简直观;(3)核对工作内容,防止漏列或重列;(4)看清定额计量单位;(5)仔细分析说明和注解;(6)图纸实际工作内容与定额工作内容是否一致,如不一致可能要换算;(7)要查看施工组织设计(施工方法);(8)必须做到"多看、多思、多做"。

例 1.2 某工程有普通花岗岩地面 180 m²,其构造:素水泥浆一道,20 mm 厚 1:3 水泥砂浆找平层,采用 8 mm 厚 1:1 水泥砂浆粘贴花岗岩,假设人工、材料、机械单价及管理费费率、利润率均与定额相同,试确定其定额合价?

解 以《江苏省建筑与装饰工程计价定额》(2014 年)为例:

从第十三楼地面工程定额中查出花岗岩地面的定额项目在第 531 页,为该章第 47 个子目,即定额编号为 13-47。

根据判断可知,花岗岩地面分项工程内容与定额的工程内容一致,可直接套用该定额子目。

从定额表中可查出花岗岩地面 10 m² 的定额单价为 3 096.69 元,其中人工费为 323 元,材料费为 2 642.35 元,机械费为 8.63 元,管理费和利润分别为 82.91 元、39.8 元。

确定花岗岩地面的定额合价:3 096.69×180÷10=55 740.42(元)

例 1.3 某工程有普通花岗岩地面 180 m²,其构造:素水泥浆一道,20 mm 厚 1:3 水泥砂浆找平层,采用 10 mm 厚 1:2 水泥砂浆粘贴花岗岩,假设人工单价为 110 元/工日、管理费费率为 42%,利润率为 15%,其他材料、机械单价均与定额相同,试确定其定额合价?

解 以 2014 年《江苏省建筑与装饰工程计价定额》为例:

从第十三楼地面工程定额中查出花岗岩地面的定额项目在第 531 页,为该章第 47 个子目,即定额编号为 13-47。由于黏结砂浆定额考虑为 8 厚 1:1 水泥砂浆,需将 1:1 水泥砂浆换算成 1:2 水泥砂浆(定额单价为 275.64 元/m³),同时用量应按比例进行调整。

人工费 3.8×110=418(元/10 m²)

材料费 2 642.35-24.98+10÷8×0.081×275.64=2 645.28(元/10 m²)

机械费 8.63(元/10 m²)

管理费 (418+8.63)×42%=179.18(元/10 m²)

利润 (418+8.63)×15%=63.99(元/10 m²)

小计 3 315.08 元/10 m²

该花岗岩地面的定额合价 3 315.08×180÷10=59 671.44(元)

第三节 装饰预算定额"三量"的确定

建筑装饰工程预算定额中的"三量"是指人工、材料、机械三者的定额消耗数量。

一、人工消耗指标的确定

装饰工程预算定额中的人工消耗指标,主要根据装饰工程劳动定额的时间定额来确定,其内容是指完成一个定额单位的装饰产品所必需的各种用工量的总和。包括基本用工量和其他用工量。

1. 基本用工量

是指完成一个定额单位的装饰产品所必需的主要用工量。计算公式为:

基本用工量＝∑(工序工程量×对应的时间定额)

2. 其他用工量

是指劳动定额中没有包括而在编制预算定额时必须考虑的工时消耗。包括超运距用工、辅助用工和人工幅度差三部分。

(1) 超运距用工

是指编制装饰预算定额时,材料运输距离超过劳动定额规定的距离而需增加的工日数量。计算公式为:

超运距＝装饰预算定额的运距—劳动定额规定的运距

超运距用工量＝∑(超运距材料数量×对应的时间定额)

(2) 辅助用工

是指基本用工以外的材料加工等所需要的用工量。计算公式为:

辅助用工量＝∑(材料加工数量×对应的时间定额)

(3) 人工幅度差

是指劳动定额中没有包括,而在装饰预算定额中应考虑到的正常情况下不可避免的零星用工量。如各工种间的工序搭接及交叉作业互相配合或影响所发生的停歇用工;施工机械在单位工程之间转移及临时水电线路移运所造成的停工;质量检查和隐蔽工程验收工作的影响;班组操作地点转移用工;工序交接时对前一工序不可避免的修整用工;施工中不可避免的其他零星用工。人工幅度差的计算公式为:

人工幅度差＝(基本用工＋超运距用工＋辅助用工)×人工幅度差系数

人工幅度差系数一般为 10%～15%,在预算定额中,人工幅度差列入其他用工中。

综上所述,装饰工程预算定额中的人工消耗指标,可按下式计算:

综合人工工日数＝(基本用工＋超运距用工＋辅助用工)×(1＋人工幅度差系数)

二、材料消耗指标的确定

装饰预算定额项目中的材料消耗指标,应以施工定额中的材料消耗指标为计算基础。如果某些材料查不到材料消耗指标时,则应选择有代表性的图纸,经计算分析求得材料消耗指标。

装饰预算定额项目中的材料消耗指标,包括净用量和合理损耗量(如场内运输、堆放、操作损耗)等内容。计算公式如下:

装饰材料消耗量＝材料净用量＋损耗量＝(1＋材料损耗率)×材料净用量

三、机械台班消耗指标的确定

装饰预算定额项目中的机械台班消耗指标,是以"台班"为单位计量的。它是根据全国统一劳动定额中各种机械施工项目所规定的台班产量加上机械幅度差进行计算的。若按实际需要计算施工机械台班消耗时,不应再加机械幅度差。

机械幅度差:是指劳动定额中没有包括,而在编制预算定额时必须考虑的机械停歇引起的机械台班损耗量。其内容包括:机械转移工作面的损失时间、配套机械相互影响的损失时间、开工或结尾工作量不饱满的损失时间、临时停水停电影响的时间、检查工程质量影响机械操作的时间等。

第四节　装饰预算定额"三价"的确定

传统的装饰预算定额中的"三价"是指人工、材料和机械三者的定额预算价格。定额基价即为定额中的人工费、材料费、机械费之和。需要注意的是目前使用的计价定额,根据计价规范的要求,还应包括管理费和利润,即包括人工费、材料费、机械费、管理费、利润五项费用,五部分之和称为定额综合单价。

一、人工工资标准

人工工资标准是根据现行工资制度,以预算定额中装饰施工工人平均工资等级为基础,计算出基本(技能)工资后,再加上工资津贴、流动施工津贴、房租补贴、职工福利费、劳动保护费、生产工人辅助工资得出的。

江苏省企业职工技能工资标准共划分为 26 个等级,企业可根据经营状况,选用不同的工资系列。

对技能工资以外的各项费用,可按省、市、地区的具体规定计算,并折算成各级工资的月、日工资标准。

二、装饰材料预算价格

装饰材料包括各种材料、成品、半成品、零配件和预制构件等。装饰材料预算价格是指材料由来源地到达工地仓库或施工现场存放地点后的出库价格。

装饰材料费在装饰工程直接费中占有很大比重,对装饰工程造价具有很大影响。材料费是根据装饰预算定额规定的材料消耗量和材料预算价格计算出来的。因此,正确确定装饰材料的预算价格有利于提高预算质量,促进企业加强经济核算和降低工程成本。

1. 装饰材料预算价格的组成

装饰材料预算价格由材料原价、供应部门手续费、包装费、运杂费和采购保管费等组成。计算公式如下:

装饰材料预算价格=[材料原价×(1+供应部门手续费率)+包装费+运杂费]×(1+采购保管费率)-包装品回收价值

2. 装饰材料预算价格的确定

(1)装饰材料原价的确定

材料的原价通常是指材料的出厂价、市场采购价或批发价。材料在采购时,如不符合设计规格要求而必须经加工改制时,其加工费及加工损耗应计算在该材料原价内。对于进口材料应按国际市场价格加上关税、手续费及保险费等组成材料原价,也可按国际通用的材料到岸价或离岸价作为材料原价。

在确定材料原价时要注意:当材料规格与预算定额要求不一致时,应换算成相应规格的价格；当材料来源地、供应单位或生产厂家不同，一种材料有几种价格时，其原价应按不同价格的供货数量比例，采用加权平均的方法计算。

（2）装饰材料供应部门手续费

装饰材料供应部门手续费，是指装饰材料不能由生产厂家直接获得，而必须通过供应部门（如材料公司等）获得时，应支付给供应部门因从事有关业务活动的各种费用。

装饰工程施工中所需的主要装饰材料，其供应方式有2种：一种是生产厂家直接供应；另一种是经过材料供应部门等中间环节间接供应，此时应计算供应部门手续费。计算公式如下：

当某种材料全部由供应部门供应时：

供应部门手续费＝材料原价×供应部门手续费率

当某种材料部分由供应部门供应时：

供应部门手续费＝材料原价×供应部门手续费率×经仓比重

例 1.4 已知 42.5 级水泥的出厂价为每吨 350 元，经调查此地区有 70% 的用量需通过供应部门获得，供应部门手续费率为 3%，求供应部门手续费。

解 供应部门手续费＝350×3%×70%＝7.35（元/t）

（3）装饰材料包装费和包装品回收价值

① 包装费：是指为便于运输及保护材料、减少损耗而对材料进行包装所发生的费用。其计算有 2 种情况：a. 凡由生产厂家负责包装的材料，包装费已包含在材料原价内，不得再计算包装费，但包装品回收价值应从预算价格中扣除。b. 凡由采购单位自备包装容器的，应计算包装费并加入到材料预算价格内。材料包装费应按包装材料的出厂价格和正常的折旧摊销进行计算。其计算公式为：

自备包装容器包装＝［包装品原价×（1－回收量比重×回收价值比重）＋使用期间维修费］÷周转使用次数

② 包装品回收价值：是指对某些能周转使用的耐用包装品，按规定必须回收，应计取其回收残值。包装品回收价值，按当地旧、废包装器材出售价，或按生产主管部门规定的价格计算。其计算公式为：

包装品回收价值＝包装品原价×回收量比重×回收价值比重。

例 1.5 用火车运输原木，每车可装运原木 30 m³，需用包装材料：车立柱 12 根，每根 5元；铁丝 15 kg，每千克 4 元，求包装费和包装品的回收价值。（已知车立柱的回收量比重及回收价值比重分别为 70%、20%；铁丝的回收量比重及回收价值比重分别为 20%、50%）

解 木材的包装费计算：

每车木材的包装费＝12×5＋15×4＝120（元）

每立方米木材的包装费＝120÷30＝4（元/m³）

木材的包装费计算：

车立柱　5×20%×12×70%＝8.4（元）

铁丝　　4×50%×15×20%＝6.0（元）

每立方米木材的包装品回收价值＝(8.4＋6.0)/30＝0.48（元/m³）

（4）材料运杂费

材料运杂费是指材料由来源地或交货地运至施工工地仓库或堆放处全部过程中所发生的一切费用。主要包括车船等的运输费、调车或驳船费、装卸费及合理的运输损耗费。

材料运杂费通常按外埠运杂费与市内运杂费二段计算。材料运杂费在材料预算价格中占有较大比重，为了降低运杂费，应尽量"就地取材、就近采购"，缩短运输距离，并选择合理的运输方式。

材料运杂费应根据运输里程、运输方式、运输条件等分别按铁路、公路、船运、空运等部门规定的运价标准计算。当有多个来源地时，其运杂费应据供应的比重加权平均计算。

（5）材料采购及保管费

材料采购及保管费，是指材料部门在组织采购、供应和保管材料过程中所需要的各种费用。包括各级材料部门的职工工资、职工福利费、劳动保护费、差旅交通费及材料部门的办公费、管理费、固定资产使用费、工具用具使用费、材料试验费、材料过秤费等。

采购保管费率，目前各地区一般均执行统一规定的费率，如江苏省规定：建筑安装材料的采购保管费费率为2%（其中采购费率和保管费率各为1%）。但有些地区按材料分类并结合价值的大小而分为几种不同的标准。由建设单位供应的材料，施工单位只取保管费。

材料采购保管费＝（材料原价＋供应部门手续费＋包装费＋运杂费）×材料采购保管费率

例 1.6 某市某工程采用白水泥，选定甲、乙两个供货地点，甲地出厂价为 570 元/t，可供需要量的 70%；乙地出厂价为 590 元/t，可供需要量的 30%。采用汽车运输，甲地距工地 80 km；乙地距工地 60 km，求此白水泥的预算价格（已知：水泥袋回收比重为 60%，回收值每只为 0.4 元；汽运货物运费为 0.4 元/t·km，装、卸 1 次的装卸费为 20 元/t）

解

① 加权平均求原价

白水泥材料原价＝570×70%＋590×30%＝576（元/t）

② 不发生供应部门手续费

③ 包装费：水泥纸袋包装费已经包括在材料原价内，不能另计包装费，但应扣除包装品的回收价值，则

水泥袋回收价值＝20×60%×0.4＝4.80（元/t）

④ 运杂费

根据该地区的公路运价标准：汽运货物运费为 0.4 元/t·km，装卸费为 2 元/t（装、卸各 1 次），则运杂费为

80×0.4×70%＋60×0.40×30%＋20＝49.6（元/t）

⑤ 采购保管费

采购保管费率取 2%，则采购保管费为

（576＋49.6）×2%＝12.51（元）

⑥ 白水泥的预算价格为

576＋49.6＋12.51－4.8＝633.31（元/t）

三、施工机械台班使用费

施工机械台班使用费,是指一台施工机械在正常情况下,一个工作班中所需的全部费用。

提高装饰工程施工机械化水平,有利于提高劳动生产率,加快施工进度,减轻工人的体力劳动,有利于提高装饰工程质量和降低装饰工程成本。

1. 施工机械台班使用费的组成

施工机械台班使用费以"台班"为计量单位。一台机械工作一天(一天按8 h计算)即称为一个台班。一个台班中为使机械正常运转所支出和摊销的各种费用之和,就是施工机械台班使用费,或称机械台班预算价格。施工机械台班使用费按费用因素的性质划分为第一类费用和第二类费用。

(1)第一类费用。第一类费用主要包括:折旧费、大修费、经常修理费、替换设备工具费、润滑材料及擦拭材料费、安拆及辅助设施费、机械进退场费、机械保管费等。这些费用是根据施工机械的年工作制度确定的费用。不管机械使用与否,也不管施工地点和施工条件如何都需要支出,故又称为不变费用。它直接以货币形式分摊到施工机械台班使用费定额中。

(2)第二类费用。第二类费用主要包括:机上工作人员工资,施工机械运转所需电力、燃料、水和牌照税等。只有当机械运转时才会发生,故又称为可变费用。

2. 施工机械台班使用费的确定

根据《全国统一施工机械台班使用定额》,并结合各地区的人工工资标准、动力燃料价格和车船使用税,可以得出施工机械的工作台班费及停置费。

四、预算定额"三费"的调整方法

在装饰工程造价中,人工费、材料费、机械费占有很大比重,如何正确确定它们的数值显得非常重要。由于目前大多采用地区装饰工程预算定额(或地区单位估价表),其中的"三费"确定是采用某中心城市的人工工资标准、材料和机械台班预算价格进行编制的,同时,该定额具有一定的使用年限,所以,随着施工地点的不同和时间的推移,定额中的人工费、材料费、机械费必须随之调整,即按套定额计算出来的定额直接费,还应再加上此三者的市场价(或合同价)与定额价之间的差值。即:

调整后的直接费=总的定额基价+人工费调整+材料费调整+机械费调整

1. 人工费的调整

在定额使用年限内,由于人工工资标准的变化,定额中的人工费必须相应进行调整。由于装饰定额中的人工消耗指标皆为综合工日,故仅需根据合同人工单价或规定的现行人工单价标准进行调整。计算公式如下:

人工费的调整=定额总的人工工日数×(合同人工单价-定额人工单价)

例1.7 某装饰工程,经工料分析得出的总的综合工日数为2 600工日,已知定额人工单价为85元/工日,合同人工单价为110元/工日,试求人工费的调整值。

解 人工费调整值=2 600×(110-85)=65 000(元)

2. 机械费的调整

从现行施工机械台班费组成的构成分析可知,只要机械使用制度、人工工资单价、有关机械使用的材料(燃料、动力等)预算价格中任何一项发生变化,施工机械费就有可能要调整。机械费的调整方法一般有综合系数调整法和单项调整法 2 种。

(1)综合系数调整法

机械费调整值＝定额机械费×综合调整系数

综合调整系数由各地造价管理部门根据《全国统一施工机械台班使用定额》,并结合本地区的现行人工工资标准、动力燃料价格和车船使用税等确定。

(2)单项调整法

机械费调整值＝∑(某机械的现行单价－该机械定额单价)×机械台班数量

机械的现行单价应根据施工期间的各地区的现行施工机械台班费用定额查用。

究竟采用何种方法来调整机械预算价格,则应根据各地区的具体规定。大多数地区通常只对主要机械采用单项调整(定额中列出的机械),其他机械(在定额中通常以其他机械费出现,不列出具体机械的名称和数量)在一定时期内不进行调整或按系数调整。

目前对于机械费的调整,由于第一类费用在定额使用年限内基本保持不变,故一般只需调整第二类费用,即机上工作人员工资及动力燃料费。

3. 材料预算价格的调整

材料费调整,一般称为材料价差调整。材料价差简称材差,它是指建筑装饰工程材料的实际价格与定额取定材料价格之间的差额。其调整的方法主要有如下 2 种:

(1)综合系数调整法。采用综合系数调整法时,一般选定若干种主要材料作为调整的范围,并按材料差异占定额直接费(或定额材料费)的百分比确定调价幅度,此调价幅度即为调价系数,这种调整方法称为综合系数调整法。此调整系数由各地造价管理部门测定并定期公布。其计算公式为:

材料价差＝定额直接费(或材料费)×综合调整系数

在装饰工程中,由于装饰材料品种繁多,影响因素较多,即使是同种材料也可因规格、产地、厂家不同而不同,故一般不用综合系数调整法来调整材差。

(2)单项调整法。采用单项调整法时,通常是按照调整材料的规格、品种只划定调价范围,不规定调价幅度,其调整方法是按主要材料调整前后的价格差异(材料市场价或合同价与材料定额价)来进行单项材差调整。其计算公式为:

材料价差＝∑(某材料的现行的单价－该材料定额单价)×该材料的数量

在装饰工程中,由于影响装饰材料价格的因素较多,一般采用单项调整法来调整主要材料的材差。其他辅助材料在一定时期内不调整或按规定的系数进行调整。

另外,特别要注意的是,根据计价规范的要求定额综合单价应包含管理费和利润,而管理费和利润一般是以人工费加机械费为计算基础的,人工费或机械费调整了,管理费和利润也应按规定的费率进行相应调整。

第五节　装饰工程概算定额

一、定义

装饰工程概算定额是确定一定计量单位的扩大装饰分部分项工程的人工、材料、机械的消耗数量指标和综合价格,是在装饰预算定额基础上,根据有代表性的装饰工程、通用图集和标准图集等资料进行综合扩大而成(目前单独装饰工程概算定额还没有,但随着装饰事业的不断发展,为了满足装饰工程需要将来需要制定)。

二、装饰工程概算定额与预算定额形式上的区别

装饰工程预算定额的每一个项目编号是以分部分项工程来划分的,而概算定额是将预算定额中若干个分部分项工程综合成一个分部工程项目,是经过"综合"、"扩大"、"合并"而成的。因而概算定额使用更大的定额单位来表示。

三、概算定额的作用

概算定额是编制装饰设计概算、修正概算的主要依据;是编制主要装饰材料消耗量的依据;是进行装饰设计方案技术经济比较的依据;是确定装饰工程设计方案招标标底、投标报价的依据;是编制装饰概算指标的依据。

四、概算定额的编制

1. 概算定额的编制原则

(1)按平均水平确定装饰概算定额的原则。装饰概算定额是确定装饰产品概算的计价工具,其编制应遵守价值规律的客观要求,即按产品生产过程中所消耗的社会必要劳动时间来确定定额水平。所谓装饰概算定额的平均水平,是根据在现实的平均中等的生产条件、平均劳动熟练程度、平均劳动强度下,生产单位合格装饰产品所需消耗的劳动时间来确定的。(2)必须全面贯彻国家的方针、政策。装饰概算定额一经颁发执行即具有法令性。装饰概算定额的编制工作,实质上是一种立法工作。其影响面较广,在编制时必须全面贯彻国家的方针、政策。(3)装饰概算定额必须体现简明适用的原则。(4)为了事先确定工程造价,控制项目投资,概算定额要尽量少留活口或不留活口。

2. 概算定额的编制依据

(1)现行国家建筑装饰工程施工及验收规范、质检标准、技术安全操作规程和有关装饰标准图。(2)全国统一建筑装饰工程预算定额及各省、市、自治区现行装饰预算定额或单位估价表。(3)现行有关设计资料(各种现行设计标准规范;各种装饰通用标准图集;构件、产品的定型图集;其他有代表性的设计图纸)。(4)现行的人工工资标准、材料预算价格、机械台班预算价格、其他有关设备及构配件等价格资料。(5)新材料、新技术、新结构和先进经验资料等。

3. 概算定额的编制步骤

(1)准备阶段。根据国家主管部门对编制装饰概算定额的要求,组织各地建委、建行、设计、施工等部门人员参加编制。经过广泛调查分析研究,了解现行概算定额执行情况与存在的问题,编制范围,收集有关资料,在此基础上,确定编制细则和概算定额项目的划分。

(2)编制阶段。根据已制定的编制细则、定额项目划分和工程量计算规则,审查、熟悉和修改收集到的设计图纸和资料,综合确定人工幅度差、机械幅度差、材料损耗率等并计算出一个定额单位所消耗的人工、材料、机械台班数量,再根据本地区现行人工工资标准、材料预算价格、机械台班使用费,计算出装饰概算定额基价,最后编制出相应的概算定额初稿。初稿编制完成后,应将新旧概算定额进行比较,测算出新定额的定额水平,分析研究定额水平提高或降低的原因,从而对新概算定额初稿进行必要的修正。

（3）审查报批阶段。组织有关基建部门征求意见，讨论、修改概算定额初稿，经有关部门批准后交付印刷。

五、概算定额基准价

概算定额基准价又称扩大单价，是概算定额单位产品（扩大分部分项工程）所需全部人工费、材料费、施工机械使用费之和，是概算定额价格表现的具体形式。其计算公式为：

$$概算定额基准价 = 概算定额单位人工费 + 概算定额单位材料费$$
$$+ 概算定额单位施工机械使用费$$
$$= \sum(人工概算定额消耗量 \times 人工工资单价$$
$$+ 材料概算定额消耗量 \times 材料预算价格$$
$$+ 施工机械概算定额消耗量 \times 机械台班预算价格)$$

概算定额基准价一般多以省会城市的工资标准、材料预算价格和机械台班单价计算。在概算定额表中一般应列出基准价所依据的单价，并在附录中列出材料预算价格取定表。

复习思考题

1. 什么叫定额、施工定额、装饰工程预算定额及概算定额？

2. 简述人工幅度差的含义。

3. 简述本地区装饰工程预算定额的组成内容及作用。

4. 简述装饰预算定额中"三量"及"三价"是如何确定的？

5. 材料价差的调整方法有哪些？

6. 试以水泥砂浆铺贴花岗岩为例，说明定额项目包含的工程内容，并计算完成 280 m² 花岗岩楼面所需的主要材料用量。

7. 1∶1 水泥砂浆贴 75 mm×150 mm×8 mm 外墙面砖（勾缝），结合层厚度 10 mm，缝宽为 6 mm，缝深 3 mm，试计算 10 m² 墙面外贴墙砖的砂浆和外墙面砖的总消耗量？（外墙面砖、砂浆损耗率分别为 2.5%、2%）。

8. 查找本地区现行装饰工程计价定额，写出下列定额项目的工程内容、定额编号、定额单价、人工费、材料费、机械费、管理费、利润及主要材料消耗量。

（1）水泥砂浆粘贴 150 mm 高花岗岩踢脚线。

（2）干粉型黏结剂粘贴 300 mm×300 mm 同质砖楼面。

（3）楼梯面上钉铜防滑条。

（4）楼地面块料面层上进行酸洗打蜡。

（5）柱面干挂大理石（密缝）。

（6）切片板墙裙（木龙骨＋12 厘板＋五厘板＋切片板）。

（7）1.2 mm 镀钛不锈钢板包圆柱面（24 mm×30 mm 木龙骨＋18 厘板＋3 厘板＋不锈钢板）。

（8）装配式 U 型轻钢龙骨纸面石膏板吊顶（1 m 高吊筋直径 8 mm＋轻钢龙骨＋纸面石膏板，不上人型，面层规格 400 mm×400 mm，凹凸型）

（9）成品铝合金推拉窗安装。

（10）切片板实心门扇(细木工板上双面贴花式切片板，球形锁1把，铜铰链1副，塑料门吸1只)。

（11）双扇切片板门刷硝基清漆(润油粉2遍＋刮腻子＋硝基清漆磨退出亮)。

（12）墙裙基层龙骨刷防火漆3遍。

（13）天棚纸面石膏板面刷乳胶漆(清油封底＋满批腻子2遍＋刷乳胶漆3遍)。

（14）铝合金门窗成品保护。

（15）弧形石材磨指甲圆。

（16）切片板门套(木龙骨＋五厘板＋切片板)。

（17）120×12异形石材线条安装。

（18）成品红松阴角线条安装(60 mm×60 mm)。

（19）窗框木工板基层包不锈钢板。

（20）铝合金扣板雨篷。

第二章 装饰工程概(预)算费用

第一节 概述

一、装饰工程概(预)算的划分

1. 按工程性质划分

(1)单位工程概(预)算

单位工程概(预)算是确定单位工程建设费用的文件。它是根据设计图纸所计算的工程量,套用概(预)算定额,以及国家或地方造价主管部门的取费标准等资料来编制的。

单位工程概(预)算包括:一般土建工程,建筑装饰工程,给排水、采暖、煤气工程,通风、空调工程,电气设备安装工程概(预)算。

(2)工程建设其他费用概(预)算

工程建设其他费用概(预)算是指一切未包括在单位工程概(预)算之内的,但与整个建设工程有关,必须在基本建设投资中支付的一些费用的文件。如征用土地费、拆迁及青苗补偿费、建设单位日常管理费、生产职工培训费等。

工程建设其他费用概(预)算是根据设计文件,按照国家、地方主管部门规定的取费标准进行编制。工程建设其他费用概(预)算以独立的项目列入综合概(预)算或总概(预)算内。

(3)单项工程综合概(预)算

单项工程综合概(预)算是确定某一单项工程所需的建设费用文件,由该单项工程所包括的各单位工程概(预)算汇总而成。

单项工程综合概(预)算一般由编制说明及综合概(预)算表组成。

编制说明通常包括:工程概况,编制依据,主要设备和材料的数量,以及其他需说明的有关事项。

综合概(预)算表的主要内容包括:工程或费用名称,建筑工程费,设备安装工程费,设备购置费,工具器具及生产家具购置费,其他基本建设费,总费用合计,技术经济指标,占总投资的百分比等。

(4)建设项目总概(预)算

建设项目总概(预)算是确定某一建设项目从开始筹建一直到竣工验收的全部建设费用文件。该文件由建设项目的所有单项工程综合概(预)算以及工程建设其他费用概(预)算汇总而成。

(5)建设项目总概(预)算书应包括:编制说明,总概(预)算表及其包括的所有综合概(预)算表,其他费用概(预)算表等

2. 按设计阶段和作用划分

(1)设计概算

设计概算是在初步设计阶段由设计单位根据初步设计、概算定额或概算指标以及相应的取费标准计算的工程费用文件。它是初步设计文件的重要组成部分。设计概算一旦经主管部门批准后,它就应该成为该项工程投资的最高限额。

设计概算是确定基建投资数额,编制基建计划,控制基建拨款、贷款,以及控制施工图预算、评定设计方案是否经济合理的主要依据。

（2）修正概算

修正概算是在技术设计阶段由设计单位根据工程项目技术设计、概算定额或概算指标及相应的取费标准计算的工程费用文件。是技术设计文件的组成部分。

（3）施工图预算

施工图预算是根据施工图纸、现行的预算定额以及相应的取费标准计算的工程费用文件。

施工图预算是确定工程造价、实行经济核算、进行竣工决算的依据;是考核施工图设计是否经济合理性的依据;以施工图设计进行招投标的工程,施工图预算是编制工程招标标底和投标报价的依据;是甲、乙双方签订合同的依据;是银行拨款或贷款的依据。

（4）施工预算

施工预算是施工企业在单位工程开工前,根据施工图纸、施工定额并结合施工组织设计或设计方案而编制的实施性的计算工程项目总造价的文件。

施工预算是施工企业确定人工、材料计划,实行计划管理的依据。

施工预算是提高企业经营管理水平,加强经济核算的主要依据。

二、建筑装饰工程概(预)算体系

为了对装饰工程基本建设工程进行全面而有效的工程经济管理,在项目的各阶段都必须编制有关的经济文件,这些不同经济文件的投资额则要根据其主要内容要求,由不同测算工作来完成。投资额按装饰工程的建设程序进行分类,有如下几种:

1. 装饰工程投资估算

（1）概念

是指在投资前期(规划、项目建议书,可行性研究报告)阶段,建设单位向国家申请拟订建设项目或国家对拟订建设项目进行决策时,确定建设项目在规划、项目建议书、可行性研究报告等不同阶段的相应投资总额而编制的经济文件。

（2）编制依据:装饰工程估算指标、初步设计方案和现场勘探资料

（3）主要作用

是国家决定拟订建设项目是否继续进行研究的依据;是国家审批项目建议书的依据;是国家审批建设项目可行性研究报告的依据;是国家编制中长期规划和保持合理投资结构的依据。

可行性研究报告被批准后,投资估算就作为控制初步设计概(预)算的依据,也是国家对建设项目所下达的投资限额,并可作为资金筹措计划的依据。

2. 装饰工程概算

（1）概念

装饰工程概算又分为设计概算(设计阶段)和修正概算(技术设计阶段)两种。概算是由设计单位编制的用来确定建设项目从筹建至竣工验收的全部建设费用的经济文件。是设计文件的重要组成部分。

（2）编制依据

设计图纸、概算定额、取费标准、建设地区的自然条件和技术经济条件等资料。

（3）作用

是国家确定和控制装饰工程基本建设投资总额的依据;是国家安排装饰工程基本建设

计划的依据；是选择最优设计方案的依据。

建设项目的总概算一经批准，在其后的其他阶段是不能随意突破的。

3. 装饰工程施工图预算

（1）概念

是在装饰工程施工图设计阶段，由施工单位进行编制的用于确定装饰工程工程造价的经济文件。它是以单位工程为编制对象，以分项工程来划分项目，按相应的装饰预算定额及取费标准编制的经济文件。

（2）编制依据

施工图图纸及说明、施工组织设计（或施工方案）、地区装饰预算定额、取费标准、造价信息等资料。

（3）作用

是建行拨付工程价款的依据；是建设单位、设计单位进行设计方案比较的依据；是确定装饰工程造价、标底、报价的依据；是签订装饰工程施工合同的依据；是装饰工程结算和决算的依据；是装饰施工企业经营管理和经济核算的依据。

4. 装饰工程施工预算

（1）概念

是装饰施工单位在施工阶段，在装饰工程施工图预算的控制下，用于确定装饰工程项目（或单位工程、分部工程、分项工程）所需人工、材料、机械台班消耗数量及其他相应费用的经济文件。

（2）编制依据

施工定额、施工图纸、施工组织设计（或分部分项工程施工方案）和其他有关技术资料。

（3）作用

是装饰施工企业内部进行成本控制和核算的依据；是装饰施工企业内部进行劳动组织和安排的依据；是装饰施工企业内部进行材料和机械管理的依据；是装饰施工企业内部进行材料和机械管理的依据。

5. 标底

（1）概念

实行招标的装饰工程项目，一般由招标单位对发包工程，按发包工程的内容（通常由工程量清单来明确）、设计文件、合同条件及装饰预算资料等进行编制的（通常是由招标单位委托有资质的造价咨询单位编制）。标底一般以设计概算和施工图预算为基础，以其中的建筑装饰工程费为主，且不准超过批准的概算或施工图预算。

（2）编制依据

施工图预算、招标文件、设计图纸。

（3）作用

是确定装饰工程合同价款的主要依据；是衡量投标人报价水平高低的依据。

6. 报价

（1）概念

是由装饰施工单位根据招标文件及有关定额（有时往往是投标单位根据自身的施工经验与管理水平所制定的企业定额）和招标项目所在地区的自然、社会、经济条件及施工组织设计（方案）和投标单位自身条件，计算完成招标工程所需各项费用的经济文件。

（2）编制依据

施工图预算、招标文件、装饰设计图纸、投标策略等。

（3）作用

是投标文件的重要组成部分；是投标工作的关键和核心；是决定是否中标的主要依据；是装饰工程承包合同价的基础。

报价同施工预算比较接近，但不同于施工预算。报价的费用组成和计算方法与概（预）算类似，但其编制体系和要求不同于概（预）算，尤其在目前招投标工程中，一般采用单价合同，因而使报价的费用分摊同概（预）算的费用计算方式有很大差别。总的看来，报价和概（预）算的差别主要表现在两个方面：一是概（预）算文件必须按国家有关规定进行编制，尤其是各种费用的计算，必须按规定的费率进行，不能任意修改；而报价则可根据投标单位的实际情况进行计算，更能体现投标单位的实际水平。二是概（预）算编制完成以后，必须经建设单位或其主管部门、建设银行等审查批准后才能作为建设单位与施工单位结算工程价款的依据；而报价则可根据投标单位对工程和招标文件的理解程度，在概（预）算造价基础上上下浮动，无需预先送交建设单位审核。因此，报价比概（预）算更复杂，也比概（预）算更灵活。

报价与标底有极为密切的关系，标底同概（预）算的性质很相近，编制方式也类似，都有较为严格的要求。报价则比标底编制要灵活，虽然二者有很明显的差别，并且从不同角度来对同一工程的价值进行预测，计算结果很难相同，但又有极为密切的相关关系。如在评标过程中，一般都规定，报价不应超过标底的一定幅度，否则即视为废标。由此可见确定一个合理的报价，非常重要。随着建设工程投资体制的进一步改革、建设工程招投标制度的进一步完善和建设施工监理制度的普遍推广，将会进一步加强和完善标底与报价这两种测算工作，也必然会使各方面和更多的人认识这两种测算的重要性，从而把它们做得更好。

7. 工程结算

装饰工程生产周期长，投资大，若等工程全部竣工再结算，必然使施工单位资金发生困难。因此装饰施工单位在施工过程中所消耗的生产资料、支付给工人的报酬及所需的周转资金，必须定期向建设单位结算以得到补偿。装饰工程价款结算，一般以实际完成的工程量、有关合同单价及施工过程中现场实际情况的变化资料（工程变更、施工记录等）计算当月应付的工程价款。施工单位将实际完成的工程内容、工程量填入各种报表，按月送交驻工地监理工程师验收签证，然后向建设单位提交当月工程价款结算单。根据结算应付的工程价款经总监理工程师签认的支付证书，财务部门才能转账。

由于具体工程项目的不同，工程价款的结算方法有多种形式。建设银行1990年实行的《建设工程价款结算办法》第五条规定：建设工程价款结算可以根据不同情况采用多种形式：（1）按月结算；（2）竣工后结算；（3）分段结算；（4）约定的其他方式结算。

8. 竣工决算

（1）概念

竣工决算是指在装饰项目完工后竣工验收阶段，由建设单位编制的建设项目从筹建到全部竣工的各项建设费用的技术经济文件。

（2）作用

是装饰工程竣工验收、交付使用的依据；是建设项目财务总结，银行对其实行监督的必要手段；通过编制竣工决算可及时总结基本建设经验，积累各项技术经济资料；正确编制竣工决算,有利于正确进行设计概算、施工图预算、竣工决算之间的"三算"比较。

（3）主要内容

包括文字说明和决算报表两部分:

① 文字说明

主要包括工程概况、设计概算和基建规划执行情况、各项技术经济指标完成情况、各项拨款(或贷款)使用情况、建设成本和投资效果分析、建设过程中的主要经验、存在问题和解决意见等。

② 决算报表

大中型项目包括:竣工工程概况表、竣工财务决算表、交付使用财产明细表。

小型项目包括:竣工决算总表和交付使用财产明细表。

表格的详细内容及具体做法按地方基建主管部门的规定填报。

综上所述,估算、概算、预算、标底、报价和结算以及决算都是以价值形态贯穿整个投资过程之中,从申请建设项目,确定和控制基本建设投资额,进行基建经济管理和施工单位进行经济核算,到最后以决算形成企(事)业单位的固定资产,构成了一个有机的整体,缺一不可。因此,从一定意义上讲,它们是基本建设投资活动的血液,也是连接参与项目经济活动各经济实体的纽带。申报项目要编制投资估算,设计要编制概算和施工图预算,招标要编制标底,投标要编制报价,施工前要编制施工预算,施工过程中要进行结算,施工完成后要编制决算,并且一般还要求决算不能超过预算,预算不能超过概算,概算不能超过估算所允许的幅度范围,结算不能突破合同价的允许范围,合同价不能偏离报价与标底太多,而报价(指中标价)则不能超出标底的规定幅度范围,并且标底不允许超过概算。总之,各种测算环环相扣,紧密相连,共同对投资额进行有序控制。

三、建设项目费用的组成

建设项目费用是指建设项目按照既定的建设内容、建设规模、建设标准、工期,全部建成并经验收合格交付使用所需的全部费用。内容包括:建筑安装工程费(包括装饰工程费)、设备及工器具购置费、工程建设其他费用等。

1. 建筑安装工程费

建筑安装工程费是指设计范围内的建筑工程费和安装工程费。

（1）建筑工程费

建筑工程费是指建设项目设计范围的建设场地平整、竖向布置土石方工程费;各类建筑物(包括装饰物)及其附属的室内供水、供热、卫生、电气、燃气、通风空调、弱电等设备及管线安装工程费;各类设备基础、地沟、水池、水塔、烟囱烟道、围墙、土墙、厂区道路、绿化等工程费;铁路专用线、厂外道路、码头等工程费。

（2）安装工程费

安装工程费是指主要生产、辅助生产、公用等单项工程中需要安装的工艺、电气、自动控制、运输、供热和制冷等设备、装置安装工程费;各种工艺、管道安装及衬里、防腐、保温等工程费;供电、通信、自控等管线的安装工程费。

2. 设备及工器具购置费

设备及工器具购置费是指按照项目设计文件要求,建设单位(或其委托单位)购置或自制达到固定资产标准的设备和为保证新建、改建、扩建项目初期正常生产、使用和管理所必须购置的办公和生产用家具、用具的费用。它由设备及工器具原价和包括设备成套公司服务费在内的运杂费组成。

3. 工程建设其他费

工程建设其他费主要包括土地使用费,建设单位管理费,研究试验费,勘察设计费,工程保险费、供、配电贴费,生产准备费,引进技术和进口设备其他费,施工机构迁移费,联合试运转费,建设期贷款利息,固定资产投资方向调节税(自 2000 年 1 月 1 日起新发生的投资额,暂停征收固定资产投资方向调节税),预备费(包括基本预备费和工程造价调整预备费)等。

第二节 建筑安装工程费用项目组成

一、建筑安装工程费用项目组成

为适应深化工程计价改革的需要,根据国家有关法律、法规及相关政策,住房和城乡建设部、财政部于 2013 年 3 月 21 日出台了《关于印发〈建筑安装工程费用项目组成〉的通知》(建标〔2013〕44 号),规定建筑安装工程费用项目按费用构成要素组成,划分为人工费、材料费、施工机具使用费、企业管理费、利润、规费和税金;建筑安装工程费用按工程造价形成顺序,划分为分部分项工程费、措施项目费、其他项目费、规费和税金。

二、按费用构成要素划分

建筑安装工程费按照费用构成要素组成见图 2.1,由人工费、材料(包含工程设备,下同)费、施工机具使用费、企业管理费、利润、规费和税金组成。其中人工费、材料费、施工机具使用费、企业管理费和利润包含在分部分项工程费、措施项目费、其他项目费中。

1. 人工费

是指按工资总额构成规定,支付给从事建筑安装工程施工的生产工人和附属生产单位工人的各项费用。内容包括:

(1) 计时工资或计件工资:是指按计时工资标准和工作时间或对已做工作按计件单价支付给个人的劳动报酬。

(2) 奖金:是指对超额劳动和增收节支支付给个人的劳动报酬。如节约奖、劳动竞赛奖等。

(3) 津贴补贴:是指为了补偿职工特殊或额外的劳动消耗和因其他特殊原因支付给个人的津贴,以及为了保证职工工资水平不受物价影响支付给个人的物价补贴。如流动施工津贴、特殊地区施工津贴、高温(寒)作业临时津贴、高空津贴等。

(4) 加班加点工资:是指按规定支付的在法定节假日工作的加班工资和在法定日工作时间外延时工作的加点工资。

(5) 特殊情况下支付的工资:是指根据国家法律、法规和政策规定,因病、工伤、产假、计划生育假、婚丧假、事假、探亲假、定期休假、停工学习、执行国家或社会义务等原因按计时工资标准或计时工资标准的一定比例支付的工资。

2. 材料费

是指施工过程中耗费的原材料、辅助材料、构配件、零件、半成品或成品、工程设备的费用。内容包括:

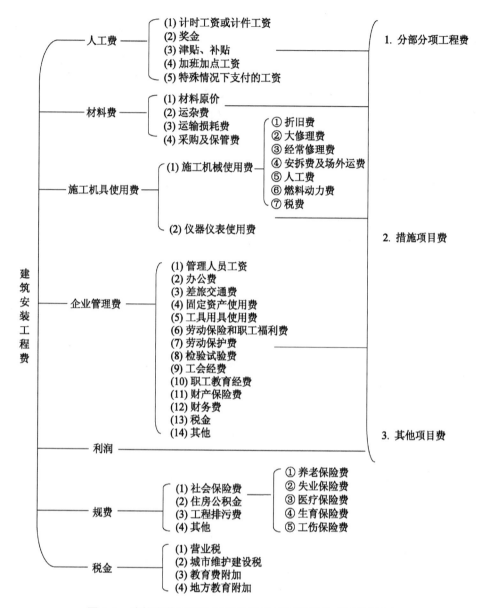

图 2.1　建筑安装工程费用项目组成表(按费用构成要素划分)

（1）材料原价：是指材料、工程设备的出厂价格或商家供应价格。

（2）运杂费：是指材料、工程设备自来源地运至工地仓库或指定堆放地点所发生的全部费用。

（3）运输损耗费：是指材料在运输装卸过程中不可避免的损耗。

（4）采购及保管费：是指为组织采购、供应和保管材料、工程设备的过程中所需要的各项费用。包括采购费、仓储费、工地保管费、仓储损耗。

工程设备是指构成或计划构成永久工程一部分的机电设备、金属结构设备、仪器装置及其他类似的设备和装置。

3.　施工机具使用费

是指施工作业所发生的施工机械、仪器仪表使用费或其租赁费。

（1）施工机械使用费：以施工机械台班耗用量乘以施工机械台班单价表示，施工机械台班单价应由下列 7 项费用组成：① 折旧费：指施工机械在规定的使用年限内，陆续收回其原值的费用。② 大修理费：指施工机械按规定的大修理间隔台班进行必要的大修理，以恢复其正常功能所需的费用。③ 经常修理费：指施工机械除大修理以外的各级保养和临时故障排除所需的费用。包括为保障机械正常运转所需替换设备与随机配备工具附具的摊销和维护费用，机械运转中日常保养所需润滑与擦拭的材料费用及机械停滞期间的维护和保养费用等。④ 安拆费及场外运费：安拆费指施工机械（大型机械除外）在现场进行安装与拆卸所需的人工、材料、机械和试运转费用以及机械辅助设施的折旧、搭设、拆除等费用；场外运费指施工机械整体或分体自停放地点运至施工现场或由一施工地点运至另一施工地点的运输、装卸、辅助材料及架线等费用。⑤ 人工费：指机上司机（司炉）和其他操作人员的人工费。⑥ 燃料动力费：指施工机械在运转作业中所消耗的各种燃料及水、电等。⑦ 税费：指施工机械按照国家规定应缴纳的车船使用税、保险费及年检费等。

（2）仪器仪表使用费：是指工程施工所需使用的仪器仪表的摊销及维修费用。

4. 企业管理费

是指建筑安装企业组织施工生产和经营管理所需的费用。内容包括：

（1）管理人员工资：是指按规定支付给管理人员的计时工资、奖金、津贴补贴、加班加点工资及特殊情况下支付的工资等。

（2）办公费：是指企业管理办公用的文具、纸张、账表、印刷、邮电、书报、办公软件、现场监控、会议、水电、烧水和集体取暖降温（包括现场临时宿舍取暖降温）等费用。

（3）差旅交通费：是指职工因公出差、调动工作的差旅费、住勤补助费，市内交通费和误餐补助费，职工探亲路费，劳动力招募费，职工退休、退职一次性路费，工伤人员就医路费，工地转移费以及管理部门使用的交通工具的油料、燃料等费用。

（4）固定资产使用费：是指管理和试验部门及附属生产单位使用的属于固定资产的房屋、设备、仪器等的折旧、大修、维修或租赁费。

（5）工具用具使用费：是指企业施工生产和管理使用的不属于固定资产的工具、器具、家具、交通工具和检验、试验、测绘、消防用具等的购置、维修和摊销费。

（6）劳动保险和职工福利费：是指由企业支付的职工退职金、按规定支付给离休干部的经费，集体福利费、夏季防暑降温、冬季取暖补贴、上下班交通补贴等。

（7）劳动保护费：是企业按规定发放的劳动保护用品的支出。如工作服、手套、防暑降温饮料以及在有碍身体健康的环境中施工的保健费用等。

（8）检验试验费：是指施工企业按照有关标准规定，对建筑以及材料、构件和建筑安装物进行一般鉴定、检查所发生的费用，包括自设试验室进行试验所耗用的材料等费用。不包括新结构、新材料的试验费，对构件做破坏性试验及其他特殊要求检验试验的费用和建设单位委托检测机构进行检测的费用，对此类检测发生的费用，由建设单位在工程建设其他费用中列支。但对施工企业提供的具有合格证明的材料进行检测不合格的，该检测费用由施工企业支付。

（9）工会经费：是指企业按《工会法》规定的全部职工工资总额比例计提的工会经费。

（10）职工教育经费：是指按职工工资总额的规定比例计提，企业为职工进行专业技术和职业技能培训，专业技术人员继续教育、职工职业技能鉴定、职业资格认定以及根据需要对职工进行各类文化教育所发生的费用。

（11）财产保险费：是指施工管理用财产、车辆等的保险费用。

（12）财务费：是指企业为施工生产筹集资金或提供预付款担保、履约担保、职工工资支付担保等所发生的各种费用。

（13）税金：是指企业按规定缴纳的房产税、车船使用税、土地使用税、印花税等。

（14）其他：包括技术转让费、技术开发费、投标费、业务招待费、绿化费、广告费、公证费、法律顾问费、审计费、咨询费、保险费等。

5. 利润

是指施工企业完成所承包工程获得的盈利。

6. 规费

是指按国家法律、法规规定，由省级政府和省级有关权力部门规定必须缴纳或计取的费用。包括：

（1）社会保险费

① 养老保险费：是指企业按照规定标准为职工缴纳的基本养老保险费。② 失业保险费：是指企业按照规定标准为职工缴纳的失业保险费。③ 医疗保险费：是指企业按照规定标准为职工缴纳的基本医疗保险费。④ 生育保险费：是指企业按照规定标准为职工缴纳的生育保险费。⑤ 工伤保险费：是指企业按照规定标准为职工缴纳的工伤保险费。

（2）住房公积金

是指企业按规定标准为职工缴纳的住房公积金。

（3）工程排污费

是指按规定缴纳的施工现场工程排污费。

（4）其他应列而未列入的规费

按实际发生计取。

7. 税金

是指国家税法规定的应计入建筑安装工程造价内的营业税、城市维护建设税、教育费附加以及地方教育附加。

三、按造价形成划分

建筑安装工程费按照工程造价形成见图2.2，由分部分项工程费、措施项目费、其他项目费、规费、税金组成，分部分项工程费、措施项目费、其他项目费包含人工费、材料费、施工机具使用费、企业管理费和利润。

1. 分部分项工程费

是指各专业工程的分部分项工程应予列支的各项费用。

（1）专业工程：是指按现行国家计量规范划分的房屋建筑与装饰工程、仿古建筑工程、通用安装工程、市政工程、园林绿化工程、矿山工程、构筑物工程、城市轨道交通工程、爆破工程等各类工程。

（2）分部分项工程：指按现行国家计量规范对各专业工程划分的项目。如房屋建筑与装饰工程划分的土石方工程、地基处理与桩基工程、砌筑工程、钢筋及钢筋混凝土工程等。

各类专业工程的分部分项工程划分参见现行国家或行业计量规范。

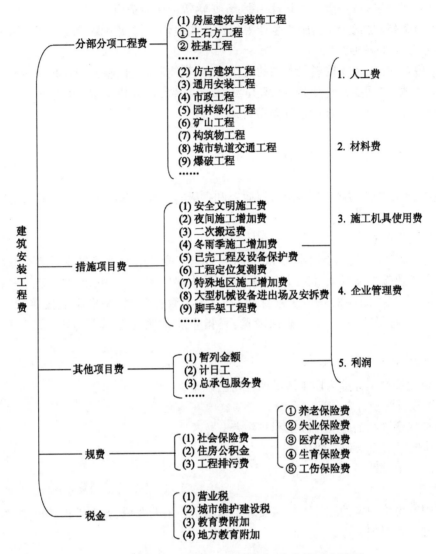

图 2.2　建筑安装工程费用项目组成表(按造价形成划分)

2. 措施项目费

是指为完成建设工程施工,发生于该工程施工前和施工过程中的技术、生活、安全、环境保护等方面的费用。内容包括:

(1) 安全文明施工费:① 环境保护费:是指施工现场为达到环保部门要求所需要的各项费用。② 文明施工费:是指施工现场文明施工所需要的各项费用。③ 安全施工费:是指施工现场安全施工所需要的各项费用。④ 临时设施费:是指施工企业为进行建设工程施工所必须搭设的生活和生产用的临时建筑物、构筑物和其他临时设施费用。包括临时设施的搭设、维修、拆除、清理费或摊销费等。

(2) 夜间施工增加费:是指因夜间施工所发生的夜班补助费、夜间施工降效、夜间施工照明设备摊销及照明用电等费用。

(3) 二次搬运费:是指因施工场地条件限制而发生的材料、构配件、半成品等一次运输不能到达堆放地点,必须进行二次或多次搬运所发生的费用。

（4）冬雨季施工增加费：是指在冬季或雨季施工需增加的临时设施、防滑、排除雨雪,人工及施工机械效率降低等费用。

（5）已完工程及设备保护费：是指竣工验收前,对已完工程及设备采取的必要保护措施所发生的费用。

（6）工程定位复测费：是指工程施工过程中进行全部施工测量放线和复测工作的费用。

（7）特殊地区施工增加费：是指工程在沙漠或其边缘地区、高海拔、高寒、原始森林等特殊地区施工增加的费用。

（8）大型机械设备进出场及安拆费：是指机械整体或分体自停放场地运至施工现场或由一个施工地点运至另一个施工地点,所发生的机械进出场运输及转移费用及机械在施工现场进行安装、拆卸所需的人工费、材料费、机械费、试运转费和安装所需的辅助设施的费用。

（9）脚手架工程费：是指施工需要的各种脚手架搭、拆、运输费用以及脚手架购置费的摊销（或租赁）费用。

措施项目及其包含的内容详见各类专业工程的现行国家或行业计量规范。

3. 其他项目费

（1）暂列金额：是指建设单位在工程量清单中暂定并包括在工程合同价款中的一笔款项。用于施工合同签订时尚未确定或者不可预见的所需材料、工程设备、服务的采购,施工中可能发生的工程变更、合同约定调整因素出现时的工程价款调整以及发生的索赔、现场签证确认等的费用。

（2）计日工：是指在施工过程中,施工企业完成建设单位提出的施工图纸以外的零星项目或工作所需的费用。

（3）总承包服务费：是指总承包人为配合、协调建设单位进行的专业工程发包,对建设单位自行采购的材料、工程设备等进行保管以及施工现场管理、竣工资料汇总整理等服务所需的费用。

4. 规费

是指按国家法律、法规规定,由省级政府和省级有关权力部门规定必须缴纳或计取的费用。

5. 税金

是指国家税法规定的应计入建筑安装工程造价内的营业税、城市维护建设税、教育费附加以及地方教育附加。

第三节　江苏省建筑装饰工程费用定额

为了规范建设工程计价行为,合理确定和有效控制工程造价,根据《建设工程工程量清单计价规范》(GB 50500—2013)及其 9 本计算规范和《建筑安装工程费用项目组成》(建标〔2013〕44 号)等有关规定,结合江苏省实际情况,江苏省住房和城乡建设厅组织编制了《江苏省建设工程费用定额》(以下简称"费用定额")。该费用定额为合订本,包括建筑、装饰、安装、市政、仿古建筑及园林绿化、房屋修缮、城市轨道交通工程等单位工程。以下仅对单独装饰工程有关的部分内容作一简单介绍。

一、使用说明

（1）费用定额是编制设计概算、施工图预（结）算、最高投标限价（招标控制价）、标底以及调解处理工程造价纠纷的依据；是确定投标价、工程结算审核的指导；也可作为企业内部核算和制订企业定额的参考。

（2）费用定额适用于在江苏省行政区域内新建、扩建和改建的建筑与装饰工程，与江苏省现行的建筑与装饰工程计价定额配套使用，原有关规定与本定额不一致的，按照本定额规定执行。

（3）费用定额中的费用内容是由分部分项工程费、措施项目费、其他项目费、规费和税金组成。其中，安全文明施工措施费、规费和税金为不可竞争费，应按规定标准计取。

（4）包工包料、包工不包料和点工说明：① 包工包料：是施工企业承包工程用工、材料、机械的方式。② 包工不包料：指只承包工程用工的方式。施工企业自带施工机械和周转材料的工程按包工包料标准执行。③ 点工：适用于在建设工程中由于各种因素所造成的损失、清理等不在定额范围内的用工。④ 包工不包料、点工的临时设施应由建设单位（发包人）提供。

二、费用项目划分

装饰工程造价由分部分项工程费、措施项目费、其他项目费、规费和税金组成。

1. 分部分项工程费

装饰工程分部分项工程费是指装饰工程的分部分项工程应予列支的各项费用，由人工费、材料费、施工机具使用费、企业管理费和利润构成。

（1）人工费是指按工资总额构成规定，支付给从事建筑安装工程施工的生产工人和附属生产单位工人的各项费用。内容包括：① 计时工资或计件工资：是指按计时工资标准和工作时间或对已做工作按计件单价支付给个人的劳动报酬。② 奖金：是指对超额劳动和增收节支支付给个人的劳动报酬。如节约奖、劳动竞赛奖等。③ 津贴补贴：是指为了补偿职工特殊或额外的劳动消耗和因其他特殊原因支付给个人的津贴，以及为了保证职工工资水平不受物价影响支付给个人的物价补贴。如流动施工津贴、特殊地区施工津贴、高温（寒）作业临时津贴、高空津贴等。④ 加班加点工资：是指按规定支付的在法定节假日工作的加班工资和在法定日工作时间外延时工作的加点工资。⑤ 特殊情况下支付的工资：是指根据国家法律、法规和政策规定，因病、工伤、产假、计划生育假、婚丧假、事假、探亲假、定期休假、停工学习、执行国家或社会义务等原因按计时工资标准或计时工资标准的一定比例支付的工资。

（2）材料费是指在装饰工程施工过程中耗费的原材料、辅助材料、构配件、零件、半成品或成品、工程设备的费用。内容包括：① 材料原价：是指材料、工程设备的出厂价格或商家供应价格。② 运杂费：是指材料、工程设备自来源地运至工地仓库或指定堆放地点所发生的全部费用。③ 运输损耗费：是指材料在运输装卸过程中不可避免的损耗。④ 采购及保管费：是指为组织采购、供应和保管材料、工程设备的过程中所需要的各项费用。包括采购费、仓储费、工地保管费、仓储损耗。

工程设备是指房屋建筑及其配套的构成或计划构成永久工程一部分的机电设备、金属结构设备、仪器装置等建筑设备，包括附属工程中电气、采暖、通风空调、给排水、通信及建筑智能等为房屋功能服务的设备,不包括工艺设备。具体划分标准见《建设工程计价设备材料划分标准》(GB/T 50531—2009)。明确由建设单位提供的建筑设备,其设备费用不作为计取税金的基数。

(3) 施工机具使用费是指装饰施工作业所发生的施工机械、仪器仪表使用费或其租赁费。包含以下内容:

① 施工机械使用费:以施工机械台班耗用量乘以施工机械台班单价表示,施工机械台班单价应由下列七项费用组成:a. 折旧费:指施工机械在规定的使用年限内,陆续收回其原值的费用。b. 大修理费:指施工机械按规定的大修理间隔台班进行必要的大修理,以恢复其正常功能所需的费用。c. 经常修理费:指施工机械除大修理以外的各级保养和临时故障排除所需的费用。包括为保障机械正常运转所需替换设备与随机配备工具附具的摊销和维护费用,机械运转中日常保养所需润滑与擦拭的材料费用及机械停滞期间的维护和保养费用等。d. 安拆费及场外运费:安拆费指施工机械(大型机械除外)在现场进行安装与拆卸所需的人工、材料、机械和试运转费用以及机械辅助设施的折旧、搭设、拆除等费用;场外运费指施工机械整体或分体自停放地点运至施工现场或由一施工地点运至另一施工地点的运输、装卸、辅助材料及架线等费用。e. 人工费:指机上司机(司炉)和其他操作人员的人工费。f. 燃料动力费:指施工机械在运转作业中所消耗的各种燃料及水、电等。g. 税费:指施工机械按照国家规定应缴纳的车船使用税、保险费及年检费等。

② 仪器仪表使用费:是指工程施工所需使用的仪器仪表的摊销及维修费用。

(4) 企业管理费是指施工企业组织装饰施工生产和经营管理所需的费用。内容包括:

① 管理人员工资:是指按规定支付给管理人员的计时工资、奖金、津贴补贴、加班加点工资及特殊情况下支付的工资等。

② 办公费:是指企业管理办公用的文具、纸张、账表、印刷、邮电、书报、办公软件、监控、会议、水电、燃气、采暖、降温等费用。

③ 差旅交通费:是指职工因公出差、调动工作的差旅费、住勤补助费,市内交通费和误餐补助费,职工探亲路费,劳动力招募费,职工退休、退职一次性路费,工伤人员就医路费,工地转移费以及管理部门使用的交通工具的油料、燃料等费用。

④ 固定资产使用费:指企业及其附属单位使用的属于固定资产的房屋、设备、仪器等的折旧、大修、维修或租赁费。

⑤ 工具用具使用费:是指企业施工生产和管理使用的不属于固定资产的工具、器具、家具、交通工具和检验、试验、测绘、消防用具等的购置、维修和摊销费,以及支付给工人自备工具的补贴费。

⑥ 劳动保险和职工福利费:是指由企业支付的职工退职金、按规定支付给离休干部的经费、集体福利费、夏季防暑降温、冬季取暖补贴、上下班交通补贴等。

⑦ 劳动保护费:是企业按规定发放的劳动保护用品的支出。如工作服、手套、防暑降温饮料、高危险工作工种施工作业防护补贴以及在有碍身体健康的环境中施工的保健费用等。

⑧ 工会经费:是指企业按《工会法》规定的全部职工工资总额比例计提的工会经费。

⑨ 职工教育经费:是指按职工工资总额的规定比例计提,企业为职工进行专业技术和职业技能培训,专业技术人员继续教育、职工职业技能鉴定、职业资格认定以及根据需要对职工进行各类文化教育所发生的费用。

⑩ 财产保险费:指企业管理用财产、车辆的保险费用。

⑪ 财务费:是指企业为施工生产筹集资金或提供预付款担保、履约担保、职工工资支付担保等所发生的各种费用。

⑫ 税金:指企业按规定交纳的房产税、车船使用税、土地使用税、印花税等。

⑬ 意外伤害保险费:企业为从事危险作业的建筑安装施工人员支付的意外伤害保险费。

⑭ 工程定位复测费:是指工程施工过程中进行全部施工测量放线和复测工作的费用。建筑物沉降观测由建设单位直接委托有资质的检测机构完成,费用由建设单位承担,不包含在工程定位复测费中。

⑮ 检验试验费:是施工企业按规定进行建筑材料、构配件等试样的制作、封样、送达和其他为保证工程质量进行的材料检验试验工作所发生的费用。

不包括新结构、新材料的试验费,对构件(如幕墙、预制桩、门窗)做破坏性试验所发生的试样费用和根据国家标准和施工验收规范要求对材料、构配件和建筑物工程质量检测检验发生的第三方检测费用,对此类检测发生的费用,由建设单位承担,在工程建设其他费用中列支。但对施工企业提供的具有合格证明的材料进行检测不合格的,该检测费用由施工企业支付。

⑯ 非建设单位所为4小时以内的临时停水停电费用。

⑰ 企业技术研发费:建筑企业为转型升级、提高管理水平所进行的技术转让、科技研发,信息化建设等费用。

⑱ 其他:业务招待费、远地施工增加费、劳务培训费、绿化费、广告费、公证费、法律顾问费、审计费、咨询费、投标费、保险费、联防费、施工现场生活用水电费等等。

(5)利润是指施工企业完成所承包装饰工程获得的盈利。

2. 措施项目费

措施项目费是指为完成装饰工程施工,发生于该工程施工前和施工过程中的技术、生活、安全、环境保护等方面的费用。

根据现行工程量清单计算规范,措施项目费分为单价措施项目与总价措施项目。

(1)单价措施项目是指在现行工程量清单计算规范中有对应工程量计算规则,按人工费、材料费、施工机具使用费、管理费和利润形式组成综合单价的措施项目。单价措施项目装饰专业包括项目为:脚手架工程;混凝土模板及支架(撑);垂直运输;超高施工增加;大型机械设备进出场及安拆;施工排水、降水。

(2)总价措施项目是指在现行工程量清单计算规范中无工程量计算规则,以总价(或计算基础乘费率)计算的措施项目。其中装饰工程可能发生的通用的总价措施项目如下:

① 安全文明施工:为满足施工安全、文明、绿色施工以及环境保护、职工健康生活所需要的各项费用。本项为不可竞争费用。a. 环境保护包含范围:现场施工机械设备降低噪音、防扰民措施费用;水泥和其他易飞扬细颗粒建筑材料密闭存放或采取覆盖措施等费用;工程防扬尘洒水费用;土石方、建渣外运车辆冲洗、防洒漏等费用;现场污染源的控制、生活垃圾清理外运、场地排水排污措施的费用;其他环境保护措施费用。b. 文明施工包含范围:"五牌一图"的费用;现场围挡的墙面美化(包括内外粉刷、刷白、标语等)、压顶装饰费用;现场厕所刷白、贴面砖,水泥砂浆地面或地砖费用,建筑物内临时便溺设施费用;其他施工现场临时设施的装饰装修、美化措施费用;现场生活卫生设施费用;符合卫生要求的饮水设备、淋浴、消毒等设施费用;生活用洁净燃料费用;防煤气中毒、防蚊虫叮咬等措施费用;施工现场

操作场地的硬化费用;现场绿化费用、治安综合治理费用、现场电子监控设备费用;现场配备医药保健器材、物品费用和急救人员培训费用;用于现场工人的防暑降温费、电风扇、空调等设备及用电费用;其他文明施工措施费用。c. 安全施工包含范围:安全资料、特殊作业专项方案的编制,安全施工标志的购置及安全宣传的费用;"三宝"(安全帽、安全带、安全网)、"四口"(楼梯口、电梯井口、通道口、预留洞口),"五临边"(阳台围边、楼板围边、屋面围边、槽坑围边、卸料平台两侧),水平防护架、垂直防护架、外架封闭等防护的费用;施工安全用电的费用,包括配电箱三级配电、两级保护装置要求、外电防护措施;起重机、塔吊等起重设备(含井架、门架)及外用电梯的安全防护措施(含警示标志)费用及卸料平台的临边防护、层间安全门、防护棚等设施费用;建筑工地起重机械的检验检测费用;施工机具防护棚及其围栏的安全保护设施费用;施工安全防护通道的费用;工人的安全防护用品、用具购置费用;消防设施与消防器材的配置费用;电气保护、安全照明设施费;其他安全防护措施费用。d. 绿色施工包含范围:建筑垃圾分类收集及回收利用费用;夜间焊接作业及大型照明灯具的挡光措施费用;施工现场办公区、生活区使用节水器具及节能灯具增加费用;施工现场基坑降水储存使用、雨水收集系统、冲洗设备用水回收利用设施增加费用;施工现场生活区厕所化粪池、厨房隔油池设置及清理费用;从事有毒、有害、有刺激性气味和强光、噪音施工人员的防护器具;现场危险设备、地段、有毒物品存放地安全标识和防护措施;厕所、卫生设施、排水沟、阴暗潮湿地带定期消毒费用;保障现场施工人员劳动强度和工作时间符合国家标准《体力劳动强度等级要求》GB 3869 的增加费用等。

② 夜间施工:规范、规程要求正常作业而发生的夜班补助、夜间施工降效、夜间照明设施的安拆、摊销、照明用电以及夜间施工现场交通标志、安全标牌、警示灯安拆等费用。

③ 二次搬运:由于施工场地限制而发生的材料、成品、半成品等一次运输不能到达堆放地点,必须进行的二次或多次搬运费用。

④ 冬雨季施工:在冬雨季施工期间所增加的费用。包括冬季作业、临时取暖、建筑物门窗洞口封闭及防雨措施、排水、工效降低、防冻等费用。不包括设计要求混凝土内添加防冻剂的费用。

⑤ 地上、地下设施、建筑物的临时保护设施:在工程施工过程中,对已建成的地上、地下设施和建筑物进行的遮盖、封闭、隔离等必要保护措施。在园林绿化工程中,还包括对已有植物的保护。

⑥ 已完工程及设备保护费:对已完工程及设备采取的覆盖、包裹、封闭、隔离等必要保护措施所发生的费用。

⑦ 临时设施费:施工企业为进行工程施工所必需的生活和生产用的临时建筑物、构筑物和其他临时设施的搭设、使用、拆除等费用。a. 临时设施包括:临时宿舍、文化福利及公用事业房屋与构筑物、仓库、办公室、加工场等。b. 建筑、装饰、安装、修缮、古建园林工程规定范围内(建筑物沿边起 50 m 以内,多幢建筑两幢间隔 50 m 内)围墙、临时道路、水电、管线和轨道垫层等。

⑧ 赶工措施费:施工合同工期比我省现行工期定额提前,施工企业为缩短工期所发生的费用。如施工过程中,发包人要求实际工期比合同工期提前时,由发承包双方另行约定。

⑨ 工程按质论价:施工合同约定质量标准超过国家规定,施工企业完成工程质量达到经有权部门鉴定或评定为优质工程所必须增加的施工成本费。

⑩ 特殊条件下施工增加费：地下不明障碍物、铁路、航空、航运等交通干扰而发生的施工降效费用。

另外，在总价措施项目中，除通用措施项目外，装饰专业措施项目如下：

① 非夜间施工照明：为保证工程施工正常进行，在如地下室、地宫等特殊施工部位施工时所采用的照明设备的安拆、维护、摊销及照明用电等费用。

② 住宅工程分户验收：按《住宅工程质量分户验收规程》(DGJ32/TJ103—2010)的要求对住宅工程进行专门验收(包括蓄水、门窗淋水等)发生的费用。室内空气污染测试不包含在住宅工程分户验收费用中，由建设单位直接委托检测机构完成，由建设单位承担费用。

3. 其他项目费

(1) 暂列金额：建设单位在工程量清单中暂定并包括在工程合同价款中的一笔款项。用于施工合同签订时尚未确定或者不可预见的所需材料、工程设备、服务的采购，施工中可能发生的工程变更、合同约定调整因素出现时的工程价款调整以及发生的索赔、现场签证确认等的费用。由建设单位根据工程特点，按有关计价规定估算；施工过程中由建设单位掌握使用，扣除合同价款调整后如有余额，归建设单位。

(2) 暂估价：建设单位在工程量清单中提供的用于支付必然发生但暂时不能确定价格的材料的单价以及专业工程的金额。包括材料暂估价和专业工程暂估价。材料暂估价在清单综合单价中考虑，不计入暂估价汇总。

(3) 计日工：是指在施工过程中，施工企业完成建设单位提出的施工图纸以外的零星项目或工作所需的费用。

(4) 总承包服务费：是指总承包人为配合、协调建设单位进行的专业工程发包，对建设单位自行采购的材料、工程设备等进行保管以及施工现场管理、竣工资料汇总整理等服务所需的费用。总包服务范围由建设单位在招标文件中明示，并且发承包双方在施工合同中约定。

4. 规费

规费是指有权部门规定必须缴纳的费用。

(1) 工程排污费：包括废气、污水、固体及危险废物和噪声排污费等内容。

(2) 社会保险费：企业应为职工缴纳的养老保险、医疗保险、失业保险、工伤保险和生育保险等五项社会保障方面的费用。为确保施工企业各类从业人员社会保障权益落到实处，省、市有关部门可根据实际情况制定管理办法。

(3) 住房公积金：企业应为职工缴纳的住房公积金。

5. 税金

税金是指国家税法规定的应计入建筑安装工程造价内的营业税、城市维护建设税、教育费附加及地方教育附加。

(1) 营业税：是指以产品销售或劳务取得的营业额为对象的税种。

(2) 城市建设维护税：是为加强城市公共事业和公共设施的维护建设而开征的税，它以附加形式依附于营业税。

(3) 教育费附加及地方教育附加：是为发展地方教育事业，扩大教育经费来源而征收的税种。它以营业税的税额为计征基数。

三、费用定额计算规则及计算标准

(1)《江苏省建筑与装饰工程计价定额》(2014年)分上下二册，包括建筑和装饰工程，计价定额编制是按土建三类工程编制的,其中人工工资标准分为三类:一类工为85.00元/工日;二类工为82.00元/工日;三类工为77.00元/工日。每工日按8小时工作制计算。工日中包括基本用工、材料场内运输用工、部分项目的材料加工及人工幅度差。当为单独装饰工程套用定额时,人工单价均应换为装饰工程相应的人工单价。

(2) 计价定额中的企业管理费、利润是按土建三类工程编制的,对于单独装饰工程不分工程类别,在套用计价定额时,应按单独装饰工程取费:企业管理费费率为42%,利润率为15%。

(3) 措施项目费计算标准:① 单项措施项目以清单工程量乘以综合单价计算。综合单价按照各专业计价定额中的规定,依据设计图纸和经建设方认可的施工方案进行组价。② 以费率计算的总价措施项目计费基础为:分部分项工程费－工程设备费＋单项措施项目费。其他总价措施项目,按项计取,综合单价按实际或可能发生的费用进行计算。③ 措施项目费除有特别规定外,均应根据工程实际情况,由发承包双方在合同中约定。④ 夜间施工费:单独装饰工程费率为0~0.1%。⑤ 非夜间施工照明:单独装饰工程非夜间施工照明费率为0.2%。⑥ 冬雨季施工费:单独装饰工程冬雨季施工费率为0.05%~0.1%。⑦ 已完工程及设备保护费:已完工程及设备保护费率为0~0.1%。⑧ 临时设施费:单独装饰工程临时设施费率为0.3%~1.2%。⑨ 赶工措施费:单独装饰工程赶工措施费率为0.5%~2%。⑩ 按质论价费:单独装饰工程按质论价费率为1%~3%。⑪ 住宅分户验收费:单独装饰工程住宅分户验收费率为0.1%。⑫ 安全文明施工措施费:作为不可竞争费,单独装饰工程的安全文明施工措施费基本费率为1.6%,省级标化增加费为0.4%,如有市级建筑安全文明施工标准化示范工地创建活动的地区,市级标化增加费按照省级费率乘以0.7系数执行。⑬ 脚手架费:按计价定额第二十章计算。⑭ 垂直运输机械费:按计价定额第二十三章计算。⑮ 二次搬运费:按计价定额第二十四章计算。⑯ 室内空气污染测试:根据工程实际情况,由发承包双方在合同中约定。⑰ 特殊条件下施工增加费:根据工程实际情况,由发承包双方在合同中约定。

(4) 其他项目费:① 暂列金额、暂估价按发包人给定的标准计取。② 计日工:由发承包双方在合同中约定。③ 总承包服务费:应根据招标文件列出的内容和向总承包人提出的要求,参照下列标准计算:a. 建设单位仅要求对分包的专业工程进行总承包管理和协调时,按分包的专业工程估算造价的1%计算;b. 建设单位要求对分包的专业工程进行总承包管理和协调,并同时要求提供配合服务时,根据招标文件中列出的配合服务内容和提出的要求,按分包的专业工程估算造价的2%~3%计算。

(5) 规费计算标准:规费应按照有关文件的规定计取,作为不可竞争费用,不得让利,也不得任意调整计算标准。① 工程排污费:按工程所在地环境保护等部门规定的标准缴纳,按实计取列入。② 社会保险费:单独装饰工程以"分部分项工程费＋措施项目费＋其他项目费－工程设备费"为基础,社会保险费费率为2.2%。③ 住房公积金:单独装饰工程以"分部分项工程费＋措施项目费＋其他项目费－工程设备费"为基础,住房公积金费率为0.38%。

(6) 税金:包括营业税、城乡建设维护税、教育费附加,按有权部门规定计取。

四、装饰工程造价计算程序

装饰工程造价计算程序详见下表2.1、表2.2所示。

表 2.1 装饰工程造价计算程序(包工包料)

序号	费用名称		计算公式
一	分部分项工程费		清单工程量×综合单价
	其中	1. 人工费	人工消耗量×人工单价
		2. 材料费	材料消耗量×材料单价
		3. 施工机具使用费	机械消耗量×机械单价
		4. 管理费	(1+3)×费率
		5. 利润	(1+3)×费率
二	措施项目费		
	其中	单价措施项目费	清单工程量×综合单价
		总价措施项目费	(分部分项工程费+单价措施项目费-工程设备费)×费率或以项计费
三	其他项目费		
四	规费		
	其中	1. 工程排污费	(一+二+三-工程设备费)×费率
		2. 社会保险费	
		3. 住房公积金	
五	税金		(一+二+三+四-按规定不计税的工程设备金额)×费率
六	工程造价		一+二+三+四+五

表 2.2 装饰工程造价计算程序(包工不包料)

序号	费用名称		计算公式
一	分部分项工程费中人工费		清单人工消耗量×人工单价
二	措施项目费中人工费		清单人工消耗量×人工单价
	其中	单价措施项目中人工费	
三	其他项目费		
四	规费		
	其中	工程排污费	(一+二+三)×费率
五	税金		(一+二+三+四)×费率
六	工程造价		一+二+三+四+五

例 2.1 某装饰工程,包工包料,无工程设备费,该项目的分部分项工程费为 300 万元,脚手架费为 15 万元,临时设施费为 3 万元,装饰工程安全文明施工措施费基本费率为 1.6%。请根据上述已知条件及 2014 年江苏费用定额的规定,计算该工程的安全文明施工措施费基本费。

解 (300+15)×1.6%=5.04(万元)

例 2.2 某装饰工程,包工包料,无工程设备费,该项目的分部分项工程费为 500 万元,措施费中:单价措施项目赞为 30 万元,总价措施项目费为 50 万元;其他项目费用中:暂列金 30 万元,材料暂估价 10 万元;若社会保险费率为 2.2%。请根据 2014 年江苏费用定额的规定,计算该工程的社会保险费。

解

社会保险费:$(500+30+50+30)\times2.2\%=13.42$(万元)

例 2.3 某装饰工程,包工包料,无工程设备费,该项目的分部分项工程费为 200 万元,措施费中:单价措施项目费为 10 万元,总价措施项目费为 20 万元;其他项目费中:暂列金为 10 万元,材料暂估价 10 万元;规费只考虑社会保障费及住房公积金,费率分别为 2.2% 及 0.38%;税金费率为 3.48%。请根据上述已知条件及 14 年江苏费用定额的规定,计算该装饰工程的总造价。

解

① 分部分项工程费　200 万元

② 措施项目费　30 万元

其中:单价措施项目费　10 万元

　　　总价措施项目费 20 万元

③ 其他项目费　10 万元

④ 规费

社会保障费　$(200+30+10)\times2.2\%=5.28$(万元)

住房公积金　$(200+30+10)\times0.38\%=0.91$(万元)

⑤ 税金　$(200+30+10+5.28+0.91)\times3.48\%=8.57$(万元)

⑥ 工程总价　$200+30+10+5.28+0.91+8.57=254.76$(万元)

例 2.4 某装饰施工企业单独施工江苏省扬州市市区内的某综合楼二层花岗岩楼面工程,合同人工单价为 110 元/工日,楼面采用紫罗红花岗岩面层,其构造为:20 mm 厚 1:3 水泥砂浆找平层,刷素水泥浆一道,8 mm 厚 1:1 水泥砂浆粘贴石材面,面层酸洗打蜡。所有材料采用卷扬机运输。假设按计价定额规定,计算出的工程量为 620 m²,施工单位进行调研后,紫罗红花岗岩市价为 620 元/m²,其他材料及机械费不调整,试计算该二层花岗岩楼面的装饰造价(已知:工程排污费率 1‰,社会保障费 2.2%,公积金 0.38%,临时设施费为 1.0%,税金 3.477%,安全文明施工措施费基本费率 1.6%,省级标化增加费率 0.4%)。

解

(1) 分部分项工程费

① 13-47　水泥砂浆粘贴石材块料面板

人工费　$3.8\times110=418$(元/10 m²)

材料费　$2\ 642.35+10.2\times(620-250)=6\ 416.35$(元/10 m²)

机械费　8.63 元/10 m²

管理费　$(418+8.63)\times42\%=179.18$(元/10 m²)

利　润　$(418+8.63)\times15\%=63.99$(元/10 m²)

小　计　$418+6\,416.35+8.63+179.18+63.99=7\,086.15$ 元/10 m²

复　价　$7\,086.15\times62=439\,341.30$(元)

或解

$3\,096.69+3.8\times(110-85)+(3.8\times85+8.63)\times(42\%-25\%+15\%-12\%)+3.8\times(110-85)\times(42\%+15\%)+10.2\times(620-250)=7\,086.15$(元/10 m²)

② 13-110　楼地面块料面层酸洗打蜡

人工费　$0.43\times110=47.3$(元/10 m²)

材料费　6.94 元/10 m²

机械费　0 元/10 m²

管理费　$(47.3+0)\times42\%=19.87$(元/10 m²)

利　润　$(47.3+0)\times15\%=7.1$(元/10 m²)

小　计　$47.3+6.94+19.87+7.1=81.21$ 元/10 m²

复　价　$81.21\times62=5\,035.02$(元)

或解

$57.02+0.43\times(110-85)+(0.43\times85+0)\times(42\%-25\%+15\%-12\%)+0.43\times(110-85)\times(42\%+15\%)=81.21$(元/10 m²)

以上合计得分部分项工程费　$439\,341.30+5\,035.02=444\,376.32$(元)

(2) 措施项目费

① 垂直运输费

查定额"13-47"及"13-110"可知"石材块料面板"及"面层酸洗打蜡"中的人工工日数共为：$(3.8+0.43)\times62=262.26$(工日)

23-30　垂直运输费

人工费　0 元/10 工日

材料费　0 元/10 工日

机械费　31.03 元/10 工日

管理费　$(0+31.03)\times42\%=13.03$(元/10 工日)

利　润　$(0+31.03)\times15\%=4.65$(元/10 工日)

小　计　$0+0+31.03+13.03+4.65=48.71$ 元/10 工日

复　价　$262.26\div10\times48.71=1\,277.47$(元)

② 临时设施费：$(444\,376.32+1\,277.47)\times1\%=445\,653.79\times1\%=4\,456.54$(元)

③ 安全文明施工措施费

$(444\,376.32+1\,277.47)\times(1.6+0.4)\%=445\,656.01\times2\%=8\,913.08$(元)

措施项目费合计：$1\,277.47+4\,456.54+8\,913.08=14\,647.09$(元)

(3) 总造价计算程序

① 分部分项工程费　444 376.32(元)

② 措施项目费　14 647.09(元)

其中：单价措施项目费　1 277.47 元

　　　总价措施项目费　$4\,456.54+8\,913.08=13\,369.62$(元)

③ 其他项目费　0 元

④ 规费　$(444\,376.32+14\,647.09+0)\times(0.1\%+2.2\%+0.38\%)=12\,301.83$(元)

⑤ 税金 (444 376.32+14 647.09+0+12 301.83)×3.477%=16 387.98(元)
⑥ 总价 444 376.32+14 647.09+0+12 301.83+16 387.98=487 713.22(元)

复习思考题

1. 简述建筑装饰工程概(预)算体系的组成。

2. 简述建设项目费用的组成。

3. 简述建筑装饰工程施工图预算费用的组成。

4. 简述装饰工程造价计算程序。

5. 某装饰工程,包工包料,无工程设备费,该项目的分部分项工程费为 300 万元,非夜间施工照明费为 2 万元,垂直运输费为 16 万元,临时设施费为 3.5 万元,该项目要求创建省级标化工地,标化增加费率为 0.4%。请根据 2014 年江苏省建设工程费用定额的规定,试计算该工程的安全文明施工措施费省级标化增加费。

6. 某装饰工程,包工包料,无工程设备费,该项目的分部分项工程费为 400 万元,措施费中:单价措施项目费为 15 万元,总价措施项目费为 30 万元;其他项目费中:暂列金为 20 万元,材料暂估价 10 万元;规费只考虑社会保障费,费率为 2.2%;税金费率为 3.48%。根据 2014 年江苏省建设工程费用定额的规定,计算该工程的税金。

7. 某装饰施工企业单独施工某五层综合楼的楼地面地砖工程,已知该综合楼檐口高度为 18.3 m,地砖面层做法为:刷素水泥浆一道,30 mm 厚干硬性水泥砂浆铺粘 800 mm×800 mm 同质地砖,面层进行酸洗打蜡。所有材料采用卷扬机运输。假设按计价定额规则计算出的工程量为 1 200 m²,合同人工单价为 120 元/工日,施工单位进行调研后,800 mm×800 mm 同质地砖市场价为 65 元/块,其他材料及机械费不调整,试计算该楼地面工程的分部分项工程费。

8. 某工程有黑金砂花岗岩楼梯 260 m²,其上有 4 mm×10 mm 铜防滑条 482 m,试计算此花岗岩楼梯的装饰工程造价(已知:人工合同单价为 120 元/工日,黑金砂花岗岩单价为 620 元/m²,水泥单价为 285 元/t,白水泥单价为 580 元/t,砂子单价为 42.21 元/t,铜防滑条单价为 18 元/m,其他材料及机械费暂不调整价差。工程排污费率 1‰,社会保障费 2.2%,公积金 0.38%,临时设施费为 1.0%,税金 3.477%,安全文明施工措施费基本费率 1.6%,省级标化增加费率 0.4%)。

第三章　装饰工程施工图预算的编制

第一节　概述

一、施工图预算的编制依据

（1）经过审定的设计图纸和说明书。经过建设单位、设计单位、施工单位共同会审，并经主管部门批准后的装饰施工图纸和说明，是计算装饰工程量的主要依据之一。其内容主要包括：施工图纸及其文字说明、总平面布置图、各层平面图、剖面图、立面图和各部位或构配件的大样构造详图（如墙、柱、梁、门窗、楼地面、天棚、门窗套、装饰线条、装饰造型等等）。

（2）有关的标准图集。计算装饰工程量除需全套施工图纸外，还必须有图纸所引用的一切通用标准图集（这些通用图集一般不详细绘在施工图纸上，而是将其所引用的图集名称及索引号标出），通用标准图集是计算工程量的重要依据之一。

（3）批准的工程设计总概算文件。主管单位在批准拟建项目的总投资概算后，将在拟建项目投资最高限额的基础上，对各单位工程也规定了相应的投资额。因此，在编制装饰工程预算时，必须以此为依据，使其预算造价不能突破单项工程概算中规定的限额。

（4）经审定的施工组织设计（或方案）。装饰工程施工组织设计具体规定了装饰工程中各分部分项工程的施工方法、施工机械、材料及构配件加工方式、技术组织措施和现场平面布置等内容。它直接影响到整个装饰工程的预算造价，是计算工程量、选套定额（换算调整的依据）和计算其他费用的重要依据。

（5）现行建筑装饰工程预算定额或地区单位估价表。现行建筑装饰工程预算定额或地区单位估价表是编制装饰工程预算的基础和依据，编制预算时，分部分项工程项目的划分、工程量的计算及预算价格的确定，都必须以预算定额作为标准。

（6）人工、材料和机械费的调整价差。由于时间的变化和工程所在地区的不同，人工、机械、材料的定额取定价必然要进行调整，以符合实际情况，因此，必须以一定时间的相应地区的人工、机械、材料的市场价进行定额调整或换算，作为编制装饰工程造价的依据。

（7）取费标准。确定装饰工程造价还必须要有工程所在地的其他直接费、间接费、计划利润及税金等费率标准，作为计算定额基价以外的其他费用，最后确定装饰工程造价的依据。

（8）装饰工程施工合同。装饰工程施工合同是甲、乙双方在施工阶段履行各自承担的责任和分工的经济契约，也是当事人按有关法令、条例签订的权利和义务的协议。它明确了双方的责任及分工协作、互相促进、互相制约的经济关系。经双方签订的合同包括双方同意的有关修改承包合同的设计和变更文件，承包范围，结算方式，包干系数，工期和质量，奖惩措施及其他资料和图表等。这些都是编制装饰工程施工预算的主要依据。

（9）其他资料。预算定额或预算员手册等资料是快速、准确地计算工程量、进行工料分析、编制装饰工程预算的主要基础资料。

二、施工图预算的编制条件

（1）施工图纸经过审批、交底和会审，必须由建设单位、施工单位、设计单位等共同认可。

（2）施工单位编制的施工组织设计或施工方案必须经其主管部门批准。

（3）建设单位和施工单位在材料、构件和半成品等加工、订货及采购方面，都必须有明确分工或按合同执行。

（4）参加编制装饰预算的人员，必须持有相应专业的编审资格证书。

三、施工图预算编制的方法

装饰施工图预算编制多由施工单位负责进行编制，一般有以下两种方法：

（1）实物法。实物法是根据实际施工中所用的人工、装饰材料和机械等数量，按现行的劳动定额、地区人工工资标准、装饰材料预算价格和机械台班价格等计算人工费、材料费和机械费，汇总后在此基础上计算其他费用，然后再按照相应的费用定额计算间接费、计划利润、税金、其他费用，最后汇总形成装饰工程预算造价的方法，称为实物造价法。主要用于新材料、新工艺、新设备或定额的缺项。

（2）单位估价法。单位估价法是根据各分项工程的工程量、装饰预算定额或单位估价表，计算工程定额基价、其他直接费，并由此计算间接费、计划利润、税金和其他费用，最后汇总形成装饰工程预算造价的方法，称为单位估价法。它是目前普遍采用的方法。

四、装饰工程施工图预算编制的步骤

编制装饰工程施工图预算，在满足编制条件的前提下，一般可按下列步骤进行：

（1）收集有关编制装饰工程预算的基础资料。基础资料主要包括：经过交底会审的施工图纸；批准的设计总概算；施工组织设计或施工方案；现行的装饰工程预算定额或单位估价表；现行装饰工程取费标准；装饰造价信息；有关的预算手册、标准图集；现场勘探资料；装饰工程施工合同等。

（2）熟悉审核施工图纸。装饰施工图纸是计算装饰工程量的重要依据。装饰预算人员在编制预算之前，必须认真、全面地熟悉审核图纸，了解设计意图，掌握工程全貌，只有这样才能正确地划分出定额子目、正确地计算出每个子目的工程量并正确地套用和调整定额。

（3）熟悉施工组织设计或方案。施工组织设计或方案具体规定了组织拟建装饰工程的施工方法、施工进度、技术组织措施和施工现场布置等内容。因此，编制装饰工程施工图预算时，必须熟悉和注意施工组织设计中影响造价的相关内容，严格按施工组织设计所确定的施工方法和技术组织措施的要求，准确计算工程量，套用或调整定额子目，使施工图预算真正反映客观实际情况。

（4）熟悉装饰预算定额或单位估价表。确定装饰工程定额基价的主要依据是装饰预算定额或单位估价表。因此，在编制预算时，必须非常熟悉装饰预算定额或单位估价表的内容、组成、工程量计算规则及相关说明，只有这样，才能准确、迅速地确定定额子目、计算工程量和套用定额。

（5）确定工程量计算项目。在熟悉施工图纸的基础上，结合预算定额或单位估价，列出全部所需编制预算的定额子目。预算定额或单位估价表中没有但图纸上有的工程项目名称也应单独列出，以便编制补充定额或采用实物估价法进行计算。

（6）计算工程量。按装饰预算定额或单位估价表的计算规则计算所列定额子目的工程量，这是正确确定预算造价的关键。

（7）工程量汇总。工程量计算复核无误后，根据定额的内容和定额计量单位的要求，按分部分项工程的顺序逐项汇总整理，为套用定额提供方便。

（8）套装饰定额或估价表。根据所列计算项目和汇总后的工程量，就可以进行套用装饰预算定额或单位估价表的工作，从而就可以确定定额基价。在定额套用时应注意实际工程内容与定额工程内容的一致性，如不一致就可能要换算。定额的套用多采用预算表格进行，即将汇总后的工程量、查定额所得数据、定额单位及计算出的数据等填入如表 3.1 所示的预算表格中。

表 3.1　装饰工程预算表

序号	定额编号	分部分项工程名称	单位	工程量	单价	合价	其中人工费		其中机械费	
							单价	合价	单价	合价

（9）进行工料机的分析。工料分析，详见本章第三节。

（10）计算各项费用。总的定额基价求出后，按有关费用标准即可计算出其他直接费、间接费、材差、计划利润、税金及其他费。

（11）编制装饰工程预算书并装订成册。装饰工程预算书的内容和装订顺序一般为：封面、编制说明、各工程造价计算表及汇总表、材差计算表、工程预算表、工程量计算书、主要材料及机具用量表。

（12）送交有关部门审批。

第二节　工料机的分析

一、概念

工料机的分析是确定完成拟建装饰工程项目所需消耗的各种劳动力，各种规格、型号的材料及主要施工机械的台班数量。

二、工料机分析的作用

人工、材料、机械消耗量的分析是装饰工程预算的重要组成部分。其作用主要表现在以下几个方面：（1）是装饰施工企业的计划、材料供应和劳动物资部门编制装饰材料供应和劳动力调配计划的依据；（2）是签发装饰施工任务单、考核工料机消耗和各项经济活动分析的依据；（3）是进行"两算"对比的依据；（4）是甲、乙双方进行甲供材结算的依据；（5）是装饰施工企业进行成本分析、制定降低成本措施的依据；

三、工料机分析的步骤

工料机的分析一般按一定的表格进行。其步骤如下：

（1）以已经填好的预算表为依据，将分部分项工程名称、定额编号、工程量、定额单位、以及定额所含的人工、材料、机械的消耗数量，分别填入表3.2各栏中。

表3.2　工料机分析表

序号	定额编号	分部分项工程名称	单位	工程量	人工工日数		主要材料名称		…
					工日		…（单位）		…
					定额用量	合计	定额用量	合计	
1	2	3	4	5	6	7	…	…	…

（2）根据定额计算出各分项工程的人工、各种规格型号的材料、主要机械消耗量，并分别汇总得出各分部工程所需人工、材料、机械的消耗数量。

（3）将各分部工程相应的人工、材料、机械进行同类项合并，即可计算出装饰工程所需人工、不同规格型号材料和主要机械的消耗数量，并分别列于表3.3、表3.4及表3.5中。

表3.3　人工分析汇总表

序号	工种名称	工日数	备注
1	瓦工		
2	木工		
…	…		

表3.4　材料分析汇总表

序号	材料名称	规格	单位	数量	备注
1	龙牌纸面石膏板	1 200 mm×3 000 mm×12 mm	m²		
2	镜面抛光地面砖	500 mm×500 mm	块		
…	…	…	…		

表3.5　主要机械分析汇总表

序号	机械名称	型号	单位	数量	备注
1	灰浆拌和机	200L	台班		
2	木工平抛机	450 mm	台班		
…	…	…	…		

四、工料分析注意事项

（1）按配合比组成的混合性材料消耗量的分析。在装饰工程工料分析中，涉及按配合比给出的混合性材料的消耗量，如混凝土、砌筑砂浆和抹灰砂浆等。这些混合性材料一般均为施工现场制作,在进行工料机分析时,应将其各组的原材料的消耗量分析出来。目前,在装饰预算定额材料一览表中,部分地区已按配合比组成的原材料直接逐一列出,但部分地区在材料一览表中给出的仍然是混合材料半成品的用量,此时,必须根据定额附录中给出的配合比表计算出各组成的原材料的消耗量。

(2) 购入构件成品安装的工料机的分析。对于购入构件的成品安装,如装饰预算定额子目中已包括成品项目的制作和安装,则在进行工料分析时,必须将定额中制作的部分扣除。

(3) 其他说明。随着建筑装饰工程的迅速发展,新材料、新工艺、新技术不断涌现,使装饰工程施工所涉及的地区及部门或单位愈来愈多。而装饰工程最显著的特点,就是各分部工程之间在材料的量和质上差别很大。因此,在进行工料机分析时,应对各分部工程所需各种材料、配件、成品及半成品按不同的品种、规格分别进行分析及汇总,以便材料采购部门能按进度计划和材料需要量提前采购,为装饰工程的施工达到保质、保量、按期或提前完工创造有利条件。

例 某三层办公楼装饰工程有 $1\,500\ m^2$ 同质地砖楼面,其主要施工内容为:基层现浇板上刷素水泥砂浆一道,20 mm 厚 1∶3 水泥砂浆找平,5 mm 厚 1∶1 水泥砂浆粘贴 500 mm × 500 mm 同质地砖,试确定该楼面工程的分部分项工程费并计算出同质地砖、白水泥、水泥、中砂的材料用量(已知:人工单价为 110 元/工日,同质地砖单价为 65 元/m^2,白水泥 0.75 元/kg,32.5 级水泥 0.26 元/kg,砂子 80 元/t,其他材料及机械费暂不调整)。

解

(1) 分部分项工程费

查《计价定额》附录四可知:1 m^3 的 1∶1 水泥砂浆含 32.5 级水泥 765 kg,中砂 1.007 t,水 0.3 m^3;1 m^3 的 1∶3 水泥砂浆含 32.5 级水泥 408 kg,中砂 1.611 t,水 0.3 m^3;1 m^3 素水泥浆含 32.5 级水泥 1 517 kg,水 0.52 m^3。则:

1∶1 水泥砂浆市场价:$0.26×765+80×1.007+4.7×0.3=280.87$(元/$m^3$)

1∶3 水泥砂浆市场价:$0.26×408+80×1.611+4.7×0.3=236.37$(元/$m^3$)

素水泥浆市场价:$0.26×1517+4.7×0.52=396.86$(元/$m^3$)

13-83 换 同质砖楼面

人工费 $3.31×110=364.1$(元/10 m^2)

材料费 $588.83-510+10.2×65-14.06+0.051×280.87-48.41+0.202×236.37$
$-4.73+0.01×396.86-0.7+0.75=740.72$(元/10 m^2)

机械费 3.68(元/10 m^2)

管理费 $(364.1+3.68)×42\%=154.47$(元/10 m^2)

利 润 $(364.1+3.68)×15\%=55.17$(元/10 m^2)

小 计 1 318.14(元/10 m^2)

分部分项工程费 $1\,318.14×150=197\,721$(元)

(2) 主要材料分析

根据 13-83 子目可得:

同质地砖用量 $10.2×150=1\,530$(m^2)

白水泥用量 $1×150=150$(kg)

1：1 水泥砂浆用量 $0.051 \times 150 = 7.65 (m^3)$

1：2 水泥砂浆用量 $0.202 \times 150 = 30.3 (m^3)$

素水泥浆 $0.01 \times 150 = 1.5 (m^3)$

由于水泥砂浆、素水泥浆均为混合性材料，故还应将它们进行二次分析才能得出水泥、中砂的用量：

32.5 级水泥总用量 $765 \times 7.65 + 408 \times 30.3 + 1\,517 \times 1.5 = 20\,490.15 (kg)$

中砂总用量 $1.007 \times 7.65 + 1.611 \times 30.3 = 56.517 (t)$

综上：500 mm×500 mm 同质地砖用量 1 530 m²；白水泥用量为 150 kg；32.5 级水泥用量为 20 490.15 kg，中砂用量为 56.517 t。

第三节 装饰工程预算审查

一、概述

由于建筑装饰材料品种繁多，装饰技术日益更新，装饰类型各具特色，装饰工程造价影响因素较多。因此，为了合理确定装饰工程造价，保证建设单位、施工单位的合法的经济利益，必须加强装饰工程预算的审查。

合理而又准确地对装饰工程造价进行审查，不仅有利于正确确定装饰工程造价，同时也为加强装饰企业经济核算和财务管理提供依据，合理审核装饰工程预算还将有利于推动新材料、新工艺、新技术的推广和应用。

审查装饰工程预算是一项严肃而细致的工作。审查人员必须坚持实事求是、为政清廉、公平公正的原则，以定额为基准，深入现场、理论联系实际，以确保装饰工程造价的准确、合理。

二、审查的依据

（1）首先审查该装饰工程是否已列入年度基建计划，建筑面积、装饰等级有否提高，是否采用不适当的施工方法和不必要的施工机械。

（2）根据编制说明书和预算书弄清所采用的定额是否符合有关规定或施工合同。对二次装修工程、高级装饰工程、家庭装饰工程、包工不包料工程、隐蔽工程等应特别注意。

（3）对建设单位、施工单位核准送审预算所包括的范围。如某些配套工程、管线工程、零星工程、再次装修工程的二次处理及清理等内容是否包括在送审预算中。

（4）审查是否严格执行当地的预算、工程量计算规则、材料预算价格、取费标准等规定。

三、审查的方法

（1）全面审查法：全面审查法，是从工程量计算、定额套用、定额换算、工料分析、三费调整、费用取定等方面逐项审查。其步骤类似于预算的编制。这种方法全面、细致，审查质量高，缺点是工作量大。

（2）重点审查法：① 对工程量大、费用高的项目进行重点审查。② 对补充定额进行重点审查，主要审查补充定额的编制依据、编制方法是否符合规定，"三量"和"三价"的组成是否准确。③ 对各项费用的取值进行重点审查,主要审查各项费用的编制依据、编制方法和程序是否符合规定。工程性质、承包方式、施工企业资质等级、开竣工时间、施工合同等都直接影响取费计算,应根据当地有关规定仔细审查。

重点审查法主要适用于审查工作量大,时间性强的情况,其特点是速度快,质量基本能保证。

(3) 经验审查法:经验审查法是指采用长期积累的经验指标对照送审预算进行审查。这种方法能加快审查速度,发现问题后可再结合其他方法审查。

四、提高审查预算质量的办法

(1) 审查单位应注意装饰预算信息资料的收集。由于装饰材料日新月异,新技术、新工艺不断涌现,因此,应不断收集、整理新的材料价格信息、新的施工工艺的用工和用料量,以适应装饰市场的发展要求,不断提高装饰预算审查的质量。

(2) 建立健全审查管理制度:① 健全各项审查制度。包括:建立单审和会审的登记制度;建立审查过程中的工程量计算、定额单价及各项取费标准等依据留存制度;建立审查过程中核增、核减等台账填写与留存制度;建立装饰工程审查人、复查人审查责任制度;确定各项考核指标,考核审查工作的准确性。② 应用计算机建立审查档案。建立装饰预算审查信息系统,可以加快审查速度,提高审查质量。系统可包括工程项目、审查依据、审查程序、补充单价、造价等子系统。

(3) 实事求是,以理服人。审查时遇到列项或计算中的争议问题,可主动沟通,了解实际情况,及时解决;遇到疑难问题不能取得一致意见,可请示造价管理部门或其他有权部门调解、仲裁等。

复习思考题

1. 建筑装饰工程施工图预算编制的依据和条件是什么?
2. 建筑装饰工程施工图预算编制的步骤是什么?
3. 建筑装饰工程工料分析的作用是什么?
4. 建筑装饰工程工料分析的步骤是什么?
5. 某三层办公楼装饰工程有 1 800 m² 同质地砖楼面,其主要施工内容为:基层现浇板上刷素水泥砂浆一道,30 mm 厚干硬性水泥砂浆铺贴 800 mm×800 mm 同质地砖,试确定该楼面工程的分部分项工程费并计算出同质地砖、白水泥、水泥、中砂的材料用量(已知:人工单价为 110 元/工日,同质地砖单价为 60 元/块,白水泥 0.75 元/kg,32.5 级水泥 0.26 元/kg,砂子 80 元/t,其他材料及机械费暂不调整)。

第四章 装饰工程计价定额的应用

第一节 概述

一、装饰工程工程量计算的依据

（1）装饰施工图（包括施工说明、现行标准图集）。（2）装饰工程施工组织设计和现场施工具体条件。（3）现行定额中的工程量计算规则。（4）对于招标工程，则还包括招标文件及答疑纪要等。

二、正确计算装饰工程工程量的意义

（1）装饰工程工程量计算准确与否，直接影响到装饰工程的定额直接费，从而影响到整个建筑装饰工程项目的预算造价。（2）装饰工程工程量是装饰施工企业编制施工作业计划，合理安排施工进度，组织劳动力、材料和机械的重要依据。（3）装饰工程工程量是基本建设财务管理和会计核算的重要指标。

三、装饰工程工程量计算注意事项

（1）严格按照预算定额的规定、工程量计算规则和已会审的施工图纸进行计算，不得任意加大或缩小各部位尺寸，力求工程量计算的准确性。（2）计算工程量前应首先确定出需要计算工程量的定额子目名称及定额子目号（可参照定额顺序或施工顺序），对于定额缺项，应参照定额编制的基本思想，计算出工程量并确定其对应的"三量"及"三价"，为缺项子目的报价做好准备。（3）为便于校核，避免重算或漏算，计算时要按一定的顺序进行计算（如分楼层计算，各层再按各房间的不同部位分别计算）并注明所在的层次、部位、轴线编号等。（4）工程量计算公式中的数字应按相同的次序排列，如长×宽×高，以利校核，并且要注意有效小数点的位数。一般计算时精确到小数点后三位，汇总时可精确到小数点后二位。（5）结合图纸，尽量做到分楼层、分房间、分部位、分材料的不同分别计算。（6）工程量汇总时，计量单位应与计价定额中的定额单位一致。

第二节 江苏省装饰工程计价定额总说明

一、计价定额组成、作用及适用范围

1. 计价定额组成

2014 年《江苏省建筑与装饰工程计价定额》（以下简称《计价定额》）由 24 章及 9 个附录组成。第 1 章至第 19 章为分部分项工程计价，第 20 章至 24 章为部分措施项目计价。

2. 计价定额的作用

（1）编制工程招标控制价（最高投标限价）的依据；（2）编制工程标底、结算审核的指导；（3）工程投标报价、企业内部核算、制定企业定额的参考；（4）编制建筑工程概算定额的依

据;(5)建设行政主管部门调解工程价款争议、合理确定工程造价的依据。

3. 计价定额适用范围

《计价定额》适用于江苏省行政区域范围内一般工业与民用建筑的新建、扩建、改建工程及其单独装饰工程。国有资金投资的建筑与装饰工程应执行本定额;非国有资金投资的建筑与装饰工程可参照使用本定额;当工程施工合同约定按本定额规定计价时,应遵守本定额的相关规定。

二、综合单价组成

《计价定额》中的综合单价由人工费、材料费、机械费(施工机具使用费)、管理费、利润等五项费用组成。其中《计价定额》中管理费、利润暂按三类工程标准计入综合单价内。在编制概预算、投标报价时,应根据《费用定额》规定的费率标准进行调整。

在《计价定额》项目中,带括号的材料价格供选用,不包含在综合单价内。部分定额项目在引用了其他项目综合单价时,引用的项目综合单价列入材料费一栏,但其五项费用数据在项目汇总时已做拆解分析,使用中应予注意。如定额子目5-28。

三、计价定额项目工作内容

《计价定额》中规定的工作内容均包括完成该项目过程的全部工序以及施工过程中所需的人工、材料、半成品和机械台班数量。除定额中有规定允许调整外,一般不得因具体工程的施工组织设计、施工方法和工、料、机等耗用与定额有出入而调整定额用量。但对于报标报价,投标人可以参照定额自行组价,可根据企业本身具体情况合理调整定额人、材、机含量及单价。

四、建筑物檐高的确定

计价定额中的檐高是指设计室外地面至檐口的高度。檐口高度按以下情况确定:(1)坡(瓦)屋面按檐墙中心线处屋面板面或椽子上表面的高度计算。(2)平屋面以檐墙中心线处平屋面的板面高度计算。(3)屋面女儿墙、电梯间、楼梯间、水箱等高度不计入。

五、单独装饰工程有关说明

(1)计价定额中的装饰项目是按中档装饰水准编制的,设计四星及四星级以上宾馆、总统套房、展览馆及公共建筑等对其装修有特殊设计要求和较高艺术造型的装饰工程时,应适当增加人工,增加标准在招标文件或合同中明确,一般控制在10%以内。

(2)家庭室内装饰可以执行本定额,执行本定额时其人工乘以系数1.15。

(3)本定额中未包括的拆除、铲除、拆换、零星修补等项目,应按照《江苏省房屋修缮工程定额》(2009年)及其配套费用定额执行;未包括的水电安装项目按照《江苏省安装工程计价定额》(2014年)及其配套费用定额执行。因本定额缺项而使用其他专业定额消耗量时,仍按本定额对应的费用定额执行。

六、计价定额人工工资标准

江苏省建设工程人工工资单价实行动态调整,一般在每年的3月1日、9月1日发布。

《计价定额》中人工单价暂按2014年上半年江苏省建设工程人工工资指导价南京市

标准计入,其中一类工 85.00 元/工日、二类工 82.00 元/工日、三类工 77.00 元/工日计算(对于单独装饰工程,定额人工单价应按装饰工程有关规定进行调整);每工日按 8 小时工作制计算。工日中包括基本用工、材料场内运输用工、部分项目的材料加工及人工幅度差。

七、材料消耗量及有关规定

(1) 材料预算价格的组成。材料预算价格＝[采购原价(包括供应部门手续费和包装费)＋场外运输费]×1.02(采购保管费)。

(2)《计价定额》中的主要材料、成品、半成品均按合格的品种、规格加附录中的操作损耗以数量列入定额,次要材料以"其他材料费"按"元"列入。

(3) 周转性材料已按"规范"及"操作规程"的要求以摊销量列入相应项目。

(4) 使用现场集中搅拌砼综合单价应调整。本定额按 C25 以下的砼以 32.5 级复合硅酸盐水泥、C25 以上的砼以 42.5 级硅酸盐水泥、砌筑砂浆与抹灰砂浆以 32.5 级硅酸盐水泥的配合比列入综合单价;砼实际使用水泥级别与定额取定不符,竣工结算时以实际使用的水泥级别按配合比的规定进行调整;砌筑、抹灰砂浆使用水泥级别与定额取定不符,水泥用量不调整,价差应调整。

(5)《计价定额》中,砂浆暂按现场搅拌考虑。如使用预拌砂浆,按定额中相应现拌砂浆定额子目进行套用和换算,并按以下办法对人工、材料、机械台班进行换算。① 使用湿拌砂浆:扣除人工 0.45 工日/m³(指砂浆用量);将现拌砂浆换算成湿拌砂浆;扣除相应定额子目中的灰浆拌和机台班。② 使用散装干拌(混)砂浆:扣除人工 0.3 工日/m³(指砂浆用量);干拌(混)砂浆和水的配合比可按生产企业使用说明的要求计算,编制预算时,应将第立方米现拌砂浆换算成干拌(混)砂浆 1.75 t 及水 0.29 t;扣除相应定额子目中的灰浆拌和机台班,另增加电 2.15kW·h/m³(指砂浆用量),该电费计入其他机械费中。③ 使用袋装干拌(混)砂浆:扣除人工 0.2 工日/m³(指砂浆用量);干拌(混)砂浆和水的配合比可按生产企业使用说明的要求计算,编制预算时,应将第立方米现拌砂浆换算成干拌(混)砂浆 1.75 t 及水 0.29 t。

(6)《计价定额》中,凡注明规格的木材及周转木材单价中,均已包括方板材改制成定额规格木材或周转木材的加工费。方板材改制成定额规格木材或周转木材的出材率按 91%计算(所购置方板材＝定额用量×1.0989),圆木改制成方板材的出材率及加工费另行计算。

(7)《计价定额》项目中的综合单价、材料预算价格仅反映定额编制时期的市场价格水平,编制工程概算、预算、结算时,按工程实际发生的价格列入综合单价内。

(8) 建设单位供应的材料,建设单位完成了采购和运输并将材料运至施工工地仓库交施工单位保管的,施工单位退价时应按实际发生的预算价格除以 1.01 退给建设单位(1%作为施工单位的现场保管费);建设单位供木材中板材(厚 25 mm 以内)到现场退价时,按定额分析用量和每立方米预算价格除以 1.01 再减 105 元后的单价退给甲方。

八、垂直运输机械费及建筑物超高增加费

(1) 单独装饰工程的垂直运输机械费,区分不同机械、垂直运输高度、层数按定额工日分别计算。

（2）除脚手架、垂直运输费用定额已注明其适用高度外，其余章节均按檐口高度在 20 m 以内（或 6 层以内）编制的。超过 20 m 或 6 层以上时，单独装饰工程则应另外计取超高人工降效费。

（3）《计价定额》中的塔吊、施工电梯基础、塔吊电梯与建筑物连接件项目，供编制施工图预算、最高投标限价（招标控制价）、标底使用，投标报价、竣工结算时应根据施工方案进行调整。

九、砼构件模板、钢筋含量表的作用

为方便发承包双方的工程量计量，本定额在附录一中列出了砼构件的模板、钢筋含量表，供参考使用。按设计图纸计算模板接触面积或使用砼含模量折算模板面积，同一工程两种方法仅能使用其中一种，不得混用。竣工结算时，使用含模量者，模板面积不得调整；使用含钢量者，钢筋应按设计图纸计算的重量进行调整。

十、二次搬运费用

现场堆放材料有困难，材料不能直接运到单位工程周边需再次中转，建设单位不能按正常合理的施工组织设计提供材料、构件堆放场地和临时设施用地的工程而发生的二次搬运费用，按第二十四章子目执行。

十一、其他

（1）同时使用二个或二个以上系数时，采用连乘方法计算。

（2）定额中凡注有"×××以内"均包括×××本身，"×××以上"均不包括×××本身。

（3）工程施工用水、电，应由建设单位在现场装置水、电表，交施工单位保管使用，施工单位按电表读数乘以单价付给建设单位；如无条件装表计量，由建设单位直接提供水电，在竣工结算时按定额含量乘以单价付给建设单位。生活用电按实际发生金额支付。

例 4.1 某居民家中装潢，厨房地面贴地砖，地砖规格为 400 mm×600 mm，贴地砖面积为 15 m^2，具体做法如下：20 mm 厚 1∶3 水泥砂浆找平层，5 mm 厚 1∶2 防水砂浆粘贴，请根据 2014 年江苏省建筑与装饰计价定额的规定，计算厨房地面贴地砖的综合单价及合价。

解

13-83 换厨房地面贴地砖

$(979.32-14.06+0.051×414.89)×1.5+3.31×85×0.15×1.37×1.5=1\,566.36$（元）

例 4.2 某装饰工程成品木饰面板为甲供，招投标时成品木饰面板暂定价为 300 元/m^2，成品木饰面板投标用量为 600 m^2，具体施工中甲方实际购买成品木饰面板的预算价为 260 元/m^2，成品木饰面板量为 600 m^2，则根据 2014 年江苏省建筑与装饰计价定额的规定，施工单位进入工程结算的成品木饰面板价格应为多少？工程结算完成后施工单位应退回甲供材料费多少万元？

解

（1）施工单位进入工程结算的成品木饰面板价格应为 260 元/m^2；

（2）工程结算完成后施工单位应退甲供材：$260×600÷1.01=15.45$（万元）

第三节 楼地面工程

一、概况

本节定额内容共分6点,即:

(1) 垫层。本节项目仅适用于地面工程相关项目,不再与基础工程混用,共包括14个子目。

(2) 找平层。分水泥砂浆、细石混凝土、沥青砂浆等3小节,共7个子目。

(3) 整体面层。分水泥砂浆、无砂面层、水磨石面层、水泥豆石浆、钢屑水泥砂浆、自流平地面、抗静电地面等3小节,再根据用途共编制了22个子目。

(4) 块料面层。石材块料面板镶贴,石材块料面板图案镶贴,马赛克、凹凸假麻石块,以及地砖、塑料地板、橡胶板、玻璃、镶嵌铜条、镶贴面酸洗打蜡等7小节,共68个子目。

(5) 木地板、栏杆、扶手。木地板、踢脚线、抗静电活动地板,地毯、栏杆、扶手等5小节,共51个子目。

(6) 散水、斜坡、明沟。共编制了6个子目。

以上共计168个子目。

二、定额说明

(1) 本节中各种砼、砂浆强度等级、抹灰厚度,设计与定额规定不同时,可以换算。

(2) 本节整体面层子目中均包括基层与装饰面层。找平层砂浆设计厚度不同,按每增、减5 mm找平层调整。黏结层砂浆厚度与定额不符时,按设计厚度调整。地面防潮层按相应子目执行。

(3) 整体面层、块料面层中的楼地面项目,均不包括踢脚线工料;水泥砂浆、水磨石楼梯包括踏步、踢脚板、踢脚线、平台、堵头,不包括楼梯底抹灰(楼梯底抹灰另按相应子目执行)。

(4) 踢脚线高度是按150 mm编制的,设计踢脚线高度与定额取定不同时,材料按比例调整,其他不变。

(5) 水磨石面层定额项目已包括酸洗打蜡工料,设计不做酸洗打蜡,应扣除定额中的酸洗打蜡材料费及人工0.51工日/10 m²,其余项目均不包括酸洗打蜡,应另列项目计算。

(6) 大理石、花岗岩面层镶贴不分品种、拼色均执行相应子目。包括镶贴一道墙四周的镶边线(阴、阳角处含45°角),设计有两条或两条以上镶边者,按相应定额子目人工乘系数1.10(工程量按镶边的工程量计算),矩形分色镶贴的小方块,仍按定额执行。

(7) 石材块料面板局部切除并分色镶贴成折线图案者称"简单图案镶贴"。切除分色镶贴成弧线形图案者称"复杂图案镶贴",该两种图案镶贴应分别套用定额。

(8) 石材块料面板镶贴及切割费用已包括在定额内,但石材磨边未包括在内。设计磨边者,按相应子目执行。

(9) 对石材块料面板地面或特殊地面要求需成品保护者,不论采用何种材料进行保护,均按相应子目执行,但必须是实际发生时才能计算。

（10）扶手、栏杆、栏板适用于楼梯、走廊及其他装饰性栏杆、栏板、扶手，栏杆定额项目中包括了弯头的制作、安装。设计栏杆、栏板的材料、规格、用量与定额不同，可以调整。定额中栏杆、栏板与楼梯踏步的连接是按预埋件焊接考虑的，设计用膨胀螺栓连接时，每 10 m 另增人工 0.35 工日，M10 mm×100 mm 膨胀螺栓 10 只，铁件 1.25 kg，合金钢钻头 0.13 只，电锤 0.13 台班。

（11）楼梯、台阶不包括防滑条，设计用防滑条者，按相应子目执行。螺旋形、圆弧形楼梯贴块料面层按相应子目的人工乘系数 1.20，块料面层材料乘系数 1.10，其他不变。现场锯割石材块料面板粘贴在螺旋形、圆弧形楼梯面，按实际情况另行处理。

（12）斜坡、散水、明沟按《室外工程》苏 J08-2006 编制，均包括挖（填）土、垫层、砌筑、抹面。采用其他图集时，材料含量可以调整，其他不变。

（13）通往地下室车道的土方、垫层、砼、钢筋砼按相应子目执行。

（14）本章不包含铁件，如发生另行计算，按相应子目执行。

三、工程量计算规则

（1）地面垫层按室内主墙间净面积乘以设计厚度以立方米计算，应扣除凸出地面的构筑物、设备基础、室内铁道、地沟等所占体积，不扣除柱、垛、间壁墙、附墙烟囱及面积在 0.3 m² 以内孔洞所占体积，但门洞、空圈、暖气包槽、壁龛的开口部分亦不增加。

（2）整体面层、找平层均按主墙间净空面积以平方米计算，应扣除凸出地面建筑物、设备基础、地沟等所占面积，不扣除柱、垛、间壁墙、附墙烟囱及面积在 0.3 m² 以内的孔洞所占面积，但门洞、空圈、暖气包槽、壁龛的开口部分亦不增加。看台台阶、阶梯教室地面整体面层按展开后的净面积计算。

（3）地板及块料面层，按图示尺寸实铺面积以平方米计算，应扣除凸出地面的构筑物、设备基础、柱、间壁墙等不做面层的部分，0.3 m² 以内的孔洞面积不扣除。门洞、空圈、暖气包槽、壁龛的开口部分的工程量另增并入相应的面层内计算。

（4）楼梯整体面层按楼梯的水平投影面积以平方米计算，包括踏步、踢脚板、中间休息平台、踢脚线、梯板侧面及堵头。楼梯井宽在 200 mm 以内者不扣除，超过 200 mm 者，应扣除其面积，楼梯间与走廊连接的，应算至楼梯梁的外侧。

（5）楼梯块料面层按展开实铺面积以平方米计算，踏步板、踢脚板、休息平台、踢脚线、堵头工程量应合并计算。

（6）台阶（包括踏步及最上一步踏步口外延 300 mm）整体面层按水平投影面积以平方米计算；块料面层，按展开（包括两侧）实铺面积以平方米计算。

（7）水泥砂浆、水磨石踢脚线按延长米计算。其洞口、门口长度不予扣除，但洞口、门口、垛、附墙烟囱等侧壁也不增加；块料面层踢脚线，按图示尺寸以实贴延长米计算，门洞扣除，侧壁另加。

（8）多色简单、复杂图案镶贴石材块料面板，按镶贴图案的矩形面积计算。成品拼花石材铺贴按设计图案的面积计算。计算简单、复杂图案之外的面积，扣除简单、复杂图案面积时，也按矩形面积扣除。

（9）楼地面铺设木地板、地毯以实铺面积计算。楼梯地毯压棍安装以套计算。

（10）其他：① 栏杆、扶手、扶手下托板均按扶手的延长米计算，楼梯踏步部分的栏杆与扶手应按水平投影长度乘系数 1.18。② 斜坡、散水、搓牙均按水平投影面积以平方米计算，明沟与散水连在一起,明沟按宽300 mm计算,其余为散水,散水、明沟应分开计算。散水、明沟应扣除踏步、斜坡、花台等的长度。③ 明沟按图示尺寸以延长米计算。④ 地面、石材面嵌金属和楼梯防滑条均按延长米计算。

四、使用注意要点

(1)抹灰楼梯按水平投影面积计算,包括踏步、踢脚板、踢脚线、平台、堵头抹面。其余整体、块料面层均不包括踢脚线工料,踢脚线应另列项目计算。本章定额中的踢脚线项目均按150 mm高编制的,设计高度不同,材料按比例调整,其他不变。除楼梯底抹灰另执行第十五章的天棚抹灰相应项目外,均不得另立项目计算。

(2)螺旋形、圆弧形楼梯整体面层、贴块料面层按相应项目人工乘系数1.2,块料面层材料乘系数1.1,粘贴砂浆数量不变。

(3)细石混凝土找平层中设计有钢筋,钢筋按定额第四章相应项目执行。

(4)拱形楼板上表面粉面按地面相应定额人工乘系数2。

(5)看台台阶、阶梯教室地面整体面层按展开后的净面积计算,执行地面面层相应项目,人工乘1.6系数。

(6)定额中彩色镜面水磨石系高级工艺,除质量要求达到规范外,其工艺必须按"五浆五磨"、"七抛光"施工。

水磨石整体面层项目定额按嵌玻璃条计算,设计用金属嵌条,应扣除定额中的玻璃条材料,金属嵌条按设计长度以10延长米执行本章13-105子目(13-105定额子目内人工费是按金属嵌条与玻璃嵌条补差方法编制的),金属嵌条品种、规格不同时,其材料单价应换算。

(7)分清大理石、花岗岩镶贴地面的品种:定额分为普通镶贴、简单镶贴和复杂镶贴三种形式。要掌握下列几点:① 普通镶贴的工程量按主墙间的净面积计算。② 简单、复杂图案镶贴按简单、复杂图案的外接矩形面积计算,在计算该图案之外的面积时,也按矩形面积扣除。③ 楼梯、台阶按展开面积计算,应将楼梯踏步、踢脚板、休息平台、端头踢脚线、端部两个三角形堵头工程量合并计算,套楼梯相应定额。台阶应将水平面、垂直面合并计算,套台阶相应定额。④ 大理石、花岗岩普通镶贴地面时,遇有弧形贴面时,其弧形部分的石材损耗按实调整。并注意按相应子目附注增加切割人工、机械。

(8)木地板安装项目中的木龙骨设计采用水泥砂浆坞木龙骨时,按相应木龙骨子目下面的附注换算执行。铺设楞木应掌握三条:① 楞木设计与定额不符,应按设计用量加6%损耗与定额进行调整,将该用量代进定额,其他不变即可。② 若楞木不是用预埋铅丝绑扎固定,而用膨胀螺栓连接,则膨胀螺栓用量按设计另增,电锤按每10 m² 需0.4台班计算。③ 基层上需铺设油毡或沥青防潮层时,按《计价定额》第十章相应项目执行。

(9)地毯铺设按实铺面积计算,但标准客房铺设地毯设计不拼接时,其定额含量应按主墙间净面积的含量来调整。

(10)不锈钢管扶手分半玻栏板、全玻栏板、靠墙扶手,均采用钢化玻璃,玻璃材料不同,发生时可以换算,定额中不锈钢管和钢化玻璃可以换算调整。13-143子目是有机玻栏板,有机玻璃全玻栏板也执行本定额。仅把6.37 m² 含量调整为8.24 m² 即可,其余不变。在558页有个附注:铝合金型材、玻璃的含量按设计用量调整。型材调整如下:① 按设计图纸计算出长度×1.06(余头损耗)=设计长度;② 按建筑装饰五金手册,查出理论重量;③ 设长度×理论重量,得出总重量;④ 总重量÷按规定计算的长度×10 m 调整定额含量,规定计算长度见计算规则;⑤ 将定额的含量换算成调整定额含量,即可组成换算定额。人工、其他材料、机械不变。

(11) 定额中硬木扶手的取定:硬木扶手制作定额净料按 150 mm×50 mm、弯头材积已包括在内,木扶手每 10 m 按 0.095 m³ 计算,设计断面不符,材积按比例换算;扁铁按 40 mm×4 mm 编制,与设计不符是按设计用量加 6% 的损耗调整。

(12) 本章定额中水磨石面层已包括酸洗打蜡,其余项目均不包括酸洗打蜡,发生时应另立项目计算。楼梯、地面施工好以后,在交工之前若要对产品进行保护,则成品保护费用应按《计价定额》第 18 章相应项目执行。

(13) 酸洗打蜡工程量计算同块料面层的相应项目(即展开面积)。

(14) 本章计价定额中不含铁件,如发生另行计算。

五、定额应用举例

例 4.3 假设在现浇混凝土楼板上做 30 mm 厚 1∶2 水泥砂浆找平层,工程量为 120 m²,求定额人工工日数及水泥砂浆的用量。

相关知识

找平层砂浆设计厚度不同,按每增、减 5 mm 找平层调整。

解

套定额子目 13-15

人工工日数　0.67×(120÷10)＝8.04(工日)

1∶2 水泥砂浆用量　0.202×(120÷10)＝2.43(m³)

套定额子目 13-17

人工工日数　0.13×(120÷10)×(30−20)÷5＝3.12(工日)

1∶2 水泥砂浆用量　0.051×(120÷10)×(30−20)÷5＝1.22(m³)

以上小计人工工日数　8.04＋3.12＝11.16(工日)

1∶2 水泥砂浆用量　2.43＋1.22＝3.65(m³)

例 4.4 在上例中,假设砂浆为散装干拌砂浆(单价为 375 元/t),试计算其定额合价。

相关知识

根据定额总说明第五条,使用散装干拌(混)砂浆:扣除人工 0.3 工日/m³(指砂浆用量);每立方米现拌砂浆换算成干拌(混)砂浆 1.75 t 及水 0.29 t;扣除相应定额子目中的灰浆拌和机台班,另增加电 2.15 kW·h/m³(指砂浆用量,电单价为 0.75 元/kW·h),该电费计入其他机械费中。

解

13-15　20 厚砂浆找平层　202.04 元/10 m²

人工费　(0.67−0.3×0.202)×82＝49.97(元)

材料费　48.69−48.41＋1.75×0.202×375＋0.29×0.202×4.7＝133.12(元)

机械费　2.15×0.75×0.202＝0.33(元)

管理费　(49.97＋0.33)×25%＝12.58(元)

利 润　(49.97＋0.33)×12%＝6.04(元)

小　计　202.04 元/10 m²

定额合价　202.04×12＝2 424.48(元)

13-17　找平层砂浆厚度每增减 5 mm　46.54 元/10 m²

人工费　(0.13－0.3×0.051)×82＝9.41(元)

材料费　12.22－12.22＋1.75×0.051×375＋0.29×0.051×4.7＝33.54(元)

机械费　2.15×0.75×0.051＝0.08(元)

管理费　(9.41＋0.08)×25％＝2.37(元)

利　润　(9.41＋0.08)×12％＝1.14(元)

小　计　46.54 元/10 m²

定额合价　46.54×12×2＝1 116.96(元)

合　计　3 541.44 元

例 4.5　某工程采用 120 mm 高硬木踢脚板,工程量为 62 m,设计图示尺寸为 120 mm×20 mm,固定在墙面木龙骨上,踢脚板上口采用 20 mm×20 mm 成品红松阴角线条(单价为 2 元/m),求硬木踢脚板的定额合价。

相关知识

定额踢脚板按 150 mm×20 mm 毛料计算,设计断面不同,材积按比例换算。由于图纸尺寸为净料,现假定踢脚板上、下口及外表面刨光,内侧面不刨光,即设计图纸毛料尺寸为 125 mm×23 mm。

解

高度不同换算:(125÷150)×0.033＝0.027 5(m³)

断面不同换算:(150×23)÷(150×20)×0.027 5＝0.031 6(m³)

[也可直接换算:(125×23)÷(150×20)×0.033＝0.031 6(m³)]

13-127 换　(158.25－85.8－14.4＋0.031 6×2 600)×6.2＝869.30(元)

18-19 换　(458.84－165＋2×110)×0.62＝318.58(元)

定额合价　869.30＋318.58＝1 187.88(元)

例 4.6　某工程有 118 m² 彩色水磨石楼面,设计构造为:素水泥浆一道;15 mm 厚 1∶3 水泥砂浆找平层;14 mm 厚 1∶2 白水泥加氧化铁黄彩色石子浆(单价 982.71 元/m³),采用 2×14 铜嵌条(单价为 5 元/m),按图纸计算铜条用量为 2.1 m/m²。如不进行酸洗打蜡及成品保护,求其定额合价。

相关知识

① 找平层设计厚度与定额不同,应按每增减 5 mm 找平层调整;② 面层厚度不同,据定额 P527 页附注 2 可知,水泥石子浆每增减 1 mm 增减 0.01 m³;③ 采用氧化铁黄颜料应换算颜料单价(氧化铁黄单价为 7 元/kg);④ 采用铜嵌条时,取消玻璃数量,铜条另列项目计算;⑤ 不进行酸洗打蜡应扣除酸洗打蜡材料费及人工 0.51 工日/10 m²。

解

13-32 换　{1 006.17－0.51×82×(1＋25％＋12％)－168.28＋(0.173－0.01)×982.71－10.56－1.95＋0.3×7－(0.45＋2.3＋2＋0.7＋0.8＋0.72)＝923.40(元/10 m²)

定额合价　923.4×11.8＝10 896.12(元)

13-17　　找平层砂浆厚度每增减 5 mm　　28.51 元/10 m²

定额合价　28.51×11.8×(15−20)÷5＝−336.42(元)

13-105　　65.33−58.3＋5×10.6＝60.03(元/10 m)

定额合价　60.03×(2.1×118÷10)＝1 487.54(元)

定额合价　10 896.12−336.42＋1 487.54＝12 047.24(元)

注:本教材中的定额合价(复价)是指工程量乘综合单价,除在题目中明确注明外,其人工、材料、机械、管理费费率、利润率均与定额取定一致。

例 4.7　某工程有 308 m² 镜面同质砖楼面,其设计构造为:素水泥浆一道;20 mm 厚 1:3 水泥砂浆找平层;8 mm 厚 1:2 水泥砂浆粘贴 400 mm×400 mm 镜面同质砖(预算价为 15 元/块);面层进行酸洗打蜡。求定额合价。

相关知识

① 面砖规格不同应进行换算;② 黏结层厚度与定额不同,应按比例进行调整;③ 除水磨石面层定额项目已包括酸洗打蜡工料,其余项目均不包括酸洗打蜡,应另列项目计算。

解

镜面同质砖的含量:10÷(0.4×0.4)＝63(块/10 m²)

13-83 换　楼地面铺同质砖　　1 441.65 元/10 m²

979.32−510＋63×15×"1.02"＋0.051×(8÷5−1)×275.64＝1 441.65(元/10 m²)

定额合价　1 441.65×30.8＝44 402.82(元)

13-110　楼地面块料面层酸洗打蜡　　57.02 元/10 m²

定额合价　57.02×30.8＝1 756.22(元)

合　计　44 402.82＋1 756.22＝46 159.04 元

例 4.8　现有免刨免漆木地板楼面 180 m²,已知楞木规格 65 mm×55 mm 中距 500 mm,横撑 50 mm×60 mm,中距 1 000 mm,木垫块 100 mm×100 mm×30 mm 间距 500 mm×500 mm,楞木与楼板基层用铁膨胀螺栓 M10×100 连接,数量为 67 套/10 m²(预算单价为 1.6 元/套)求木龙骨成材数量及木地板楼面定额合价。

相关知识

① 定额中楞木规格 60 mm×50 mm 间距 400 mm(0.082 m³/10 m²),横撑 50 mm×50 mm 间距 800 mm(0.033 m³/10 m²),木垫块 100 mm×100 mm×30 mm 间距 400 mm×400 mm (0.02 m³/10 m²),设计与定额不符,按比例调整用量;② 木楞与砼楼板用膨胀螺栓连接,按设计用量另增膨胀螺栓、电锤 0.4 台班/10 m²;③ 查定额附录六可知电锤定额单价为 8.34 元/台班。

解

(1) 楞木(断面)换算材积　(65×55÷60×50)×0.082＝0.098(m³/10 m²)

楞木(间距)换算材积　(400÷500)×0.098＝0.078(m³/10 m²)

(2) 横撑(断面)换算材积　(50×60÷50×50)×0.033＝(m³/10 m²)

横撑(间距)换算材积　(800÷1 000)×0.040＝0.032(m³/10 m²)

(3) 垫块(间距)换算材积　(400×400)÷(500×500)×0.02＝0.012 8(m³/10 m²)

木龙骨材积数量　0.078＋0.032＋0.012 8＝0.122 8(m³/10 m²)

13-112 换　楼面铺设木楞　　416.23 元/10 m²

$323.98+(0.122\ 8-0.135)\times1\ 600+67\times1.6+0.4\times8.34\times(1+25\%+12\%)$
$=416.23(元/10\ m^2)$

13-117　　3 235.90 元/10 m^2

定额合价计　　(180÷10)×(416.23+3 235.90)=65 738.34(元)

例 4.9　某标准客房地面铺设固定双层地毯(5 厚橡胶海绵地毯衬垫,10 厚纯羊毛地毯,铝收口条收边),门档开口部分及壁柜底(0.6 m×2 m)不铺地毯,轴线尺寸如图 4.1 所示。假设地毯设计要求不拼接,试计算地毯的实际定额含量。

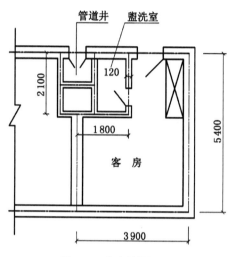

图 4.1　客房地面平面图

相关知识

① 地毯工程量应按主墙间的实铺面积计算;② 地毯裁剪损耗 10%;③ 地毯设计要求不拼接,地毯定额含量应按实调整。

解

根据定额计算规则计算地毯的工程量

$(3.9-0.24)\times(5.40-0.24)-(1.80-0.12+0.06)\times(2.10-0.12+0.06)-0.60\times2.00(柜)=14.14(m^2)$

主墙间净面积　$(3.9-0.24)\times(5.40-0.24)=18.89(m^2)$

根据题意,应套子目 13-136,定额含量为 11 m^2(其中包括地毯裁剪损耗 10%),现设计要求不拼接,地毯定额含量应按实调整为:

$18.89÷14.14\times“1.10”\times10=14.70(m^2/10\ m^2)$

其中 10%为裁剪损耗,37%为剩余损耗。

例 4.10　如图 4.2 所示房间地面采用 30 mm 厚干硬性水泥砂浆铺贴花岗岩面层(含门洞处),试计算花岗岩地面的工程量及定额合价(门宽 1 000 mm)。

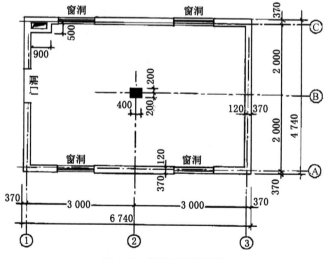

图 4.2　房间地面平面图

相关知识

块料面层镶贴按主墙间的净面积计算,应扣除凸出地面的构筑物、柱等不做面层的部分,门洞空圈开口部分也相应增加。

解

铺贴花岗岩面层的工程量

(6.74−0.49×2)×(4.74−0.49×2)−0.9×0.5−0.4×0.4+0.49×1.0=21.54(m²)

13-44 铺贴花岗岩面层   3 107.15 元/10 m²

定额合价   3 107.15×(21.54÷10)=6 692.80(元)

例 4.11 如在图 4.2 中,踢脚线为 120 mm 高的水泥砂浆粘贴花岗岩(上口现场磨指甲圆边),试计算踢脚线的工程量及定额合价(已知门框内侧壁踢脚线宽为 250 mm)。

相关知识

① 计算块料面层踢脚线长度时,门洞扣除,侧壁另加。② 踢脚线高度定额是按 150 mm 编制的,设计高度与定额不同,材料按比例调整,其他不变。

解

踢脚线的工程量   (6.74−0.49×2+4.74−0.49×2)×2−1+0.25×2=18.54(m)

13-50 换   (57.8+396.74×120÷150+1.17+14.74+7.08)×(18.54÷10)=738.23(元)

18-33   228.95×18.54÷10=424.47(元)

定额合价合计   738.23+424.47=1 162.70(元)

例 4.12 某建筑物门前台阶如图 4.3 所示,试计算台阶面层分别采用花岗岩(水泥砂浆粘贴)和水磨石面层的工程量(每步台阶高 150 mm)。

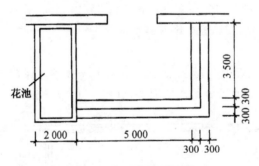

图 4.3 门厅台阶平面图

相关知识

① 水磨石台阶按水平投影面积计算;② 台阶镶贴花岗岩块料面层按展开面积计算,台阶与地坪的分界线为最上一步踏步口外延 300 mm 处。

解

水磨石台阶的工程量   (5+0.3×2)×0.3×3+(3.5−0.3)×0.3×3=7.92(m²)

或 (5+0.3×2)×(3.5+0.3×2)−(5−0.3)×(3.5−0.3)=7.92(m²)

花岗岩台阶的工程量   [(5+0.3×2+3.5+0.3×2)+(5+0.3+3.5+0.3)

+(5+3.5)]×0.15+7.92=12.02(m²)

例 4.13 某公司办公室位于某写字楼三楼,平面尺寸如图 4.4 所示,墙体厚度除卫生间内墙为 120 mm 外,其余均为 240 mm;门洞宽度:除进户门为 1 000 mm 外其余均为 800 mm。总经理办公室楼面做法:断面为 60 mm×70 mm 木龙骨地楞(计价定额为 60 mm×50 mm),楞木间距及横撑的规格、间距同计价定额,木龙骨与现浇楼板用 M8 mm×80 mm 膨胀螺栓固定,螺栓设计用量为 50 套,不设木垫块,免漆免刨实木地板面层,实木地板价格为 160 元/m²;硬木踢脚线毛料断面为 150 mm×20 mm,设计长度为 15.24 m,钉在墙面木龙骨上,踢脚线油漆做法为刷底油、刮腻子、色聚氨酯漆四遍。总工办及经理室为木龙骨基层复合木地板地面;卫生间采用 5 mm 厚 1∶2 水泥砂浆贴 250 mm×250 mm 防滑地砖(25 mmn 厚 1∶2.5 防水砂浆找平层),防滑地砖价格 3.5 元/块;其余区域地面铺设 600 mm×600 mm 地砖(未作说明的按计价定额规定不作调整)。

(1) 根据题目给定的条件,按 14 计价定额规定列出各定额子目的名称并计算对应的工程量;

(2) 根据题目给定的条件,按 14 计价定额规定计算总经理室、卫生间地面及总经理室踢脚线子目的综合单价。

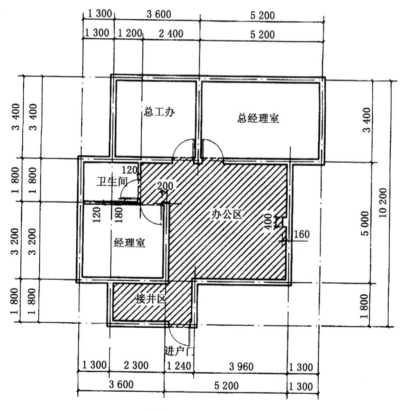

图 4.4 楼面布置图

相关知识

① 地板及块料面层,按图示尺寸实铺面积以平方米计算,应扣除凸出地面的构筑物、设备基础、柱、间壁墙等不做面层的部分,0.3 m² 以内的孔洞面积不扣除。门洞、空圈、暖气包槽、壁龛的开口部分的工程量另增并入相应的面层内计算。② 木楞断面与《计价定额》中

不同,需换算。③ 若楞木不是用预埋铅丝绑扎固定,而用膨胀螺栓连接,则膨胀螺栓用量按设计另增,电锤按每 $10\ m^2$ 需 0.4 台班计算。④ 踢脚线钉在墙面木龙骨上时,应扣除木砖成材 $0.09\ m^3$。

解

(1) 按《计价定额》列项并计算工程量

① 总经理办公室铺实木地板　$(5.2-0.24)\times(3.4-0.24)=15.67(m^2)$

② 硬木踢脚线　15.24 m

③ 总工办铺复合地板　$(3.6-0.24)\times(3.4-0.24)=10.62(m^2)$

④ 经理室铺复合地板　$(3.2-0.12-0.06)\times(3.6-0.24)=10.15(m^2)$

⑤ 卫生间贴防滑地砖　$(2.5-0.12-0.12)(1.8-0.12-0.06)=3.66(m^2)$

⑥ 其他区域贴地砖

$(5.0-0.24)\times(8.8-0.24)+(1.8-0.24)\times(3.54-0.24)-(3.2-0.12+0.06)\times3.6-(1.8-0.12-0.06)\times(2.5-0.12)-0.4\times0.16+0.8\times0.24\times2+0.8\times0.12\times2+1.0\times0.24+(1.24-0.24)\times0.24=31.73(m^2)$

(2) 按《计价定额》计算总经理室各子目单价

13-112　铺设木楞

$[(60\times70)\div(60\times50)\times0.082+0.033]\times1\ 600+(50\div15.67)\times10.2\times0.6+17.04+2.00+(50.15+14.77+0.4\times8.34)\times1.37=368.56(元/10\ m^2)$

13-117　免漆免刨实木地板

$3\ 235.9-2\ 625+160\times10.5=2\ 290.9(元/10\ m^2)$

13-127　硬木踢脚线

$158.25-0.009\times1\ 600=143.85(元/10\ m)$

17-59+69　踢脚线油漆

$119.72+20.33=140.05(元/10\ m)$

13-83　卫生间贴防滑地砖

分析:$10\ m^2$ 地砖用量　$(10\div0.25\div0.25)\times1.02=164(块)$

$979.32-510+3.5\times164-48.41+0.253\times387.57=1\ 092.97(元/10\ m^2)$

例 4.14　一会议室彩色水磨石楼面,如图 4.5 所示。外墙厚为 240 mm,框架柱截面均为 600 mm×600 mm。楼面构造:素水泥浆一道,20 mm 厚 1∶3 水泥砂浆找平层,15 mm 厚彩色水磨石面层,2 mm×15 mm 铜条分割。楼面水磨石采用 1∶2 白水泥石子浆加颜料,颜料分为土氧化铁黄、氧化铁红和氧化铬绿。边框采用氧化铁黄彩色水磨石镶边,宽度为180 mm,中间采用氧化铁红和氧化铬绿彩色水磨石等间距分格。踢脚线高 120 mm(含门洞口侧壁),15 mm 厚 1∶3 水泥砂浆底,12 mm 厚 1∶2 白水泥彩色石子浆面层(未作说明的按计价定额规定不作调整)。

(1) 根据题目给定的条件,按 14 计价定额规定列出各定额子目的名称并计算对应的工程量;

（2）根据题目给定的条件,按14计价定额规定计算各定额子目的综合单价及合价。

相关知识

① 铜嵌条分格另外套有关子目计算,但需扣除水磨石面层单价中玻璃嵌条的价格。② 分色采用的颜料品种不同,需按实调整。③《计价定额》规定踢脚线高度是按150 mm编制的,如设计高度不同时,材料按比例调整,其他不变。④ 20 mm厚1∶3水泥砂浆找平层已含在水磨石面层计价子目内,不能再单独套用计价子目。

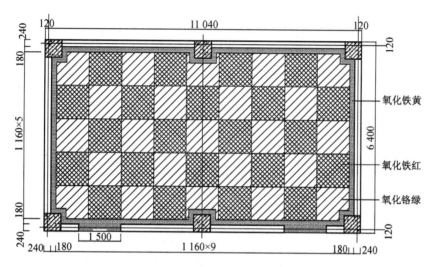

图4.5 彩色水磨石楼面布置图

解

（1）按《计价定额》列项并计算工程量

① 水磨石地面 $(11.04-0.24)\times(6.4-0.24)=66.53(m^2)$

② 水磨石踢脚线 $(11.04-0.24+6.4-0.24)\times2=33.92(m)$

③ 水磨石嵌铜条 $10.44\times6+5.8\times10+0.36\times2\times2$(柱侧)$=122.08(m)$

（2）按《计价定额》计算各子目单价

13-32换 彩色水磨石面层 1 715.13元/10 m²

分析:计算各种颜色的彩色水磨石面积

铁红 $S1=1.16\times1.16\times22$块$=29.6(m^2)$

铬绿 $S2=1.16\times1.16\times23$块$-0.36\times(0.6+0.18\times2)\times2+0.36\times0.36\times4=30.78(m^2)$

铁黄 $S3=66.53-29.6-30.78=6.15(m^2)$

则氧化铁红色石子浆用量 $S1\div(S1+S2+S3)\times0.173=29.6\div66.53\times0.173=0.077(m^3)$

氧化铬绿色石子浆用量 $S2\div(S1+S2+S3)\times0.173=30.76\div66.53\times0.173=0.08(m^3)$

氧化铁黄色石子浆用量 $S3\div(S1+S2+S3)\times0.173=6.15\div66.53\times0.173=0.016(m^3)$

氧化铁红颜料用量 $S1\div(S1+S2+S3)\times0.30=29.6\div66.53\times0.30=0.133(kg)$

氧化铬绿颜料用量 $S2\div(S1+S2+S3)\times0.30=30.78\div66.53\times0.30=0.139(kg)$

氧化铁黄颜料用量 $S3\div(S1+S2+S3)\times0.30=6.15\div66.53\times0.30=0.028(kg)$

扣除玻璃 -10.56元

13-32换 $1\ 681.17-168.28-1.95-10.56+0.077\times972.71+0.08\times1\ 482.71+0.016\times982.71+0.133\times6.5+0.139\times32+0.028\times7=1\ 715.13$(元/10 m²)

13-105　水磨石嵌铜条　65.33 元/10 m

13-34 换　彩色水磨石踢脚线　271.43 元/10 m

分析:扣 1:2 水泥白石子浆:−7.16 元

增白水泥色石子浆　0.018×842.71＝15.17 元

13-34 换　$269.15-20.65+(20.65-7.16+15.17)\times\dfrac{120}{150}=271.43$(元/10 m)

(3) 计算各定额子目合价

13-32 换　彩色水磨石面层

66.53÷10×1 715.13＝11 410.76(元)

13-105　水磨石嵌铜条

122.08÷10×65.33＝797.55(元)

13-34 换　彩色水磨石踢脚线

33.92÷10×271.43＝920.69(元)

例 4.15　某大厅内地面垫层上水泥砂浆镶贴花岗岩板,20 mm 厚 1:3 水泥砂浆找平层,8 mm 厚 1:1 水泥砂浆结合层。具体做法如图 4.6 所示,图案中间为紫红色,紫红色外围为乳白色,花岗岩板现场切割。四周做两道各宽 200 mm 黑色镶边,每道镶边内侧嵌铜条 4 mm×10 mm,其余均为 600 mm×900 mm 芝麻黑规格板材;门档处不贴花岗岩;贴好后应酸洗打蜡并进行成品保护。材料市场价格:铜条 12 元/m,紫红色花岗岩 600 元/m²,乳白色花岗岩 350 元/m²,黑色花岗岩 300 元/m²,芝麻黑花岗岩 280 元/m²(其余未作说明的均按计价定额规定不作调整)。

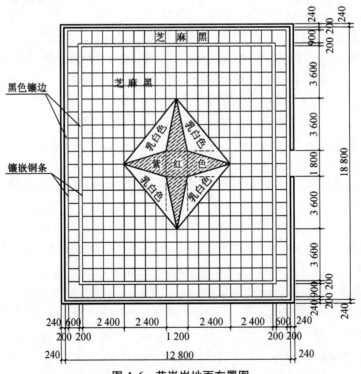

图 4.6　花岗岩地面布置图

（1）根据题目给定的条件,按 14 计价定额规定对该大厅花岗岩地面列项并计算各定额子目的工程量;

（2）根据题目给定的条件,按 14 计价定额规定计算该大厅花岗岩地面各定额子目的综合单价及合价。

相关知识

① 大理石、花岗岩面层镶贴不分品种、拼色均执行相应子目。包括镶贴一道墙四周的镶边线(阴、阳角处含 45°角),设计有两条或两条以上镶边者,按相应定额子目人工乘系数 1.10(工程量按镶边的工程量计算)。② 石材块料面板局部切除并分色镶贴成折线图案者称"简单图案镶贴"。③ 多色简单图案镶贴石材块料面板,按镶贴图案的矩形面积计算。计算简单图案之外的面积,扣除简单图案面积时,应按矩形面积扣除。

解

（1）按《计价定额》列项并计算工程量

① 中间多色简单图案花岗岩镶贴　6×9＝54(m²)

② 地面铺贴黑色花岗岩(镶边)　0.2×[(12.8＋18.8－0.2×2)×2＋(12.8－0.8×2＋18.8－1.1×2－0.2×2)×2]＝23.44(m²)

③ 地面铺贴芝麻黑花岗岩　12.8×18.8－54－23.44＝163.2(m²)

④ 石材板缝嵌铜条　(12.8－0.2×2＋18.8－0.2×2)×2＋(12.8－1×2＋18.8－1.3×2)×2＝115.6 m

⑤ 花岗岩酸洗打蜡　12.8×18.8＝240.64(m²)

⑥ 花岗岩成品保护　12.8×18.8＝240.64(m²)

（2）按《计价定额》计算各子目单价

13-55 换　地面花岗岩多色简单图案水泥砂浆镶贴

分析:紫红色面积　2×1.2×3.6÷2＋2×1.8×2.4÷2＋1.2×1.8＝10.8(m²)

芝麻黑面积　4×(3.6＋0.9)×(2.4＋0.6)÷2＝27(m²)

乳白色面积　54－27－10.8＝16.2(m²)

13-55 换　3 516.56＋(600×10.8＋350×16.2＋280×27)/54×11－2 750)＝4 781.56(元/10 m²)

13-47 换　地面水泥砂浆铺贴黑色花岗岩(镶边)

3 096.69＋(300－250)×10.2＋323×0.1×(1＋25%＋12%)＝3 650.94(元/10 m²)

13-47 地面水泥砂浆铺贴芝麻黑花岗岩　3 096.69＋(280－250)×10.2＝3 402.69(元/10 m²)

13-104　石材板缝嵌铜条　110.7＋(12－10)×10.2＝131.1(元/10 m)

13-110　花岗岩面层酸洗打蜡　57.02(元/10 m²)

18-75　花岗岩地面成品保护　18.32(元/10 m²)

（3）计算各子目合价

定额编号	子目名称	单位	数量	综合单价(元)	合价(元)
13-55 换	地面花岗岩多色简单图案水泥砂浆镶贴	10 m²	5.40	4 781.56	25 820.42
13-47 换	地面水泥砂浆铺贴黑色花岗岩(镶边)	10 m²	2.34	3 650.94	8 543.20
13-47 换	地面水泥砂浆铺贴芝麻黑花岗岩	10 m²	16.32	3 402.69	55 531.90
13-104	石材板缝嵌铜条	10 m	11.56	131.10	1 515.52
13-110	花岗岩面层酸洗打蜡	10 m²	24.06	57.02	1 372.13
18-75	花岗岩地面成品保护	10 m²	24.06	18.32	440.85

例 4.16 计算图 4.7 中花岗岩楼面复杂图案的实际损耗率。图中代号 1 代表白色，2 代表黑色，3 代表米黄色，4 代表紫色，紫色花岗岩规格为 600 mm×600 mm。小圆直径 $d=2$ m，大圆直径 $D=4.8$ m。

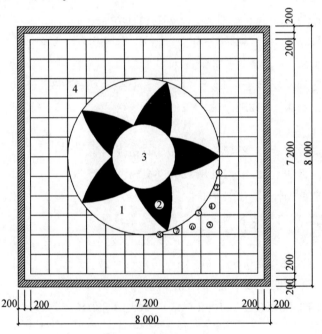

图 4.7 花岗岩楼面布置图

解

复杂图案工程量 $=4.8×4.8=23.04(\text{m}^2)$

(1) 白色

$b=2.4-1=1.4(\text{m})$

$h=2×2.4×\sin36=2.82(\text{m})$

面积 $A1=1.4×2.82×5$ 个 $=19.78(\text{m}^2)$

(2) 黑色

$b=2×r×\sin36=1.176(\text{m})$

$h=2.4-r\cos36=1.59(\text{m})$

面积 $A2=1.176×1.59×5$ 个 $=9.35(\text{m}^2)$

（3）米黄色

面积　A3＝2×2＝4(m²)

（4）紫红色

分析：编号①底边长 x_1：

$$x_1=2.4-\sqrt{2.4^2-0.6^2}=76 \text{ mm}$$

编号②底边长 x_2：

$$x_2=2.4-\sqrt{2.4^2-1.2^2}=322 \text{ mm}$$

编号③底边长 x_3：

$$x_3=2.4-\sqrt{2.4^2-1.8^2}-0.6=213 \text{ mm}$$

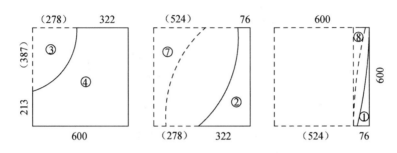

图 4.8　紫色花岗岩下料切割示意图

紫色花岗岩下料切割示意图如图 4.8 所示。

③,④	1 块
②,⑦	1 块
⑤	1 块
⑥	1 块
①,⑧	0.25 块

面积小计：A4＝4.25 块×0.6×0.6×4 个＝6.12(m²)

面积合计：19.78＋9.35＋4＋6.12＝39.25(m²)

实际(综合)损耗率：[(39.25×"1.02")÷23.04－1]×100％＝73.76％。

注：套定额时，应将定额中的花岗岩变为白色、黑色、米黄、紫色四种花岗岩，定额含量分别为：19.78÷23.04×10.2＝8.757；9.35÷23.04×10.2＝4.139；4÷23.04×10.2＝1.771；6.12÷23.04×10.2＝2.709，四种花岗岩含量合计为17.376。

例 4.17　某室内大厅花岗岩楼面由装饰施工企业承包并施工，做法：20 mm 厚 1：3 水泥砂浆找平层，8 mm 厚 1：1 水泥砂浆粘贴花岗岩面层，贴好后酸洗打蜡。其中，沿红色花岗岩边缘四周镶嵌 2 mm×15 mm 铜条。楼面布置图如图 4.9 所示。已知：人工 110 元/工日，白色花岗岩 600 元/m²，黑色花岗岩 400 元/m²，红色花岗岩 700 元/m²（图案由规格 500 mm×500 mm 石材现场加工而成），其他未说明的均按计价定额执行。

（1）根据题目给定的条件，按 14 计价定额规定对该花岗岩楼面列项并计算各定额子目的工程量；

（2）根据题目给定的条件，按 14 计价定额规定计算该花岗岩楼面各定额子目的综合单价及合价。

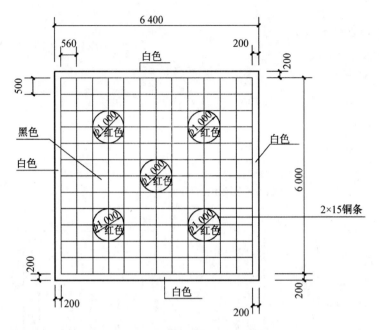

图 4.9　花岗岩楼面布置图

相关知识

① 花岗岩面层镶贴不分品种、拼色均执行相应子目。包括镶贴一道墙四周的镶边线（阴、阳角处含45°角），设计有两条或两条以上镶边者,按相应定额子目人工乘系数1.10(工程量按镶边的工程量计算)。② 石材块料面板局部切除并分色镶贴成弧线图案者称"复杂图案镶贴"。③ 复杂图案镶贴石材块料面板,按镶贴图案的矩形面积计算。计算复杂图案之外的面积,扣除复杂图案面积时,也按矩形面积扣除。④ 复杂图案镶贴石材块料面板套用简单图案镶贴子目,但人工应乘系数1.2,弧形部分的石材损耗按实调整。

解

(1) 按《计价定额》列项并计算工程量

① 楼面水泥砂浆贴白色花岗岩镶边线　$6.4 \times 6.4 - 6.0 \times 6.0 = 4.96(\text{m}^2)$

② 楼面水泥砂浆复杂镶贴花岗岩　$1.0 \times 1.0 \times 5 = 5(\text{m}^2)$

③ 楼面水泥砂浆贴黑色花岗岩　$6.0 \times 6.0 - 5 = 31(\text{m}^2)$

④ 镶嵌铜条　$3.14 \times 1.0 \times 5 = 15.70(\text{m})$

⑤ 花岗岩面层酸洗打蜡　$6.4 \times 6.4 = 40.96(\text{m}^2)$

(2) 按《计价定额》计算各子目单价

13-47 换　楼面水泥砂浆贴白色花岗岩(镶边)　6 882.16 元/10 m²

$2\,642.35 + (600 - 250) \times 10.2 + (3.8 \times 110 + 8.63) \times (1 + 42\% + 15\%) = 6\,882.16(\text{元}/10\ \text{m}^2)$

13-47 楼面水泥砂浆贴黑色花岗岩　4 842.16(元/10 m²)

$2\,642.35 + (400 - 250) \times 10.2 + (3.8 \times 110 + 8.63) \times (1 + 42\% + 15\%) = 4\,842.16(\text{元}/10\ \text{m}^2)$

13-55 楼面水泥砂浆复杂镶贴花岗岩

分析:工程量为 5 m²。红色花岗岩每个圆需 4 块 500 mm×500 mm 的红色花岗岩切割而成,共需 20 块。每个圆弧外需 2 块 500 mm×500 mm 的黑色花岗岩共需 10 块。红色花岗岩含量:$0.5×0.5×20÷5×10=10 \text{ m}^2/10 \text{ m}^2$;黑色花岗岩含量:$0.5×0.5×10÷5×10=5 \text{ m}^2/10 \text{ m}^2$。

$(5.29×110×1.2+23.76)×(1+42\%+15\%)+2\ 867.99-2\ 750+700×10+400×5=10\ 251.59(元/10 \text{ m}^2)$

13-104　镶嵌铜条

$(0.07×110+0)×(1+42\%+15\%)+102.55+(5.5-10)×10.2=68.74(元/10 \text{ m}^2)$

13-110　花岗岩面层酸洗打蜡

$(0.43×110)×(1+42\%+15\%)+6.94=81.20(元/10 \text{ m}^2)$

(3) 计算各子目合价

定额编号	子目名称	计量单位	工程量(m²)	金额(元)	
				综合单价	合价
13-47	楼面水泥砂浆贴白色花岗岩	10 m²	0.496	6 882.16	3 413.55
13-47	楼面水泥砂浆贴黑色花岗岩	10 m²	3.100	4 842.16	15 010.70
13-55 换	复杂图案花岗岩楼面	10 m²	0.500	10 251.59	5 125.80
13-104	镶嵌铜条	10 m	1.570	68.74	107.92
13-110	酸洗打蜡	10 m²	4.096	81.20	332.60

例 4.18　某混凝土地面垫层上做 20 mm 厚 1∶3 水泥砂浆找平,水泥砂浆贴供货商供应的 600 mm×600 mm 花岗岩板材,要求对格对缝,施工单位现场切割,要考虑切割后剩余板材应充分使用,墙边用黑色板材镶边线 180 mm 宽,具体分格详见图 4.10。门档处不贴花岗岩。花岗岩市场价格:芝麻黑 280 元/m²,紫红色 600 元/m²,黑色 300 元/m²,乳白色 350/m²,贴好后应酸洗打蜡,进行成品保护。不考虑其他材料及机械费的调整,不计算踢脚线。假设工资单价为 110 元/工日,管理费率为 42\%,利润率为 15\%,其他未说明的均按计价定额执行。

(1) 根据题目给定的条件,按 14 计价定额规定对该花岗岩地面列项并计算各定额子目的工程量;

(2) 根据题目给定的条件,按 14 计价定额规定计算该花岗岩地面各定额子目的综合单价及合价。

相关知识

① 四周黑色镶边、芝麻黑套一般花岗岩镶贴楼地面定额子目。计算芝麻黑工程量时,中间的椭圆形图案面积按外接矩形扣除。② 中间椭圆形图案按外接矩形面积计算工程量,套用多色复杂图案镶贴楼地面定额子目。弧形部分花岗岩损耗按实计算。③ 花岗岩地面酸洗打蜡未含在花岗岩楼地面定额子目内,应另套相应的定额子目。④ 计价时,要注意各花岗岩价格的区分。人工费及管理、利润均应相应调整。

解

(1) 按《计价定额》列项并计算工程量

① 四周黑色镶边的面积　$0.18×(7.56+8.76-0.18×2)×2=5.75(\text{m}^2)$

② 大面积芝麻黑镶贴的面积　$7.56×8.76-4.80×6.00-5.75=31.68(\text{m}^2)$

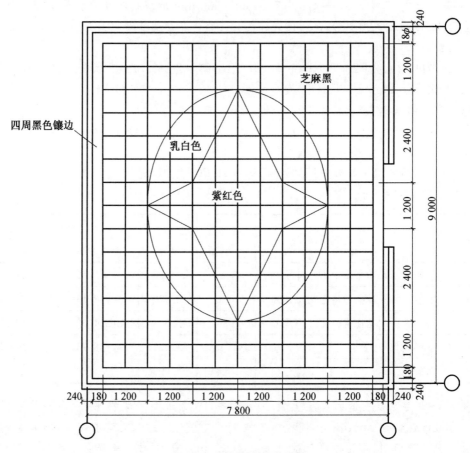

图中文字标注：
- 四周黑色镶边
- 芝麻黑
- 乳白色
- 紫红色

图 4.10　花岗岩地面布置图

③ 中间多色复杂图案花岗岩镶贴的面积　$4.80×6.00=28.80(m^2)$

④ 花岗岩酸洗打蜡,成品保护的面积　$7.56×8.76=66.23(m^2)$

(2) 按《计价定额》计算各子目的综合单价

13-47 换　四周黑色镶边花岗岩镶贴　$3\,822.15$ 元$/10\,m^2$

分析:黑色花岗岩计入单价

增　$10.20×(300.00-250.00)=510.00(元)$

其中:人工费　$323+(110-85)×3.8=418(元)$

材料费　$2\,642.35+510.00=3\,152.35(元)$

机械费　8.63 元

管理费　$(418+8.63)×42\%=179.18(元)$

利　润　$(418+8.63)×15\%=63.99(元)$

小计　$3\,822.15$ 元$/10\,m^2$

13-47 换　芝麻黑花岗岩镶贴　$3\,618.15$ 元$/m^2$

分析:芝麻黑花岗岩计入单价

增　$10.20×(280.00-250.00)=306.00(元)$

其中:人工费　$323+(110-85)×3.8=418(元)$

材料费　$2\,642.35+306.00=2\,948.35(元)$

机械费　8.63 元

管理费　179.18 元

利　润　63.99 元

小计　3 618.150 元/10 m²

13-55 换　中间圆形多色复杂图案花岗岩镶贴　6 369.90 元/10 m²

分析:① 按实计算弧形部分花岗岩板材的面积(2%为石材材料损耗率)

乳白色花岗岩:$S1=0.60×0.60×11$ 块$×4$ 片×"1.02"$=16.16$(m²)

芝麻黑花岗岩:$S2=0.60×0.60×6$ 块$×4$ 片×"1.02"$=8.81$(m²)

紫红色花岗岩:$0.60×0.60×30$ 块×"1.02"$=11.02$(m²)

② 计算乳白色、芝麻黑、紫红色花岗岩在定额子目中的含量

乳白色花岗岩含量:$16.16÷28.80×10=5.61$(m²/10 m²)

芝麻黑花岗岩含量:$8.81÷28.80×10=3.06$(m²/10 m²)

紫红色花岗岩含量:$11.02÷28.80×10=3.83$(m²/10 m²)

③ 乳白色、芝麻黑、紫红色花岗岩计入单价

增:$5.61×350+3.06×280+3.83×600-2 750=2 368.30$(元/10 m²)

④ 按定额第 533 页增加人工

$5.29×0.20=1.058$(工日)

⑤ 计算定额单价

其中:人工费　$(5.29+1.058)×110=698.28$(元)

材料费　$2 867.99+2 368.30=5 236.29$(元)

机械费　23.76(元)

管理费　$(698.28+23.76)×42%=303.26$(元)

利　润　$(698.28+23.76)×15%=108.31$(元)

小计　6 369.90 元/10 m²

13-110　块料面层酸洗打蜡　$(0.43×110+0)×(1+42%+15%)+6.94=81.21$(元/10 m²)

18-75　成品保护　$(0.05×110+0)×(1+42%+15%)+12.5=21.14$(元/10 m²)

(3) 计算各定额子目合价

13-47 换　四周黑色花岗岩镶贴　$5.75÷10×3 822.15=2 197.74$(元)

13-47 换　芝麻黑花岗岩镶贴　$31.68÷10×3 618.15=11 462.30$(元)

13-55 换　中间圆形多色复杂图案花岗岩镶贴　$28.80÷10×6 369.9=18 345.31$(元)

13-110　块料面层酸洗打蜡　$66.23÷10×81.21=537.85$(元)

18-75　成品保护　$66.23÷10×21.14=140.01$(元)

以上合计　32 683.21 元

例 4.19　一宾馆电梯厅楼面,在现浇钢筋混凝土楼板上做 20 mm 厚 1∶3 水泥砂浆找平层,8 mm 厚 1∶1 水泥细砂浆结合层,上贴 600 mm×600 mm 规格金钻麻花岗岩板材,要求现场切割,尽量充分利用板材。中间镶贴圆形拼花花岗岩成品,半径 $r=1 800$ mm。黑金砂花岗岩贴门档步边。楼面贴好后酸洗打蜡并进行成品保护。黑金砂花岗岩踢脚线高为 120 mm,现场磨一阶半圆边。具体尺寸见图 4.11。假设人工单价、材料单价、机械台班单

价、管理费费率、利润费率等均按计价定额不作调整。

(1) 根据题目给定的条件,按 14 计价定额规定对该花岗岩楼面列项并计算各定额子目的工程量;

(2) 根据题目给定的条件,按 14 计价定额规定计算该花岗岩楼面各定额子目的综合单价及分部分项工程费。

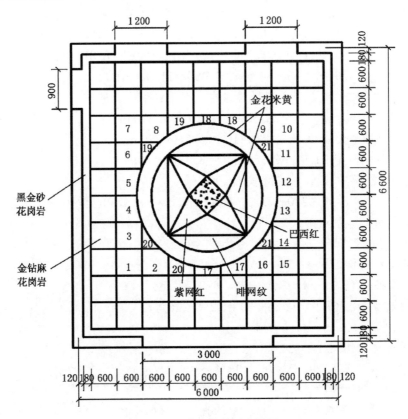

图 4.11 花岗岩地面布置图

相关知识

① 黑金砂花岗岩走边、门档及大面积金钻麻花岗岩楼面套用普通花岗岩楼地面计价子目,中间圆形图案按方形扣除。② 中间方形面积贴金钻麻扣除圆形拼花花岗岩成品面积后,套用花岗岩楼地面计价子目,其弧形部分的石材损耗按实调整并按弧形图示尺寸每 10 m 另外增加切割人工 0.6 工日,合金钢切割锯片 0.14 片,石料切割机 0.6 台班(详定额 P531 页注)。③ 圆形花岗岩成品按定额花岗岩成品安装子目套用。④ 花岗岩楼面酸洗打蜡、成品保护不含在花岗岩楼面计价子目内,另套相应计价子目。⑤《计价定额》规定踢脚线高度是按 150 mm 编制的,如设计高度不同时,材料按比例调整,其他不变。

解

(1) 按《计价定额》列项并计算各子目工程量

① 花岗岩楼地面面积

a. 大面积金钻麻花岗岩

$(6.00-0.24-0.18\times2)\times(6.60-0.24-0.18\times2)-3.60\times4.20=17.28(\text{m}^2)$

b. 黑金砂花岗岩走边及门档面积

$0.18 \times [(6.00-0.24-0.18)+(6.60-0.24-0.18)] \times 2+0.24 \times (0.90+3.00+1.20 \times 2)$ $=5.75 (m^2)$

c. 中间方形金钻麻花岗岩的面积 $3.60 \times 4.20-3.14 \times 1.80^2=4.95 (m^2)$

d. 中间拼花花岗岩的面积 $3.14 \times 1.80^2=10.17 (m^2)$

e. 中间弧形部分的周长 $3.14 \times 2 \times 1.80=11.30 (m)$

f. 酸洗打蜡成品保护 $(6.00-0.24) \times (6.60-0.24)+0.24 \times (0.90+3.00+1.20 \times 2)=38.15 (m^2)$

② 花岗岩踢脚线的长度

a. 黑金砂踢脚线的长度 $(5.76+6.36) \times 2-0.90-1.20 \times 2-3.00+0.24 \times 2 \times 4=19.86 (m)$

b. 黑金砂踢脚线酸洗打蜡 $19.86 \times 0.12=2.38 (m^2)$

c. 黑金砂踢脚线磨一阶半圆 $19.86 (m)$

（2）按《计价定额》计算各子目的综合单价

13-47 金钻麻花岗岩面层 3 096.69/10 m²

13-47 黑金砂花岗岩面层 3 096.69 元/10 m²

13-47 换 中间方形金钻麻花岗岩面层 4 659.31 元/10 m²

分析:①按实计算弧形部分花岗岩板材的面积(2%为施工切割损耗)

$0.60 \times 0.60 \times 21$ 块 $\times "1.02"=7.71 (m^2)$

计算弧形部分花岗岩板材的实际含量 $7.71 \div 4.95 \times 10=15.6 (m^2/10 m^2)$

② 定额第 530 页附注弧形部分增加工料 93.14 元/10 m

人工 $0.60 \times 85=51 (元)$

合金钢切割锯片 $0.14 \times 80=11.2 (元)$

石料切割机 $0.60 \times 14.69=8.81 (元)$

管理费、利润 $(51+8.81) \times (25\%+12\%)=22.13 (元)$

小计 93.14 元/10 m

13-47 换 $3 096.69-2 550.00+250 \times 15.6+93.14 \times 1.13 \div 4.95 \times 10=4 659.31 (元/10 m^2)$

13-60 拼花花岗岩成品安装 15 899.71 元/10 m²

13-110 块料面层酸洗打蜡 57.02 元/10 m²

18-75 成品保护 18.32 元/10 m²

13-50 换 花岗岩踢脚线 401.03 元/10 m

分析:150 mm 高换 120 mm 高(材料按比例换算)

13-50 换 $477.53-396.74+396.74 \times \dfrac{120}{150}=398.18 (元/10 m)$

18-32 石材磨一阶半圆边 269.21 元/10 m

（3）计算各定额子目合价

13-47 金钻麻花岗岩楼面 $17.28 \div 10 \times 3 096.69=5 351.08 (元)$

13-47 黑金砂花岗岩楼面 $5.75 \div 10 \times 3 096.69=1 780.60 (元)$

13-47 换 中间方形金钻麻花岗岩楼面 $4.95 \div 10 \times 4 446.69=2 201.11 (元)$

定额第 530 页附注 弧形部分增加工料 $11.30 \div 10 \times 93.14=105.25 (元)$

13-60 拼花花岗岩成品安装 $10.17 \div 10 \times 15 899.71=16 170.01 (元)$

13-110 块料面层酸洗打蜡 $38.15 \div 10 \times 57.02 = 217.53$(元)

18-75 成品保护 $38.15 \div 10 \times 18.32 = 69.89$(元)

小计 25 895.47 元

13-50 换 花岗岩踢脚线 $19.86 \div 10 \times 398.18 = 790.79$(元)

18-32 石材磨一阶半圆 $19.86 \div 10 \times 269.21 = 534.65$(元)

小计 1 325.44 元

(4) 计算分部分项工程费

$25 895.47 + 1 325.44 = 27 220.91$(元)

第四节 墙柱面工程

一、概况

本节定额内容共分 4 点,即:

(1) 一般抹灰。按砂浆品种分石膏砂浆、水泥砂浆、保温砂浆及抗裂基层、混合砂浆、其他砂浆,砖石墙面勾缝等 6 个小节,计 60 个子目。

(2) 装饰抹灰。分水刷石、干粘石、斩假石、嵌缝及其他等 4 小节,计 19 个子目。

(3) 镶贴块料面层及幕墙。分瓷砖、外墙釉面砖、金属面砖、陶瓷铺砖、凹凸假麻石、波形面砖、劈离砖、文化石、石材块料面板、幕墙及封边等 8 小节,计 88 个子目。

(4) 木装修及其他。分墙面、梁柱面木龙骨骨架,金属龙骨,墙、柱梁面夹板基层,墙、柱梁面各种面层,网塑夹心板墙、GRC 板、彩钢夹心板墙等 6 小节,计 61 个子目。

二、定额说明

1. 一般规定

(1) 本章按中级抹灰考虑,设计砂浆品种、饰面材料规格如与定额取定不同时,应按设计调整,但人工数量不变。

(2) 外墙保温材料品种不同,可根据相应子目进行换算调整。地下室外墙粘贴保温板,可参照相应子目,材料换算,其他不变。柱梁面粘贴复合保温板可参照墙面执行。

(3) 本章均不包括抹灰脚手架费用,脚手架费用按相应子目执行。

2. 柱墙面装饰

(1) 墙、柱的抹灰及镶贴块料面层所取定的砂浆品种、厚度详见《计价定额》的附录七。设计砂浆品种、厚度与定额不同均应调整。砂浆用量按比例调整。外墙面砖基层刮糙处理,如基层处理采用保温砂浆时,此部分砂浆作相应换算,其他不变。

(2) 在圆弧形墙面、梁面抹灰或镶贴块料面层(包括挂贴、干挂石材块料面板),按相应定额子目人工乘以系数 1.18(工程量按其弧形面积计算)。块料面层中带有弧边的石材损耗,应按实调整,每 10 m 弧形部分,切贴人工增加 0.6 工日,合金钢切割片 0.14 片,石料切割机 0.6 台班。

(3) 本章中石材块料面板均不包括磨边,设计要求磨边或墙、柱面贴石材装饰线条者,按相应子目执行。设计线条重叠数次,套相应"装饰线条"数次。

（4）外墙面窗间墙、窗下墙同时抹灰，按外墙抹灰相应子目执行，单独圈梁抹灰（包括门、窗洞口顶部）按腰线子目执行，附着在砼梁上的砼线条抹灰按砼装饰线条抹灰子目执行。但窗间墙单独抹灰或镶贴块料面层，按相应人工乘系数1.18。

（5）门窗洞口侧边、附墙垛等小面粘贴块料面层时，门窗洞口侧边、附墙垛等小面排版规格小于块料原规格并需要裁剪的块料面层项目，可套用"柱、梁、零星项目"子目。

（6）内外墙贴面砖的规格与定额取定规格不符，数量应按下式确定：

$$实际数量 = \frac{10\ m^2 \times (1+相应损耗率)}{(砖长+灰缝宽) \times (砖宽+灰缝厚)}$$

（7）高在3.60 m以内的围墙抹灰均按内墙面相应子目执行。

（8）石材块料面板上钻孔成槽由供应商完成的，扣除基价中人工的10%和其他机械费。本章斩假石已包括底、面抹灰。

（9）本章砼墙、柱、梁面的抹灰底层已包括刷一道素水泥浆在内。设计刷两道，每增一道按相应子目执行。设计采用专用黏结剂时，可套用相应干粉型黏结剂粘贴子目，换算干粉型黏结剂材料为相应专用黏结剂。设计采用聚合物砂浆粉刷时，可套用相应子目，材料换算，其他不变。

（10）外墙内表面的抹灰按内墙面抹灰子目执行；砌块墙面的抹灰按砼墙面相应抹灰子目执行。

（11）干挂石材及大规格面砖所用干挂胶（AB胶）每组的用量组成为：A组1.33 kg，B组0.67 kg。

3. 内墙、柱面木装饰及柱面包钢板

（1）设计木墙裙的龙骨与定额间距、规格不同时，应按比例换算木龙骨含量。本定额仅编制了一般项目中常用的骨架与面层，骨架、衬板、基层、面层均应分开计算。

（2）木饰面定额子目的木基层均未含防火材料，设计要求刷防火涂料，按相应子目执行。

（3）装饰面层中均未包括墙裙压顶线、压条、踢脚线、门窗贴脸等装饰线，设计有要求时，应按相应章节子目执行。

（4）幕墙材料品种、含量，设计要求与定额不同时应调整，但人工、机械不变。所有干挂石材、面砖、玻璃幕墙、金属板幕墙子目中不含钢骨架、预埋（后置）铁件的制作安装费，另按相应子目执行。

（5）不锈钢、铝单板等装饰板块折边加工费及成品铝单板折边面积应计入材料单价中，不另计算。

（6）网塑夹芯板之间设置加固方钢立柱、横梁应根据设计要求按相应子目执行。

（7）本章定额未包括玻璃、石材的车边、磨边费用。石材车边、磨边按相应子目执行；玻璃车边费用按市场加工费另行计算。

（8）成品装饰面板现场安装，需做龙骨、基层板时，套用墙面相应子目。

三、工程量计算规则

1. 内墙面抹灰

（1）内墙面抹灰面积应扣除门窗洞口和空圈所占的面积，不扣除踢脚线、挂镜线、0.3 m²以内的孔洞和墙与构件交接处的面积；但其洞口侧壁和顶面抹灰亦不增加。垛的侧面抹灰面积应并入内墙面工程量内计算。

内墙面抹灰长度,以主墙间的图示净长计算,其高度按实际抹灰高度确定,不扣除间壁所占的面积。

(2) 石灰砂浆、混合砂浆粉刷中已包括水泥护角线,不另行计算。

(3) 柱与单梁的抹灰按结构展开面积计算,柱与梁或梁与梁接头的面积不予扣除。砖墙中平墙的砼柱、梁等的抹灰(包括侧壁)应并入墙面抹灰工程量内计算。凸出墙面的砼柱、梁面(包括侧壁)抹灰工程量应单独计算,按相应子目执行。

(4) 厕所、浴室隔断抹灰工程量,按单面垂直投影面积乘系数 2.3 计算。

2. 外墙抹灰

(1) 外墙面抹灰面积按外墙面的垂直投影面积计算,应扣除门窗洞口和空圈所占的面积,不扣除 0.3 m² 以内的孔洞面积。但门窗洞口、空圈的侧壁、顶面及垛等抹灰,应按结构展开面积并入墙面抹灰中计算。外墙面不同品种砂浆抹灰,应分别计算按相应子目执行。

(2) 外墙窗间墙与窗下墙均抹灰,以展开面积计算。

(3) 挑沿、天沟、腰线、扶手、单独门窗套、窗台线、压顶等,均以结构尺寸展开面积计算。窗台线与腰线连接时,并入腰线内计算。

(4) 外窗台抹灰长度,如设计图纸无规定时,可按窗洞口宽度两边共加 20 cm 计算。窗台展开宽度一砖墙按 36 cm 计算,每增加半砖宽则另增 12 cm。

单独圈梁抹灰(包括门、窗洞口顶部)、附着在砼梁上的砼装饰线条抹灰均以展开面积以平方米计算。

(5) 阳台、雨篷抹灰按水平投影面积计算。定额中已包括顶面、底面、侧面及牛腿的全部抹灰面积。阳台栏杆、栏板、垂直遮阳板抹灰另列项目计算。栏板以单面垂直投影面积乘系数 2.1。

(6) 水平遮阳板顶面、侧面抹灰按其水平投影面积乘系数 1.5,板底面积并入天棚抹灰内计算。

(7) 勾缝按墙面垂直投影面积计算,应扣除墙裙、腰线和挑沿的抹灰面积,不扣除门、窗套、零星抹灰和门、窗洞口等面积,但垛的侧面、门窗洞侧壁和顶面的面积亦不增加。

3. 挂、贴块料面层

(1) 内、外墙面、柱梁面、零星项目镶贴块料面层均按块料面层的建筑尺寸(各块料面层十粘贴砂浆厚度=25 mm)面积计算。门窗洞口面积扣除,侧壁、附垛贴面应并入墙面工程量中。内墙面腰线花砖按延长米计算。

(2) 窗台、腰线、门窗套、天沟、挑檐、盥洗槽、池脚等块料面层镶贴,均以建筑尺寸的展开面积(包括砂浆及块料面层厚度)按零星项目计算。

(3) 石材块料面板挂、贴均按面层的建筑尺寸(包括干挂空间、砂浆、板厚度)展开面积计算。

(4) 石材圆柱面按石材面外围周长乘以柱高(应扣除柱墩、帽高度)以平方米计算。石材柱墩、柱帽按石材圆面外围周长乘其高度以平方米计算。圆柱腰线按石材圆柱面周长计算。

4. 内墙、柱木装饰及柱包不锈钢镜面

(1) 墙、墙裙、柱(梁)面

木装饰龙骨、衬板、面层及粘贴切片板按净面积计算,并扣除门、窗洞口及 0.3 m² 以上的孔洞所占的面积,附墙垛及门、窗侧壁并入墙面工程量内计算。

单独门、窗套按相应相应子目计算。

柱、梁按展开宽度乘以净长计算。

（2）不锈钢镜面、各种装饰板面均按展开面积计算。若地面天棚面有柱帽、柱脚，则高度应从柱脚上表面至柱帽下表面计算。柱帽、柱脚按面层的展开面积以平方米计算，套柱帽、柱脚子目。

（3）幕墙以框外围面积计算。幕墙与建筑顶端、两端的封边按图示尺寸以平方米计算，自然层的水平隔离与建筑物的连接按延长米计算（连接层包括上、下镀锌钢板在内）。幕墙上下设计有窗者，计算幕墙面积时，窗面积不扣除，但每 10 m² 窗面积另增人工 5 工日，增加的窗料及五金按实计算（幕墙上铝合金窗不再另外计算）。其中：全玻璃幕墙以结构外边按玻璃（带肋）展开面积计算，支座处隐藏部分玻璃合并计算。

四、使用注意要点

（1）外墙 1∶3 水泥砂浆找平层，不另增子目，定额相应子目材料中 1∶3 水泥砂浆就是找平层，设计厚度不同可按比例调整，其他不变。

（2）墙、柱的抹灰及镶贴块料面层子目中所取定的砂浆品种、厚度详见《计价定额》附录七。设计砂浆品种、厚度与定额不同均应调整。砂浆用量按比例调整。外墙面砖基层刮糙处理，如基层处理设计采用保温砂浆时，此部分砂浆作相应换算，其他不变。

内墙贴瓷砖，外墙面贴釉面砖定额黏结层是按混合砂浆编制的，也编制了用素水泥浆作黏结层的定额，可根据实际情况分别套用定额。

（3）一般抹灰阳台、雨篷项目为单项定额中的综合子目，定额内容已包括平面、侧面、底面（天棚面）及挑出墙面的梁抹灰。

（4）门窗洞口侧边、附墙垛等小面粘贴块料面层时，门窗洞口侧边、附墙垛等小面排版规格小于块料原规格并需要裁剪的块料面层项目（直个条件必须同时满足），可套用"柱、梁、零星项目"子目。

（5）墙、柱、梁面的砂浆抹灰工程量按结构尺寸计算。挂、贴块料面层按实贴面识计算。

（6）本章混凝土墙、柱、梁面的抹灰底层已包括刷一道素水泥浆在内。设计刷两道，每增一道按相应子目执行。设计采用专用黏结剂时，可套用相应干粉型黏结剂粘贴子目，换算干粉型黏结剂材料为相应专用黏结剂。设计采用聚合物砂浆粉刷的，可套用相应子目，材料换算，其他不变。

（7）石材块料面板的钻孔成槽已经包括在相应定额中，若供货商已将钻孔成槽完成，则定额中应扣除 10% 的人工费和 10 元/10 m² 的机械费。干挂石材块料面板中的不锈钢连接件、连接螺栓、插棍数量按设计用量加 2% 的损耗进行调整。墙、柱面挂、贴石材块料面板的定额中，不包括酸洗打蜡费用，块料面层、石材墙面等子目中相应清洗费用，合并为其他材料费 10 元/10 m²，在相应章说明中注明墙地面工程中如果石材、墙地砖面采用专业保洁，其清理费用另行计算。

（8）石材幕墙名称统一为钢骨架上干挂石材块料面板，按安装位置设置了墙面、柱面、圆柱面、零星、腰线、柱帽、柱脚等子目，同时按做法密封、勾缝、背栓开放式和勾缝分别设置了相应子目。子目中的面板为加工好的成品石材，安装损耗按 2% 考虑，密封胶用量按 6 mm 缝宽考虑，超过者按比例调整用量；其余材料应按设计用量并考虑损耗量进行换算。

（9）花岗岩、大理石板的磨边，墙、柱面设计贴石材线条应按《计价定额》第 18 章的相应项目执行。

（10）玻璃幕墙一般要算三个项目：一是幕墙；二是幕墙与自然楼层的连接；三是幕墙与建筑物的顶端、侧面封边。要注意定额中规定的换算和工程量计算规则。如设计隐框、明框

玻璃幕墙铝合金骨架型材的规格、用量与定额不符,应按下式调整:

$$每10m^2\ 骨架含量=\frac{单位工程幕墙竖筋横筋设计长度之和(横筋长按竖筋中到中)}{单位工程幕墙面积}\times10m^2\times1.07$$

定额中铝合金型材含量扣除,将上式计算的含量代入即可,其他不变。

(11) 铝合金玻璃幕墙项目中的避雷焊接,已在安装定额中考虑,故本项目中不含避雷焊接的人工及材料费。幕墙材料品种、含量,设计要求与定额不同时应调整,但人工、机械不变。所有干挂石材、面砖、玻璃幕墙、金属板幕墙子目中不含钢骨架、预埋(后置)铁件的制作安装费,另按相应子目执行。

(12) 本章定额中各种隔断、墙裙的龙骨、衬板基层、面层是按一般常用做法编制的。其防潮层、龙骨、基层、面层均应分开列项。墙面防潮层按《计价定额》第 10 章相应项目执行,面层的装饰线条(如墙裙压顶线、压条、踢脚线、阴角线、阳角线、门窗贴脸等)均应按《计价定额》第 18 章的有关项目执行。

墙面、墙裙(14-168 子目)子目中的普通成材由龙骨 0.053 m³,木砖 0.057 m³ 组成,断面、间距不同要调整龙骨含量,龙骨与墙面的固定不用木砖,而用木针固定者,应扣除木砖与木针的差额 0.04 m³ 的普通成材。龙骨含量调整方法如下:

断面不同的材积调整=(设计木楞断面÷定额木楞断面)×定额材积

间距不同的材积调整=定额间距或方格面积÷设计间距或方格面积×定额材积

(该定额材积是指有断面调整对应按断面调整以后的材积)

(13) 金属龙骨分为隔墙轻钢龙骨、附墙卡式轻钢龙骨、铝合金龙骨及钢骨架安装四个子目,使用时应分别套用定额并注意其龙骨规格、断面、间距,与定额不符应按定额规定调整含量,应分清什么是隔墙,什么是隔断。

轻钢、铝合金隔墙龙骨设计用量与定额不符应按下式调整:

$$竖横龙骨用量=\frac{单位工程中竖(横)龙骨设计用量}{单位工程隔墙面积}\times(1+规定损耗率)\times10\ m^2$$

(定额规定的损耗率:轻钢龙骨 6%,铝合金龙骨 7%)

(14) 墙、柱梁面夹板基层是指在龙骨与面层之间设置的一层基层,夹板基层直接钉在木龙骨上还是钉在承重墙面的木砖上,应按设计图纸来判断,有的木装饰墙面、墙裙是有凹凸起伏的立体感,它是由于在夹板基层上局部再钉或多次再钉一层或多层夹板形成的。故凡有凹凸面的墙面、墙裙木装饰,按凸出面的面积计算,每 10 m² 另加 1.9 工日,夹板按 10.5 m² 计算,其他均不再增加。

(15) 墙、柱梁面木装饰的各种面层,应按设计图纸要求列项,并分别套用定额。在使用这些定额时,应注意定额项目内容及下面的注解要求。

镜面玻璃粘贴在柱、墙面的夹板基层上还是水泥砂浆基层上,应按设计图纸而定,分别套用定额。

(16) 不锈钢、铝单板等装饰板块折边加工费及成品铝单板折边面积应计入材料单价中,不另计算。

(17) 成品装饰面板现场安装,需做龙骨、基层板时,可套用墙面现有定额相应子目进行换算调整。如实际采用密封胶品种不同,可换算玻璃胶材料,胶缝形式不一样,可按 5% 损耗换算含量。

(18) 墙面和门窗的侧面进行同标准的木装饰,则墙面与门窗侧面的工程量合并计算,执行墙面定额。若单独的门、窗套木装修,应按第十八章的相应子目执行。工程量按图示展开面积计算。

五、定额应用举例

例 4.20 某工程有圆弧形外墙面,拟采用素水泥浆粘贴 200 mm×50 mm 外墙面砖(密缝),工程量 174 m²,其中顶端弧边长 190 m(其面积为 22 m²)。粘贴面砖构造:刷 901 胶素水泥浆 2 道,10 mm 厚 1∶3 水泥砂浆刮糙,5 mm 厚素水泥浆贴贴外墙砖。经合理计算弧边部分的实际损耗率为 15%,求外墙面砖的总用量及定额合价。

相关知识

① 墙、柱的抹灰及镶贴块料面层所取定的砂浆品种、厚度详见附录七。设计砂浆品种、厚度与定额不同均应调整。砂浆用量按比例调整。根据定额附录七可知,定额刮糙是按 10 mm 厚 1∶3 水泥砂浆,黏结砂浆按 10 mm 厚 1∶0.2∶2 混合砂浆考虑,故应将混合砂浆换为素水泥浆。② 对于圆弧形墙面镶贴块料面层按其面积套用相应子目,人工乘以系数 1.18。块料面层中带有弧边的石材损耗,应按实调整,每 10 m 弧形部分,切贴人工增加 0.60 工日,合金钢锯片 0.14 片,石料切割机 0.60 台班。③ 本章砼墙、柱、梁面的抹灰底层已包括刷一道素水泥浆在内。设计刷两道,每增一道按相应子目执行。

解

(1) 外墙面砖总用量

10.25×(174−22)÷10+22×(1+15%)=181.1(m²)

181.1÷0.2÷0.05=18 110(块)

(2) 14-97 换 圆弧形外墙面镶贴面砖 3 128.13 元/10 m²

(3 024.71−27.8+24.11+434.35×0.18×1.37)×[(174−22)÷10]

=3 128.13×15.2=47 547.58(元)

(3) 14-78 换 增加 1 道 901 胶素水泥浆 18.18 元/10 m²

(15.75+9.84×0.18×1.37)×17.4=18.18×17.4=316.33(元)

(4) 14-97 换 顶端弧边镶贴面砖 3 415.63 元/10 m²

(3 024.71−27.8+24.11+434.35×0.18×1.37−2 357.5+11.5×230)×2.2=

3 415.63×2.2=7 514.39(元)

(5) 每 10 m 长弧边增加费 93.14 元/10 m

增人工费 0.6×85=51(元)

增合金钢锯片 0.14×80=11.2(元)

增石料切割机 0.60×14.69=8.81(元)

增管理费、利润 (51+8.81)×(25%+12%)=22.13(元)

小 计 93.14 元/10 m

定额合价 93.14×19=1 769.66(元)

以上合计 57 147.96 元

例 4.21 某工程有凹凸木墙裙 236 m²,木龙骨断面 25 mm×35 mm,间距 350 mm×350 mm。龙骨与墙面用木针固定,面板均采用普通切片三夹板,凹进部分基层板采用一层 12 mm 厚细木工板(单价为 32 元/m²),凸出部分基层板(面积为 96 m²)采用一层 12 mm 厚细木工板及一层 18 mm 厚细木工板(单价为 38 元/m²),墙裙面层采用购买的线条,其中 12 mm×12 mm 阴角线条计 628 m(单价 1.2 元/m),30 mm×30 mm 的压顶线计 262 m(单价为 2.5 元/m),试求定额合价及板材定额用量。

相关知识

① 墙裙木龙骨定额断面取定 24 mm×30 mm,间距 300 mm×300 mm,设计断面、间距与定额不符,应按比例调整;龙骨与墙面不用木砖而用木针时,定额中普通成材应扣除 0.04 m³/10 m²。② 14-168 子目中普通成材由龙骨 0.053 m³、木砖 0.057 m³ 组成,断面、间距不同,龙骨含量应调整(龙骨与木筋连在一起调整)。③ 墙裙做凹凸面,在夹板基层上再做一层凸面夹板时,按凸出的面积每 10 m² 另加多层夹板 10.5 m²、人工 1.9 工日计算,其他均不再增加。④ 在有凹凸底层夹板上镶贴切片板面层时,按墙面定额人工乘系数 1.3,切片板含量乘系数 1.05,其他不变。⑤ 设计采用基层板材料不同应换算。

解

龙骨(断面)换算材积=(25×35)÷(24×30)×(0.111−0.04)=0.086 3(m³)

龙骨(间距)换算材积=(300×300)÷(350×350)×0.086 3=0.063 4(m³)

14-168 换 (439.87−177.6+0.063 4×1 600)×236÷10=363.71×23.6=8 583.56(元)

14-185 换 (539.94−399+10.5×32)×23.6+10.5×38+1.9×85×1.37=476.94×23.6+620.26×9.6=11 255.78+5 954.50=17 210.28(元)

14-193 换 (418.74+189×0.05+102×0.3×1.37)×236÷10=470.11×23.6=11 094.60(元)

18-19 (458.84−1.5×110+1.2×110)×628÷100=425.84×6.28=2 674.28(元)

18-22 (629.48−3×110+2.5×110)×262÷100=574.48×2.62=1 505.14(元)

以上合计 41 067.86 元

切片板用量 10.5×1.05×236÷10=260.19(m²)

12 mm 厚细木工板用量 10.5×236÷10=247.8(m²)

18 mm 厚细木工板用量 10.5×96÷10=100.8(m²)

例 4.22 某大楼外墙采用干挂石,铁件为预埋件,设计图纸总用量为 10 t,已知:型钢单价为 5 200 元/t,人工单价为 110 元/工日,管理费费率为 42%,利润率为 15%,请根据 2014 年计价定额规定,计算该铁件制作、安装的分部分项工程费。

解

5-27 铁件制作

(28×110+787.54)×1.57+4 968.25+(5 200−4 080)×1.05=12 216.29(元/10 m²)

5-28 铁件安装

[(23.28+0.01×28)×110+407.24]×1.57+258.48+(5 200−4 080)×0.01×1.05=4 978.42(元/10 m²)

铁件制作、安装的分部分项工程费 (12 216.29+4 978.42)×10=171 947.10(元)

例 4.23 某大楼外墙采用干挂石,铁件为后置埋件,设计图纸总用量为 12 t,已知:型钢单价为 5 200 元/t,人工单价为 110 元/工日,管理费费率为 42%,利润率为 15%,请根据

2014 年计价定额规定,计算该铁件制作、安装的分部分项工程费。

解

7-57 零星钢构件制作 $(25.92 \times 110 + 777.13) \times 1.57 + 4\,968.26 + (5\,200 - 4\,080) \times 1.05 = 11\,840.74$(元/10 m²)

5-28 铁件安装 $[(23.28 + 0.01 \times 28) \times 110 + 407.24] \times 1.57 + 258.48 + (5\,200 - 4\,080) \times 0.01 \times 1.05 = 4\,978.42$(元/10 m²)

铁件制作、安装的分部分项工程费 $(11\,840.74 + 4\,978.42) \times 12 = 201\,829.92$(元)

例 4.24 某一楼大厅半镜面柱装饰工程见图 4.12 所示,共计 4 根。柱面先进行 20 mm 厚 1:1 水泥砂浆粉刷,再做柱面木龙骨及多层夹板基层,最后做装饰面层,其面层做法自下而上分别为粘贴切片皮,镜面不锈钢装饰条,镜面玻璃,柱顶另做铝合金阴角线条。要求:按《计价定额》列项并计算各子目工程量。

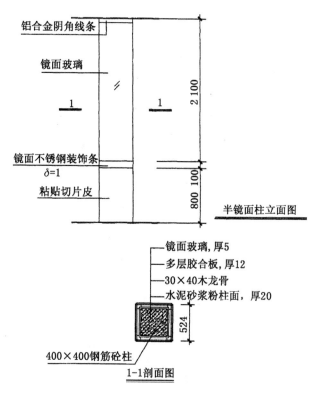

图 4.12 半镜面装饰工程图

解

(1) 水泥砂浆粉柱子 $0.4 \times 4 \times 3 \times 4 = 19.2$(m²)

(2) 柱子木龙骨 $0.44 \times 4 \times 3 \times 4 = 21.12$(m²)

(3) 柱子木工板基层 $0.5 \times 4 \times 3 \times 4 = 24$(m²)

(4) 粘贴切片皮 $0.524 \times 4 \times 0.8 \times 4 = 6.71$(m²)

(5) 镜面不锈钢装饰条 $0.524 \times 4 \times 4 = 8.38$(m)

(6) 铝合金阴角线条 $0.524 \times 4 \times 4 = 8.38$(m)

(7) 镜面玻璃 $0.524 \times 4 \times 2.1 \times 4 = 17.61$(m)

例 4.25　某底层办公楼有 10 根相同的混凝土柱,直径 D＝600 mm,全高 3 500 mm,柱帽、柱墩密缝挂贴进口黑金砂花岗岩,柱身圆柱面挂贴六拼米黄花岗岩,板厚 25 mm,灌缝 1∶1 水泥砂浆 50 mm 厚,板缝嵌云石胶,贴好后的花岗岩面层进行成品保护。具体尺寸见图 4.13 所示。已知:人工工资单价 110 元/工日;管理费率 42%、利润率 15%,其余未作说明的均按计价定额的规定执行。

(1) 根据题目给定的条件,按 14 计价定额规定对该花岗岩柱面列项并计算各定额子目的工程量;

(2) 根据题目给定的条件,按 14 计价定额规定计算该花岗岩柱面各定额子目的综合单价及合价。

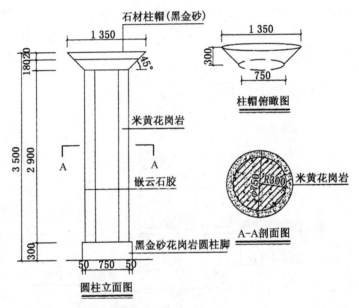

图 4.13　混凝土柱

相关知识

①《计价定额》柱身、柱帽、柱墩的工程量应分开计算,柱帽、柱墩的工程量按石材圆柱面外围周长乘其高度以 m² 计算。② 柱面石材云石胶嵌缝定额中未包括,要按第十八章相应子目执行。

解

(1) 按《计价定额》列项并计算各子目工程量

序号	项目名称	计量单位	计算式	工程量
1	黑金砂柱帽	m²	$3.14 \times \sqrt{0.3^2 + 0.3^2} \times (0.675 + 0.375) \times 10$	13.99
2	黑金砂柱墩	m²	$(3.14 \times 0.85 \times 0.3 + 3.14 \times 0.425\,2 - 3.14 \times 0.375\,2]) \times 10$	9.26
3	六拼米黄柱身	m²	$3.14 \times 0.75 \times (3.5 - 0.3 - 0.3) \times 10$	68.30
4	板缝嵌云石胶	m	$(3.5 - 0.3 \times 2) \times 6 \times 10$	174.00
5	柱面成品保护	m²	$13.99 + 9.26 + 68.3$	91.55

（2）按《计价定额》计算各子目单价及合价

定额编号	项目名称	单位	数量	综合单价（元）	综合单价计算过程	合价
14-132	六拼米黄柱身	10 m²	6.830	19 246.63	$(12.34\times110+36.9)\times1.57+17\,039.16-0.562\times275.64+0.562\times308.42=19\,246.63$	131 454.48
14-134	黑金砂柱墩	10 m²	0.926	29 167.66	$(15.43\times110+38.66)\times1.57+26\,423.78-0.562\times275.64+0.562\times308.42=29\,167.66$	27 009.25
14-135	黑金砂柱帽	10 m²	1.399	32 711.62	$(17.48\times110+34.41)\times1.57+29\,620.38-0.562\times275.64+0.562\times308.42=32\,711.62$	45 763.56
18-38	板缝嵌云石胶	10 m	17.400	35.19	$(0.17\times110+0)\times1.57+5.83=35.19$	612.31
18-79	柱面成品保护	10 m²	9.155	32.31	$0.1\times110+0)\times1.57+15.04=32.31$	295.80

例 4.26 某获得市级文明工地的单独装饰工程，在一楼多功能房间的一侧墙面做凹凸造型木墙裙，如图 4.14 所示。墙裙（包括踢脚线）木龙骨断面 30 mm×40 mm、间距 400 mm×400 mm，木龙骨与主墙用木针固定，该段墙裙长度为 16 m，墙裙基层采用双层多层夹板（杨木芯十二厘板），其中底层多层夹板满铺，二层多层夹板造型面积为 16 m²；墙裙面层采用在凹凸基层夹板上贴普通切片板，其中斜拼面积为 16 m²；墙裙压顶采用 50 mm×80 mm 的成品压顶线，单价 15 元/m；踢脚线为断面 150 mm×20 mm 的硬木毛料，踢脚线上钉 15 mm×15 mm 的红松阴角线。墙裙及踢脚线处的油漆做法：润油粉、刮腻子、双组份

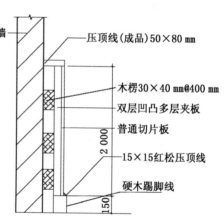

图 4.14 墙裙剖面图

混合型聚氨酯清漆二遍（墙裙压顶线处不考虑油漆）。假设：人工工资单价以及管理费率、利润率仍按 14 计价定额不做调整，其余未作说明的均按计价定额规定执行。

（1）根据题目给定的条件，按 14 计价定额规定对该墙裙列项并计算各定额子目的工程量；

（2）根据题目给定的条件，按 14 计价定额规定计算该墙裙各定额子目的综合单价及合价。

相关知识

① 木龙骨与墙面固定采用木针，定额中普通成材应扣除 0.04 m³/10 m²。② 套定额时，木龙骨断面、间距与定额不同，需换算。木龙骨材积换算时，不需要加刨光系数。③ 套用定额时，装饰面层中均未包括墙裙压顶线、压条、踢脚线、门窗贴脸等装饰线，设计有要求时，按 18 章相应子目执行。④ 套定额时，踢脚线安装在木基层板上时，要扣除定额中木砖含量。⑤ 套定额时，在夹板基层上再做一层凸面夹板时，每 10 m² 另加夹板 10.5 m²，人工 1.90 工日，工程量按设计层数及设计面积计算。⑥ 套定额时，在有凹凸基层上镶贴切片板面层时，按墙面定额人工乘系数 1.30，切片板含量乘以系数 1.05，其他不变。⑦ 套用定额时，设计切

片板斜拼纹者,每10 m² 斜拼纹按墙面定额人工乘系数1.30,切片板含量乘系数1.10,其他不变。⑧踢脚线与墙裙油漆材料相同,应合并在墙裙工程量内,即踢脚线油漆套用墙裙油漆子目。⑨木线条油漆不单独列项,但墙面油漆应乘系数1.05。

解

(1) 按《计价定额》列项并计算工程量

① 木龙骨基层　墙面、墙裙　$16 \times 2.15 = 34.4$(m²)

② 底层多层夹板　$16 \times 2 = 32$(m²)

③ 二层多层夹板　16 m²

④ 面层贴普通切片板　16 m²

⑤ 面层贴普通切片板(斜拼)　$16 \times 2 - 16 = 16$(m²)

⑥ 踢脚线　16 m

⑦ 墙裙压顶线　16 m

⑧ 15×15 红松线条　16 m

⑨ 墙裙油漆　$16 \times 2.15 \times "1.05" = 36.12$(m²)

(2) 按《计价定额》计算各子目单价

14-168 换　木龙骨基层　$439.87 - 177.6 + (0.111 - 0.04) \times (30 \times 40)/(24 \times 30) \times (300 \times 300)/(400 \times 400) \times 1600 = 368.77$(元/10 m²)

14-185 底层多层夹板　$539.94 + (32 - 38) \times 10.5 = 476.94$(元/10 m²)

14-185 注　多层夹板基层加做一层凸面夹板　$10.5 \times 32 + 1.9 \times 85 \times 1.37 = 557.26$(元/10 m²)

14-193 换　普通切片板(3 mm)粘贴在凹凸夹板基层上

$(1.2 \times 85 \times 1.3) \times 1.37 + 10.5 \times 1.05 \times 18 + 90 = 470.11$(元/10 m²)

13-127　硬木踢脚线　$158.25 - 0.009 \times 1600 = 143.85$(元/10 m)

18-19 踢脚线压顶线条　458.84(元/100 m)

18-22 换　$629.48 - 330 + 110 \times 15 = 1949.48$(元/100 m)

17-37-17-47　润油粉、刮腻子、聚氨酯清漆二遍,墙裙

$(581.54 - 99.24) \times 1.05 = 506.42$(元/10 m²)

(3) 计算各子目合价

定额编号	子目名称	单位	工程量 (m²)	单价 (元)	合价 (元)
14-168 换	木龙骨基层	10 m²	3.44	368.77	1 268.57
14-185	多层夹板基层钉在木龙骨上	10 m²	3.20	476.94	1 526.21
14-185	多层夹板基层加做一层夹板	10 m²	1.60	557.26	891.62
14-193 换	普通切片板粘贴在凹凸夹板上	10 m²	1.60	470.11	752.18
14-193	普通切片板斜拼粘贴在凹凸夹板上	10 m²	1.60	544.46	871.14
13-127	硬木踢脚线	10 m	1.60	143.85	230.16
18-19	踢脚线压顶线条	100 m	0.16	458.84	73.41
18-22 换	墙裙压顶线条	100 m	0.16	1 949.48	311.92
"17-37"—"17-47"	墙裙润油粉、刮腻子、聚氨酯清漆二遍	10 m²	3.44	506.42	1 742.08

例 4.27 某大厦底层电梯厅 A 立面砼墙面装饰做法如图 4.15 所示,水泥砂浆粘贴花岗岩板,抹灰面上刷乳胶漆 3 遍(901 胶白水泥腻子 3 遍),现场做指甲园形及 45°磨边(踢脚线以上指甲圆磨边,门套阳角对折处做 45°磨边)。成品花岗岩板材市场价:黑金砂 600 元/m²,银裴翠 500 元/m²,不考虑石材以外材料、机械价格的调整。

(1) 根据题目给定的条件,按 14 计价定额规定对该墙面列项并计算各定额子目的工程量;

(2) 根据题目给定的条件,按 14 计价定额规定计算该墙面各定额子目的综合单价及合价。

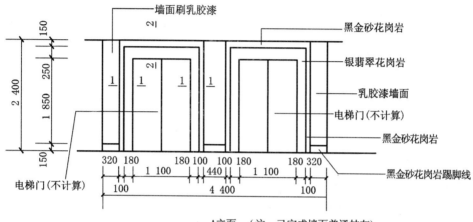

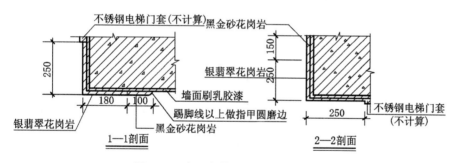

图 4.15 底层电梯厅 A 立面砼墙及其剖面图

相关知识

① 石材块料面板均不包括磨边,设计要求磨边或墙、柱面贴石材装饰线条者,按相应子目执行。② 门窗套镶贴块料面层,以建筑尺寸的展开实贴面积计算,执行零星项目定额子目。花岗岩踢脚线按实贴长度计算。③ 本题中的阳角磨边应计算二道。

解

(1) 按定额计算规则计算子目工程量

① 踢脚线　0.32×2+0.44=1.08(m)

② 乳胶漆　(0.32×2+0.44)×(2.4−0.15)=2.43(m²)

③ 黑金砂　0.1×2.4×4+0.15×1.46×2=1.4(m²)

④ 银裴翠　0.18×2.25×4+0.25×1.1×2+0.25×(2×4+1.1×2)=4.72(m²)

⑤ 门套指甲圆边磨边　2.25×4＝9(m)

⑥ 门套45°磨边　2×8＋1.1×4＝20.4(m)

(2) 套用定额确定各子目单价

编号	名称	单价换算
13-50	黑金砂踢脚线	0.68×110＋396.74＋(600－250)×1.53＋1.17＋(0.68×110＋1.17)×(42%＋15%)＝1 051.51
14-129	黑金砂门套	6.77×110＋2 699.77＋(600－250)×10.2＋5.4＋(6.77×110＋5.4)×(42%＋15%)＝7 447.43
14-129	银翡翠电梯门套	6.77×110＋2 699.77＋(500－250)×10.2＋5.4＋(6.77×110＋5.4)×(42%＋15%)＝6 427.43
18-31	门套45°磨边	1.2×110＋26＋11.7＋(1.2×110＋11.7)×(42%＋15%)＝251.61
18-33	门套指甲圆磨边	1.5×110＋34.65＋14.32＋(1.5×110＋14.32)×(42%＋15%)＝316.18
17-177	乳胶漆墙面	1.58×110＋71.26＋0＋(1.58×110＋0)×(42%＋15%)＝99.07

(3) 计算子目综合单价及合价

定额编号	子目名称	计量单位	工程量(m²)	金额(元) 综合单价	合价
13-50	黑金砂踢脚线	10 m	0.108	1 051.51	113.56
14-129	黑金砂门套	10 m²	0.14	7 447.43	1 042.64
14-129	银翡翠电梯门套	10 m²	0.472	6 427.43	3 033.75
17-177	乳胶漆墙面	10 m²	0.243	344.13	83.62
18-31	门套45°磨边	10 m	0.9	251.61	226.45
18-33	门套指甲圆磨边	10 m	2.04	316.18	645.01

例4.28　某公司小会议室,墙面装饰如图4.16。200 mm 宽铝塑板腰线,120 mm 高红影踢脚线,有4条竖向镭射玻璃装饰条(210 mm 宽),镭射玻璃边采用 30 mm 宽红影装饰线条,其余红影切片板斜拼纹。整个墙面基层做法:木龙骨断面 24 mm×30 mm,间距 300 mm×300 mm,龙骨与墙面用木针固定,12 mm 厚细木工板。踢脚线做法:在墙面基层板上再贴一层 12 mm 厚细木工板,面板为红影切片板,上口为 15 mm×15 mm 红影阴角线条。木龙骨、木基层板刷防火漆二度。饰面板油漆为润油粉、刮腻子、漆片、刷硝基清漆、磨退出亮。假设:人工、材料、机械及费率均不调整。

(1) 根据题目给定的条件,按 14 计价定额规定对该墙面列项并计算各定额子目的工程量;

(2) 根据题目给定的条件,按 14 计价定额规定计算该墙面各定额子目的综合单价及合价。

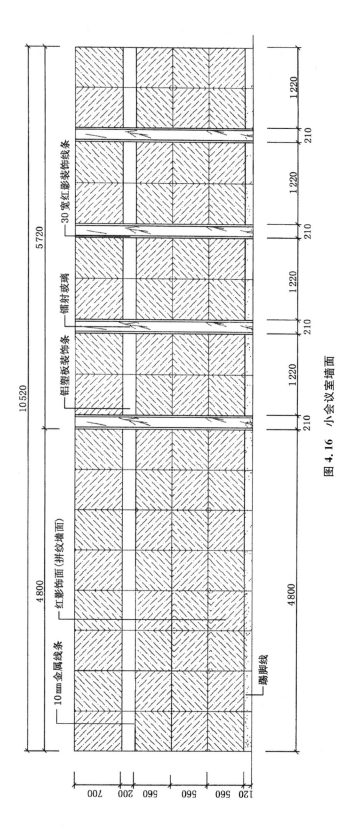

图 4.16 小会议室墙面

相关知识

① 木龙骨与墙面固定采用木针,定额中普通成材应扣除 0.04 m³/10 m²。② 踢脚线安装在木基层板上时,要扣除定额中木砖含量。踢脚线高度定额是按 150 mm 编制的,如设计高度不同时,材料按比例调整,其他不变(注:踢脚线上口的线条定额含量不调整)。③ 套用定额时,木饰面子目的木基层均未含防火材料,设计要求刷防火漆,按 17 章中相应子目执行。④ 套用定额时,装饰面层中均未包括墙裙压顶线、压条、踢脚线、门窗贴脸等装饰线,设计有要求时,按 18 章相应子目执行。⑤ 套用定额时,设计切片板斜拼纹者,每 10 m² 斜拼纹按墙面定额人工乘系数 1.30,切片板含量乘系数 1.10,其他不变。⑥ 计价定额规则:踢脚线与墙裙油漆材料相同,应合并在墙裙工程量内,即踢脚线油漆套用墙裙油漆子目。⑦ 木线条油漆不单独列项,但墙面油漆应乘系数 1.05。

解

(1) 按《计价定额》列项并计算子目工程量

① 饰面板踢脚线:$4.8+1.22×4=9.68$(m)

② 红影饰面板墙面

墙面木龙骨　$10.52×2.70=28.4$(m²)

墙面十二厘板基层　28.4 m²

墙面铝塑板面层　$(4.80+1.22×4)×0.20=1.94$(m²)

墙面贴镭射玻璃　$0.21×2.70×4=2.27$(m²)

墙面红影饰面板　$(4.80+1.22×4)×(2.70-0.20-0.12)=23.04$(m²)

木龙骨防火漆二度　28.4 m²

基层板防火漆二度　$28.4+9.68×0.12=29.56$(m²)

红影饰面板硝基清漆　$(4.80+1.22×4)×(2.70-0.20)=24.2$(m²)

10 mm 金属装饰线条　$(4.80+1.22×4)×2=19.4$(m)

30 mm 红影装饰线条　$2.70×2×4=21.6$(m)

(2) 套用定额计算各子目单价

① 13-131 换　红影饰面板踢脚线　167.88 元/10 m

分析:a. 扣木砖:-14.4 元

　　　b. 高度不同,材料按比例换算,但踢脚线上口线条含量不调整

13-131 换　$199.82-118.62+(118.62-14.4-16.5)×\dfrac{120}{150}+16.5=167.88$(元/10 m)

② 14-168 换　墙面木龙骨　369.47(元/10 m²)

木砖换木针及龙骨换算:

$(0.111-0.04)×(30×40)÷(24×30)×(300×300)÷(400×400)=(0.067$ m³/10 m²)

14-168 换　$439.87-0.111×1\,600+0.067×1\,600=369.47$(元/10 m²)

③ 14-193 换　红影饰面板斜拼纹面层　479.56 元/10 m²

分析:a. 斜拼纹人工费增　$1.2×85×30\%=30.6$(元)

　　　b. 饰面板增　$10.5×10\%×18=18.9$(元)

　　　c. 管理费增　$30.6×25\%=7.65$(元)

　　　d. 利润增　$30.6×12\%=3.67$(元)

14-193 换　$418.74+18.9+30.6+7.65+3.67=479.56$(元/10 m²)

（3）计算子目综合单价及合价

定额编号	子目名称	计量单位	工程量（m²）	金额（元）	
				综合单价	合价
13-131 换	红影饰面板踢脚线	10 m	0.968	167.88	162.51
14-168 换	墙面木龙骨	10 m²	2.840	369.47	1 049.29
14-185	墙面十二厘板基层	10 m²	2.840	539.94	1 533.43
14-193 换	红影饰面板斜拼纹面层	10 m²	2.304	479.56	1 104.91
14-204	墙面铝塑板面层	10 m²	0.194	1 140.02	221.16
14-211	墙面贴镭射玻璃	10 m²	0.227	1 195.87	271.46
17-96	墙面木龙骨防火漆二度	10 m²	2.840	139.53	396.27
17-92	墙面基层板防火漆二度	10 m²	2.956	189.95	561.49
17-79×1.05	红影饰面板硝基清漆	10 m²	2.420	1 151.53	2 786.70
18-13	30 mm 红影装饰线条	100 m	0.216	643.72	139.04
18-17	10 mm 金属装饰条	100 m	0.194	2 362.37	458.30

例 4.29 某酒店大堂一侧墙面在钢骨架上干挂西班牙米黄花岗岩（密缝），花岗岩表面刷防护剂两遍，板材规格为 600 mm×1 200 mm，供应商已完成钻孔成槽；3.2～3.6 m 高处作吊顶，具体做法如图 4.17。西班牙米黄花岗岩单价为 650 元/平方米；不锈钢连接件图示用量按每平方米 5.5 套考虑，配同等数量的 M10 mm×40 mm 不锈钢六角螺栓；钢骨架、铁件（后置）用量按图示（其中顶端固定钢骨架的铁件用量为 7.27 kg）；其余材料、机械用量及管理费、利润均按 2014 版计价定额不作调整（10# 槽钢理论重量为 10.01 kg/m；角钢 L56 mm×5 mm 重量为 4.25 kg/m；200 mm×150 mm×12 mm 钢板（铁件）94.2 kg/m²）。

（1）根据题目给定的条件，按 14 计价定额规定对该墙面列项并计算各定额子目的工程量；

（2）根据题目给定的条件，按 14 计价定额规定计算该墙面各定额子目的综合单价及合价。

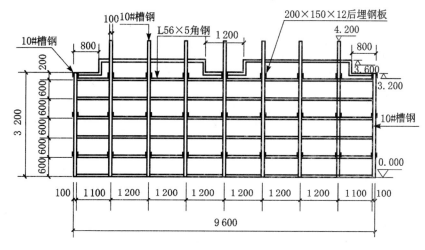

图 4.17　某酒店大堂一侧墙面立面

相关知识

① 石材块料面板上钻孔成槽由供应商完成的,扣除基价中人工的 10% 和其他机械费。② 幕墙材料品种、含量,设计要求与定额不同时应调整,但人工、机械不变。所有干挂石材、面砖、玻璃幕墙、金属板幕墙子目中不含钢骨架、预埋(后置)铁件的制作安装费,另按相应子目执行。③ 干挂石材块料面板中的不锈钢连接件、连接螺栓、插棍数量按设计用量加 2% 的损耗进行调整。

解

(1) 按《计价定额》列项并计算各子目工程量

① 墙面干挂花岗岩　$3.2 \times 9.6 + 0.4 \times (9.6 - 0.8 \times 2 - 1.2) = 30.72 + 2.72 = 33.44(\text{m}^2)$

② 花岗岩表面刷防护剂两遍　33.44 m^2

③ 钢骨架制作　10♯槽钢　$(4.2 \times 7 + 3.22) \times 10.01 = 358.36(\text{kg})$

L56×5 角钢　$[7 \times (9.4 - 0.1 \times 7) + 0.4 \times 4] \times 4.25 = 265.63(\text{kg})$

小　计　$358.36 + 265.63 = 623.99(\text{kg}) = 0.624(\text{t})$

④ 钢骨架安装　0.624 t

⑤ 后置埋件制作　200×150×12 钢板　$0.2 \times 0.15 \times 27 \times 94.2 = 76.3(\text{kg})$

顶端固定钢骨架铁件　7.27 kg

小　计　$76.3 + 7.27 = 83.57 \text{ kg} = 0.084 \text{ t}$

⑥ 后置埋件安装　0.08 t

(2) 需换算材料每 10 m² 的含量:

① 不锈钢连接件　$5.5 \times 1.02 = 56(\text{套}/10 \text{ m}^2)$

② M10 mm×40 mm 不锈钢六角螺栓　56 套/10 m²

(3) 按《计价定额》计算各子目的综合单价

① 14-136 钢骨架上干挂石材块料面板　8 094.07 元/10 m²

供应商已完成钻孔成槽,按本章说明应扣除

基价人工的 10% 和其他机械费。其中:

人工费　$732.7 \times 0.9 = 659.43(\text{元})$

材料费　$3\,124.76 - 2\,550 + 10.2 \times 650 - 202.5 + 56 \times 4.5 - 85.5 + 56 \times 1.9 - 213.2 = 7\,061.96(\text{元})$

机械费　$103.94 - 0 = 93.94(\text{元})$

管理费　$(659.43 + 93.94) \times 25\% = 188.34(\text{元})$

利　润　$(659.43 + 93.94) \times 12\% = 90.4(\text{元})$

小　计　8 094.07 元/10 m²

② 18-74　石材面刷防护剂 95.8 元/10 m²。其中:

人工费　38.25 元

材料费　43.4 元

管理费　9.56 元

利　润　4.59 元

小　计　95.8 元/10 m²

③ 7-61　龙骨钢骨架制作 6 400.37 元/t。其中:

人工费　1 090.6 元

材料费　4 577.2 元

机械费　240.18

管理费　332.7 元

利　润　159.69 元

小　计　6 400.37 元/t

④ 14-183　钢骨架安装　1 459.36 元/t　其中：

人工费　560.88 元

材料费　619.12 元

机械费　52.43 元

管理费　153.33 元

利　润　73.6 元

小　计　1 459.36 元/t

⑤ 7-57　后置埋件制作　8 944.78 元/t。其中：

人工费　2 125.44 元

材料费　4 968.26 元

机械费　777.13 元

管理费　725.64 元

利　润　348.31 元

小　计　8 944.78 元/t

⑥ 5-28　后置埋件安装 3 463.13 元/t。其中：

人工费　1 931.92 元

材料费　258.48 元

机械费　407.24 元

管理费　584.79 元

利　润　280.7 元

小　计　3 463.13 元/t

(3) 计算各子目合价

定额编号	子目名称	计量单位	工程量（m²）	金额（元）	
				综合单价	合价
14-136 换	钢骨架上干挂石材	10 m²	3.340	8 094.07	27 034.19
18-74	石材面刷防护剂	10 m²	3.340	95.80	319.97
7-61	钢骨架制作	t	0.624	6 400.37	3 993.83
14-183 换	钢骨架安装	t	0.624	1 459.36	910.64
7-57	后置埋件制作	t	0.084	8 944.78	751.36
5-28	后置埋件安装	t	0.084	3 463.13	290.90

例 4.30　某大厦外墙上有一型钢隐框玻璃幕墙,经结构计算后,选用某铝型材厂的 110 系列,具体做法如图 4.18。其中压块、半压块按间距 300 mm 布置,每个压块长为 50 mm。假设 6 mm 厚镀膜钢化玻璃 160 元/m²,其余材料价格及费率均按定额不作调整(注:根据该厂幕墙图集查得:铝型材单位重量:H081 立柱(断面 65 mm×110 mm)2.624 kg/m,H087 接管

2.462 kg/m,H083 横梁(断面 60 mm×65 mm)1.493 kg/m,H078 撑窗框0.563 kg/m，H079 撑窗扇 0.829 kg/m,H1 322 付框 0.521 kg/m,H795 全压块 0.692 kg/m,H085 半压块0.337 kg/m,C525 角码 2.049 kg/m,38 mm×38 mm×3 mm 连接铝 0.593 kg/m;钢材理论重量:φ16 圆钢 1.58 kg/m,10 mm 厚钢板 78.5 kg/m²,L110 mm×50 mm×8 mm 不等边角钢9.67 kg/m,L110 mm×70 mm×8 mm 不等边角钢10.94 kg/m)。

（1）根据题目给定的条件,按14 计价定额规定对该玻璃幕墙列项并计算各定额子目的工程量；

（2）根据题目给定的条件,按14 计价定额规定计算该玻璃幕墙各定额子目的综合单价及合价。

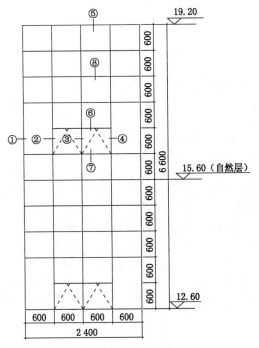

幕墙立面图

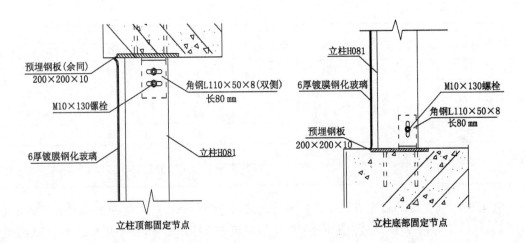

立柱顶部固定节点   立柱底部固定节点

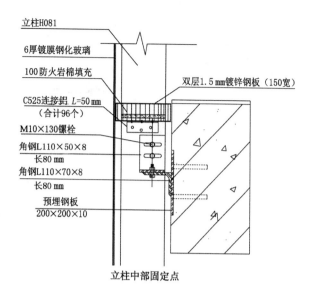

立柱H081
6厚镀膜钢化玻璃
100防火岩棉填充
C525连接铝 L=50 mm
（合计96个）
M10×130镙栓
角钢L110×50×8
长80 mm
角钢L110×70×8
长80 mm
预埋钢板
200×200×10

双层1.5 mm镀锌钢板（150宽）

立柱中部固定点

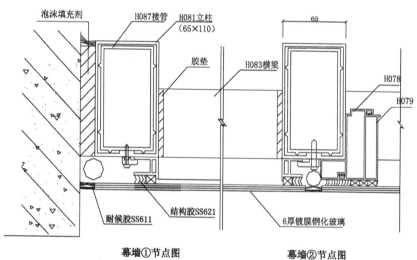

泡沫填充剂
H087接管
H081立柱
（65×110）
胶垫
H083横梁
H078
H079
耐候胶SS611
结构胶SS621
6厚镀膜钢化玻璃

幕墙①节点图   幕墙②节点图

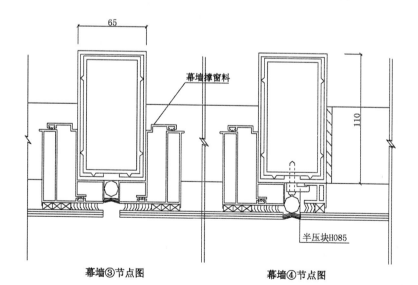

幕墙撑窗料
半压块H085

幕墙③节点图   幕墙④节点图

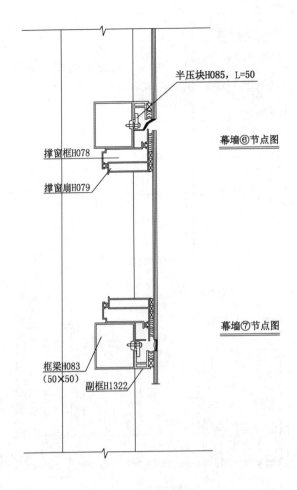

半压块H085，L=50

撑窗框H078

撑窗扇H079

幕墙⑥节点图

幕墙⑦节点图

框梁H083
（50×50）

副框H1322

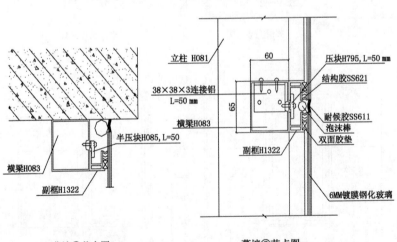

立柱 H081

38×38×3连接铝
L=50 mm

横梁H083

副框H1322

压块H795,L=50 mm

结构胶SS621

耐候胶SS611

泡沫棒

双面胶垫

6MM镀膜钢化玻璃

60

65

横梁H083

半压块H085,L=50

副框H1322

幕墙⑤节点图

幕墙⑥节点图

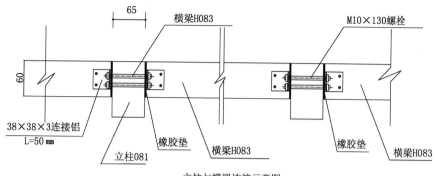

立柱与横梁连接示意图

图 4.18 型钢隐框玻璃幕墙

相关知识

① 玻璃幕墙要套 3 个额定子目即:a. 幕墙;b. 幕墙与自然楼层的连接;c. 幕墙撑窗五金要按第 16 章的有关子目执行。② 计算幕墙面积时,同材质的窗不扣除。③ 幕墙上撑窗的铝型材若已按设计图纸计算,不再按定额第 570 页第 3 小条增加铝型材。④ 铝型材损耗率均为 7%。

解

(1) 按《计价定额》列项并计算各子目工程量

110 系列隐框镀膜钢化玻璃幕墙:$2.40 \times 6.60 = 15.84(\mathrm{m}^2)$

幕墙自然层连接　2.40 m

幕墙撑窗五金　4 套

撑窗面积:$(0.6-0.065) \times (0.6-0.065) \times 4 = 1.15(\mathrm{m}^2)$

(2) 按《计价定额》计算各子目的综合单价

14-152 换　隐框镀膜钢化玻璃幕墙:7 665.46 元/10 m²

分析:

①计算铝合金幕墙铝合金重量及含量

H081 立柱　6.60×5 根 $\times "2.624" \times "1.07" = 92.65(\mathrm{kg})$

H087 接管　0.50 m $\times 5$ 根 $\times "2.462" \times "1.07" = 6.59(\mathrm{kg})$

H083 横梁　$[(2.4-0.065 \times 5) \times 10$ 根 $+ (1.2-0.065 \times 2) \times 2$ 根$] \times "1.493" \times "1.07" = 36.58(\mathrm{kg})$

H078 撑窗框　$(0.535+0.535) \times 2 \times 4 \times "0.563" \times "1.07" = 5.16(\mathrm{kg})$

H079 撑窗扇　$(0.535+0.535) \times 2 \times 4 \times "0.829" \times "1.07" = 7.59(\mathrm{kg})$

H1 322 付框　$(2.4$ m $\times 18$ 根 $+ 6.6$ m $\times 8$ 根 $- 0.6$ m $\times 8$ 根$) \times "0.52" \times "1.07" = 91.2 \times "0.52" \times "1.07" = 50.74(\mathrm{kg})$

(600×600 玻璃 32 块,$600 \times 1 200$ 玻璃 4 块,$2.4 \times 32 + 3.6 \times 4 = 91.2$ m)

H795 全压块　$3 \times (30+9 \times 3) \times 0.05 \times "0.692" \times "1.07" = 6.33(\mathrm{kg})$

H085 半压块　$[(3 \times 20+5 \times 4)(周边) + (3 \times 6+3 \times 4)(窗周)] \times 0.05 \times "0.337" \times "1.07" = 1.98(\mathrm{kg})$

C525 角码　$0.05 \times 96 \times "2.049" \times "1.07" = 10.52(\mathrm{kg})$

$38 \times 38 \times 3$ 连接铝　$(10 \times 4 \times 2+4 \times 2) \times 0.05 \times "0.593" \times "1.07" = 2.79(\mathrm{kg})$

合计　220.93 kg

每平方米铝型材　$220.93÷15.84＝13.95(kg/m^2)$

② 计算铁件重量

$\phi16$ 钢筋　$0.15×4×5×3×"1.58"＝14.22(kg)$

10 厚钢板　$0.2×0.2×5×3×"78.5"＝47.1(kg)$

$L110×50×8$ 不等边角钢　$0.08×2×5×3×"9.67"＝23.21(kg)$

$L110×70×8$ 不等边角钢　$0.08×2×5×"10.94"＝8.75(kg)$

合计　93.28 kg

③ 铝型材重量换算　$(139.5-129.70)×21.5＝210.7(元)$

④ 扣镀锌连接铁件　－213.2 元

⑤ 人工费调增(P570 规则 3)　5 工日$×85×0.115÷15.84×10＝30.86(元)$

⑥ 管理费调增　$30.86×25\%＝7.72(元)$

⑦ 利润调增　$30.86×12\%＝3.7(元)$

⑧ 6 厚膜镀膜钢化玻璃　$(160-240)×10.3＝-824(元)$

14-152 换单价　$8\,449.68＋210.7-213.2＋30.86＋7.72＋3.7-824＝7\,665.46(元/10\ m^2)$

14－165 换　幕墙自然层连接:489.93 元/10 m

分析:

① 镀锌薄钢板含量换算　$0.15×2×10×"1.05"×64.2-370.43＝-168.2(元)$

② 防火岩棉含量调整　$0.15×0.1×10×"1.05"×300-78＝-30.75$

14－165 换单价　$688.88-168.2-30.75＝489.93(元/10\ m)$

16-324　撑窗五金　55 元/扇

(3) 计算各子目合价

定额编号	子目名称	计量单位	工程量(m^2)	金额(元)	
				综合单价	合价
14-152 换	隐框玻璃幕墙	10 m^2	1.584	7 665.46	12 142.09
14-165 换	幕墙自然层连接	10 m	0.240	489.93	117.58
16-324	撑窗五金	扇	4	55	220
5-27	铁件制作	t	0.093	9 192.70	854.92
5-28	铁件安装	t	0.093	3 463.13	322.07

例 4.31　某大厦一外墙选用点式全玻幕墙,做法及尺寸如图 4.19 所示。所有型材热浸镀锌处理,镀锌型钢 6 800 元/t。10 mm 防火板 35 元/m^2。不考虑其他材料、机械及费率调整(耳板组件 1.1 kg/套,封头组件 2.3 kg/套,$\phi108\ mm×8\ mm$ 无缝钢管 19.73 kg/m,$\phi89\ mm×8\ mm$ 无缝钢管 5.98 kg/m,10 mm 钢板 78.5 kg/m^2,5♯槽钢 5.44 kg/m)。

(1) 根据题目给定的条件,按 14 计价定额规定对该玻璃幕墙列项并计算各定额子目的工程量;

(2) 根据题目给定的条件,按 14 计价定额规定计算该玻璃幕墙各定额子目的综合单价及合价。

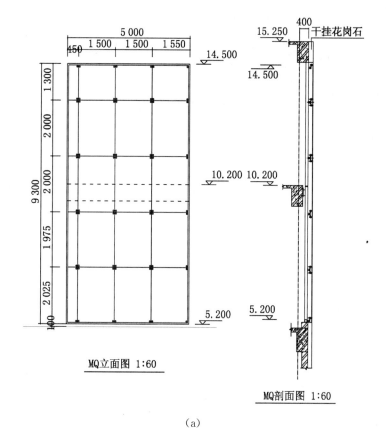

MQ立面图 1:60

MQ剖面图 1:60

（a）

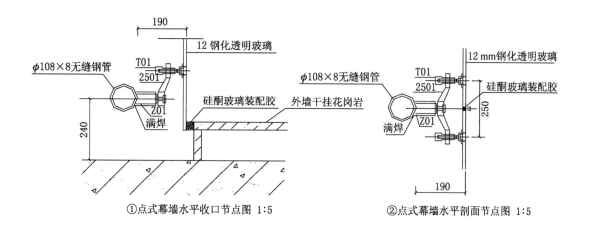

①点式幕墙水平收口节点图 1:5

②点式幕墙水平剖面节点图 1:5

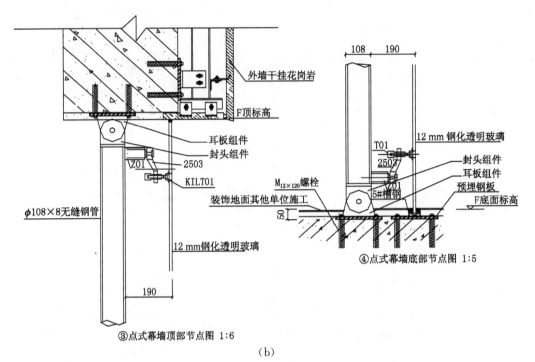

③点式幕墙顶部节点图 1:6

④点式幕墙底部节点图 1:5

(b)

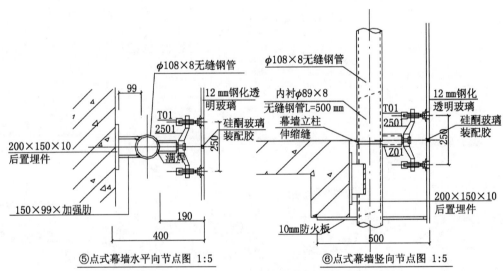

⑤点式幕墙水平向节点图 1:5

⑥点式幕墙竖向节点图 1:5

图 4.19　点式全玻幕墙

相关知识

① 本全玻幕墙要套2个定额子目。即:a. 幕墙;b. 幕墙与自然楼层的连接。② 全玻幕墙所用玻璃、铁件、爪件等与定额取定不同时均应调整。

解

(1) 按《计价定额》列项并计算各子目工程量

点式全玻幕墙　5.00×9.30＝46.50(m²)

幕墙自然层连接　5.00 m

(2) 按《计价定额》计算各子目的综合单价

14-159 换　点式全玻幕墙 6 785.77(元/10 m²)

① 计算不锈钢爪件

单爪挂件　$2\div46.50\times"1.01"=0.043$（套/m²）

双爪挂件　$10\div46.50\times"1.01"=0.217$（套/m²）

四爪挂件　$12\div46.50\times"1.01"=0.261$（套/m²）

② 计算无缝钢管、封头组件、耳板组件、连接钢板用量

无缝钢管　φ108　$9.30\ \text{m}\times4\ 根\times"19.73"\times"1.01"=741.30$（kg）

无缝钢管　φ89　$0.5\ \text{m}\times4\ 根\times"15.98"\times"1.01"=32.28$（kg）

耳板组件　$8\times1.1\times"1.01"=8.89$（kg）

封头组件　$8\times2.3\times"1.01"=18.58$（kg）

连接钢板　$0.15\times0.099\times4\times2\times"78.50"\times"1.01"=9.42$（kg）

小计　810.47 kg

③ 计算后置埋件重量

立管顶、底、中部各四块，幕墙玻璃底部固定槽钢用四个，计16块。

10 厚钢板　$0.15\times0.20\times16\times"78.50"\times"1.01"=38.06$（kg）

5♯槽钢　$5.0\ \text{m}\times"5.44"\times"1.01"=27.47$（kg）

小计　65.53 kg

以上型钢合计　$810.47+65.53=876$（kg）

每 10 m² 含量　$876\div4.65=188.39$（kg/10 m²）

M14×120 膨胀螺栓　$16\times4\times"1.01"=65.28$（套）

每 10 m² 含量　$65.28\div4.65=14.04$（套/10 m²）

④ 单价换算

二爪挂件含量换算　$(2.17-2.336)\times120.00=-19.92$（元/10 m²）

四爪挂件含量换算　$(2.61-3.504)\times180.00=-160.92$（元/10 m²）

增单爪挂件　$0.43\times95=40.85$（元/10 m²）

钢化玻璃　15 mm 换为 12 mm　$(120-200)\times10.3=-824$（元/10 m²）

镀锌铁件换　$188.39\times6.8-282.81\times8.2=-1\ 037.99$ 元/10 m²

M14×120 膨胀螺栓换　$(14.04-4.672)\times2.6=24.36$ 元/10 m²

14-159 换　$8\ 763.39-19.92-160.92+40.85-824-1\ 037.99+24.36=6\ 785.77$（元/10 m²）

14-165 换　幕墙自然层连接 401.70 元/10 m

分析：扣镀锌薄钢板　-370.43 元

扣防火岩棉　-78 元

扣防火胶泥　-22.5 元

增防火板　$0.5\ \text{m}^2\times10.5\times35\ 元/\text{m}^2=183.75$（元）

14-165 换　$688.88-370.43-78-22.5+183.75=401.70$（元/10 m）

（3）计算各子目合价

定额编号	子目名称	计量单位	工程量（m²）	金额（元）	
				综合单价	合价
14-159	点式全玻幕墙	10 m²	4.65	6 785.77	31 553.83
14-165	幕墙自然层连接	10 m	0.50	401.70	200.85

第五节 天棚工程

一、概况

本节定额内容共分 6 点,即:

(1)天棚龙骨。分方木龙骨、轻钢龙骨、铝合金轻钢龙骨、铝合金方板龙骨、铝合金条板龙骨、天棚吊筋等 6 小节,计 41 个子目。

(2)天棚面层及饰面。分夹板面层、纸面石膏板面层、切片板面层、铝合金方板面层、铝合金条板面层、铝塑板面层、矿棉板面层、其他饰面等 8 小节,计 32 个子目。

(3)雨篷。分铝合金扣板雨篷、钢化夹胶玻璃雨篷 2 小节,计 4 个子目。

(4)采光天棚。分铝结构玻璃采光天棚、钢结构玻璃采光天棚,计 2 个子目。

(5)天棚检修道。分天棚固定检修道、活动走道板,计 3 个子目。

(6)天棚抹灰,分抹灰面层,贴缝及装饰线 2 小节,计 13 个子目。

二、定额说明

(1)本定额中的木龙骨、金属龙骨是按面层龙骨的方格尺寸取定的,其龙骨、断面的取定如下:

① 木龙骨断面搁在墙上大龙骨 50 mm×70 mm,中龙骨 50 mm×50 mm,吊在砼板下,大、中龙骨 50 mm×40 mm。

② U 型轻钢龙骨上人型

大龙骨　60 mm×27 mm×1.5 mm(高×宽×厚)

中龙骨　50 mm×20 mm×0.5 mm(高×宽×厚)

小龙骨　25 mm×20 mm×0.5 mm(高×宽×厚)

不上人型

大龙骨　50 mm×15 mm×1.2 mm(高×宽×厚)

中龙骨　50 mm×20 mm×0.5 mm(高×宽×厚)

小龙骨　25 mm×20 mm×0.5 mm(高×宽×厚)

③ T 型铝合金龙骨上人型

轻钢大龙骨　60 mm×27 mm×1.5 mm(高×宽×厚)

铝合金 T 型主龙骨　20 mm×35 mm×0.8 mm(高×宽×厚)

铝合金 T 型付龙骨　20 mm×22 mm×0.6 mm(高×宽×厚)

不上人型

型轻钢大龙骨　45 mm×15 mm×1.2 mm(高×宽×厚)

铝合金 T 型主龙骨　20 mm×35 mm×0.8 mm(高×宽×厚)

铝合金 T 型副龙骨　20 mm×22 mm×0.6 mm(高×宽×厚)

设计与定额不符,应按设计的长度用量加下列损耗调整定额中的含量:木龙骨 6%;轻钢龙骨 6%;铝合金龙骨 7%

(2)天棚的骨架基层分为简单、复杂型两种:

简单型:是指每间面层在同一标高的平面上或高差小于 100 mm(不含 100 mm)。

复杂型:是指每一间面层不在同一标高平面上,其高差在 100 mm 以上(含 100 mm),但必须满足不同标高的少数面积占该间面积的 15% 以上。

(3) 天棚吊筋、龙骨与面层应分开计算,按设计套用相应定额。

本定额金属吊筋是按膨胀螺栓连接在楼板上考虑的,每付吊筋的规格、长度、配件及调整办法详见天棚吊筋子目,设计吊筋与楼板底面预埋铁件焊接时也执行本定额。吊筋子目适用于钢、木龙骨的天棚基层。

设计小房间(厨房、厕所)内不用吊筋时,不能计算吊筋项目,并扣除相应定额中人工含量 0.67 工日/10 m^2。

(4) 本定额轻钢、铝合金龙骨是按双层编制的,设计为单层龙骨(大、中龙骨均在同一平面上)在套用额时,应扣除定额中的小(付)龙骨及配件,人工乘系数 0.87,其他不变,设计小(付)龙骨用中龙骨代替,其单价应调整。

(5) 胶合板面层在现场钻吸音孔时,按钻孔板部分的面积,每 10 m^2 增加人工 0.64 工日计算。

(6) 木质骨架及面层的上表面,未包括刷防火漆,设计要求刷防火漆时,应按相应子目计算。

(7) 上人型天棚吊顶检修道分为固定、活动两种,应按设计分别套用定额。

(8) 天棚面层中回光槽按相应子目执行。

(9) 天棚面的抹灰按中级抹灰考虑,所取定的砂浆品种、厚度详见《计价定额》附录七。设计砂浆品种(纸筋石灰浆除外)厚度与定额不同均应按比例调整,但人工数量不变。

三、工程量计算规则

(1) 本定额天棚饰面的面积按净面积计算,不扣除间壁墙、检修孔、附墙烟囱、柱垛和管道所占面积,但应扣除独立柱、0.3 m^2 以上的灯饰面积(石膏板、夹板天棚面层的灯饰面积不扣除)与天棚相连接的窗帘盒面积,整体金属板中间开孔的灯饰面积不扣除。

(2) 天棚中假梁、折线、叠线等圆弧形、拱形、特殊艺术形式的天棚饰面,均按展开面积计算。

(3) 天棚龙骨的面积按主墙间的水平投影面积计算。天棚龙骨的吊筋按每 10 m^2 龙骨面积套相应子目计算;全丝杆的天棚吊筋按主墙间的水平投影面积计算。

(4) 圆弧形、拱形的天棚龙骨应按其弧形或拱形部分的水平投影面积计算套用复杂型子目,龙骨用量按设计进行调整,人工和机械按复杂型天棚子目乘系数 1.8。

(5) 本定额天棚每间以在同一平面上为准,设计有圆弧形、拱形时,按其圆弧形、拱形部分的面积:圆弧形面层人工按其相应子目乘系数 1.15 计算,拱形面层的人工按相应子目乘系数 1.5 计算。

(6) 铝合金扣板雨篷、钢化夹胶玻璃雨篷均按水平投影面积计算。

(7) 天棚面抹灰:① 天棚面抹灰按主墙间天棚水平面积计算,不扣除间壁墙、垛、柱、附墙烟囱、检查洞、通风洞、管道等所占的面积。② 密肋梁、井字梁、带梁天棚抹灰面积,按展开面积计算,并入天棚抹灰工程量内。斜天棚抹灰按斜面积计算。③ 天棚抹面如抹小圆角者,人工已包括在定额中,材料、机械按附注增加。如带装饰线者,其线分别按三道线以内或五道线以内,以延长米计算(线角的道数以每一个突出的阳角为一道线)。④ 楼梯底面、水平遮阳板底面和檐口天棚,并入相应的天棚抹灰工程量内计算。砼楼梯、螺旋楼梯的底板为斜板时,按其水平投影面积(包括休息平台)乘系数 1.18,底板为锯齿形时(包括预制踏步板),按其水平投影面积乘系数 1.5 计算。

四、使用注意要点

（1）木龙骨间距、断面问题。主、次龙骨在定额子目中没有交代规格，在本章说明中已交代了规格。

15-1子目中主龙骨断面按50 mm×70 mm@500 mm考虑，定额含量为0.086 m³/10 m²。中龙骨断面按50 mm×50 mm@500 mm考虑，定额含量为0.063 m³/10 m²；

15-2子目中主龙骨断面按50 mm×70 mm@500 mm考虑，定额含量为0.102 m³/10 m²。中龙骨断面按50 mm×50 mm@500 mm考虑，定额含量为0.075 m³/10 m²；

15-3子目中主龙骨断面按50 mm×40 mm@600 mm考虑，定额含量为0.036 m³/10 m²。中龙骨断面按50 mm×40 mm@300 mm考虑，定额含量为0.021 m³/10 m²；

15-4子目中主龙骨断面按50 mm×40 mm@800 mm考虑，定额含量为0.026 m³/10 m²。中龙骨断面按50 mm×40 mm@400 mm考虑，定额含量为0.013 m³/10 m²。

木吊筋定额取定：搁在墙上或混凝土梁上时，木吊筋高度为450 mm，断面为50 mm×50 mm。吊在混凝土板上时，木吊筋高度高度为300 mm，断面为50 mm×40 mm。15-1至15-4子目中木吊筋的定额含量分别为0.039 m³/10 m²、0.046 m³/10 m²、0.021 m³/10 m²、0.013 m³/10 m²。

设计断面不同，按设计用量加6％损耗调整龙骨含量，木吊筋按定额比例调整。当吊筋设计为钢筋吊筋时，钢吊筋按天棚吊筋子目执行，定额中的木吊筋及木大龙骨含量扣除，扣除后15-1至15-4子目中的木材含量分别为0.063 m³/10 m²、0.075 m³/10 m²、0.161 m³/10 m²、0.124 m³/10 m²。

15-1至15-4子目中未包括刨光人工及机械，若龙骨需要单面刨光，每10 m²增加人工0.06工日，机械单面压刨机0.074个台班。

定额中各种大、中、小龙骨的含量是按面层龙骨的方格尺寸取定的，因此套用定额时应按设计面层的龙骨方格选用，当设计面层的龙骨方格尺寸在无法套用定额的情况下，可按下列方法调整定额中龙骨含量，其他不变。

（2）木龙骨含量调整。① 按设计图纸计算出大、中、小龙骨（含横撑）总的普通成材材积a；② 按工程量计算规则计算出该天棚的龙骨面积b；③ 计算每10 m²天棚的龙骨含量$a×1.06÷b×10$；④ 将计算出的大、中、小龙骨每10 m²的含量代入相应定额，重新组合天棚龙骨的综合单价即可。

（3）U形轻钢龙骨及T形铝合金龙骨的调整问题。定额子目中，U形轻钢龙骨及T形铝合金龙骨的规格在各子目中未交代，但在说明中已交代清楚，不需要告诉间距，只要设计规格与定额不符，按设计图示长度另加轻钢龙骨6％，铝合金龙骨7％的余头损耗调整定额含量。下面以铝合金龙骨为例调整含量：

① 按房间号计算出主墙间的水平投影面积；

② 按设计图纸分别计算出相应房间内大、中、小龙骨的图示长度；

③ 计算每10 m²的大、中、小铝合金龙骨含量；

④ 大龙骨含量$=\dfrac{计算的大龙骨长度}{计算的房间面积}×1.07×10$（中、小龙骨含量计算方法同大龙骨）

⑤ 将计算出的大、中、小龙骨每10 m²的长度代入相应定额，重新组合天棚龙骨的综合单价即可。

（4）天棚钢吊筋按每13根/10 m²计算,定额吊筋高度按1 m(天棚面层至混凝土板底表面)计算,高度及根数不同均应调整,吊筋规格的取定应按设计图纸选用。不论吊筋与事先预埋好的铁件焊接还是用膨胀螺栓打洞连接,均按本定额天棚吊筋定额执行。吊筋的安装人工0.7工日/10 m²已经包括在相应定额的龙骨安装人工中。

（5）天棚的骨架(龙骨)基层分为简单、复杂两种,龙骨基层按主墙间水平投影面积计算。

简单型:每间面层在同一标高上为简单型。

复杂型:每间面层不在同一标高平面上,但必须同时满足两个条件:①高差在100 mm或100 mm以上;②少数面积占该间面积15%以上。满足这两个条件,其天棚龙骨就按复杂型定额执行。

（6）天棚面层按净面积计算,净面积有两种含意:①主墙间的净面积;②有叠线、折线、假梁等特殊艺术形式的天棚饰面按展开面积计算。计算规则中的第五条应这样理解:即天棚面层设计有圆弧形、拱形时,其圆弧形、拱形部分的面积在套用天棚面层定额人工应增加系数,圆弧形人工增加15%、拱形(双曲弧形)人工增加50%,在使用三夹、五夹、切片板凹凸面层定额时,应将凹凸部分(按展开面积)与平面部分工程量合并执行凹凸定额。

（7）本定额轻钢铝合金龙骨基层的主、次龙骨是按双层编制的,设计大、中龙骨均在同一高度上(单层),执行定额时,人工乘系数0.87,小龙骨及小接件应扣除,其他不变。小龙骨用中龙骨代替时,其单价应换算。

（8）方板、条板铝合金龙骨的使用:凡方板天棚,应配套使用方板铝合金龙骨,龙骨项目以面板的尺寸确定;凡条板天棚,面层就配套使用条板铝合金龙骨。

（9）天棚面的抹灰按中级抹灰考虑,所取定的砂浆品种、厚度详见《计价定额》附录七。设计砂浆品种(纸筋灰浆除外)厚度与定额不同应按比例调整,但人工数量不变。

五、定额应用举例

例4.32 某工程采用不上人型轻钢龙骨纸面石膏板吊顶,如图4.20所示,已知:现浇板底标高为4.2 m,龙骨间距为400 mm×600 mm。吊筋φ8,楼板底面预埋铁件焊接,吊筋图示根数,标高3.0 m部分为16根,标高3.2 m部分为52根,求其定额合价。

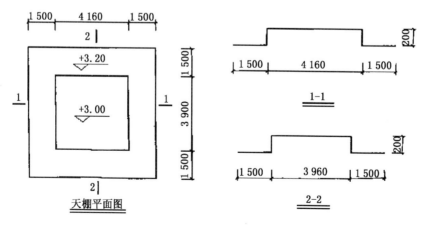

图4.20 吊顶示意图

相关知识

① 天棚龙骨分简单型和复杂型,复杂型是指每一间面层不在同一标高平面上,其高

差≥100 mm,不同标高的少数面积占该间面积的15%以上,二个条件需同时满足。②定额中金属吊筋是按膨胀螺栓连接在楼板上考虑的,设计吊筋与楼板底面预埋铁件焊接时也执行本定额。③定额钢筋高度按1 m(吊顶面层至混凝土板底表面)计算,高度不同按比例调整钢筋用量。④定额钢筋吊筋按每13根/10 m²计算,根数不同按比例调整定额综合单价。

解

天棚净面积　$6.96×7.16=49.83(m²)$

凹天棚面积　$3.96×4.16=16.47(m²)$

凹天棚面积占总面积　$16.47÷49.83=33\%$(属复杂天棚龙骨)

凹天棚吊筋(0.8 m高)　$16.47(m²)$

凸天棚吊筋(1.0 m高)　$49.83-16.47=33.36(m²)$

0.8 m高吊筋含量　$16÷16.47×10=10(根/10 m²)$

1.0 m高吊筋含量　$52÷33.36×10=16(根/10 m²)$

天棚总的展开面积　$49.8+(3.96+4.16)×2×0.20=53.05(m²)$

15-34换　1 m高吊筋　$60.54×(16÷13)×(33.36÷10)=74.51×3.336=248.57(元)$

15-34换　0.8 m高吊筋　$(60.54-0.2÷0.75×15.8)×(10÷13)×(16.47÷10)=43.33×1.647=71.36(元)$

15-8复杂型轻钢龙骨　$639.87×49.83÷10=3188.47(元)$

15-46凹凸型石膏板天棚面层　$306.47×53.05÷10=1625.82(元)$

小计　$248.57+71.36+3188.47+1625.82=5134.22$ 元

例4.33 某房间的净尺寸为6 m×3 m,采用木龙骨夹板吊平顶(吊在混凝土板下),木吊筋为40 mm×50 mm,高度为350 mm,大龙骨断面55 mm×40 mm,中距600 mm(沿3 m方向布置),中龙骨断面45 mm×40 mm,中距300 mm(双向布置),求木材含量。

相关知识

① 15-3子目中木吊筋规格断面为50 mm×40 mm,高度为300 mm(定额含量分别为0.021 m³/10 m²)。断面不同,按比例调整用量。② 龙骨设计断面不同,按设计用量加6%损耗调整其含量。

解

吊顶工程量　$6×3=18(m²)$

大龙骨(3 m/根)　$6÷0.6+1=11(根)$

大龙骨体积　$11×0.055×0.04×(1+6\%)×3=0.077(m³)$

大龙骨体积含量　$0.077÷18×10=0.043(m³/10 m²)$

中龙骨(6 m/根)　$3÷0.3+1=11(根)$

中龙骨(3 m/根)　$6÷0.3+1=21(根)$

中龙骨体积　$11×0.045×0.04×(1+6\%)×6+21×0.045×0.04×(1+6\%)×3=$
　　　　　　$0.246(m³)$

中龙骨体积含量　$0.246÷18×10=0.137(m³/10 m²)$

木吊筋含量　$350÷300×0.021=0.024 5(m³/10 m²)$

以上合计　$0.205 m³/10 m²$

例 4.34 某单位一小会议室吊顶如图 4.21 所示。采用双层不上人型轻钢龙骨,龙骨间距为 400 mm×600 mm,面层为 9.5 mm 厚纸面石膏板,批 901 胶混合腻子 3 遍,刷白色乳胶漆三遍。与墙连接处用 100 mm×30 mm 石膏线条交圈,刷白色乳胶漆。窗帘盒用木工板制作,展开宽度为 450 mm。回光灯槽内外侧板采用木工板制作。窗帘盒、回光灯槽处的木工板面采用清油封底,批 901 胶混合腻子 3 遍,刷白色乳胶漆 3 遍。自粘胶带按纸面石膏板面积每平方 1.5 m 考虑,吊筋根数按 13 根/10 m² 考虑。其余未说明按计价定额规定,措施费仅计算脚手费。根据上述条件请完成:

(1) 按照计价定额列出定额子目名称并计算对应的工程量;

(2) 按照计价定额计算天棚分部分项工程费及脚手费。

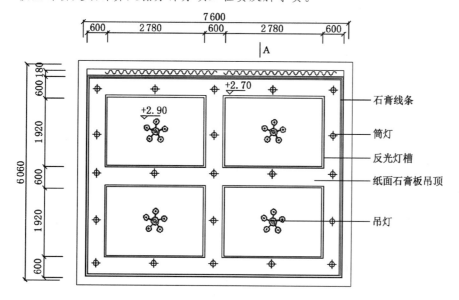

顶面图

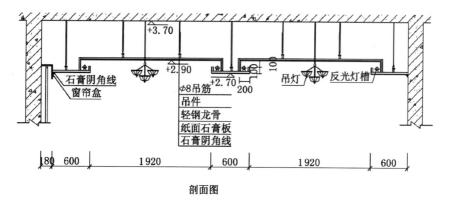

剖面图

图 4.21 小会议室吊顶天棚

相关知识

① 计价定额规定天棚龙骨的面积按主墙间的水平投影面积计算。天棚龙骨的吊筋按每 10 m² 龙骨面积套用相应子目计算。天棚中假梁、折线、叠线等圆弧形、拱形、特殊艺术形式的天棚饰面,均按展开面积计算。② 天棚龙骨套用定额时,应区分简单型和复杂型。考虑该天棚高差 200 mm,S1/(S1+S2)=13.33÷(13.33+29.51)×100%=31.12%>15%,

该天棚为复杂型天棚。③ 计价定额中吊筋根数据按 13 根/10 m² 取定,高度是按 1 m 高取定的,吊筋根数、高度不同均应按实调整。④ 定额计算石膏线条刷乳胶漆工程量并入天棚中,不另计算。⑤ 只有在胶合板是刷乳胶漆才能套用夹板面刷乳胶漆子目,石膏板面刷乳胶漆应套抹灰面刷乳胶漆子目。⑥ 柱、梁、天棚面批腻子、刷乳胶漆按墙面子目执行,人工乘系数 1.1,其他不变。⑦ 计价定额中的回光灯槽子目是按展开宽度 500 mm 考虑,暗窗帘盒子目是按展开宽度 400 mm 考虑,不同规格按比例调整。⑧ 建筑物室内天棚面层净高在 3.60 m 内,吊筋与楼层的连接点高度超过 3.60 m,应按满堂脚手架相应定额综合单价乘以系数 0.60 计算。

解

(1) 按《计价定额》列项并计算子目工程量

① 复杂天棚龙骨　7.36×5.82＝42.84(m²)

② 天棚吊筋

0.8 m 高吊筋　(2.78+0.2×2)×(1.92+0.2×2)×4＝29.51(m²)

1 m 高天棚吊筋　7.36×5.82−29.51＝13.33(m²)

③ 灯槽

外侧边线长(100 mm 高)　(1.92+2.78)×2×4＝37.6(m)

内侧边线长(200 mm 高)　(1.92+0.4+2.78+0.4)×2×4＝44(m)

中心线长(灯槽长)　(1.92+0.2+2.78+0.2)×2×4＝40.8(m)

灯槽外侧木工板面积(100 mm 高)　0.1×37.6＝3.76(m²)

灯槽内侧木工板面积(200 mm 高)　0.2×44＝8.8(m²)

灯槽底纸面石膏板面积　0.2×40.8＝8.16(m²)

④ 天棚纸面石膏板面　7.36×(5.82−0.18)＝41.51(m²)

⑤ 石膏阴角线　7.36×2+(5.82−0.18)×2＝26(m)

⑥ 木工板窗帘盒　7.36 m

⑦ 纸面石膏板面批腻子刷乳胶漆各三遍　41.51+8.16＝49.67(m²)

⑧ 木工板清油封底、批腻子刷乳胶漆各三遍　7.36×0.45+3.76+8.8＝15.87(m²)

⑨ 贴自粘胶带　49.67×1.50＝74.51(m)

⑩ 开筒灯孔　21 个

(2) 按《计价定额》计算各子目单价

15-34 换 0.8 m 高吊筋　56.32 元/10 m²

圆钢含量　(0.8−0.25)÷0.75×3.93＝2.88 kg

综合单价　60.54+(2.88−3.93)×4.02＝56.32(元/10 m²)

15-34 1 m 高吊筋　60.54 元/10 m²

15-8 复杂型天棚龙骨　639.87 元/10 m²

15-46　纸面石膏板面层　306.47 元/10 m²

15-44　木工板天棚面层　565.55 元/10 m²

279.55−11×12+11×38＝565.55(元/10 m²)

18-26　100×30 石膏阴角线　1 455.35 元/100 m

18-66 换　暗窗帘盒 3 961.51 元/100 m

分析:

扣纸面石膏板:−567 元

展开宽度 450 mm,综合单价按比例调整

综合单价 （4 088.34－567）×（450÷400）＝3 961.51（元/100 m）

18-65 换 回光灯槽 187.01 元/10 m

分析：

灯槽底为 200 mm 宽纸面石膏板,外侧为 100 mm 高木工板,展开宽度为 300 mm。

纸面石膏板含量 200÷500×5.12＝2.048（m²/10 m²）

木工板含量 100÷500×5.12＝1.024（m²/10 m²）

综合单价 （461.87－61.44－194.56）×（300÷500）＋2.048×12＋1.024×38＝187.01（元/10 m）

18-63 开筒灯孔 28.99 元/10 个

17-179 纸面石膏板批腻子及刷乳胶漆各 3 遍 296.83 元/10 m²

17-174 木工板清油封底 43.68 元/10 m²

17-182 注 木工板批腻子及刷乳胶漆各 3 遍 256.00 元/10 m²

（126.65×1.1）×（1＋25％＋12％）＋65.13＝256.00（元/10 m²）

17-175 天棚贴自粘胶带 77.11 元/10 m

20-20 换 满堂脚手架 160.96×0.6＝96.58（元/10 m²）

（3）按《计价定额》计算各子目合价

定额编号	项目名称	计量单位	工程量（m²）	金额（元）	
				综合单价	合价
15-35 换	凹天棚吊筋(0.80 m)	10 m²	2.951	56.32	166.20
15-35	凸天棚吊筋(1.00 m)	10 m²	1.333	60.54	80.70
15-8	复杂天棚龙骨	10 m²	4.284	639.87	2 741.20
15-46	纸面石膏板天棚面层	10 m²	4.151	306.47	1 272.16
15-44	木工板板天棚面层	10 m²	0.880	565.55	497.68
18-26	石膏阴角线	100 m	0.260	1 455.35	378.39
18-66 换	暗窗帘盒	100 m	0.074	3 961.51	293.15
17-175	贴自粘胶带	10 m	7.450	77.11	574.47
18-63	开筒灯孔	10 个	2.100	28.99	60.88
18-65 换	回光灯槽	10 m	4.080	187.01	763.00
17-179	纸面石膏板批腻子及刷乳胶漆各 3 遍	10 m²	4.967	296.83	1 474.35
17-174	木工板清油封底	10 m²	1.587	43.68	69.32
17-182 注	木工板批腻子及刷乳胶漆各 3 遍	10 m²	1.587	256.00	406.27
以上合计					8 777.77
20－20×0.6	满堂脚手架	10 m²	4.284	96.58	413.75

例 4.35　已知:某底层大厅天棚装饰如图 4.22 所示。天棚 φ10 mm 吊筋电焊在二层楼板底的预埋铁件上,吊筋平均高度按 1.5 m 计算,计 315 根。该天棚大、中龙骨均为木龙骨,经过计算,设计总用量为 4.16 m³,面层龙骨为 400 mm×400 mm 方格,中龙骨下钉胶合板(3 mm 厚)面层,地面至天棚面高为 +3.20 m,拱高 1.3 m,接缝处不考虑粘贴自粘胶带。天棚面层用底油、色油刷清漆 3 遍,装饰线条用双组份混合型聚氨酯漆 3 遍。已知:装饰企业管理费率 42%,利润率 15%,人工工资按 110 元/工日,不考虑材料、机械费调整。其余未说明按计价定额规定,措施费仅计算脚手费。根据上述条件请完成:

（1）按照计价定额列出定额子目名称并计算对应的工程量;

（2）按照计价定额计算天棚分部分项工程费及脚手费。

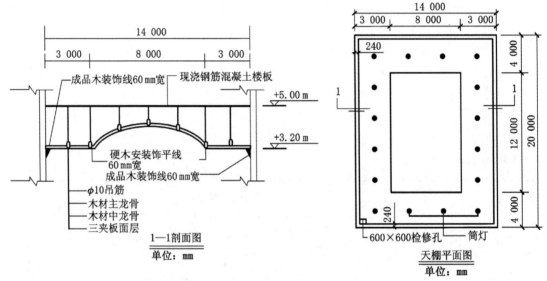

图 4.22　大厅天棚

相关知识

① 计价定额规定天棚龙骨的工程量按主墙间的水平投影面积计算。天棚龙骨的吊筋按每 10 m² 龙骨面积套用相应子目计算。天棚饰面均按展开面积计算。② 圆弧形、拱形的天棚龙骨应按其弧形或拱形部分的水平投影面积计算套用复杂型子目,龙骨用量按设计进行调整,人工和机械按复杂型天棚子目乘系数 1.8。③ 本定额天棚每间以在同一平面上为准,设计有圆弧形、拱形时按其圆弧形、拱形部分的面积:圆弧形面层人工按其相应子目乘系数 1.15 计算,拱形面层的人工按相应子目乘系数 1.5 计算。④ 计价定额中吊筋根数据按13 根/10 m² 取定,高度是按 1 m 高取定的,吊筋根数、高度不同均应按实调整。⑤ 本定额装饰线条安装均以安装在墙面上为准。设计安装在天棚面层时(但墙、顶交界处的角线除外),应按定额规定调整(钉在木龙骨基层上人工按相应定额乘系数 1.34)。⑥ 建筑物室内天棚面层净高在 3.60 m 内,吊筋与楼层的连接点高度超过 3.60 m,应按满堂脚手架相应定额综合单价乘以系数 0.60 计算。

解

（1）按《计价定额》列项并计算子目工程量

① φ10 mm 吊筋　19.76×13.76=271.90(m²)

② 复杂型龙骨　271.90 m²

其中　人工、机械需乘系数 1.8 的龙骨面积为　$8 \times 12 = 96 \ m^2$

龙骨含量调整　$4.16 \div 271.90 \times "1.06" \times 10 = (0.162 \ m^3/10 \ m^2)$

③ 面层

分析：由 $r^2 = (r-1.3)^2 + 4^2$ 得 $r = 6.8(m)$

由 $\sin \dfrac{1}{2}\alpha = 4 \div 6.8$ 得 $\alpha = 72°$

弧长 $L = \pi r\alpha/180 = 3.14 \times 6.8 \times 72 \div 180 = 8.54(m)$

拱形部分面积　$8.54 \times 12 = 102.48(m^2)$

拱形两端弧形面积

$$S = 2 \times \left[\frac{\pi \times r^2 \times \alpha}{360} - \frac{c}{2} \times (r-h) \right] = 2 \times \left[\frac{3.14 \times 6.8^2 \times 72}{360} - \frac{8}{2} \times (8-1.3) \right] = 14.08(m^2)$$

其他部分面积　$271.9 - 96 = 175.90 \ m^2$

④ 成品木装饰阴角线条　$(19.76 + 13.76) \times 2 = 67.04(m)$

⑤ 成品木装饰平线　$(12 + 8) \times 2 = 40(m)$

⑥ 600×600 检查孔　1 只

⑦ 筒灯孔　16 个

⑧ 装饰线条聚氨酯漆两遍　$(67.04 + 40) \times "0.35" = 37.46(m)$

⑧ 天棚面层底油、色油刷清漆两遍　$175.90 + 129.6 = 305.5(m^2)$

⑩ 满堂脚手架　$19.76 \times 13.76 = 271.9(m^2)$

（2）按《计价定额》计算各子目单价

定额编号	项目名称	单位	数量	单价(元)
15-35	φ10 mm 吊筋	10 m²	27.190	吊筋根数：$315 \div 271.9 \times 10 = 12$ 根/10 m² $[90.65 - 24.6 + (1.5 - 0.25) \div 0.75 \times 24.6 + 10.52$ $(1 + 42\% + 15\%)] \times 12 \div 13 = 133.41 \times 12 \div 13 =$ 114.06 元(元/10 m²)
15-4	拱形部分龙骨	10 m²	9.600	$(0.162 \times 1\ 600 + 0.54 + 1.93 + 4.74) + (1.71 \times 1.2 \times$ $1.8 \times 110 + 1.66 \times 1.8) \times (1 + 42\% + 15\%) = 908.990$
15-4	其余部分龙骨	10 m²	17.590	$(0.162 \times 1\ 600 + + 0.54 + 1.93 + 4.74) + (1.71 \times$ $1.2 \times 110 + 1.66) \times (1 + 42\% + 15\%) = 623.400$
15-44	拱形部分面层	10 m²	10.248	$135.15 + (1.24 \times 1.5 \times 110) \times (1 + 42\% + 15\%) =$ 456.370
15-44	端部弧形面层	10 m²	1.408	$135.15 + (1.24 \times 1.15 \times 110) \times (1 + 42\% + 15\%) =$ 381.420
15-44	其余部分面层	10 m²	17.590	$135.15 + 1.24 \times 110 \times (1 + 42\% + 15\%) = 349.300$
18-14	装饰平线安装	100 m	0.400	$(2.04 \times 1.34 \times 110 + 15) \times (1 + 42\% + 25\%) +$ $657.06 = 1\ 152.700$
18-21	装饰阴角安装	100 m	0.670	$(2.07 \times 110 + 15) \times (1 + 42\% + 15\%) + 705.10$ $= 1\ 086.140$

定额编号	项目名称	单位	数量	单价(元)
18-60	600 mm×600 mm 检查孔	10 个	0.100	$(4.28×110)×(1+42\%+15\%)+249.36=988.520$
18-63	筒灯孔	10 个	1.600	$(0.17×110)×(1+42\%+15\%)+9.2=38.560$
17-24	天棚面层刷清漆	10 m²	30.550	$[3.2×110×(1+42\%+15\%)+51.33]=603.970$
17-35	装饰线条聚氨酯漆	10 m	3.746	$1.47×110×(1+42\%+15\%)+23.23=277.100$
20—20 ×0.6	满堂脚手(措施费)	10 m²	27.190	$[(1×110+10.88)×(1+42\%+15\%)+29.6]×0.6$ $=131.630$

（3）按《计价定额》计算各子目合价

定额编号	项目名称	单位	数量	单价(元)	合价(元)
15-35 换	φ10 mm 吊筋	10 m²	27.190	114.06	3 101.29
15-4 换	拱形部分龙骨	10 m²	9.600	908.99	8 726.30
15-4 换	其余部分龙骨	10 m²	17.590	623.40	10 965.61
15-44 换	拱形部分面层	10 m²	10.248	456.37	4 676.88
15-44 换	端部弧形面层	10 m²	1.408	381.42	537.04
15-44	其余部分面层	10 m²	17.590	349.30	6 144.19
18-14 换	装饰平线安装	100 m	0.400	1 152.70	461.08
18-21	装饰阴角安装	100 m	0.670	1 086.14	728.12
18-60	600 mm×600 mm 检查孔	10 个	0.100	988.52	98.85
18-63	筒灯孔	10 个	1.600	38.56	61.70
17-24	天棚面层刷清漆	10 m²	30.550	603.97	18 451.28
17-35	装饰线条聚氨酯漆	10 m	3.746	277.10	1 038.02
以上合计					54 990.36
20—20×0.6	满堂脚手(措施费)	10 m²	27.190	131.63	3 579.02

例 4.36　某装饰企业独立承建某综合楼的二楼会议室装饰天棚吊顶如图 4.23 所示。钢筋砼柱断面为 500 mm×500 mm，200 mm 厚空心砖墙，天棚做法如图所示，采用 φ8 mm 吊筋(0.395 kg/m)，单层装配式 U 型(上人型)轻钢龙骨，面层椭圆形部分采用 9.5 mm 厚纸面石膏板面层，规格 400 mm×600 mm，其余为防火板底铝塑板面层，天棚与墙面交接处采用铝合金角线，规格 30 mm×25 mm×3 mm，单价为 5 元/m，纸面石膏板面层与铝塑板面层交接处采用自粘胶带钉成品 60 mm 宽红松平线。纸面石膏板面层抹灰为清油封底，满批白水泥腻子，乳胶漆各 2 遍，木装饰线条油漆做法为润油粉、刮腻子、聚氨脂清漆(双组份型)2 遍。其余未说明按计价定额规定，措施费仅计算脚手费。根据上述条件请完成：

（1）按照计价定额列出定额子目名称并计算对应的工程量；

（2）按照计价定额计算天棚分部分项工程费及脚手费；

（3）若该项目位于 12 层，请单独计算人工降效费和垂直运输费。

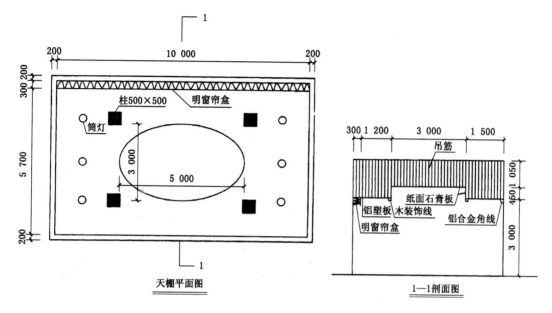

图 4.23　吊顶天棚布置图

相关知识

① 计价定额规定天棚龙骨的工程量按主墙间的水平投影面积计算。天棚饰面均按展开面积计算,不扣除间壁墙、检修孔、附墙烟囱、柱垛和管道所占面积,但应扣除独立柱、0.3 m² 以上的灯饰面积(石膏板、夹板天棚面层的灯饰面积不扣除)与天棚相连接的窗帘盒面积。② 圆弧形、拱形的天棚龙骨应按其弧形或拱形部分的水平投影面积计算套用复杂型子目,龙骨用量按设计进行调整,人工和机械按复杂型天棚子目乘系数 1.8。③ 本定额天棚每间以在同一平面上为准,设计有圆弧形、拱形时,按其圆弧形、拱形部分的面积:圆弧形面层人工按其相应子目乘系数 1.15 计算,拱形面层的人工按相应子目乘系数 1.5 计算。④ 计价定额中吊筋根数据按 13 根/10 m² 取定,高度是按 1 m 高取定的,吊筋根数、高度不同均应按实调整。⑤ 本定额装饰线条安装均以安装在墙面上为准。设计安装在天棚面层时(但墙、顶交界处的角线除外),应按定额规定调整,如钉在钢龙骨基上人工按相应定额乘系数 1.68。如在钢龙骨上钉木装饰线条图案,人工乘以系数 1.8。⑥ 建筑物室内天棚面层净高在 3.60 m 内,吊筋与楼层的连接点高度超过 3.60 m,应按满堂脚手架相应定额综合单价乘以系数 0.60 计算。

解

(1) 按照计价定额列出定额子目名称并计算对应的工程量

① Φ8 mm 吊筋(1 050 mm)　$3.14 \times 5 \times 3 / 4 = 11.78$(m²)

② Φ8 mm 吊筋(1 500 mm)　$10 \times 6 - 3.14 \times 5 \times 3 / 4 = 48.22$(m²)

③ 单层上人型轻钢龙骨(椭圆型)　11.78 m²

④ 单层上人型轻钢龙骨(椭圆型外)　48.22 m²

⑤ 9.5 mm 厚纸面石膏板面层(椭圆型)

$$3.14 \times 5 \times 3 \div 4 + 3.14 \times \sqrt{\frac{5^2 + 3^2}{2}} \times 0.45 = 17.60 \text{(m}^2)$$

⑥ 铝塑板面层　$10 \times 6 - 3.14 \times 5 \times 3 / 4 - 0.5 \times 0.5 \times 4 - 0.3 \times 10 = 44.22$(m²)

⑦ 纸面石膏板面层抹灰

$$3.14 \times 5 \times 3 \div 4 + 3.14 \times \sqrt{\frac{5^2 + 3^2}{2}} \times 0.45 = 17.61(\text{m}^2)$$

⑧ 铝合金角线　$10.57 + 5.7 + 5.7 = 21.4(\text{m})$

⑨ 自粘胶带　$3.14 \times \sqrt{\frac{5^2 + 3^2}{2}} = 12.95(\text{m})$

○16 0m 宽红松平线　12.95 m

○16 0m 宽红松平线油线　12.95 m

○1 筒灯孔　6 个

○1 明窗帘盒　10 m

○1 天棚抹灰脚手架　$10 \times 6 = 60(\text{m}^2)$

（2）分部分项工程及措施项目综合单价和计算

序号	定额编号	子目名称	单位	数量	综合单价计算	合计
1	15-34 换	φ8 吊筋 H=1 050 mm	10 m²	1.178	圆钢含量:$(1.05-0.25) \div 0.75 \times 3.93 = 4.192$ kg 单价:$60.54 + (4.192 - 3.93) \times 4.02 = 61.59$	72.55
2	15-34 换	φ8 吊筋 H=1 500 mm	10 m²	4.822	圆钢含量:$(1.5-0.25) \div 0.75 \times 3.93 = 6.550$ kg 单价:$60.54 + (6.55 - 3.93) \times 4.02 = 71.070$	342.70
3	15-12 换	单层装配式 U 型(上人型)轻钢龙骨(椭圆型)	10 m²	1.178	$(2.22 \times 85 \times 0.87 + 3.4) \times 1.37 \times 1.8 + 401.9 - 8.84 - 0.39 - 5.2 - 7.8 = 792.900$	934.04
4	15-12 换	单层装配式 U 型(上人型)轻钢龙骨椭圆型(复杂型)	10 m²	4.822	$665.08 - 8.84 - 0.39 - 5.2 - 7.8 - 188.7 \times 0.13 \times 1.37 = 609.240$	2 937.76
5	15-46 换	9.5 mm 厚纸面石膏板面层(椭圆型)	10 m²	1.760	$1.34 \times 85 \times 1.15 \times 1.37 + 150.42 = 329.870$	580.57
6	15-54 换	铝塑板面层(防火板底另计)	10 m²	4.422	$1.41 \times 85 \times 1.15 \times 1.37 + 959.62 = 1 148.440$	5 078.40
7	15-44 换	防火板底	10 m²	4.422	$1.24 \times 85 \times 1.15 \times 1.37 + 135.15 + (35-12) \times 11 = 554.210$	2 450.72
8	17-174	清油封底	10 m²	1.760	43.68	76.88
9	17-179 换	满批白水泥腻子、乳胶漆各两遍	10 m²	1.760	$(1.9-0.32-0.165) \times 85 \times 1.37 + 75.57 - 1.2 \times 12 - (9.13+0.38+0.77+5.3) \times 30\% = 221.270$	389.44
10	18-15	金属装饰条(阴阳角线)	100 m	0.214	$820.56 + (5-3.8) \times 105 = 946.560$	202.56
11	17-175	自粘胶带	10 m	1.295	77.110	99.86

序号	定额编号	子目名称	单位	数量	综合单价计算	合计
12	18-14换	木装饰条 50 mm 外安装	100 m	0.129	(173.4×1.68×1.8+15)×1.37+657.06=1 395.990	180.78
13	17-35	木线条油漆 3 遍	10 m	1.295	194.41×0.35=68.040	88.11
14	17-45	木线条油漆减 1 遍	10 m	−1.295	31.51×0.35=11.030	−14.28
15	18-63	筒灯孔	10 个	0.600	28.990	17.39
16	18-67	明窗帘盒	100 m	0.100	4 656.380	465.64
17	20-20×0.6	满堂脚手架	10 m²	6	156.86×0.6=94.120	564.72
	合计					14 467.84

(3)人工降效和垂直运输费

① 人工降效计算

分析:人工降效计算基础为定额人工费,垂直运输费计算基础为定额人工工日数上表中各子目人工数量分析如下:

序号	定额编号	定额名称	单位	工程量	单位工日	工日合计
1	15-34换	φ8 mm 吊筋 H=1 050 mm	10 m²	1.178	—	—
2	15-34换	φ8 mm 吊筋 H=1 500 mm	10 m²	4.822	—	—
3	15-12换	单层装配式 U 型(上人型)轻钢龙骨(椭圆型)	10 m²	1.178	3.48	4.10
4	15-12换	单层装配式 U 型(上人型)轻钢龙骨椭圆型(复杂型)	10 m²	4.822	1.93	9.31
5	15-46换	9.5 mm 厚纸面石膏板面层(椭圆型)	10 m²	1.760	1.54	2.71
6	15-54换	铝塑板面层(防火板底另计)	10 m²	4.422	1.62	7.17
7	15-44换	防火板底	10 m²	4.422	1.43	6.31
8	17-174	清油封底	10 m²	1.760	0.25	0.44
9	17-179换	满批白水泥腻子、乳胶漆各两遍	10 m²	1.760	1.42	2.49
10	18-15	金属装饰条(阴阳角线)	100 m	0.214	3.04	0.65
11	17-175	自粘胶带	10 m	1.295	0.21	0.27
12	18-14换	木装饰条 50 mm 外安装	100 m	0.129	6.17	0.80
13	17-35	木线条油漆三遍	10 m	1.295	0.51	0.67
14	17-45	木线条油漆减一遍	10 m	−1.295	0.07	−0.10
15	18-63	筒灯孔	10 个	0.600	0.17	0.10
16	18-67	明窗帘盒	100 m	0.100	12.15	1.22
17	20−20×0.6	满堂脚手架	10 m²	6	0.60	3.60
合计						39.74

根据计价定额可知,上述表中的人工单价,仅满堂脚手架子目中的人工单价为82元/工日,其他子目均为 85 元/工日,故定额人工费合计为 $(39.74-3.6)\times85+3.6\times82=3367.10$(元)

1-20 人工降效费　$3367.10\times7.5\%=252.53$(元)

23-31 垂直运输费　$39.74\div10\times50.57=200.97$(元)

② 垂直运输费

第六节　门窗工程

一、概况

本节定额内容共分5点,即:

(1) 购入构件成品安装。分铝合金门窗、塑钢门窗、塑钢和铝合金纱窗、彩板门窗、电子感应门、旋转门、卷帘门及拉栅门、成品木门 6 小节,计 34 个子目。

(2) 铝合金门窗制作、安装。分门、窗、无框玻璃门扇、门窗框包不锈钢板 4 小节,计 22 个子目。

(3) 木门、窗框扇制安。分普通木窗,纱窗扇,工业木窗,木百页窗,无框窗扇、圆形窗,半玻木门,镶板门,胶合板,企口板门,纱门扇,全玻自由门,半截百页门等 11 小节,计 234 个子目。

(4) 装饰木门扇。分细木工板实心门扇、其他木门扇、门扇上包金属软包面 3 小节,计 17 个子目。

(5) 门、窗五金配件安装。分门窗特殊五金、铝合金窗五金、木门窗五金配件 3 小节,计 39 个子目。

二、定额说明

(1) 门窗工程分为购入构件成品安装,铝合金门窗制作安装,木门窗框、扇制作安装,装饰木门扇及门窗五金配件安装五部分。

(2) 购入构件成品安装门窗单价中,除地弹簧、门夹、管子拉手等特殊五金外,玻璃及一般五金已包括在相应的成品单价中,一般五金的安装人工已包括在定额内,特殊五金和安装人工应按"门、窗配件安装"的相应子目执行。

(3) 铝合金门窗制作、安装

① 铝合金门窗制作、安装是按在构件厂制作现场安装编制的,但构件厂至现场的运输费用应按当地交通部门的规定运费执行(运费不进入取费基价)。

② 铝合金门窗制作型材颜色分为普通铝合金和断桥隔热铝合金型材两种,应按设计分别套用子目。各种铝合金型材含量的取定定额仅为暂定。设计型材的含量与定额不符,应按设计用量加 6% 制作损耗调整。

③ 铝合金门窗的五金应按"门、窗五金配件安装"另列项目计算。

④ 门窗框与墙或柱的连接是按镀锌铁脚、尼龙膨胀螺钉连接考虑的,设计不同,定额中的铁脚、螺栓应扣除,其他连接件另外增加。

（4）木门、窗制作安装

① 本章编制了一般木门窗制、安及成品木门框扇的安装，制作是按机械和手工操作综合编制的。

② 本章均以一、二类木种为准，如采用三、四类木种，分别乘以下系数：木门、窗制作人工和机械费乘系数1.30，木门、窗安装人工乘系数1.15。

③ 本章木材木种划分如下：

一类	红松、水桐木、樟子松
二类	白松、杉木（方杉、冷杉）、杨木、铁杉、柳木、花旗松、椴木
三类	青松、黄花松、秋子松、马尾松、东北榆木、柏木、苦楝木、梓木、黄菠萝、椿木、楠木（桢楠、润楠）、柚木、樟木、山猫局、栓木、白木、云香木、枫木
四类	栎木（柞木）、檀木、色木、槐木、荔木、麻栗木（麻栎、青刚）、桦木、荷木、水曲柳、柳桉、华北榆木、核桃楸、克隆、门格里斯

④ 木材规格是按已成型的两个切断面规格料编制的，两个切断面以前的锯缝损耗按总说明规定应另外计算。

⑤ 本章中注明的木材断面或厚度均以毛料为准，如设计图纸注明的断面或厚度为净料时，应增加断面刨光损耗：一面刨光加3 mm，两面刨光加5 mm，圆木按直径增加5 mm。

⑥ 本章中的木材是以自然干燥条件下的木材编制的，需要烘干时，其烘干费用及损耗由各市确定。

⑦ 本章中门、窗框扇断面除注明者外均是按《门窗图集》苏J73-2常用项目的Ⅲ级断面编制的，其具体取定尺见了表：

门窗	门窗类型	边框断面（含刨光损耗）		扇立挺断面（含刨光损耗）	
		定额取定断面（mm）	截面积（cm²）	定额取定断面（mm）	截面积（cm²）
门	半截玻璃门	55×100	55	50×100	50.00
	冒头板门	55×100	55	45×100	45.00
	双面胶合板门	55×100	55	38×60	22.80
	纱门	—	—	35×100	35.00
	全玻自由门	—	—	50×120	60.00
	拼板门	70×140（Ⅰ级）	98	50×100	50.00
	平开、推拉木门	55×100	55	60×120	72.00
窗	平开窗	55×100	55	45×65	29.25
	纱窗	—	—	35×65	22.75
	工业木窗	55×120（Ⅱ级）	66	—	—

设计框、扇断面与定额不同时，应按比例换算。框料以边立框断面为准（框裁口处如为钉条者，应加贴条断面），扇料以立挺断面为准。换算公式如下：

$$\frac{设计断面积（净料加刨光损耗）}{定额断面积} \times 相应子目材积$$

或

(设计断面积－定额断面积)×相应子目框、扇每增减 $10\ cm^2$ 的材积

⑧ 胶合板门的基价是按四八尺(1.22 m×2.44 m)编制的,剩余的边角料残值已考虑回收,如建设单位供应胶合板,按两倍门扇数量张数供应,每张裁下的边角料全部退还给建设单位(但残值回收取消)。若采用三七尺(0.91 m×2.13 m)胶合板,定额基价应按括号内的含量换算,并相应扣除定额中的胶合板边角料残值回收值。

⑨ 门窗制作安装的五金、铁件配件按"门窗五金配件安装"相应子目执行,安装人工已包括在相应定额内。设计门、窗玻璃品种、厚度与定额不符,单价应调整,数量不变。

⑩ 木质送、回风口的制作、安装按百页窗定额执行。

⑪ 设计门、窗有艺术造型等有特殊要求时,因设计差异变化较大,其制作、安装应按实际情况另行处理。

⑫ 本章节子目如涉及钢骨架或者铁件的制作安装,另行套用相应子目。

⑬ "门窗五金配件安装"的子目中,五金规格、品种与设计不符时应调整。

三、工程量计算规则

(1) 购入成品的各种铝合金门窗安装,按门窗洞口面积以平方米计算,购入成品的木门扇安装,按购入门扇的净面积计算。

(2) 现场铝合金门窗扇制作、安装按门窗洞口面积以平方米计算。

(3) 各种卷帘门按实际制作面积计算,卷帘门上有小门时,其卷帘门工程量应扣除小门面积。卷帘门上的小门按扇计算,卷帘门上电动提升装置以套计算,手动装置的材料、安装人工已包括在定额内,不另增加。

(4) 无框玻璃门按其洞口面积计算。无框玻璃门中,部分为固定门扇、部分为开启门扇时,工程量应分开计算。无框门上带亮子时,其亮子与固定门扇合并计算。

(5) 门窗框上包不锈钢板均按不锈钢板的展开面积以平方米计算,木门扇上包金属面或软包面均以门扇净面积计算。无框玻璃门上亮子与门扇之间的钢骨架横撑(外包不锈钢板),按横撑包不锈钢板的展开面积计算。

(6) 门窗扇包镀锌铁皮,按门窗洞口面积以平方米计算;门窗框包镀锌铁皮、钉橡皮条、钉毛毡按图示门窗洞口尺寸以延长米计算。

(7) 木门窗框、扇制作、安装工程量按以下规定计算:

① 各类木门窗(包括纱、纱窗)制作、安装工程量均按门窗洞口面积以平方米计算。

② 连门窗的工程量应分别计算,套用相应门、窗定额,窗的宽度算至门框外侧。

③ 普通窗上部带有半圆窗的工程量应按普通窗和半圆窗分别计算,其分界线以普通窗和半圆窗之间的横框上边线为分界线。

④ 无框窗扇按扇的外围面积计算。

四、使用注意要点

(1) 本章定额购入成品铝合金窗的五金费已包括在铝合金窗单价中,套用单独"安装"子目时,不得另外再套用 16-321 至 16-324 子目。该子目适用于铝合金窗制作兼安装。购入铝合金成品门单价中未包括地弹簧、管子拉手、锁等特殊五金,实际发生时另按"门、窗五金配件安装"相应子目执行。木门窗安装项目中未包括五金费,门窗五金费应另列项目按

"门、窗五金配件安装"有关子目执行。"门、窗五金配件安装"的子目中,五金规格、品种与设计不符均应调整。

（2）铝合金门窗制作型材分为普通铝合金型材和断桥隔热铝合金型材两种,应按设计分别套用定额。各种铝合金型材规格、含量的取定定额仅为暂定。设计型材的规格与定额不符,应按设计的规格或设计用量加 6% 制作损耗调整。

（3）铝合金门窗工程量按其洞口面积以 10 m² 计算。门带窗者,门的工程量算至门框外边线。平面为圆弧形或异形者按展开面积计算。

（4）各种卷帘门按实际制作面积计算,卷帘门上有小门时,其卷帘门工程量应扣除小门面积。卷帘门上的小门按扇计算,卷帘门上电动提升装置以套计算,手动装置的材料、安装人工已包括在定额内,不另增加。

（5）门窗框包不锈钢板均按不锈钢板的展开面积以 10 m² 计算,16-53 及 16-56 子目中均已综合了木框料及基层衬板所需消耗的工料,设计框料断面与定额不符,按设计用量加 5% 损耗调整含量。若仅单独包门窗框不锈钢板,应按 14-202 子目套用。

（6）木门窗框、扇制安定额是按机械和手工操作综合编制的,实际施工不论采用何种操作方法,均按定额执行,不调整。

（7）现场木门窗框、扇制作及安装按门窗洞口面积计算。购入成品的木门扇安装,按购入门扇的净面积计算。

（8）本定额木门窗制作所需的人工及机械除定额注明者外均以一、二类木种为准,设计采用三、四类木种时,分别乘下列系数:木门窗制作按相应人工和机械乘以系数 1.30,木门窗安装按相应项目人工乘以系数 1.15。

（9）木门窗制作安装是按现场制作编制的,若在构件厂制作,也按本定额执行,但构件厂至现场的运输费用应当按当地交通部门规定的运输价格执行（运费不进入取费基价）。

（10）定额中木门窗框、扇已注明了木材断面。定额中的断面均以毛料为准,设计图纸注明的断面为净料时,应增加刨光损耗,单面刨光加 3 mm,双面刨光加 5 mm。框料断面以边立框为准,扇断面以扇立梃断面为准,设计断面不同时,按下列公式换算:

设计（断面）材积（m³/10 m²）=设计断面（cm²,净料加刨光损耗）×定额材积（m³）÷定额取定断面（cm²）

调整材积（m³/10 m²）=设计（断面）材积-定额取定材积

（11）木门窗子目按有腰、无腰、纱扇并根据工艺顺序分框制作、框安装、扇制作、扇安装编制的,使用时应注意木材断面的换算规定,同时还应注意相应定额附注带纱扇的框料所需双裁口增加工料的规定。

（12）胶合板门定额中的胶合板含量是根据当前市场材料供应情况以四八尺规格（1.22 m×2.44 m）编制为主,三七尺规格（0.91 m×2.13 m）为辅,四八尺规格定额中剩余边角料残值已考虑回收,同时也规定了如果建设单位供应胶合板时,定额如何换算也作了交代。

（13）本章节子目如涉及钢骨架或者铁件的制作安装,另行套用相关子目。

（14）木质送风口、回风口的制作安装按木质百叶窗定额执行。

五、定额应用举例

例 4.37 某工程有 20 樘 70 系列银白色带上亮双扇推拉窗,设计图纸洞口尺寸为

1 500 mm×2 100 mm,框外围尺寸为 1 450 mm×2 050 mm(其中窗上亮高 650 mm),型材厚 1.3 mm,现场制作及安装,试确定其定额基价(不含五金配件)。

相关知识

① 铝合金门窗制作型材规格、含量的取定定额仅为暂定。设计型材的规格与定额不符,应进行调整。② 本章的《铝合金门窗用料表》已含定额损耗,如设计图纸门窗及型材规格与表中取值一致,可直接采用。

解

据题意应套 16-45 子目,其铝合金型材定额含量为 54.31 kg/10 m²,查《铝合金门窗用料表》知:本例中的铝合金型材定额含量为 37.784 kg/10 m²。

工程量　1.5×2.1×20＝63(m²)

16-45 换　3 659.97－54.31×21.5＋37.784×21.5＝3 304.66(元/10 m²)

定额合价　3 304.66×63÷10＝20 819.36(元)

例 4.38　现有 15 樘单扇无纱胶合板门(洞口尺寸为 900 mm×2 000 mm),已知:胶合板规格为三七尺,门扇边梃设计断面为 40 mm×50 mm(毛料),门框设计断面尺寸为 55 mm×95 mm(三面刨光),门五金按定额执行。求定额合价?

相关知识

① 定额中木门窗框已注明了木材断面。定额中的断面均以毛料为准,设计图纸注明的断面为净料时,应增加刨光损耗,单面刨光加 3 mm,双面刨光加 5 mm。② 无腰单扇胶合板门定额框料断面为 55 cm²,扇边梃断面为 22.8 cm²,设计断面不同时,按每增减 10 cm² 子目执行。③ 胶合板门的基价是按四八尺(1.22 m×2.44 m)编制的,剩余的边角料残值已考虑回收,若采用三七尺(0.91 m×2.13 m)胶合板,定额基价应按括号内的含量换算,并相应扣除定额中的胶合板边角料残值回收值。

解

门、扇工程量　0.9×2.0×15＝27(m²)

门框立梃断面面积　5.8×10＝58(m²)

门扇边梃断面面积　4×5＝20(cm²)

16-197 换　门框制作　428.62×2.7＝1 157.27(元)

16-201 换　门框断面每增减 10 cm²　46.4×(58－55)÷10×2.7＝37.58(元)

16-198 换　门扇制作　(981.28－360.84＋234.84＋47.32)×2.7＝2 437.02(元)

16-202 换　扇料断面每增减 10 cm²　131.2×(20－22.8)÷10×2.7＝－99.19(元)

16-199　门框安装　68.01×2.7＝183.63(元)

16-200　门扇安装　201.38×2.7＝543.73(元)

16-337　门五金　40.71×15＝610.65(元)

合计　4 870.69 元

例 4.39　某工程有 18 樘 828 系列银白色带上亮双扇推拉窗(图 4.24),设计图纸洞口尺寸为 1 500 mm×1 500 mm,框外围尺寸为 1 450 mm×1 450 mm(其中窗上亮高 $A＝$ 500 mm),型材厚 1.0 mm,现场制作及安装,该窗所用型材规格及每米重量为厂家提供,详见图 4.23 所示。试计算铝合金型材的图示用量并确定其定额基价(不含五金配件)。

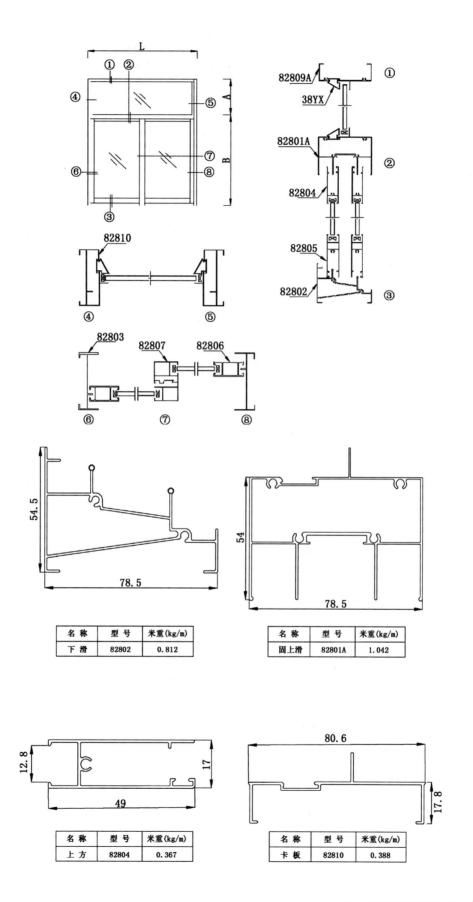

名　称	型　号	米重(kg/m)
下　滑	82802	0.812

名　称	型　号	米重(kg/m)
固上滑	82801A	1.042

名　称	型　号	米重(kg/m)
上　方	82804	0.367

名　称	型　号	米重(kg/m)
卡　板	82810	0.388

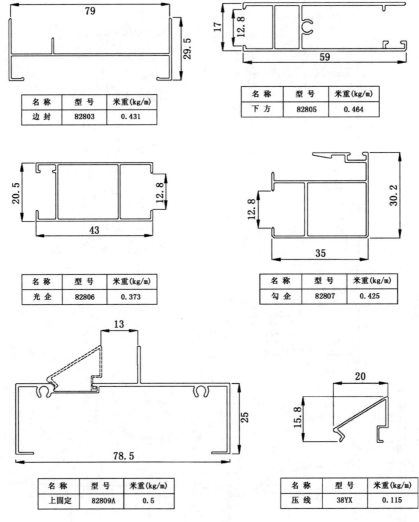

名　称	型　号	米重(kg/m)
边　封	82803	0.431

名　称	型　号	米重(kg/m)
下　方	82805	0.464

名　称	型　号	米重(kg/m)
光　企	82806	0.373

名　称	型　号	米重(kg/m)
勾　企	82807	0.425

名　称	型　号	米重(kg/m)
上固定	82809A	0.5

名　称	型　号	米重(kg/m)
压　线	38YX	0.115

图 4.24　带上亮双扇推拉窗

相关知识

铝合金门窗制作型材规格、含量的取定定额仅为暂定。设计型材的规格与定额不符,应按设计的规格或设计用量加 6‰ 制作损耗调整。

解

每樘窗型材用量计算见表 4-1。

表 4-1　每樘窗型材用量计算表

名称	型号	计算公式	长度(mm)	理论重量(kg)	数量	小计(kg)
边封	82 803	A+B	1 450	0.431	2	1.25
固上横	82 809A	L-34	1 416	0.5	1	0.708
固上滑	82 801A	L-34	1 416	1.042	1	1.475
下滑	82 802	L-34	1 416	0.812	1	1.15
卡板	82 810	A-25	475	0.388	2	0.369

名称	型号	计算公式	长度(mm)	理论重量(kg)	数量	小计(kg)
内光企	82 806	B-91	859	0.373	1	0.32
外光企	82 806	B-89	861	0.373	1	0.321
内勾企	82 807	B-91	589	0.425	1	0.365
外勾企	82 807	B-89	861	0.425	1	0.366
上方	82 804	L/2-42.2	682.8	0.367	2	0.501
下方	82 805	L/2-42.2	682.8	0.464	2	0.634
横压线	38YX	L-60.6	1 389.4	0.115	2	0.32
竖压线	38YX	A-25	475	0.115	2	0.109
图示总重						7.888
每平米重量	7.888÷2.25×"1.06"=3.716(kg/m²)					

窗工程量　$1.5×1.5×18=2.25×18=40.5(m^2)$

16-45 换　$3\ 659.97-54.31×21.5+37.16×21.5=3\ 291.25(元/10\ m^2)$

定额合价　$3\ 291.25×40.5÷10=13\ 329.56(元)$

例 4.40　门大样如图 4.25,采用细木工板贴白影木切片板,白影木切片板整片开洞内嵌 5 mm 厚磨砂玻璃,两边成品扁铁花压边,白桦木实木封边线收边。门油漆为润油粉、刮腻子、聚氨酯清漆三遍(双组份混合型)。已知:门扇边框断面 22.80 cm²,球形锁 50 元/个,细木工板 35 元/m²,白影木切片板 50 元/m²,白桦木实木收边线 6.5 元/m,5 mm 喷砂玻璃 55/m²,成品扁铁花油漆安装好后的综合单价为 70 元/片,其他材料、机械不计价差,人工工日 110 元/工日,施工单位为装饰工程二级资质,门洞尺寸为 1 000 mm×2 100 mm。

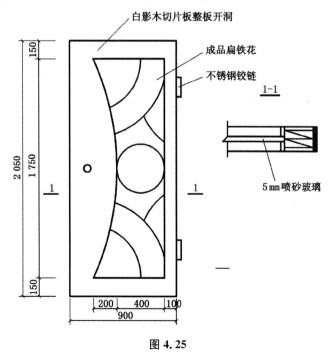

图 4.25

(1) 根据题目给定的条件,按 14 计价定额规定列项并计算各定额子目的工程量;

(2) 根据题目给定的条件,按 14 计价定额规定计算各定额子目的综合单价及合价。

相关知识

① 该门白影木切片板是整板开洞,定额含量不调整,但木工板基层要按实调整。② 门油漆套用单扇木门油漆定额,因门上镶嵌磨砂玻璃,应乘"0.90"系数。③ 门的工程量计算规则,计算规范为樘或 m²,如按面积计算,则与计价定额工程量计算规则一致,即均按洞口面积计算

解

(1) 按定额计算规则列项并计算工程量

实木门扇制安   1×2.10＝2.1(m²)

扁铁花成品   2 片

球形锁   1 个

不锈钢铰链   2 个

门油漆   2.1×"0.90"＝1.89(m²)

(2) 套用定额计算各子目单价

16-291 换   细木工板上贴双面普通切片板门   5 063.97 元/10 m²

分析:按设计调整细木工板的含量

木工板   (0.9×2.05−0.40×1.75)×2＝2.29(m²)

每 10 m² 木工板含量   2.29÷2.1×10×"19.71÷20.00"＝10.75(m²/10 m²)

按设计增加 5 mm 喷砂玻璃含量

喷砂玻璃   0.60×1.75＝1.05(m²)

每 10 m² 5 mm 喷砂玻璃含量   1.05÷2.1×10×"1.08"＝5.4(m²/10 m²)

每 10 m² 扁铁花成品含量   2÷2.1×10×"1.05"＝10(片/10 m²)

16-291 综合单价换算:

人工费   1 017.45＋(110−85)×11.97＝1 316.70(元)

材料费   1 573.96−748.98＋10.75×35−396＋50×22(白影木切片板)＋55×5.4(喷砂玻璃)＋(6.50−4.2)×29.15(白榉木封边条)＋70×10(扁铁花)＝2 969.28(元)

机械费   17.5(元)

管理费   (1 316.70＋17.5)×42%＝560.36(元)

利   润   (1 316.70＋17.5)×15%＝200.13(元)

小   计   5 063.97 元/10 m²

16-312   球形锁   80.66 元/把

76.55＋(50−75)×1.01＋110×0.17×(1＋42%＋15%)＝80.66(元/把)

16-314   不锈钢铰链   38.03 元/个

20.76＋110×0.1×(1＋42%＋15%)＝38.03(元/个)

17-31   单层木门聚氨酯清漆三遍   1 108.31 元/10 m²

256.9＋110×4.93×(1＋42%＋15%)＝1 108.31(元/10 m²)

(3) 计算综合单价及合价

定额编号	子目名称	计量单位	工程量（m²）	金额(元)	
				综合单价	合价
16-291换	实木装饰门	10 m²	0.21	5 063.67	1 063.43
17-31	木门油漆三遍	10 m²	0.189	1 108.31	209.47
16-312	门锁安装	个	1	80.66	80.66
16-314	门铰链安装	个	2	38.03	76.06
合计					1 429.62

第七节　油漆、涂料工程

一、概况

本章是由油漆、涂料及裱贴饰面三部分组成,共计250个子目。

第1节:油漆、涂料。主要分为木材面、金属面和抹灰面等3小节,共20个子目。

第2节:裱贴饰面。以品种划分为金(银)、铜(铝)箔,墙纸,墙布3小节,共230子目。

二、定额说明

(1) 本定额中涂料、油漆工程均采用手工操作,喷塑、喷涂、喷油采用机械喷枪操作,实际施工操作方法不同时,均按本定额执行。

(2) 油漆项目中,已包括钉眼刷防锈漆的工、料并综合了各种油漆的颜色,设计油漆颜色与定额不符时,人工、材料均不调整。

(3) 本定额已综合考虑分色及门窗内外分色的因素,如果需做美术图案者,可按实计算。

(4) 定额中规定的喷、涂刷的遍数,如与设计不同时,可按每增减一遍相应定额子目执行。石膏板面套用抹灰面定额。

(5) 本定额对硝基清漆磨退出亮定额子目未具体要求刷理遍数,但应达到漆膜面上的白雾光消除、磨退出亮。

(6) 色聚氨酯漆已经综合考虑不同色彩的因素,均按本定额执行。

(7) 本定额抹灰面乳胶漆、裱糊墙纸饰面是根据现行工艺,将墙面封油刮腻子、清油封底、乳胶漆涂刷及墙纸裱糊分列子目,本定额乳胶漆、裱糊墙纸子目已包括再次找补腻子在内。

(8) 浮雕喷涂料小点、大点规格如下:小点指点面积在 1.2 cm² 以下;大点指点面积在 1.2 cm² 以上(含 1.2 cm²)。

(9) 涂料定额是按常规品种编制的,设计用的品种与定额不符,单价换算,可以根据不同的涂料调整定额含量,其余不变。

(10) 木材面油漆设计有漂白处理时,由甲、乙双方另行协商。

(11) 涂刷金属面防火涂料厚度应达到国家防火规范的要求。

三、工程量计算规则

（1）天棚、墙、柱、梁面的喷（刷）涂料和抹灰面乳胶漆，工程量按实喷（刷）面积计算，但不扣除 $0.3 \, m^2$ 以内的孔洞面积。

（2）木材面油漆。各种木材面的油漆工程量按构件的工程量乘以相应系数计算，其具体系数如下：

① 套用单层木门定额的项目工程量乘以下列系数：

项目名称	系数	工程量计算方法
单层木门	1.00	
带上亮木门	0.96	
双层（一玻一纱）木门	1.36	
单层全玻门	0.83	
单层半玻门	0.90	
不包括门套的单层门扇	0.81	按洞口面积计算
凹凸线条几何图案造型单层木门	1.05	
木百页门	1.50	
半木百页门	1.25	
厂库房木大门、钢木大门	1.30	
双层（单裁口）木门	2.00	

注：① 门、窗贴脸、披水条、盖口条的油漆已包括在相应定额内，不予调整。② 双扇木门按相应单扇木门项目乘以 0.9 系数。③ 厂库房木大门、钢木大门上的钢骨架、零星铁件油漆以包含在系数内，不另计算。

② 套用单层木窗定额的项目工程量乘下列系数：

项目名称	系数	工程量计算方法
单层玻璃窗	1.00	
双层（一玻一纱）窗	1.36	
双层（单裁口）窗	2.00	
三层（二玻一纱）窗	2.60	
单层组合窗	0.83	按洞口面积计算
双层组合窗	1.13	
木百页窗	1.50	
不包括窗套的单层木窗扇	0.81	

③ 套用木扶手定额的项目工程量乘下列系数：

项目名称	系数	工程量计算方法
木扶手(不带托饭)	1.00	按延长米
木扶手(带托饭)	2.6	
窗帘盒(箱)	2.04	
窗帘棍	0.35	
装饰线缝宽在 150 mm 内	0.35	
装饰线缝宽在 150nun 外	0.52	
封檐板、顺水板	1.74	

④ 套用其他木材面定额的项目工程量乘下列系数：

项目名称	系数	工程量计算方法
纤维板、木板、胶合板天棚	1.00	长×宽
木方格吊顶天棚	1.2	
鱼鳞板墙	2.48	
暖气罩	1.28	
木间壁木隔断	1.90	外围面积 长(斜长)×高
玻璃间壁露明墙筋	1.65	
木栅栏、本栏杆(带扶手)	1.82	
零星木装修	1.10	展开面积

⑤ 套用木墙裙定额的项目工程量乘下列系数：

项目名称	系数	工程量计算方法
木墙裙	1.00	净长×高
有凹凸、线条几何图案的木墙裙	1.05	

⑥ 踢脚线按延长米计算，如踢脚线与墙裙油漆材料相同，应合并在墙裙工程量中。

⑦ 橱、台、柜工程量计算按展开面积计算。零星木装修、梁、柱饰面按展开面积计算。

⑧ 窗台板、筒子板(门、窗套)，不论有无拼花图案和线条均按展开面积计算。

⑨ 套用木地板定额的项目工程量乘下列系数：

项目名称	系数	工程量计算方法
木地板	1.00	长×宽
木楼梯(不包括底面)	2.35	水平投影面积

(3)抹灰面、构件面油漆、涂料、刷浆

① 抹灰面的油漆、涂料、刷浆工程量＝抹灰的工程量。

② 砼板底、预制砼构件仅油漆、涂料、刷浆工程量按下列方法计算套抹灰面定额相应项目。

项目名称		系数	工程量计算方法
槽形板、砼折板底面		1.3	长×宽
有梁板底(含梁底、侧面)		1.3	
砼板式楼梯底(斜板)		1.18	水平投影面积
砼板式楼梯底(锯齿形)		1.50	
砼花格窗、栏杆		2.00	长×宽
遮阳板、栏板		2.10	长×宽(高)
砼预制构件	屋架、天窗架	40 m²	每 m³ 构件
	柱、梁、支撑	12 m²	
	其他	20 m²	

(4)金属面油漆

① 套用单层钢门窗定额的项目工程量乘下列系数:

项目名称	系数	工程量计算方法
单层钢门窗	1.00	按洞口面积计算
双层钢门窗	1.50	
单钢门窗带纱门窗扇	1.10	
钢百页门窗	2.74	
半截百页钢门	2.22	
满钢门或包铁皮门	1.63	
钢折叠门	2.30	框(扇)外围面积
射线防护门	3.00	
厂库房平开、推拉门	1.70	
间壁	1.90	长×宽
平板屋面	0.74	斜长×宽
瓦垄板屋面	0.89	
镀锌铁皮排水、伸缩缝盖板	0.78	展开面积
吸气罩	1.63	水平投影面积

② 其他金属面油漆,按构件油漆部分表面积计算。

③ 套用金属面定额的项目:原材料每米重量 5 kg 以内为小型构件,防火涂料用量乘以系数 1.02;人工乘以系数 1.1;网架上刷防火涂料时,人工乘以系数 1.4。

(5)刷防火涂料计算规则如下

① 隔壁、护壁木龙骨按其面层正立面投影面积计算。

② 柱木龙骨按其面层外围面积计算。

③ 天棚龙骨按其水平投影面积计算。

④ 木地板中木龙骨及木龙骨带毛地板按地板面积计算。

⑤ 隔壁、护壁、柱、天棚面层及木地板刷防火涂料，执行其他木材面刷防火涂料相应子目。

四、使用注意要点

（1）本章定额是在《江苏省建筑与装饰工程计价定额》(2004 版)第十六章、省补充定额有关子目的基础上，经过调研并结合我省实际情况，补充了近几年工程装饰工程中使用相对较为广泛的品种和工艺做法，增减定额子目设置，并对其工料机含量加以调整完善而来。

（2）涂料定额是按常规品种编制的，设计用的品种与定额不符，单价可以换算，可以根据不同的涂料调整定额含量，其余不变。

（3）由于油漆涂料品种相当繁多，施工方法多种多样，在具体编制预算的过程中应对照设计图纸的做法，根据本定额章节相应子目的做法进行换算，定额中列出了每增减一遍方便使用。如设计图纸做法说明：木地板刷聚氨酯清漆（双组分混合型）四遍，经查定额中没有直接的子目可以套用，只有聚氨酯清漆三遍（双组分混合型）17-115，单价为 303.77 元/10 m²，由于遍数不同需要换算，再查定额 17-119 是聚氨酯清漆（双组分混合型）遍数调整子目，单价为 54.19 元/10 m² 进行增减，17-115 子目加 17-119 子目：303.77＋54.19＝357.96 元/10 m²。

（4）建筑装饰工程中木材面油漆、金属面油漆的项目很多，为了简化定额内容，本章木材面油漆部分编制了"单层木门"、"单层木窗"、"木扶手"、"其他木材面"、"木墙裙"、"踢脚线"、"窗台板筒子板"、"橱、台、柜"以及"木地板"九大项内容，金属面油漆部分编制了单层钢门窗、其他金属面两项内容。在工程量计算时要注意计算方法和计量单位，要注意选择对应的项目，同时使用这些子目时，必须注意的是要分别折算不同的系数，系数表可以详见本章节工程量计算规则。

尤其是其他金属面油漆，调整为按构件油漆部分表面面积计算，要特别注意。为减少计算工程量，且发承包双方协商一致，可参照下表确定展开面积与质量的换算系数。

展开面积与质量的换算系数

序号	项目	每 t 展开面积（m²）
1	钢屋架、天窗架、挡风架、屋架梁、支撑、檩条	38.00
2	墙架（空腹式）	19.00
3	墙架（格板式）	31.16
4	钢柱、吊车梁、花式梁柱、空花结构	23.94
5	钢操作台、走台、制动梁、钢梁车挡	26.98
6	钢栅栏门、栏杆、窗栅	64.98
7	钢爬梯	44.84
8	踏步式钢扶梯	39.90
9	零星铁件	50.16

注：本表中的数据为经验数据，具体项目可能差异较大，仅作参考。

（5）本章地板油漆将油漆和油漆面打蜡分列项目，即油漆定额项目中未包含打蜡所需的工料，若设计油漆面需要打蜡时，另按 17-113 子目或 17-114 子目执行。

（6）木材或板材面油漆设计如采用漂白处理时，则由建设单位和施工单位双方协商解决。

（7）本章定额已将门窗分色做法的工料综合考虑，如需做美术图案可按实计算，其余不调整。

（8）本定额乳胶漆、裱糊墙纸子目已包括再次找补腻子在内，石膏板面套用抹灰定额。

五、定额应用举例

例 4.41 某工程有纸面石膏板平顶天棚面层 1 020 m^2，纸面石膏板面层刷乳胶漆，工程内容为：板缝自粘胶带（总长 960 m）、清油封底、满批 901 胶白水泥腻子二遍、乳胶漆二遍。求天棚油漆工程的分部分项工程费。

相关知识

① 每增批一遍腻子，人工增加 0.165 工是，腻子材料增加 30%。② 每增批一遍乳胶漆，人工增加 0.165 工是，乳胶漆 1.2 kg。（3）纸面石膏板面刷乳胶漆应套抹灰定额。

解

17-174　清油封底　43.68 元/10cm

定额合价　43.68×102＝4 455.36（元）

17-175　板缝自粘胶带　77.11 元/10 m

定额合价　77.11×96＝7 402.56（元）

17-178 换天棚面批腻子刷乳胶漆各二遍　226.12 元/10 m^2

人工费　（1.82－0.165－0.165）×85＝126.65（元/10 m^2）

材料费　71.26－（8.3＋0.35＋0.71＋4.82）×30%－1.2×12＝52.61（元/10 m^2）

机械费　0

管理费　126.65×25%＝31.66（元/10 m^2）

利　润　126.65×12%＝15.20（元/10 m^2）

小　计　226.12 元/10 m^2

分部分项工程费　226.12×102＝23 064.24（元）

合计　34 922.16 元

例 4.42 现有 15 樘双扇切片板门门扇刷硝基清漆（润油粉＋刮腻子＋硝基清漆磨退出亮），每樘门洞口尺寸为 1 500 mm×2 100 mm。试求油漆工程的分部分项工程费。

相关知识

各种木门均套单层木门子目，但油漆工程量等于门的工程量乘以定额规定的油漆系数。

解

门扇工程量　1.5×2.1×15＝47.25（m^2）

油漆工程量　47.25×0.81＝38.27（m^2）

17-76 木门油漆　1 409.45 元/10 m^2

分部分项工程费　1 409.45×3.827＝5 393.97（元）

例 4.43 某工程有型钢楼梯栏杆 2.1 t,根据图纸计算型钢表面积共 152.36 m²,型钢表面刷二遍防锈漆和三遍黑色调和漆,计算型钢栏杆油漆的分部分项工程费。

相关知识

① 型钢楼梯栏杆油漆,按构件油漆部分表面积计算。

② 金属面油漆的定额项目:原材料每米重量 5 kg 以内为小型构件,防火涂料用量乘以系数 1.02,人工乘以系数 1.1。

解

17-132 换　金属面刷第一遍调和漆

$45.21+1.04×0.02×13+20.4×0.1×(1+25\%+12\%)=48.28(元/10 m²)$

17-133 换　金属面刷第二遍调和漆

$41.19+0.92×0.02×13+19.55×0.1×(1+25\%+12\%)=44.11(元/10 m²)$

17-135 换　金属面刷第一遍防锈漆

$57.23+1.46×0.02×15+20.4×0.1×(1+25\%+12\%)=60.46(元/10 m²)$

17-136 换　金属面刷第二遍防锈漆

$51.65+1.28×0.02×15+19.55×0.1×(1+25\%+12\%)=54.71(元/10 m²)$

分部分项工程费　$(48.28+44.11+60.46+54.71)×15.236=3 162.38(元)$

第八节　其他零星工程

一、概况

本章定额包括与建筑装饰工程相关的招牌、灯箱面层;美术字安装;压条、装饰线条;镜面玻璃;卫生间配件;门窗套;木窗台板;木盖板;暖气罩;天棚面零星项目;灯带、灯槽;窗帘盒;窗帘、窗帘轨道;石材面防护剂;成品保护;隔断;柜类、货架;共 17 节 114 个子目。本章定额是在《江苏省建筑与装饰工程计价定额》(2 004 版)第 17 章、省补充定额有关子目的基础上,经过调研,并结合江苏省实际情况增减定额子目设置,对其工料机含量加以调整完善而来。

二、定额说明

(1) 本定额中除铁件、钢骨架已包括刷防锈漆一遍外,其余均未包括油漆、防火漆的工料,如设计涂刷油漆、防火漆按油漆相应定额子目套用。

(2) 本定额中招牌不区分平面型、箱体型、简单、复杂型。各类招牌、灯箱的钢骨架基层制作、安装套用相应子目,按吨计算。

(3) 招牌、灯箱内灯具未包括在内。

(4) 字体安装均以成品安装为准,不分字体均执行本定额。

(5) 本定额装饰线条安装为线条成品安装,定额均以安装在墙面上为准。设计安装在天棚面层时,按以下规定执行(但墙、顶交界处的角线除外):钉在木龙骨基层上人工按相应定额乘系数 1.34;钉在钢龙骨基层人工按相应定额乘系数 1.68;钉木装饰线条图案,人工乘系数 1.50(木龙骨基层上)及 1.80(钢龙骨基层上)。设计装饰线条成品规格与定额不同应换算,但含量不变。

(6) 石材装饰线条均以成品安装考虑。石材装饰线条的磨边、异形加工等均包含在成品线条的单价中,不再另计。

(7) 本定额中的石材磨边是按在工厂无法加工而必须在现场制作加工考虑的,实际由外单位加工的应另行计算。

(8) 成品保护是指在已做好的项目面层上覆盖保护层,保护层的材料不同不得换算,实际施工中未覆盖的不得计算成品保护。

(9) 货柜、柜类定额中未考虑面板拼花及饰面板上贴其他材料的花饰、造型艺术品,货架、框类图见定额附件上。该部分定额子目仅供参考使用。

(10) 石材的镜面处理另行计算。

(11) 石材面刷防护剂是指通过刷、喷、涂、滚等方法,使石材防护均匀分布在石材表面或渗透到石材内部形成一种保护,使石材具有防水、防污、耐酸碱、抗老化、抗冻融、抗生物侵蚀等功能,从而达到提高石材寿命和装饰性能的效果。

三、工程量计算规则

(1) 灯箱面层按按展开面积以平方米计算。

(2) 招牌字按每个字面积在 $0.2\ m^2$ 内、$0.5\ m^2$ 内、$0.5\ m^2$ 外三个子目划分,字不论安装在何种墙面或其他部位均按字的个数计算。

(3) 单线木压条、木花式线条、木曲线条、金属装饰条及多线木装饰条、石材线等安装均按外围延长米计算。

(4) 石材及块料磨边、胶合刨边、打硅酮密封胶,均按延长米计算。

(5) 门窗套、筒子板按面层展开面积计算。窗台板按平方米计算。如图纸未注明窗台板长度时,可按窗框外围两边共加 100 mm 计算;窗口凸出墙面的宽度按抹灰面另加 30 cm 计算。

(6) 暖气罩按外框投影面积计算。

(7) 窗帘盒及窗帘轨按延长米计算,如设计图纸未注明尺寸可按洞口尺寸加 30 cm 计算。(8) 窗帘装饰布:① 窗帘布、窗纱布、垂直窗帘的工程量按展开面积计算。② 窗水波幔帘按延长米计算。

(9) 石膏浮雕灯盘、角花按个数计算,检修孔、灯孔、开洞按个数计算,灯带按延长米计算,灯槽按中心线延长米计算。

(10) 石材防护剂按实际涂刷面积计算。成品保护层按相应子目工程量计算。台阶、楼梯按水平投影面积计算。

(11) 卫生间配件:① 大理石洗漱台板工程量按展开面积计算。② 浴帘杆按数量以每 10 支计算、浴缸拉手及毛巾架按数量以每 10 付计算。③ 无基层成品镜面玻璃、有基层成品镜面玻璃,均按玻璃外围面积计算。镜框线条另计。

(12) 隔断的计算:① 半玻璃隔断是指上部为玻璃隔断,下部为其他墙体,其工程量按半玻璃设计边框外边线以平方米计算。② 全玻璃隔断是指其高度自下横档底算至上横档顶面,宽度按两边立框外边以平方米计算。③ 玻璃砖隔断按玻璃砖格式框外围面积计算。④ 浴厕木隔断,其高度自下横档底算至上横档顶面以平方米计算。门扇面积并入隔断面积内计算。⑤ 塑钢隔断按框外围面积计算。

（13）货架、柜橱类均以正立面的高（包括脚的高度在内）乘以宽，以平方米计算。收银台以个计算，其他以延长米为单位计算。

四、使用注意要点

（1）本定额中招牌不区分平面型、箱体型、简单型、复杂型。各类招牌、灯箱的钢骨架基层制作、安装套用相应子目，按吨计量。灯箱的面层按展开面积计算，铝塑板铣槽人工已经包含在铝塑板灯箱面层的定额人工费中。招牌、灯箱内灯具未包括在内。

（2）本章定额中美术字安装是指成品单体字的安装。不论字体形式及字底基层，均执行本定额。外文或拼音字母，应按中文意译后的单字或单词计量（不以字母字符个数计量）。

定额中字的材质分为有机玻璃字及金属字，亚克力等，橡、塑字安装套用有机玻璃字安装子目。镜面玻璃字应执行金属字的相应子目，但成品字的单价换算、人工不变。字的规格，定额是按三个步距编制的，即：

长×宽×厚=400 mm×400 mm×50 mm，定额控制范围在 0.2 m² 以内；

长×宽×厚=600 mm×800 mm×50 mm，定额控制范围在 0.5 m² 以内；

长×宽×厚=900 mm×1 000 mm×50 mm，定额控制范围在 0.5 m² 以外。

字底基层未作分类，本定额已综合了各种字底基层，不论字底基层是混凝土面、砖墙面和其他面，均按定额执行。安装以 10 个字为计量单位，按面积大小套用定额，以字体尺寸的最大外围面积计算，按字的成品价列入定额。

（3）压顶线和装饰条是用于各种交接面、分界面、层次面、封边封口线等的压顶线和装饰条。为适应装饰市场的需要，本章定额的装饰条为成品装饰条安装。本章定额装饰线条均以安装在墙面上为准。设计安装在天棚面层时，按以下规定执行（但墙与天棚交界处的角线除外）：钉在木龙骨基层上，其人工按相应定额乘以系数 1.34；钉在钢龙骨基层上乘以系数 1.68；钉木装饰线条图案者人工乘以系数 1.50（木龙骨基层上）及 1.80（钢龙骨基层上）。设计装饰线条成品规格与定额不同应换算，但含量不变。

（4）石材装饰线按成品考虑，包含磨边、倒角、抛光等所有加工费用。本定额中的石材磨边、墙地砖 45°角磨边子目，是按出于工艺工序需要在工厂无法或不便加工而必须在现场人工持械加工考虑的。实际在场外机械加工时，应另行计价。

石材磨边、墙地砖 45°角磨边子目中，不包含对石材大板、墙地砖、瓷砖平面对角切割的费用。

（5）本定额中的打胶子目按延长米计量，使用不同种类不同包装规格的胶时，按设计换算胶的种类及含量。

（6）镜面玻璃如设计车边，相关费用应计入主材价格中。

（7）石材洗漱台板的工程量按展开面积计算，钢材含量可按设计用量调整。

（8）本定额检修孔、成品检修孔子目中已包含开孔费用。

（9）窗帘布的工程量按成品窗帘布的展开面积计算，窗帘的配件费用已包含在其他材料费中。

（10）踢脚线包阴角按阴角线相应子目执行，墙裙、踢脚线包阳角按 18-22 子目执行。

（11）回光灯槽所需增加的龙骨已在复杂天棚中加以考虑，不得另行增加。曲线形平顶灯带、曲线形回光灯槽，按相应定额增加 50% 人工，其他不变。

（12）石材防护剂按实际涂刷面积计量。即假设在石材板块的六个面全部涂刷防护剂，则必须按石材板块六个面的展开面积计量。石材的镜面处理另行计算。

（13）本章设置了成品保护项目，按所需保护工程部位分地面、墙面、门窗三类编制，地面按铺设麻袋计算、墙面及门窗按挂贴塑料薄膜计算。

（14）本章定额中的柜类为参考定额，为了方便应用，定额中给出了图例，供投标报价时参考，结算时应按设计图纸和实际情况调整人工、机械、材料。

五、定额应用举例

例 4.44 某轻钢龙骨纸面石膏板天棚工程，天棚与墙相接处采用 80 mm×80 mm 红松阴角线条（单价为 9 元/m），总长为 65 m，天棚面层上有红松平线条（宽 B＝20 mm）72 m，红松阴角线条（15 mm×15 mm）38 m。线条均为成品，试计算线条安装的分部分项工程费（不含油漆）。

相关知识

① 本定额装饰线条安装为线条成品安装，定额均以安装在墙面上为准（包括墙、顶交界处的角线）。② 线条安装在天棚面层时，钉在钢龙骨基层，人工按相应定额乘系数 1.68。③ 设计装饰线条成品规格与定额不同应换算单价，但含量不变。

解

18-21 换　80 mm×80 mm 红松阴角线条

$(966.7-660+9\times110)\times0.65=1\ 296.7\times0.65=842.86$（元）

18-19 换　15 mm×15 mm 红松阴角线条

$458.84+175.95\times0.68\times(1+25\%+12\%)\times0.38=622.76\times0.38=236.65$（元）

18-12 换　20 宽红松平线条

$534.29+173.40\times0.68\times(1+25\%+12\%)\times0.72=695.83\times0.72=501$（元）

分部分项工程费　$842.86+236.65+501=1\ 580.51$（元）

第九节　建筑物超高增加费

一、概况

本节包括建筑物超高增加费和单独装饰工程超高人工降效系数两节，共 36 个定额子目。

按照 13 计算规范的要求，建筑物超高费以建筑面积作为计量单位，单独装饰工程由于不同装饰工程人工含量差异大，不能将低、中、高档装饰严格区分，仍以超高人工降效系数形式体现。

二、使用注意要点

（1）单独装饰工程按高度和层数分段计算。单独装饰工程中可以套用定额的措施项目，也应计取人工降效。

（2）"高度"和"层高"，只要其中一个指标达到规定，即可套用该项目。

（3）当同一个楼层中的楼面和天棚不在同一计算段内，按天棚面标高段为准计算。

（4）檐口高度超过 200 m 的建筑物，超高费可按照每增加 10 m，人工降效系数增加 2.5%。

（5）超高人工降效费作为单价措施项目费计入计价程序。

例 4.45 某单独装饰工程，施工项目为第 13 层和第 14 层，第 13 层和第 14 层装饰项目，按计价定额分析出的人工工日数分别为 850 工日及 1 200 工日，人工单价 110 元/工日，试计算该项目的人工降效费。

解

第 13 层人工降效费＝850×110×7.5%＝7 012.5（元）

第 14 层人工降效费＝1 200×110×10%＝13 200（元）

例 4.46 某办公楼在第 20 层进行装修，该项目的总人工工日数为 3 500 工日，人工工资单价为每工日 110 元，管理费率 42%，利润率 15%；请根据 2014 年江苏省建筑与装饰计价定额的规定，计算该项目的超高人工降效施工增加费。

解

该办公楼在第 20 层，查定额 19-23 可知，超高人工降效系数为 15%。

超高人工降效施工增加费＝3 500×110×1.57×15%＝90 667.50（元）

例 4.47 某装饰施工企业承担某建筑物第八层的室内装饰施工，已知该层楼面相对标高为 26.4 m，室内外高差为 0.6 m，该层结构板底净高为 3.45 m，现已计算出其总的分部分项工程费（不含人工降效费）为 732 508.92 元，其中人工费为 72 160 元，材料费为 336 090 元，机械费为 1 774 元，试计算该项目的人工降效费。

解

由于天棚板底至室外地坪总高为 26.4＋0.6＋3.45＝30.45（m）（大于 30 m）

天棚与楼面不在同一个计算段内，按定额规定应按天棚面标高段计算，故应套子目 19-20。则人工降效费 72 160×7.5%＝5 412（元）。

第十节 装饰脚手架

一、概况

本节定额包括脚手架和建筑物檐高超过 20 米脚手架材料增加费二大节，共 102 个子目。脚手架一节包括综合脚手架和单项脚手架，综合脚手架按檐口高度和层高划分为 8 个子目，单项脚手架按搭设用途分为砌墙脚手架、外墙镶（挂）贴脚手架；斜道；满堂脚手架、抹灰脚手架；单层轻钢厂房脚手架；高压线防护架、烟囱、水塔脚手架、金属过道防护棚；电梯井字架 6 个小节 40 个子目。建筑物檐高超过 20 米脚手架材料增加费一节包括综合脚手架和单项脚手架，单项脚手架又分砌筑脚手架和装饰脚手架，根据不同高度从 20～200 m 之间共分为 54 个子目。

二、使用注意要点

（1）本定额适用于综合脚手架以外的檐高在 20 m 以内的建筑物，突出主体建筑物顶的女儿墙、电梯间、楼梯间、水箱等不计入檐口高度。前后檐高不同，按平均高度计算。檐高在 20 m 以上的建筑物，脚手架除按本定额计算外，其超过部分所需增加脚手架加固措施等费用，均按超高脚手架材料增加子目执行。构筑物、烟囱、水塔、电梯井按其相应子目执行。

（2）除高压线防护架外，本定额已按扣件式钢管脚手架编制，实际施工中不论使用何种脚手加材料，均按本定额执行。

（3）需采用型钢悬挑脚手架时，除计算脚手架费用外，应计算外架子悬挑脚手架增加费。

（4）本定额满堂扣件式钢管脚手架（简称满堂脚手架）不适于满堂扣件式钢管支撑架（简称堂支撑架），满堂支撑架应根据专家论证后的实际搭设方案计价。

（5）外墙镶（挂）贴脚手架定额适用于单独外装饰工程脚手架搭设。

（6）高度在 3.60 m 以内的墙面、天棚、柱、梁抹灰（包括钉间壁、钉天棚）用的脚手架费用套用 3.6 m 以内抹灰脚手架。如室内（包括地下室）净高超过 3.60 m 时，天棚需抹灰（包括钉天棚）应按满堂脚手架计算，但其内墙抹灰不再计算脚手架。高度在 3.60 m 以上的内墙面抹灰（包括钉间壁），如无满堂脚手架可以利用时，可按墙面垂直投影面积计算抹灰脚手架。

（7）建筑物室内天棚面层净高在 3.60 m 内，吊筋与楼层的连结点高度超过 3.60 m，应按满堂脚手架相应定额综合单价乘以系数 0.60 计算。

（8）墙、柱梁面刷浆、油漆的脚手架按抹灰脚手架相应定额乘以系数 0.10 计算。室内天棚净高超过 3.6 m 的勾缝、刷浆、油漆可另行计算一次脚手架费用，按满堂脚手架相应项目乘以系数 0.10 计算。

（9）天棚、柱、梁、墙面不抹灰但满批腻子时，脚手架执行同抹灰脚手架。

（10）满堂支撑架适用于架体顶部承受钢结构、钢筋砼等施工荷载，对支撑构件起支撑平台作用的扣件式脚手架。脚手架周转材料使用量大时，可区分租赁和自备材料两种情况计算，施工过程中对满堂支撑架的使用时间、材料的投入情况应及时核实并办理好相关手续，租赁费用应由甲乙双方协商进行核定后结算，乙方自备材料按定额中满堂支撑架使用费计算。

（11）建筑物外墙装饰设计采用幕墙装饰，不需要砌筑墙体，根据施工方案需搭设外围防护脚手架的，且幕墙施工不利用外防护架，应按砌筑脚手架相应子目另计防护脚手架费。

三、装饰脚手架计算规则

（1）外墙镶（挂）贴脚手架工程量计算规则

① 外墙镶（挂）贴脚手架按外墙外边线长度（如外墙有挑阳台，则每只阳台计算一个侧面宽度，计入外墙面长度内，两户阳台连在一起的也只算一个侧面）乘以外墙高度以平方米计算。外墙高度指室外设计地坪至檐口（或女儿墙上表面）高度，坡屋面至屋面板下（或椽子顶面）墙中心高度，墙算至山尖 1/2 处高度。

② 吊篮脚手架按装修墙面垂直投影面积以平方米计算（计算高度从室外地坪至设计高度）。安拆费按施工组织设计或实际数量确定。

③ 外架子悬挑脚手架增加费按悬挑脚手架部分的垂直投影面积计算。

（2）抹灰脚手架、满堂脚手架工程量计算规则

① 抹灰脚手架：a. 钢筋砼单梁、柱、墙，按以下规定计算脚手架：单梁：以梁净长乘以地坪（或楼面）至梁顶面高度计算。柱：以柱结构外围周长加 3.60 m 乘以柱高计算。墙：以墙净长乘以地坪（或楼面）至板底高度计算。b. 墙面抹灰：以墙净长乘以净高计算。c. 如有满堂脚手架可以利用时，不再计算墙、柱、梁面抹灰脚手架。d. 天棚抹灰高度在 3.60 m 以内，按天棚抹灰面（不扣除柱、梁所占的面积）以平方米计算。

② 满堂脚手架：天棚抹灰高度超过 3.6 m，按室内净面积计算满堂脚手架，不扣除柱、垛、附墙烟囱所占面积。a. 基本层：高度在 8 m 以内计算基本层。b. 增加层：高度超过 8 m，每增加 2 m，计算一层增加层，计算式如下：

$$增加层数 = \frac{室内净高(m) - 8\,m}{2\,m}$$

增加层数计算结果保留整数，小数在 0.6 以内舍去，在 0.6 以上进位。c. 满堂脚手架高度以室内地坪面（或楼面）至天棚面或屋面板的底面为准（斜的天棚或屋面板按平均高度计算）。室内挑台栏板外侧共享空间的装饰如无满堂脚手架利用时，按地面（或楼面）至顶层栏板顶面高度乘以栏板长度以平方米计算，套相应抹灰脚手架定额。

（3）檐高超过 20 m 单项脚手架材料增加费

建筑物檐高超过 20 m 可计算脚手架材料增加费。建筑物檐高超过 20 m 脚手架材料增加费同外墙脚手架计算规则，从室外地面起算。

例 4.48　某底层办公楼有 10 根相同的混凝土独立柱，直径为 500 mm，全高 4 000 mm。柱面采用挂贴四拼米黄花岗岩饰面，直径为 650 mm，全高为 4 000 mm。已知：人工工资单价 110 元/工日；管理费率 42%、利润率 15%，求单独挂贴花岗岩柱面的脚手费。

解

工程量　（3.14×0.5+3.6）×4×10＝206.8（m²）

20-23 注2　单独挂贴花岗岩柱脚手架　4.07（元/10 m²）

（0.01×110+0）×1.57+1.53×0.6＝4.07（元/10 m²）

脚手费　4.07×206.8/10×＝84.17（元）

第十一节　垂直运输机械费

一、概况

建筑工程垂直机械费包括建筑物、单独装饰工程、烟囱、水塔、筒仓垂直运输以及塔吊基础、电梯基础、塔吊及电梯与建筑物连接件共四节，计 58 个子目。其中单独装饰工程垂直运输费子目计 12 个。章子目数量、步距划分同 04 计价定额。人、材、机含量未调整。

二、使用注意要点

（1）单独装饰工程垂直运输机械台班，区分不同施工机械、垂直运输高度、层数，按定额工日分别计算。

（2）由于装饰工程承发包有其相应的特点，一个单位工程的装饰可能有几个施工单位分块承包施工，既要考虑垂直运输高度又兼顾操作面的因素，故仍然沿用过去分段计算方式。

例如：7～9 层为甲单位承包施工为一个施工段；

10～12 层为乙单位承包施工为一个施工段；

13～15 层为丙单位承包施工为一个施工段。

材料从地面运到各个高度施工段的垂直运输费不一样，因而需要划分几个定额步距来计算，否则就会产生不合理现象了。故本章按此原则制定子目的划分，同时还应注意该项费用是以相应施工段工程量所含工日为计量单位的计算方式。

例 4.49 某装饰施工单位承建某办公大楼的 7～9 层的室内装饰工程，已知每层层高均为 3.6 m，7 层楼面的设计相对标高为 20 m，室内外高差为 0.3 m，垂直运输机械为施工电梯，已知：7～9 层的定额人工工日数分别为 1 200 工日、1 300 工日及 1 500 工日，求其垂直运输机械费（机械费价差不调整）。

解

分析：由于 9 层顶标高为 20＋0.3＋3.6×3＝31.1（m），超过 30 m，应套子目 23-32。

23-31　垂直运输费　32.63×1.57×（1 200＋1 300）÷10＝12 807.28（元）

23-32　垂直运输费　33.34×1.57×1 500÷10＝7 851（元）

第十二节　场内二次搬运费

一、概况

本章所列各种材料、成品和半成品的二次搬运是从以往相应定额中分离出来单独设立的，按运输工具划分为机动翻斗车二次搬运和单（双）轮车二次搬运 2 部分，总共设子目 136 个。本章人、材、机含量未调整。

二、使用注意要点

（1）执行本定额时，应以工程所发生的第一次搬运为准。

（2）水平运距的计算，分别以取料中心点为起点，以材料堆放中心为终点。超运距增加运距不足整数者，进位取整计算。

（3）定额已考虑运输道路 15％以内的坡度，超过时另行处理。

（4）松散材料运输不包括做方，但要求堆放整齐。需做方者应另行处理。

（5）机动翻斗车最大运距为 600 m，单（双）轮车最大运距为 120 m，超过时应另行处理。

（6）在使用定额时还应注意材料的计量单位，松散材料要按堆积体积计算工程量，混凝土构件按实体积计算，玻璃以标准箱计算等。

例 4.50 某装饰工程因施工现场狭窄，有 10 t 袋装水泥和 5 000 张胶合板需二次转运。

采用人力双轮车运输,转运距离分别为100 m和120 m。已知人工单价为110元/工日,计算该工程的二次搬运费。

解

(1) 10 t袋装水泥二次转运费

24-33　10 000÷50÷100×(0.66×110×1.57)＝227.96(元)

24-34　10 000÷50÷100×(0.1×110×1.57)＝34.54(元)

(2) 5 000张胶合板二次转运费

24-77　5 000÷100×(0.13×110×1.57)＝1 122.55(元)

24-78　5 000÷100×(0.01×110×1.57)×2＝172.70(元)

(3) 二次搬运费合计　227.96＋34.54＋1 122.55＋172.70＝1 557.75(元)

(注意:超运距增加运距不足整数者,进位取整计算,而不是采用插入法计算)

复习思考题

1. 什么叫工程量?计算装饰工程量有何意义?应注意哪些事项?

2. 某装饰工程石材由甲供,招投标时石材暂定价为700元/m²,石材投标用量为1 500 m²,具体施工中甲方实际购买石材的预算价为800元/m²,石材供应量为1 500 m²。请根据2014年江苏省建筑与装饰计价定额的规定,施工单位进入工程结算的石材单价应为多少?工程结算完成后施工单位应退回甲供材多少万元?

3. 简述装饰工程中的毛面积、净面积、展开面积、洞口面积、框外围面积、水平投影面积、垂直投影面积的含义。它们应如何计算?

4. 什么叫建筑尺寸、结构尺寸、延长米?

5. 简述简单型天棚的龙骨、面层的计算规则。

6. 什么叫一般镶贴、多色简单图案镶贴和多色复杂图案镶贴?它们的工程量如何计算?

7. 楼梯、台阶镶贴块料面层的工程量如何计算?

8. 解释墙柱面工程中的"零星项目"、"装饰线条"含义。

9. 试比较墙、柱面抹灰、镶贴块料面层及木板饰面的计算规则有何不同。

10. 简述玻璃幕墙四个项目的工程量计算规则:幕墙;幕墙与自然层的连接;幕墙与建筑物顶端及侧面的封边;幕墙的脚手架。

11. 简述石材面圆柱的柱身、柱帽、柱墩、石材腰线的工程量计算规则。

12. 什么叫天棚龙骨的简单型、复杂型,单层、双层,上人型及不上人型?

13. 简述圆弧形、拱形天棚龙骨及面层的工程量计算规则。

14. 定额中木材木种是如何分类的?

15. 简述成品铝合金门窗安装的工程量计算规则。

16. 简述现场制作和安装铝合金门窗的工程量计算规则。

17. 简述卷帘门(含其上的小门)的工程量计算规则。

18. 橱、柜、台的油漆工程量如何计算?

19. 简述油漆工程量的计算思路。

20. 简述其他金属面油漆工程量的计算规则,套定额时的注意事项。

21. 安装在天棚面层上的线条在套定额时人工应如何调整？

22. 某工程有挂贴大理石墙面 1 200 m²，按设计图纸计算可知，铁件含量为 0.38 kg/m²（其他与定额同），若合同规定人工单价为 110 元/工日，管理费费率 42%，利润率为 15%，材料费和机械费均不调整，试计算其综合单价。

23. 现有硬木企口木地板(成品)楼面 210 m²，已知楞木规格 60 mm×50 mm，中距 500 mm，横撑 45 mm×55 mm，中距 1 000 mm，木垫块 100 mm×100 mm×30 mm，间距 500 mm×500 mm，木垫块与楼板基层用铁膨胀螺栓 M10 mm×100 mm 连接，设计图示用量为 72 套/10 m²（预算单位为 1.05 元/套）。求木龙骨成材数量及分部分项工程费。

24. 某工程有凹凸木墙裙 128 m²，木龙骨采用 30 mm×40 mm，间距 400 mm×400 mm。龙骨与墙面用木针固定，面板均采用普通切片三夹板，凹进部分基层板采用两层九厘板，凸出部分基层板（面积为 66 m²）采用两层九厘板及一层 12 厘板（柳桉芯机拼单面砂皮），墙裙面层采用购买的线条，其中 12 mm×12 mm 阴角线条计 428 m，30 mm×30 mm 的压顶线计 180 m，试计算分部分项工程费及板材用量。

25. 某工程有 128 m² 镜面同质砖楼面，其构造为：素水泥浆一道；25 mm 厚 1∶3 水泥砂浆找平层；8 mm 厚 1∶2 水泥砂浆粘贴 600 mm×600 mm 镜面同质砖（预算价为 58 元/m²）；面层进行酸洗打蜡。求镜面同质砖的数量及分部分项工程费。

26. 某工程一砖外墙面拟采用钢骨架上干挂花岗岩，工程量为 1 055 m²（密封），根据图纸计算主要材料设计用量如下：M12 mm×130 mm 铁膨胀螺栓 689 套，镀锌型钢支架 21 t，铁件 6.86 t，不锈钢连接件 7 410 片，不锈钢插棍 7 410 根，不锈钢六角螺栓 M10 mm×40 mm 7 410 套，已知花岗岩板钻孔由供应商完成，型钢支架镀锌市场单价为 1.8 元/kg，试确定分部分项工程费。

27. 某工程采用 70 系列银白色带上亮双扇推拉窗（洞口为 1 450 mm×2 050 mm），计 135 樘，型材厚 1.3 mm，现场制作及安装，试确定其分部分项工程费（包括五金配件）。

28. 某房间净尺寸为 9 m×6 m，采用木龙骨夹板吊平顶（吊在混凝土板下），木吊筋为 40 mm×50 mm，其高度为 400 mm，大龙骨断面为 55 mm×45 mm 中距 600 mm（沿 6 m 方向布置），小龙骨断面为 45 mm×40 mm 中距 300 mm（双向布置），四周采用 50 mm×50 mm 红松阴角线条（刷调和漆三遍），板缝用自粘胶带粘贴（总长为 66 m），满批腻子三遍，清油封底并刷白色乳胶漆四遍，计算分部分项工程费。

29. 某施工企业承担某建筑物外墙干挂花岗岩的施工，已知其檐口相对标底为 28.6 m，室内外高差为 0.3 m，外墙干挂花岗岩面积为 3 300 m²（20 m 以下为 2 680 m²，20 m 以上为 620 m²，已计算出其总的分部分项工程费为 1 492 147.80 元（不含人工降效），其中人工费为 238 128 元，材料费为 1 109 097 元，机械费为 5 854.2 元（其中，20 m 以上的人工费、材料费、机械费分别为 44 739.20 元、208 375.80 元、1 099.88 元），试计算其超高人工降效增加费。

30. 某写字楼三层甲单元装饰工程平面图如下图 4.26 所示，单元四周外墙 200 mm 厚，单元内隔墙厚 100 mm，M1、M2 洞口宽 1 200 mm，M3 洞口宽 900 mm，M4 洞口宽 700 mm。各房间地面做法为：a. 经理室：20 mm 厚 1∶2 水泥砂浆抹面，上铺单层固定地毯、铝合金收口条。b. 办公区、财务室：免刨免漆硬木地板。c. 洽谈、接待区：水泥砂浆铺贴深灰色大理石板（规格 500 mm×500 mm）。D. 卫生间：水泥砂浆铺贴 300 mm×300 mm 同质地砖。请根据以上已知条件和江苏省 14 计价定额规定计算地面工程的工程量。

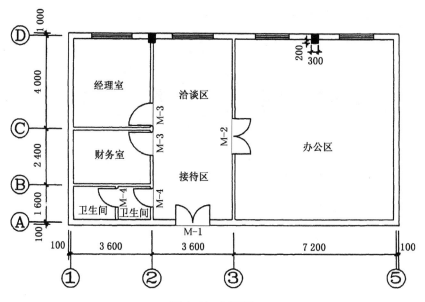

图 4.26 平面图

31. 某单身公寓楼一标准间平面尺寸如图 4.27 所示,墙体厚度均为 200 mm。门洞宽度:进户门、卧室门为 900 mm,卫生间门为 700 mm。客厅地面做法:20 mm 厚 1:3 水泥砂浆找平,8 mm 厚 1:1 水泥砂浆粘贴大花白大理石面层(门洞处均贴中国黑大理石),贴好后酸洗打蜡及成品保护;卧室地面做法:断面为 60 mm×70 mm 木龙骨地楞,免刨免漆实木地板面层;踢脚线为 100 mm 高成品木踢脚线;卫生间地面做法:采用 1:1 水泥砂浆贴 250 mm×250 mm 防滑地砖。请根据题目给定的条件,按 14 计价定额规定计算地面各定额项目的工程量。

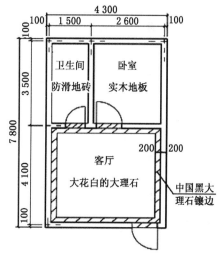

图 4.27 平面图

32. 某大厦装修二楼会议室地面。具体做法如图 4.28 所示:现浇混凝土板上做 40 mm 厚 C20 细石混凝土找平,20 mm 厚 1:2 防水砂浆上铺设花岗岩(如图所示),需进行酸洗打蜡和成品保护。综合人工单价为 110 元/工日,管理费费率 42%,利润费率 15%,其他按计价定额规定不作调整。请按有关规定和已知条件,计算该会议室地面的分部分项工程费。

33. 某办公室房间墙壁四周做 1 200 mm 高木墙裙,墙裙木龙骨截面 30 mm×40 mm 间距 350 mm×350 mm,木楞与主墙用木针固定,门朝外开,主墙厚均为 240 mm,门洞 900 mm× 2 000 mm,窗台高 900 mm,门窗侧壁做法同墙裙(宽 200 mm,高度同墙裙,门窗洞口其他做法暂不考虑,窗台下墙裙同样有压顶线封边),墙裙做法如图 4.29 所示。计算龙骨工程量时不考虑自身厚度,计算基层、面层工程量时仅考虑龙骨的厚度,踢脚线用细木工板钉在木龙骨上,外贴红桦木夹板,其他按计价定额规定。踢脚线工程量:14.74 m,墙裙压顶线工程量:15.08 m,20 mm×50 mm 压顶线预算指导价 4.74 元/m。人工工资单价、管理费、利润按 14 计价定额子目不作调整。请根据已知条件计算该墙裙工程的分部分项工程费。

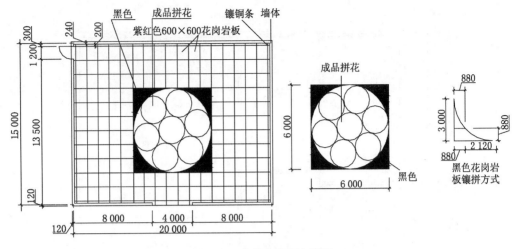

图 4.28　会议室地面布置图

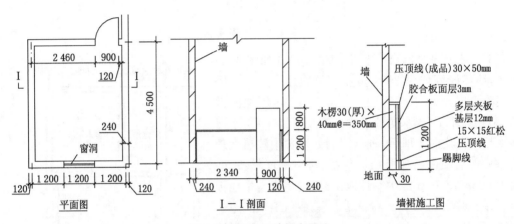

图 4.29　办公室墙裙布置图

34. 某单位单独施工外墙铝合金隐框玻璃幕墙工程,室内地坪标高为±0.00,该工程的室内外高差为1 m,主料采用180系列(180 mm×50 mm)、边框料180 mm×35 mm,5 mm厚真空镀膜玻璃,1断面铝材综合重量8.82 kg/m,2断面铝材综合重量6.12 kg/m,3断面铝材综合重量4.00 kg/m,4断面铝材综合重量3.02 kg/m,顶端采用8K不锈钢镜面板厚1.5 mm封边,(具体详见图4.30)不考虑窗用五金,不考虑幕墙的侧边与下边的封边处理。

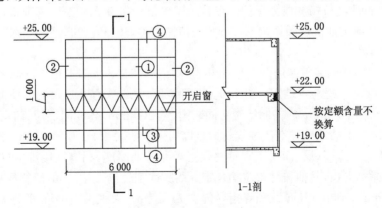

图 4.30　隐框玻璃幕墙

自然层连接仅考虑一层。其余未说明的按 14 计价定额规定。要求:(1)据 14 计价定额列出各定额子目的名称。(2)计算出所列定额子目的工程量。

35. 某单位六层会议室,室内净高 4.4 m,400 mm×400 mm 钢筋砼柱,200 mm 厚空心砖墙,天棚做法除按图 4.31 所示,中央 9 mm 厚波纹玻璃平顶及其不锈钢吊杆、吊挂件、龙骨等暂按 450 元/m²(综合单价)计价,其他部位天棚为 Φ8 吊筋,双层装配式 U 型(不上人)轻钢龙骨(间距 500 mm×500 mm),纸面石膏板层,不考虑自粘胶带,刷乳胶漆二遍,回光灯槽侧板为木工板(木工板刷乳胶漆暂不计),上述其他部位均按计价定额执行。要求:(1)据 14 计价定额列出各定额子目的名称。(2)计算出所列定额子目的工程量。

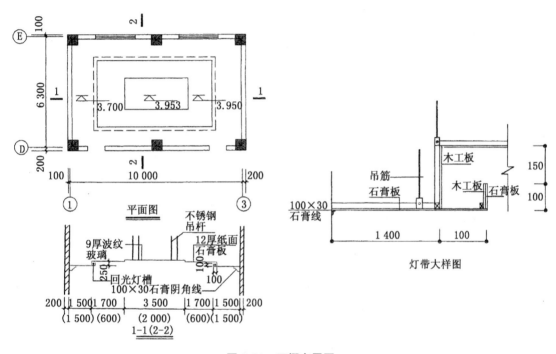

图 4.31 天棚布置图

36. 某综合楼的二楼会议室装饰天棚吊顶,室内净高 4.0 m,钢筋砼柱断面为 300 mm×500 mm,200 mm 厚空心砖墙,天棚布置如图 4.32 所示,采用 Φ10 mm 吊筋(理论重量 0.617 kg/m),双层装配式 U 型(不上人)轻钢龙骨,规格 500 mm×500 mm,纸面石膏板面层(9.5 mm 厚);天棚面批三遍腻子、刷乳胶漆三遍,回光灯槽按计价定额执行(内侧不考虑批腻子刷乳胶漆)。天棚与主墙相连处做断面为 120 mm×60 mm 的石膏装饰线,石膏装饰线的单价为 10 元/m,回光灯槽阳角处贴自粘胶带。人工工资单价按 70 元/工日,管理费率按 42%,利润率按 15%。其余未说明的按 14 计价定额规定,措施费仅计算脚手架费。根据上述条件请计算:

(1)按照 14 计价定额规定对该天棚列项并计算各项工程量;

(2)按照 14 计价定额规定计算该天棚项目的计价定额综合单价;

(3)若该项目在 18 层施工请单独计算该天棚项目的人工降效费和垂直运输费。

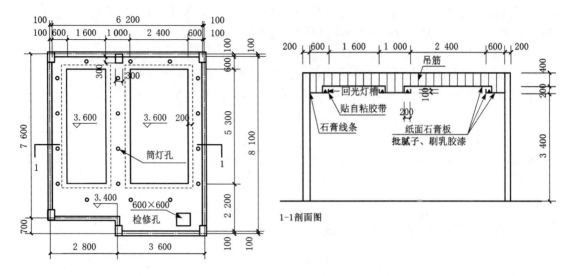

1-1剖面图

图4.32 天棚布置图

37. 某宾馆底层共享大厅有一混凝土独立圆柱,高8 m,直径 D=600 mm,采用木龙骨普通切片板包柱装饰(如图4.33),横向木龙骨断面40 mm×50 mm@500 mm。10根竖向木龙骨断面50 mm×60 mm,采用膨胀螺栓固定,五夹板基层钉在木龙骨上,基层上贴普通切片三夹板和2根成品镜面不锈钢装饰条(δ=1 mm,宽60 mm,单价为15元/m)。木龙骨刷防火漆两遍,五夹板基层刷防火漆不计,切片板面的油漆做法:润油粉、刮腻子、聚氨酯清漆四遍(双组分)。措施费仅考虑脚手架。切片板饰面油漆按展开面积套用其他木材面子目。根据以上给定的条件,请按照14计价定额和13清单规范的规定完成以下内容(人工工资单价以及管理费率、利润率仍按14计价定额不做调整,其余未作说明的均按计价定额规定执行)。

(1) 按照14计价定额规定对该圆柱木装修列项并计算各项工程量;

(2) 按照14计价定额规定计算该圆柱木装修的各项计价定额综合单价;

(3) 按13清单规范要求,编制该圆柱木装修的分部分项工程量清单及清单综合单价。

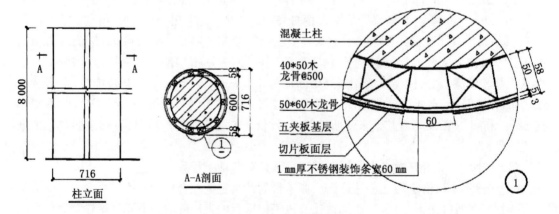

图4.33 圆柱饰面图

第五章　单位工程定额计价编制实例

例　本例为某综合楼十层电梯厅室内装饰工程(图 5.1),试按定额计价模式编制其招标控制价。

1. 工程概况

(1) 十层电梯厅的楼面相对标高为 30.2 m,天棚结构底面相对标高为 34.2 m,室内外高差为 0.45 m。

(2) 吊顶采用轻钢龙骨(不上人型)纸面石膏板,吊筋直径为 8 mm(按 13 根/10 m² 计算),龙骨间距为 400 mm×600 mm。

(3) 纸面石膏板面刷清油一遍、批 901 胶白水泥腻子三遍、立邦乳胶漆三遍。板底用自粘胶带粘贴(按 1.3 m/m² 计算)。

(4) 木门面油漆刷三遍双组份混合型聚氨酯清漆(润油粉、刮腻子、双组份混合型聚氨酯清漆)。门套均为在石材面上用云石胶粘贴 150 mm×30 mm 成品花岗岩门线条。

(5) 门说明:M1 为电梯门,洞口尺寸为 1 100 mm×2 000 mm(电梯门由电梯厂家独立完成);M2 为双扇无框玻璃门(12 厚钢化玻璃),其洞口尺寸为 1 500 mm×2 000 mm,其上有地弹簧 2 只/樘,不锈钢管子拉手 2 副/樘;M3 为榉木板门,其构造:一层木工板+双面九厘板+双面红榉板,洞口尺寸为 1 000 mm×2 000 mm。每扇门有球形锁 1 把,铰链 2 只,门吸 1 只。

(6) 墙体均为 240 mm 厚钢筋混凝土剪力墙。

(7) 踢脚线(包括门洞内侧壁)均为 150 mm 高蒙古黑花岗岩,规格为 600 mm×150 mm。

(8) 楼面做法为素水泥一道,30 mm 厚干硬性水泥砂浆铺贴花岗岩(含门洞开口处),需进行酸洗打蜡及成品保护。

(9) 墙面做法为钢丝网挂贴 30 mm 厚石材面板,灌缝砂浆为 50 mm 厚 1∶2.5 水泥砂浆,施工完毕后需进行成品保护。墙面石材面板的规格均为 600 mm×600 mm,水平缝为鸡嘴线,现场加工。门洞内侧壁不设鸡嘴线,石材面板的规格为 600 mm×180 mm。

(10) 未注明具体做法的项目同计价定额。

2. 编制依据

(1)《江苏省建筑与装饰工程计价定额》(2014 年);

(2)《江苏省建筑工程费用定额》(2014 年);

(3) 十层电梯厅图纸(见图 5.1a～e 及大样图 f①、②所示)。

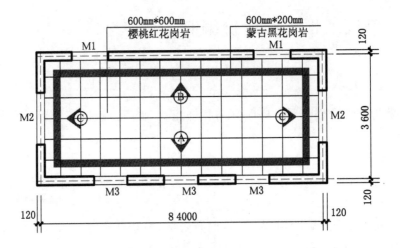

a 楼面拼花布置图

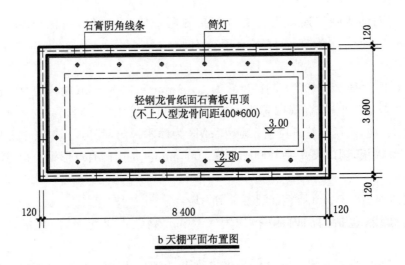

b 天棚平面布置图

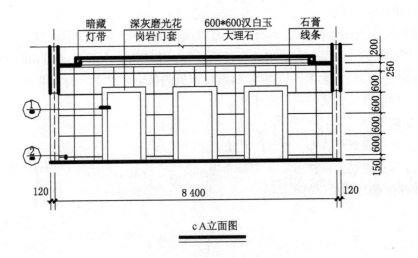

c A立面图

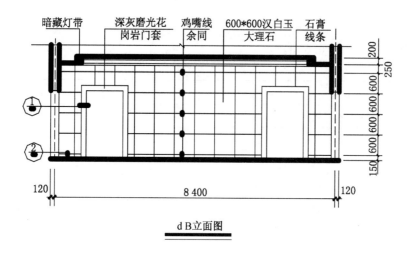

dB立面图

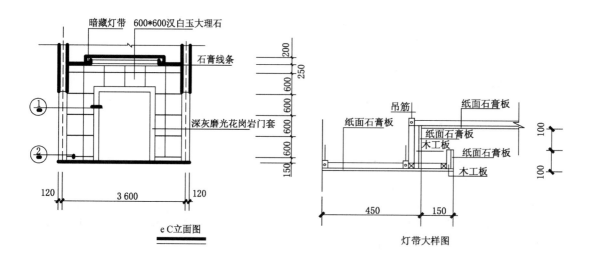

eC立面图

灯带大样图

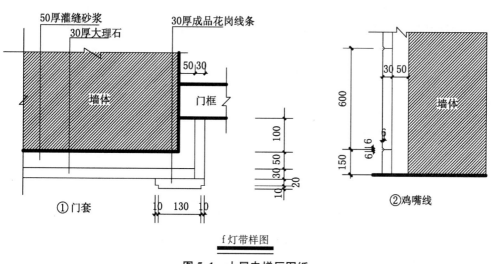

①门套

f灯带样图

②鸡嘴线

图5.1　十层电梯厅图纸

3. 编制要求

(1) 材料暂估价如表 5.1 所示。

表 5.1　材料暂估价

序号	材料名称	单位	市场价格(元)
1	细木工板	m²	28.55
2	普通切片板	m²	18.00
3	钢化玻璃(12 mm 厚)	m²	120.00
4	缨桃红花岗岩 600 mm×600 mm	m²	150.00
5	蒙古黑花岗岩 600 mm×200 mm	m²	130.00
6	汉白玉大理石 600 mm×180 mm	m²	520.00
7	汉白玉大理石 600 mm×600 mm	m²	510.00
8	纸面石膏板	m²	11.00
9	成品花岗岩门线条	m	115.00
10	石膏装饰线	m	8.50
11	球形锁	把	110.00
12	门吸	只	12.00
13	不锈钢合页	只	15.00
14	不锈钢管拉手	套	250.00
15	地弹簧	个	220.00

(2) 除暂估价材料外,其他材料及机械费均不调整。

(3) 有关费用取值:人工单价 110 元/工日。管理费费率 42%、利润率 12%。现场安全文明施工措施费仅计算基本费,费率按 1.6% 计算。临时设施费率 1%,工程排污费率 0.1%,社会保障费率 2.2%,公积金费率 0.38%,税金 3.48%,暂列金额 3 000 元。

4. 装饰工程报价编制示例

本工程装饰报价采用"新点 2013 清单造价江苏版"编制,其主要成果内容为:工程量计算书;工程量汇总;利用智慧软件计算招标控制价(详见附件 1 装饰工程招标控制价)。

1) 工程量计算书

(1) 楼面工程

① 600 mm×200 mm 蒙古黑磨光花岗岩走边线

$0.2×(12×0.6+4×0.6)×2+0.2×0.2×4=4(m^2)$

② 600 mm×600 mm 樱桃红花岗岩

$(8.4-0.24-0.08×2)×(3.6-0.24-0.08×2)-4+(0.24+0.08)×(0.94×2+1.34×2+0.84×3)$(门洞处)$=23.87(m^2)$

③ 150 高蒙古黑踢脚线(套墙面)

$0.15×[(8.4-0.24-0.16+3.6-0.24-0.16)×2-(2×0.94+2×1.34+3×0.84$(门洞))$+0.18×14$(门洞内侧壁)$]=0.15×17.84=2.68(m^2)$

(2) 墙面工程

① A 立面

- 鸡嘴线(磨边,不含洞口侧壁)

$[(8.4-0.24-0.16)\times5-(0.84+0.15\times2)\times4条\times3个门]\times2道=26.32\times2=52.64(m)$

- 墙面 600×600 汉白玉大理石

$(8.4-0.24-0.16)\times(2.8-0.15)-0.84\times(2-0.15-0.08)\times3个门=16.74(m^2)$

- 深灰磨光花岗岩门套线条

$[(0.84+0.15)+(1.92+0.15/2)\times2]\times3个门=14.94(m)$

- 600×600 汉白玉大理石门内侧面

$0.18\times[0.84+(1.92-0.15)\times2]\times3个门=2.37(m^2)$

② B 立面

- 鸡嘴线(磨边)

$[(8.4-0.24-0.16)\times5条-0.94\times4条\times2个门]\times2道=32.48\times2=64.96(m^2)$

- 墙面 600×600 汉白玉大理石

$(8.4-0.24-0.16)\times(2.8-0.15)-0.94\times(2-0.15-0.08)\times2个门=17.87(m^2)$

- 深灰磨光花岗岩门套线条

$[(0.94+0.15)+(1.92+0.15/2)\times2]\times2个门=10.16(m)$

- 600×600 汉白玉大理石门内侧面

$0.18\times[0.94+(1.92-0.15)\times2]\times2个门=1.61(m^2)$

③ C 立面(2 个)

- 鸡嘴线(磨边)

$[(3.6-0.24-0.16)\times5-1.34\times4条]\times2面墙\times2道=10.64\times4=42.56(m)$

- 墙面 600×600 汉白玉大理石

$[(3.6-0.24-0.16)\times(2.8-0.15)-1.34\times(2-0.15-0.08)]\times2面墙=12.22(m^2)$

- 深灰磨光花岗岩门套线条

$[(1.34+0.15)+(1.92+0.15/2)\times2]\times2面墙=10.96(m)$

- 600×600 汉白玉大理石门内侧面

$0.18\times[1.34+(1.92-0.15)\times2]\times2面墙=0.878\times2=1.76(m^2)$

(3) 天棚

① 吊筋(净高 3.0 m 处)

$(8.4-0.24-0.16-0.45\times2)\times(3.6-0.24-0.16-0.45\times2)=16.33(m^2)$

② 吊筋(净高 2.8 m 处)

$(8.4-0.24-0.16)\times(3.6-0.24-0.16)-16.33=9.27(m^2)$

③ 复杂型天棚龙骨

$(8.4-0.24-0.16)\times(3.6-0.24-0.16)=25.6(m^2)$

因为:$9.27\div25.6\times100\%=36.21\%$(大于 15%,且高差大于 100 mm,故为复杂型龙骨)

④ 天棚面层(凹凸型)

灯槽内侧(200 高):$[(8-0.45\times2)+(3.2-0.45\times2)]\times2\times0.2=18.8\times0.2=3.76(m^2)$

木工板天棚面层:3.76 m²

纸面石膏板天棚面层:$25.6+3.76=29.36(m^2)$

⑤ 回光灯槽(底宽 150 mm,高 100 mm)

$[(8-0.6\times2+0.15)+(3.2-0.6\times2+0.15)]\times2=18.2(m)$

其中:底纸面石膏板:$0.15 \times 18.2 = 2.73 (\text{m}^2)$

外侧纸面石膏板:$0.1 \times [(8-0.6 \times 2)+(3.2-0.6 \times 2)] \times 2 = 17.6 \times 0.1 = 1.76 (\text{m}^2)$

外侧木工板:$0.1 \times [(8-0.6 \times 2)+(3.2-0.6 \times 2)] \times 2 = 17.6 \times 0.1 = 1.76 (\text{m}^2)$

⑥ 石膏阴角线条

$(8+3.2) \times 2 = 22.4 (\text{m})$

2) 工程量汇总

13-44	600 mm×600 mm 樱桃红花岗岩楼面	23.87 m²
13-44	600 mm×200 mm 蒙古黑磨光花岗岩走边线	4 m²
13-110	楼面酸洗打蜡	$23.87+4=27.87 (\text{m}^2)$
14-123	墙面蒙古黑磨光花岗岩(踢脚线)	2.68 m²
14-123	墙面汉白玉大理石	$16.74+17.87+12.22=46.83 (\text{m}^2)$
14-123	墙面汉白玉大理石(门侧壁)	$2.37+1.61+1.76=5.74 (\text{m}^2)$
15-34	吊筋(净高 3 m 处)	16.33 m²
15-34	吊筋(净高 2.8 m 处)	9.27 m²
15-8	复杂型龙骨	25.6 m²
15-46	凹凸纸面石膏板	29.36 m²
15-44	木工板天棚面层	3.76 m²
16-50	无框玻璃门	$1.5 \times 2 \times 2=6 (\text{m}^2)$
16-291	榉木板门	$1 \times 2 \times 3=6 (\text{m}^2)$
16-308	地弹簧	$2 \times 2=4 (\text{只})$
16-312	球形锁	3 把
16-314	门铰链	6 只
16-315	门吸	3 只
16-319	门管子拉手	4 副
17-31	榉木门油漆	$1 \times 2 \times 3=6 (\text{m}^2)$
17-179	天棚及灯槽侧板批腻子、刷乳胶漆	$29.36+2.73+1.76=33.85 (\text{m}^2)$
17-174	天棚及灯槽侧板清油封底	33.85 m²
17-175	板缝自粘胶带	$33.85 \times 1.3=44.01 (\text{m})$
18-26	石膏线条	22.4 m
18-28	深灰磨光花岗岩门套线条	$14.94+10.16+10.96=36.06 (\text{m})$
18-63	筒灯孔	16 个
18-65	回光灯槽(300 mm 高)	18.2 m
18-31	鸡嘴线	$59.84+64.96+42.56=167.36 (\text{m})$
18-75	楼面成品保护	$23.87+4=27.87 (\text{m}^2)$
18-79	墙面成品保护	$2.68+46.83+5.74=55.25 (\text{m}^2)$

超高费:

(1) 本楼层为 10 层;

(2) 天棚底相对高度$=30.2+4+0.45=34.65 (\text{m})$(在 30~40 m 范围)。根据计价定额本章说明可知,楼面与天棚不在同一计算段内,按该层的天棚面标段计算超高费,即应套用定额 19-20 子目,即超高部分人工降效增加系数为 7.5%。

附件 1 装饰工程招标控制价

十层电梯厅室内装饰工程工程

招 标 控 制 价

招标控制价(小)： 78 537.08 元

    (大)： 柒万捌仟伍佰叁拾柒圆零角捌分

招 标 人： _____   造 价 咨 人： _____
       (单位盖章)   (单位资质专用章)

法定代表人   法定代表人
或其授权人： _____   或其授权人： _____
       (签字或盖章)   (签字或盖章)

编 制 人： _____   复 核 人： _____
   (造价人员签字盖专用章)   (造价工程师签字盖专用章)

编 制 时 间： 2016-08-17   复 核 时 间： 2016-08-19

单位工程汇总表

序号	项目名称	计算公式	金额(元)
1	分部分项工程费	分部分项工程费	66 510.97
2	人工费	分部分项人工费	12 459.51
3	材料费	分部分项材料费	46 280.33
4	施工机具使用费	分部分项机械费	426.21
5	企业管理费	分部分项管理费	5 411.97
6	利润	分部分项利润	1 933.04
7	措施项目费	措施项目合计	4 404.01
8	单价措施项目费	单价措施项目合计	2 606.94
9	总价措施项目费	总价措施项目合计	1 797.07
10	其中:安全文明施工措施费	安全文明施工费	1 105.89
11	其他项目费	其他项目费	3 000.00
12	其中:暂列金额	暂列金额	3 000.00
13	其中:专业工程暂估	专业工程暂估价	
14	其中:计日工	计日工	
15	其中:总承包服务费	总承包服务费	
16	规费	工程排污费＋社会保险费＋住房公积金	1 980.92
17	工程排污费	(分部分项工程费＋措施项目费＋其他项目费－工程设备费)×0.1%	73.91
18	社会保险费	(分部分项工程费＋措施项目费＋其他项目费－工程设备费)×2.2%	1 626.13
19	住房公积金	(分部分项工程费＋措施项目费＋其他项目费－工程设备费)×0.38%	280.88
20	税金	(分部分项工程费＋措施项目费＋其他项目费＋规费－按规定不计税的工程设备金额)×3.48%	2 641.18
21	工程造价	分部分项工程费＋措施项目费＋其他项目费＋规费＋税金	78 537.08

[新点 2013 清单造价江苏版 V10.3.0]

分部分项工程费综合单价

序号	定额编号	定额名称	单位	工程量（m²）	金额（元）	
					综合单价	合价
1	0111	楼地面装饰工程		1	6 562.89	6 562.89
2	13-44 换	600 mm×600 mm 樱桃红花岗岩楼面	10 m²	2.387	2 302.89	5 497.00
3	13-44 换	600 mm×200 mm 蒙古黑花岗岩楼面	10 m²	0.4	2 098.89	839.56
4	13-110	块料面层酸洗打蜡	10 m²	2.787	81.21	226.33
5	0112	墙、柱面工程		1	36 297.28	36 297.28
6	14-123 换	600 mm×150 mm 蒙古黑花岗岩墙面（踢脚线）	10 m²	0.268	2 871.06	769.44
7	14-123 换	600 mm×600 mm 汉白玉大理石墙面	10 m²	4.683	6 747.06	31 596.48
8	14-123 换	600 mm×180 mm 汉白玉大理石墙面（门内侧壁）	10 m²	0.574	6 849.06	3 931.36
9	0113	天棚工程		1	3 393.60	3 393.60
10	15-34	φ8 天棚吊筋（净高 3 m 处）	10 m²	1.633	62.65	102.31
11	15-34 换	φ8 天棚吊筋（净高 2.8 m 处）	10 m²	0.927	66.86	61.98
12	15-8	装配式 U 型（不上人型）轻钢龙骨 面层规格 400 mm×600 mm 复杂	10 m²	2.56	758.67	1 942.20
13	15-46 换	纸面石膏板天棚面层 安装在 U 型轻钢龙骨上 凹凸	10 m²	2.936	370.34	1 087.32
14	15-44 换	木工板面层安装在木龙骨上 凹凸	10 m²	0.376	531.35	199.79
15	0 108	门窗工程		1	7 600.49	7 600.49
16	16-50	无框玻璃门	10 m²	0.6	4 230.24	2 538.14
17	16-291	细木工板实心门扇 细木工板上贴 双面普通切片板	10 m²	0.6	3 549.44	2 129.66
18	16-308	地弹簧安装	只	4	279.14	1 116.56
19	16-312 换	球形锁	把	3	141.26	423.78
20	16-314	铰链	个	3	32.98	197.88
21	16-315	门吸或门阻	只	3	24.49	73.47
22	16-319 换	金属管子拉手	副	4	280.25	1 121.00
23	0114	油漆、涂料、裱糊工程		1	2 601.92	2 601.92
24	17-31	单层木门润油粉、刮腻子、聚氨酯清漆 双组分混合型 三遍	10 m²	0.6	1 108.32	664.99
25	17-179	天棚复杂面 在抹灰面上 901 胶白水泥腻子批、刷乳胶漆各三遍	10 m²	3.385	398.84	1 350.07
26	17-174	清油封底	10 m²	3.385	57.75	195.48
27	17-175	天棚墙面板缝贴自粘胶带	10 m	4.401	88.93	391.38
28	0 115	其他零星工程		1	10 054.79	10 054.79
29	18-26 换	石膏装饰线 安装	100 m	0.224	1 533.42	343.49
30	18-28 换	石材线条安装（成品门套线条）	100 m	0.360 6	12 641.17	4 558.41
31	18-63	筒灯孔	10 个	1.6	38.56	61.70
32	18-65 换	回光灯槽（展开宽度 250 mm）	10 m	1.82	353.20	642.82
33	18-31	石材磨边加工 45°斜边（鸡嘴线）	10 m	16.736	251.61	4 210.94

［新点 2013 清单造价江苏版 V10.3.0］

分部分项工程费综合单价

序号	定额编号	定额名称	单位	工程量（m²）	金额（元）	
					综合单价	合价
34	18-75	保护工程部位 石材楼 地面	10 m²	2.787	21.14	58.92
35	18-79	成品保护部位 石材墙面	10 m²	5.525	32.31	178.51
合计						133 021.94

[新点 2013 清单造价江苏版 V10.3.0]

分部分项工程费分析表

工程名称：十层电梯厅室内装饰工程　　　　标段：　　　　　　　　　　　　　　

序号	定额编号	定额名称	单位	工程量(m²)	综合单价组成(元)						金额(元)	
					人工费	辅材费	主材费	机械费	管理费	利润	综合单价	合价
1	0111	楼地面装饰工程		1	1 296.80	4 483.36		27.73	556.32	198.69	6 562.89	6 562.89
2	13-44 换	600 mm×600 mm 樱桃红花岗岩楼面	10 m²	2.387	418.00	1 631.01		9.95	179.74	64.19	2 302.89	5 497.00
3	15-44 换	600 mm×200 mm 蒙古黑花岗岩楼面	10 m²	0.4	418.00	1 427.01		9.95	179.74	64.19	2 098.89	839.56
4	13-110	块料(面层酸洗打蜡)	10 m²	2.787	47.30	6.94			19.87	7.10	81.21	226.33
5	0112	墙、柱面工程		1	4 078.00	29 693.92		127.96	1 766.52	630.90	36 297.28	36 297.28
6	14-123 换	600 mm×150 mm 蒙古黑花岗岩墙面(踢脚线)	10 m²	0.268	738.10	1 675.88		23.16	319.73	114.19	2 871.06	769.44
7	14-123 换	600 mm×600 mm 汉白玉大理石墙面	10 m²	4.683	738.10	5 551.88		23.16	319.73	114.19	6 747.06	31 596.48
8	14-123 换	600 mm×180 mm 汉白玉大理石墙面(门内侧壁)	10 m²	0.574	738.10	5 653.88		23.16	319.73	114.19	6 849.06	3 931.36
9	0113	天棚工程		1	1 075.42	1 649.23		35.63	466.66	166.65	3 393.60	3 393.60
10	15-34	Φ8 天棚吊筋(净高 3 m 处)	10 m²	1.633		46.13		10.52	4.42	1.58	62.65	102.31
11	15-34 换	Φ8 天棚吊筋(净高 2.8 m 处)	10 m²	0.927		50.34		10.52	4.42	1.58	66.86	61.98
12	15-8	装配式 U 型轻钢龙骨 面层规格 400 mm×600 mm 复杂	10 m²	2.56	231.00	390.66		3.40	98.45	35.16	758.67	1 942.20
13	15-46 换	纸面石膏板天棚面层 安装在 U 型轻钢龙骨上 凹凸	10 m²	2.936	147.40	138.92			61.91	22.11	370.34	1 087.32
14	15-44 换	木工板面层安装在木龙骨上 凹凸	10 m²	0.376	136.40	317.20			57.29	20.46	531.35	199.79
15	0108	门窗工程		1	1 948.54	4 510.41		19.66	826.64	295.26	7 600.49	7 600.49
16	16-50	无框玻璃门	10 m²	0.6	1 366.20	2 074.00		7.20	576.83	206.01	4 230.24	2 538.14
17	16-291	细木工板实芯门扇 细木工板上贴 双面普通切片板	10 m²	0.6	1 316.70	1 454.75		17.50	560.36	200.13	3 549.44	2 129.66
18	16-308	地弹簧安装	只	4	33.00	227.00		0.21	13.95	4.98	279.14	1 116.56

[新点 2013 清单造价江苏版 V10.3.0]

分部分项工程费分析表

工程名称：十层电梯厅室内装饰工程　　　标段：

序号	定额编号	定额名称	单位	工程量(m²)	综合单价组成(元)						金额(元)	
					人工费	辅材费	主材费	机械费	管理费	利润	综合单价	合价
19	16-312换	球形锁	把	3	18.70	111.90			7.85	2.81	141.26	423.78
20	16-314	铰链	个	6	11.00	15.71			4.62	1.65	32.98	197.88
21	16-315	门吸或门阻	只	3	7.70	12.40			3.23	1.16	24.49	73.47
22	16-319换	金属管子拉手	副	4	15.40	254.50		1.00	6.89	2.46	280.25	1 121.00
23	0114	油漆、涂料、裱糊工程	10 m²	1	1 227.60	674.57			515.59	184.18	2 601.92	2 601.92
24	17-31	单层木门润油粉、刮腻子、聚氨酯清漆双组分混合型 三遍	10 m²	0.6	542.30	256.90			227.77	81.35	1 108.32	664.99
25	17-179	天棚复杂面 在抹灰面上 901 胶白水泥腻子批、刷乳胶漆各三遍	10 m²	3.385	209.00	70.71			87.78	31.35	398.84	1 350.07
26	17-174	清油封底	10 m²	3.385	27.50	14.57			11.55	4.13	57.75	195.48
27	17-175	天棚墙面板缝贴自粘胶带	10 m	4.401	23.10	52.66			9.70	3.47	88.93	391.38
28	0115	其他零星工程		1	2 833.15	5 268.84		215.23	1 280.24	457.36	10 054.79	10 054.79
29	18-26换	石膏装饰线 安装	100 m	0.224	361.90	941.68		15.00	158.30	56.54	1 533.42	343.49
30	18-28换	石材线条安装(成品门套线条)	100 m	0.360 6	334.40	12 088.49		17.63	147.85	52.80	12 641.17	4 558.41
31	18-63	筒灯孔	10 个	1.6	18.70	9.20			7.85	2.81	38.56	61.70
32	18-65换	回光灯槽(展开宽度 250 mm)	10 m	1.82	173.80	71.97		5.33	75.23	26.87	353.20	642.82
33	18-31	石材磨边加工 45°斜边(鸡嘴线)	10 m	16.736	132.00	26.00		11.70	60.35	21.56	251.61	4 210.94
34	18-75	保护工程部位 石材楼 地面	10 m²	2.787	5.50	12.50			2.31	0.83	21.14	58.92
35	18-79	成品保护部位 石材墙面	10 m²	5.525	11.00	15.04			4.62	1.65	32.31	178.51
合　计												133 021.94

措施项目费综合单价

工程名称：十层电梯厅室内装饰工程 标段： 第1页 共1页

序号	项目编号	项目名称	单位	工程量 (m²)	金额(元) 单价	金额(元) 合价
1	011707001001	安全文明施工费	项	1	1 105.89	1 105.89
1.1		基本费	项	1	1 105.89	1 105.89
1.2		增加费	项	1		
2	011707002001	夜间施工	项	1		
3	011707003001	非夜间施工照明	项	1		
4	011707004001	二次搬运	项	1		
5	011707005001	冬雨季施工	项	1		
6	011707006001	地上、地下设施、建筑物的临时保护设施	项	1		
7	011707007001	已完工程及设备保护	项	1		
8	011707008001	临时设施	项	1	691.18	691.18
9	011707009001	赶工措施	项	1		
10	011707010001	工程按质论价	项	1		
11	011707011001	住宅分户验收	项	1		
12	011707012001	特殊条件下施工增加费	项	1		
	19-20	装饰工程超高人工降效系数 建筑物高度在 30~40 m(11~13 层)	%	1	1 486.99	1 486.99
	20-20 备注 1	满堂脚手架 基本层 高 5 m 以内	10 m²	2.56	131.62	336.95
	23-33	单独装饰工程垂直运输 施工电梯垂直运输高度 20~40 m(7~13 层)	10 工日	11.481	68.20	783.00

[新点 2013 清单造价江苏版 V10.3.0]

标段：

序号	定额编号	定额名称	单位	工程量(m²)	综合单价组成(元)					综合单价(元)
					人工费	材料费	机械费	管理费	利润	
1	011707001001	安全文明施工费	项	1						1 105.89
1.1		基本费	项	1						1 105.89
1.2		增加费	项	1						
2	011707002001	夜间施工	项	1						
3	011707003001	非夜间施工照明	项	1						
4	011707004001	二次搬运	项	1						
5	011707005001	冬雨季施工	项	1						
6	011707006001	地上、地下设施、建筑物的临时保护设施	项	1						
7	011707007001	已完工程及设备保护	项	1						691.18
8	011707008001	临时设施	项	1						
9	011707009001	赶工措施	项	1						
10	011707010001	工程按质论价	项	1						
11	011707011001	住宅分户验收	项	1						
12	011707012001	特殊条件下施工增加费	项	1						
	19-20	装饰工程超高人工降效系数 建筑物高度30~40 m(11~13层)	%	1	947.13			397.79	142.07	1 486.99
	20-20备注1	满堂脚手架 基本层 高5 m以内	10 m²	2.56	66.00	17.75	6.53	30.46	10.88	131.62
	23-33	单独装饰工程垂直运输 施工电梯 垂直运输高度20~40 m(7~13层)	10 工日	11.481			43.44	18.24	6.52	68.20

[新点 2013 清单造价江苏版 V10.3.0]

其他项目费

工程名称：十层电梯厅室内装饰工程 标段：　　　　　　　　第 1 页　共 1 页

序号	项目名称	计算公式	金额(元)
1	暂列金额	暂列金额	3 000.00
2	暂估价	专业工程暂估价	
2.1	材料暂估价		
2.2	专业工程暂估价	专业工程暂估价	
3	计日工	计日工	
4	总承包服务费	总承包服务费	
	合　计		3 000.00

[新点 2013 清单造价江苏版 V10.3.0]

材料暂估价格表

工程名称：十层电梯厅室内装饰工程 标段： 　　　　　第1页 共1页

序号	材料编码	材料名称	规格、型号	单位	数量	单价(元)	合价(元)	备注
1	05092103	细木工板	δ18 mm	m²	17.825 68	28.55	508.92	
2	05150102	普通切片板		m²	13.2	18.00	237.60	
3	06050108	钢化玻璃	12 mm	m²	6.18	120.00	741.60	
4	07112130～1	缨桃红花岗岩600 mm×600 mm		m²	24.347 4	150.00	3 652.11	
5	07112130～2	蒙古黑花岗岩600 mm×200 mm		m²	4.08	130.00	530.40	
6	07112130～3	汉白玉大理石600 mm×180 mm		m²	5.854 8	520.00	3 044.50	
7	08010200	纸面石膏板		m²	38.423 2	11.00	422.66	
8	10050507～1	成品花岗岩门线条	150 mm×30 mm	m	37.863	115.00	4 354.25	
9	10070307～1	石膏装饰线		m	24.64	8.50	209.44	
10	09470302～1	球形锁		把	3.03	110.00	333.30	
11	09491701	门吸		只	3.03	12.00	36.36	
12	09492370	不锈钢合页		只	6.06	15.00	90.90	
13	09492718～1	不锈钢管拉手		套	4.04	250.00	1 010.00	
14	07112130～4	汉白玉大理石600 mm×600 mm		m²	47.766 6	510.00	24 360.97	
15	03290200	地弹簧		个	4.04	220.00	888.80	
	合计						40 421.81	

[新点2013清单造价江苏版 V10.3.0]

人工汇总表

序号	定额编号	定额名称	单位	工程量(m²)	单位工日	工日合计
		整个工程		1	114.81	114.81
	0111	楼地面装饰工程		1	11.79	11.79
1	13-44	600 mm×600 mm 樱桃红花岗岩楼面	10 m²	2.387	3.80	9.07
2	13-44	600 mm×200 mm 蒙古黑花岗岩楼面	10 m²	0.4	3.80	1.52
3	13-110	块料面层酸洗打蜡	10 m²	2.787	0.43	1.20
	0112	墙、柱面工程		1	37.07	37.07
4	14-123	600 mm×150 mm 蒙古黑花岗岩墙面（踢脚线）	10 m²	0.268	6.71	1.80
5	14-123	600 mm×600 mm 汉白玉大理石墙面	10 m²	4.683	6.71	31.42
6	14-123	600 mm×180 mm 汉白玉大理石墙面（门内侧壁）	10 m²	0.574	6.71	3.85
	0113	天棚工程		1	9.78	9.78
7	15-34	Φ8 天棚吊筋（净高 3 m 处）	10 m²	1.633		
8	15-34	Φ8 天棚吊筋（净高 2.8 m 处）	10 m²	0.927		
9	15-8	装配式 U 型(不上人型)轻钢龙骨 面层规格 400 mm×600 mm 复杂	10 m²	2.56	2.10	5.38
10	15-46	纸面石膏板天棚面层 安装在 U 型轻钢龙骨上 凹凸	10 m²	2.936	1.34	3.93
11	15-44	木工板面层安装在木龙骨上 凹凸	10 m²	0.376	1.24	0.47
	0108	门窗工程		1	17.71	17.71
12	16-50	无框玻璃门	10 m²	0.6	12.42	7.45
13	16-291	细木工板实心门扇 细木工板上贴 双面普通切片板	10 m²	0.6	11.97	7.18
14	16-308	地弹簧安装	只	4	0.30	1.20
15	16-312	球形锁	把	3	0.17	0.51
16	16-314	铰链	个	6	0.10	0.60
17	16-315	门吸或门阻	只	3	0.07	0.21

[新点 2013 清单造价江苏版 V10.3.0]

人工汇总表

序号	定额编号	定额名称	单位	工程量(m²)	单位工日	工日合计
18	16-319	金属管子拉手	副	4	0.14	0.56
	0114	油漆、涂料、裱糊工程		1	11.16	11.16
19	17-31	单层木门润油粉、刮腻子、聚氨酯清漆 双组分混合型 三遍	10 m²	0.6	4.93	2.96
20	17-179	天棚复杂面 在抹灰面上 901 胶白水泥 腻子批、刷乳胶漆各三遍	10 m²	3.385	1.90	6.43
21	17-174	清油封底	10 m²	3.385	0.25	0.85
22	17-175	天棚墙面板缝贴自粘胶带	10 m	4.401	0.21	0.92
	0115	其他零星工程		1	25.76	25.76
23	18-26	石膏装饰线 安装	100 m	0.224	3.29	0.74
24	18-28	石材线条安装(成品门套线条)	100 m	0.360 6	3.04	1.10
25	18-63	筒灯孔	10 个	1.6	0.17	0.27
26	18-65	回光灯槽(展开宽度 250 mm)	10 m	1.82	1.58	2.88
27	18-31	石材磨边加工 45°斜边(鸡嘴线)	10 m	16.736	1.20	20.08
28	18-75	保护工程部位 石材楼 地面	10 m²	2.787	0.05	0.14
29	18-79	成品保护部位 石材墙面	10 m²	5.525	0.10	0.55
		单价措施项目		1	1.54	1.54
31	20-20 备注 1	满堂脚手架 基本层 高 5 m 以内	10 m²	2.56	0.60	1.54
		合计				229.62

[新点 2013 清单造价江苏版 V10.3.0]

主要材料一览表

工程名称：十层电梯厅室内装饰工程

标段：

序号	材料编码	材料名称	规格、型号等要求	单位	数量	单价(元)	合价(元)	备注
1	01010100	钢筋	综合	t	0.060 775	4 020.00	244.32	
2	01090101	圆钢		kg	11.032 296	4.02	44.35	
3	01210315	等边角钢	∟40 mm×4 mm	kg	4.096	3.96	16.22	
4	01430500	铜丝		kg	4.309 5	63.00	271.50	
5	02030115	橡胶垫条		m	5.736	10.00	57.36	
6	02090101	塑料薄膜		m²	20.995	0.80	16.80	
7	02290401	麻袋		条	6.967 5	5.00	34.84	
8	03030405	铜木螺钉	3.5 mm×25 mm	十个	6	0.70	4.20	
9	03031206	自攻螺钉	M4 mm×15 mm	十个	185.840 4	0.30	55.75	
10	03070123	膨胀螺栓	M10 mm×110 mm	套	329.245 6	0.80	263.40	
11	03110106	螺杆	L=250 mm φ8 mm	根	33.945 6	0.35	11.88	
12	03210313	金刚石磨边轮	100 mm×16 mm（粒度 120～150＃）	片	66.944	6.50	435.14	
13	03290200	地弹簧		个	4.04	220.00	888.80	
14	03410205	电焊条	J422	kg	0.828 75	5.80	4.81	
15	03510705	铁钉	70 mm	kg	1.536	4.20	6.45	
16	03570216	镀锌铁丝	8＃	kg	0.399 36	4.90	1.96	
17	03633315	合金钢钻头	一字型	根	3.646 5	8.00	29.17	
18	03652403	合金钢切割锯片		片	2.437 554	80.00	195.00	
19	04010611	水泥	32.5 级	kg	1 996.071 879	0.31	618.78	

[新点 2013 清单造价江苏版 V10.3.0]

主要材料一览表

标段：

工程名称：十层电梯厅室内装饰工程

序号	材料编码	材料名称	规格、型号等要求	单位	数量	单价（元）	合价（元）	备注
20	04010701	白水泥		kg	36.698 95	0.70	25.69	
21	04030107	中砂		t	6.255 852	69.37	433.97	
22	04090801	石膏粉	325 目	kg	3.428 35	0.42	1.44	
23	05030600	普通木成材		m³	0.030 296	1 600.00	48.47	
24	05092103	细木工板	δ18 mm	m²	17.825 68	28.55	508.92	
25	05150102	普通切片板		m²	13.2	18.00	237.60	
26	05250502	锯(木)屑		m³	0.167 22	55.00	9.20	
27	06050108	钢化玻璃	12 mm	m²	6.18	120.00	741.60	
28	07112130～1	樱桃红花岗岩 600 mm×600 mm		m²	24.347 4	150.00	3 652.11	
29	07112130～2	蒙古黑花岗岩 600 mm×200 mm		m²	4.08	130.00	530.40	
30	07112130～3	汉白玉大理石 600 mm×180 mm		m²	5.854 8	520.00	3 044.50	
31	07112130～4	汉白玉大理石 600 mm×600 mm		m²	47.766 6	510.00	24 360.97	
32	07112130～5	蒙古黑花岗岩 600 mm×150 mm		m²	2.7 336	130.00	355.37	
33	08010200	纸面石膏板		m²	38.423 2	11.00	422.66	
34	08310113	轻钢龙骨(大)	50 mm×15 mm×1.2 mm	m	47.718 4	6.50	310.17	

[新点 2013 清单造价江苏版 V10.3.0]

主要材料一览表

工程名称：十层电梯厅室内装饰工程

标段：

序号	材料编码	材料名称	规格、型号等要求	单位	数量	单价(元)	合价(元)	备注
35	08310122	轻钢龙骨(中)	50 mm×20 mm×0.5 mm	m	57.881 6	4.00	231.53	
36	08310131	轻钢龙骨(小)	25 mm×20 mm×0.5 mm	m	8.704	2.60	22.63	
37	08330107	大龙骨垂直吊件(轻钢)	45	只	51.2	0.50	25.60	
38	08330111	中龙骨垂直吊件		只	84.48	0.45	38.02	
39	08330113	小龙骨垂直吊件		只	32	0.40	12.80	
40	08330300	轻钢龙骨主接件		只	25.6	0.60	15.36	
41	08330301	轻钢龙骨次接件		只	30.72	0.70	21.50	
42	08330302	轻钢龙骨小接件		只	3.328	0.30	1.00	
43	08330309	小龙骨平面连接件		只	32	0.60	19.20	
44	08330310	中龙骨平面连接件		只	148.736	0.50	74.37	
45	08330500	中龙骨横撑		m	52.684 8	3.50	184.40	
46	08330501	边龙骨横撑		m	5.171 2	3.00	15.51	
47	09470302~1	球形锁		把	3.03	110.00	333.30	
48	09491701	门吸		只	3.03	12.00	36.36	
49	09492370	不锈钢合页		只	6.06	15.00	90.90	
50	09492718~1	不锈钢管拉手		套	4.04	250.00	1 010.00	
51	09493547	门夹(下夹、顶夹)		m	5.574	65.00	362.31	
52	10013312	硬木封门边条		m	17.49	6.50	113.69	

[新点 2013 清单造价江苏版 V10.3.0]

主要材料一览表

工程名称：十层电梯厅室内装饰工程

标段：

序号	材料编码	材料名称	规格、型号等要求	单位	数量	单价（元）	合价（元）	备注
53	10050507~1	成品花岗岩门线条	150 mm×30 mm	m	37.863	115.00	4 354.25	
54	10070307~1	石膏装饰线		m	24.64	8.50	209.44	
55	11010304	内墙乳胶漆		kg	16.451 1	11.00	180.96	
56	11110304	聚氨酯清漆（双组分混合型）		kg	4.002	32.00	128.06	
57	11111715	酚醛清漆		kg	3.422 35	13.00	44.49	
58	11430327	钛白粉		kg	4.280 35	0.85	3.64	
59	11591102	玻璃胶		L	1.362	40.00	54.48	
60	12010903	煤油		kg	1.114 8	5.00	5.57	
61	12030107	油漆溶剂油		kg	1.639 15	14.00	22.95	
62	12030111	松节油		kg	0.147 711	14.00	2.07	
63	12060318	清油	C01-1	kg	0.147 711	16.00	2.36	
64	12070307	硬白蜡		kg	0.738 555	8.50	6.28	
65	12310309	草酸		kg	0.278 7	4.50	1.25	
66	12413518	901胶		kg	12.819 35	2.50	32.05	
67	12413528	干挂云石胶（AB胶）		kg	0.317 328	11.50	3.65	
68	12413535	万能胶		kg	7.704	20.00	154.08	
69	12413544	聚醋酸乙烯乳液		kg	4.324 24	5.00	21.62	
70	12430342	自粘胶带		m	44.890 2	5.00	224.45	

[新点 2013 清单造价江苏版 V10.3.0]

主要材料一览表

工程名称：十层电梯厅室内装饰工程　　标段：

序号	材料编码	材料名称	规格、型号等要求	单位	数量	单价(元)	合价(元)	备注
71	12430352	胶带纸		m²	33.15	2.00	66.30	
72	17310706	双螺母双垫片	φ8 mm	副	33.945 6	0.60	20.37	
73	31010707	密封油膏		kg	0.308 07	6.50	2.00	
74	31110301	棉纱头		kg	1.109 9	6.50	7.21	
75	31150101	水		m³	2.562 398	4.70	12.04	
76	32030303	脚手钢管		kg	2.165 76	4.29	9.29	
77	32030504	底座		个	0.015 36	4.80	0.07	
78	32030513	脚手架扣件		个	0.307 2	5.70	1.75	
79	32090101	周转木材		m³	0.007 68	1 850.00	14.21	
	合计						46 077.11	

[新点 2013 清单造价江苏版 V10.3.0]

规费、税金清单计价表

工程名称：十层电梯厅室内装饰工程 标段： 第 1 页 共 1 页

序号	项目名称	计算基础	费率(%)	金额(元)
1	规费	工程排污费＋社会保险费＋住房公积金	100.000	1 980.92
1.1	工程排污费	分部分项工程费＋措施项目费＋其他项目费－工程设备费	0.100	73.91
1.2	社会保险费	分部分项工程费＋措施项目费＋其他项目费－工程设备费	2.200	1 626.13
1.3	住房公积金	分部分项工程费＋措施项目费＋其他项目费－工程设备费	0.380	280.88
2	税金	分部分项工程费＋措施项目费＋其他项目费＋规费－按规定不计税的工程设备金额	3.480	2 641.18
		合　计		6 603.02

[新点 2013 清单造价江苏版 V10.3.0]

下篇　装饰工程工程量清单计价模式

第一章　建筑面积计算规范

第一节　概述

建筑面积是指建筑物根据有关规则计算的各层水平面积之和,是以平方米反映房屋建筑规模的实物量指标,它广泛应用于基本建设计划、统计、设计、施工和工程概预算等各个方面。在建筑工程造价管理方面起着非常重要的作用,是建筑房屋计价的主要指标之一。

我国的《建筑面积计算规则》最初是在 20 世纪 70 年代制订的,之后根据需要进行了多次修订。1982 年国家经委基本建设办公室(82)经基设字 58 号印发了《建筑面积计算规则》,对 20 世纪 70 年代制订的《建筑面积计算规则》进行了修订。1995 年建设部发布《全国统一建筑工程预算工程量计算规则》(土建工程 GJDGZ—101—95),其中含"建筑面积计算规则",是对 1982 年的《建筑面积计算规则》进行的修订。2005 年建设部以国家标准又布了《建筑工程建筑面积计算规范》(GB/T 50353—2005)。鉴于建筑发展中出现的新结构、新材料、新技术、新的施工方法,为了解决建筑技术的发展产生的面积计算问题,本着不重算,不漏算的原则,对建筑面积的计算范围和计算方法进行了修改统一和完善,住建部于 2013 年 12 月有 19 日以国家标准的形式发布了《建筑工程建筑面积计算规范》(GB/T 50353—2013),本规范于 2014 年 7 月 1 日正式实施。

新版《建筑工程建筑面积计算规范》(以下简称面积规范)包括了总则、术语、计算建筑面积的规定三个部分及规范条文说明。

面积规范第一部分总则,阐述了规范制定目的和建筑面积计算应遵循的有关原则。

《建筑工程建筑面积计算规范》的适用范围是新建、扩建、改建的工业与民用建筑工程建设全过程的建筑面积的计算,包括工业厂房、仓库、公共建筑、居住建筑,农业生产使用的房屋、粮种仓库、地铁车站等的建筑面积的计算。

面积规范第二部分举例 30 条术语,对建筑面积计算规定中涉及的建筑物有关部位的名词作了解释或定义。

面积规范第三部分共 27 条,是建筑工程建筑面积计算的具体规则,包括建筑面积计算范围、计算方法和不计算面积的范围。

规范条文说明对计算规定中的具体内容、方法做了细部界定和解释,以便能准确地应用。

第二节 建筑面积计算规则

一、应计算建筑面积的范围

建筑面积计算规定中将结构层高 2.2 m 作为全计或半计面积的划分界限,结构层高在 2.2 m 及以上者计算全部面积,结构层高不足 2.2 m 者计 1/2 面积,这一划分界限贯穿于整个建筑面积计算规定之中。

结构层高是指楼面或地面结构层上表面至上部结构层上表面之间的垂直距离。建筑物最底层的层高,有基础底板的按基础底板上表面结构至上层楼面的结构标高之间的垂直距离;没有基础底板指地面标高至上层楼面结构标高之间的垂直距离,最上一层的层高是其楼面结构标高至屋面板板面结构标高之间的垂直距离,遇有以屋面板找坡的屋面,层高指楼面结构标高至屋面板最低处板面结构标高之间的垂直距离。

上述基础底板是指底板作为地面结构基层的,如基础底板埋入土中的,应按地面面层标高计算层高。

1. 单层和多层建筑面积的计算

(1) 单层建筑物

① 单层建筑物的建筑面积应按其外墙勒脚以上结构外围水平面积计算。结构层高在 2.20 m 及以上者应计算全面积;结构层高不足 2.20 m 者应计算 1/2 面积。

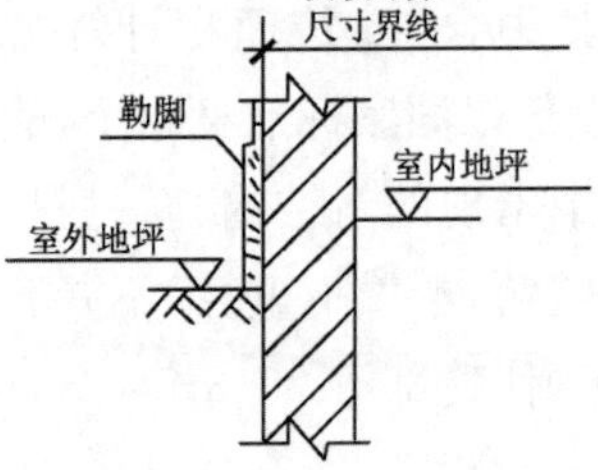

外墙勒脚是指建筑物的外墙与室外地面或散水接触部位墙体的加厚部分(如图 1.1)。

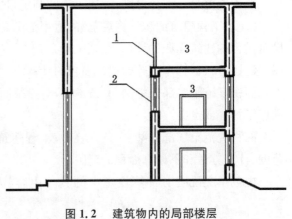

图 1.1 外墙勒脚

② 单层建筑物的结构层高指室内地面标高至屋面板板面结构标高之间的垂直距离。遇有以屋面板找坡的平屋顶单层建筑物,其高度指室内地面标高至屋面板最低处板面结构标高之间的垂直距离。

③ 利用坡屋顶内空间时,顶板下表面至楼面的结构净高超过 2.10 m 的部位应计算全面积;结构净高在 1.20 m 至 2.10 m 的部位应计算 1/2 面积;结构净高不足 1.20 m 的部位不应计算面积。

结构净高指楼面或地面结构层上表面至上部结构层下表面之间的垂直距离。

④ 单层建筑物内设有局部楼层的,如图 1.2 所示。局部楼层的二层及以上楼层,仍按楼层的结构层高划分,有围护结构的应按其围护结构外围水平面积计算,无围护结构的应按其结构底板水平面积计算,且结构层高在 2.2 m 及以上者计算全部面积,结构层高在 2.2 m 以下的,应计算 1/2 面积。

围护结构是指围合建筑空间四周的

图 1.2 建筑物内的局部楼层

1—围护设施;2—围护结构;3—局部楼层

墙体、门、窗等。

（2）多层建筑物

① 多层建筑物的建筑面积应按不同的结构层高划分界限分别计算。多层建筑物首层应按其外墙勒脚以上结构外围水平面积计算；二层以上楼层应按其外墙结构外围水平面积计算。

② 对于形成建筑空间的坡屋顶及场馆看台下，当结构净高≥2.10 m的部位应计算全面积；结构净高在1.20 m至2.10 m的部位应计算1/2面积，结构净高在1.20 m以下的部位不应计算面积。如图1.3所示，图中第（1）部分结构净高＜1.2 m，不计算面积；第（2）、（4）部分1.2 m≤结构净高≤2.1 m，计算1/2面积；第（3）部分结构净高＞2.1 m，应计算全部面积。

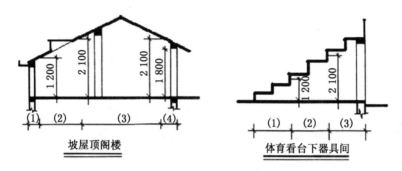

图1.3　坡屋顶及看台下建筑空间的计算界限线

结构净高指楼面或地面结构层上表面至上部结构层下表面之间的垂直距离。

（3）地下建筑、架空层

① 地下室、半地下室

室内地平面低于室外地平面的高度超过室内净高的1/2者为地下室；室内地平面低于室外地平面的高度超过室内净高的1/3，且不超过1/2者为半地下室（如图1.4）。

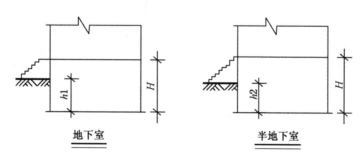

图1.4　地下室、半地下室示意图（H为地下室净高）

地下室：$h1 > H/2$　　　　　半地下室：$H/3 < h2 ≤ H/2$

地下室、半地下室仍按结构层高划分，按外墙结构（不包括外墙防潮层及其保护墙）外围水平面积计算。有顶盖的采光井应一层计算面积，且结构净高≥2.10 m的部位应计算全面积；结构净高在2.10 m以下的，应计算1/2面积；地下室有顶盖的出入口坡道应按其外墙结构外围水平面积的1/2计算。顶盖不分材料种类（如钢筋混凝土盖、彩钢板顶盖、阳光板顶盖等）（图1.5）。

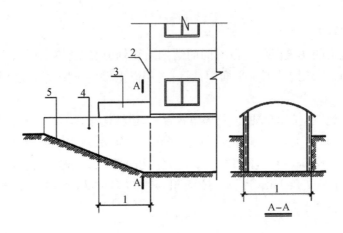

图1.5 地下室出入口
1—计算1/2投影面积部位;2—主体建筑;3—出入口顶盖;
4—封闭出入口侧墙;5—出入口坡道

② 架空层是指仅有结构支撑而无外围护结构的开敞空间层,如图1.6。建筑物架空层及坡地建筑物吊脚架空层,应按其顶板水平投影计算建筑面积。结构层高在2.20 m及以上的,应计算全面积;结构层高在2.20 m以下的,应计算1/2面积。

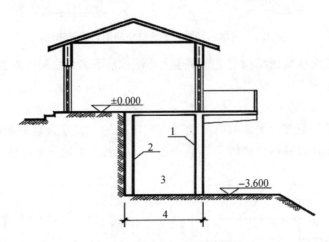

图1.6 建筑物吊脚架空层
1—柱;2—墙;3—吊脚架空层;4—计算建筑面积部位

（4）门厅、大厅

建筑物的门厅、大厅应按一层计算建筑面积,门厅、大厅内设置的走廊应按走廊结构底板水平投影面积计算建筑面积。走廊有几层就算几层面积。结构层高在2.20 m及以上的,应计算全面积;结构层高在2.20 m以下的,应计算1/2面积。

（5）其他

① 高低联跨的建筑物,应以高跨结构外边线为界分别计算建筑面积;其高低跨内部连通时,其变形缝应计算在低跨面积内（如图1.7）。

② 以幕墙作为围护结构的建筑物,应按幕墙外边线计算建筑面积。

本条幕墙是指直接作为外墙起围护作用的幕墙。

③ 建筑物外墙外侧有保温隔热层的,应按保温隔热层外边线计算建筑面积。

④ 设有围护结构不垂直于水平面而超出底板外沿的建筑物,应按其底板面的外围水平面积计算,如图1.8。

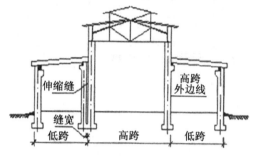

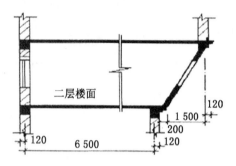

图 1.7　高低跨面积计算界线示意图　　　　**图 1.8　二楼剖面图**

该图中的二层一侧的围护不垂直楼面,按面积规范3.0.18调规定,应以楼板面外围水平面积计算,所以,该二楼建筑面积计算宽度应为:0.12+6.5+0.12+0.2=6.94(m)。

若遇有向建筑物内倾斜的墙体,应视为坡屋顶,应按坡屋顶有关条文计算面积。

⑤ 建筑物内的变形缝,应按其自然层合并在建筑物面积内计算。

变形缝是伸缩缝(温度缝)、沉降缝和抗震缝的总称。规范所指建筑物内的变形缝是与建筑物相连通的变形缝,即暴露在建筑物内,在建筑物内可以看得见的变形缝。

2. 走廊、挑廊、檐廊、架空走廊、门斗、落地橱窗

走廊是建筑物的水平交通空间;挑廊是挑出建筑物外墙的水平交通空间;檐廊是设置在建筑物底层出檐下的水平交通空间,如图1.9。

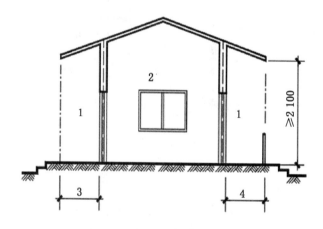

图 1.9　檐廊

1—檐廊;2—室内;3—不计算建筑面积部位;
4—计算1/2建筑面积部

架空走廊是指建筑物与建筑物之间,在二层或二层以上专门为水平交通设置的走廊。有围护结构的架空走廊(见图1.10)。无围护结构的架空走廊见图1.11。

门斗是指建筑物入口处两道门之间的空间主要起分隔、挡风、御寒等作用的建筑过渡空间,如图1.12。

落地橱窗是指突出外墙面根基落地的橱窗。

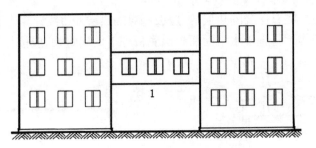

图 1.10　有围护结构的架空走廊

1—架空走廊

图 1.11　无围护结构的架空走廊

1—栏杆；2—架空走廊

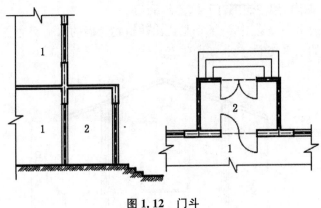

图 1.12　门斗

1—室内；2—门斗

（1）架空走廊

① 有顶盖和围护设施的架空走廊，应按其围护结构外围水平面积计算全面积。如图

② 无围护结构、有围护设施的架空走廊，应按其结构底板水平投影面积计算 1/2 面积。

（2）走廊、挑廊、檐廊、门斗、落地橱窗

① 有围护设施的室外走廊（挑廊），应按其结构底板水平投影面积计算 1/2 面积。

② 有围护设施（或柱）的檐廊，应按其围护设施（或柱）外围水平面积计算 1/2 面积。

③ 落地橱窗、门斗应按其围护结构外围水平面积计算建筑面积，且结构层高在 2.20 m 及以上的，应计算全面积；结构层高在 2.20 m 以下的，应计算 1/2 面积。

3. 楼梯、井道、采光井、建筑物顶部范围的建筑面积

（1）楼梯、井道

① 建筑物内的室内楼梯、电梯井、提物井、管道井、通风排气竖井、垃圾道应按所依

附的建筑物的自然层计算,并入建筑物面积内。自然层是指按楼板、地板结构分层的楼层。

② 如遇跃层建筑,其共用的室内楼梯应按自然层计算面积;上下两错层户室共用的室内楼梯,应选上一层的自然层计算面积。如图1.13。

③ 有顶盖的采光井应按一层计算面积,且结构净高在2.10 m及以上的,应计算全面积;结构净高在2.10 m以下的,应计算1/2面积。有顶盖的采光井包括建筑物中的采光井和地下室采光井。如图1.14。

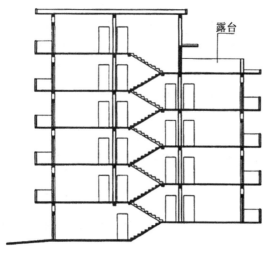

图1.13 户室错层剖面示意图

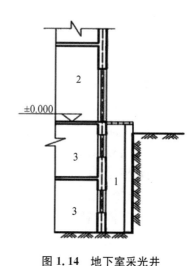

图1.14 地下室采光井

1—采光井;2—室内;3—地下室

④ 室外楼梯应并入所依附建筑物自然层,并应按其水平投影面积的1/2计算建筑面积。

自然层层数为室外楼梯所依附的楼层数,即梯段部分投影到建筑物范围的层数。利用室外楼梯下部的建筑空间不得重复计算建筑面积;利用地势砌筑的为室外踏步,不计算建筑面积。

(2) 建筑物顶部

建筑物顶部有围护结构的楼梯间、水箱间、电梯机房等,结构层高在2.20 m及以上的应计算全面积;结构层高在2.20 m以下的,应计算1/2面积。

如遇建筑物屋顶的楼梯间是坡屋顶,应按坡屋顶的相关条文计算面积。

4. 雨篷、门廊、阳台、凸窗、车(货)棚、站台等

(1) 雨篷

雨篷是指建筑物出入口上方、凸出墙面、为遮挡雨水而单独设立的建筑部件。雨篷划分为有柱雨篷(包括独立柱雨篷、多柱雨篷、柱墙混合支撑雨篷、墙支撑雨篷)和无柱雨篷(悬挑雨篷)。如凸出建筑物,且不单独设立顶盖,利用上层结构板(如楼板、阳台底板)进行遮挡,则不视为雨篷,不计算建筑面积。对于无柱雨篷,如顶盖高度达到或超过两个楼层时,也不视为雨篷,不计算建筑面积。

有柱雨篷应按其结构板水平投影面积的1/2计算建筑面积;无柱雨篷的结构外边线至

外墙结构外边线的宽度在 2.10 m 及以上的,应按雨篷结构板的水平投影面积的 1/2 计算建筑面积。

（2）门廊

门廊指建筑物入口前有顶棚的半围合空间。位于建筑物的出入口,无门、三面或二面有墙,上部有板(或借用上部楼板)围护的部位。门廊应按其顶板的水平投影面积的 1/2 计算建筑面积;

（3）阳台

附设于建筑物外墙,设有栏杆或栏板,可供人活动的室外空间。在主体结构内的阳台,应按其结构外围水平面积计算全面积;在主体结构外的阳台,应按其结构底板水平投影面积计算 1/2 面积。阳台不论其形式如何,均以建筑物主体结构为界分别计算建筑面积。

（4）凸窗

凸窗(飘窗)是指凸出建筑物外墙面的窗户。需注意的是凸窗既作为窗,就有别于楼(地)板的延伸,也就不能把楼(地)板延伸出去的窗称为凸窗。凸窗的窗台应只是墙面的一部分且距(楼)地面应有一定的高度。

窗台与室内楼地面高差在 0.45 m 以下且结构净高在 2.10 m 及以上的凸窗,应按其围护结构外围水平面积的 1/2 计算。

（5）车(货)棚、站台等

有顶盖无围护结构的车棚、货棚、站台、加油站、收费站等,应按其顶盖水平投影面积的 1/2 计算建筑面积。

在车棚、货棚、站台、加油站、收费站内设有有围护结构的管理室、休息室等,另按相关条款计算面积。

5. 场馆看台、舞台灯光控制室

（1）对于场馆看台下的建筑空间,结构净高在 2.10 m 及以上的部位应计算全面积;结构净高在 1.20 m 及以上至 2.10 m 以下的部位应计算 1/2 面积;结构净高在 1.20 m 以下的部位不应计算建筑面积。室内单独设置的有围护设施的悬挑看台,应按看台结构底板水平投影面积计算建筑面积。有顶盖无围护结构的场馆看台应按其顶盖水平投影面积的 1/2 计算面积。本条所称的“场馆”为专业术语,是指各种“场”类建筑,如:体育场、足球场、网球场、带看台的风雨操场等。

（2）有围护结构的舞台灯光控制室,应按其围护结构外围水平面积计算。结构层高在 2.20 m 及以上的,应计算全面积;结构层高在 2.20 m 以下的,应计算 1/2 面积。

6. 立体库房

对于立体书库、立体仓库、立体车库,有围护结构的,应按其围护结构外围水平面积计算建筑面积;无围护结构、有围护设施的,应按其结构底板水平投影面积计算建筑面积。无结构层的应按一层计算,有结构层的应按其结构层面积分别计算。结构层高在 2.20 m 及以上的,应计算全面积;结构层高在 2.20 m 以下的,应计算 1/2 面积。

本条主要规定了图书馆中的立体书库、仓储中心的立体仓库、大型停车场的立体车库等建筑的建筑面积计算规定。起局部分隔、存储等作用的书架层、货架层或可升降的立体钢结构停车层均不属于结构层,故该部分分层不计算建筑面积。

二、不计算建筑面积的范围

(1)与建筑物内不相连通的建筑部件：指的是依附于建筑物外墙外不与户室开门连通，起装饰作用的敞开式挑台（廊）、平台，以及不与阳台相通的空调室外机搁板（箱）等设备平台部件。(2)骑楼、过街楼底层的开放公共空间和建筑物通道；骑楼见图1.15，过街楼见图1.16。(3)舞台及后台悬挂幕布和布景的天桥、挑台等。指的是影剧院的舞台及为舞台服务的可供上人维修、悬挂幕布、布置灯光及布景等搭设的天桥和挑台等构件设施。(4)露台、露天

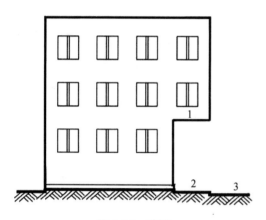

图 1.15　骑楼
1—骑楼；2—人行道；3—街道

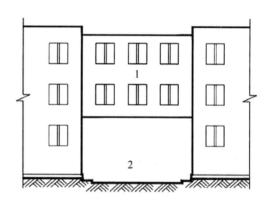

图 1.16　过街楼
1—过街楼；2—建筑物通道

游泳池、花架、屋顶的水箱及装饰性结构构件。(5)建筑物内的操作平台、上料平台、安装箱和罐体的平台：建筑物内不构成结构层的操作平台、上料平台（包括：工业厂房、搅拌站和料仓等建筑中的设备操作控制平台、上料平台等），其主要作用为室内构筑物或设备服务的独立上人设施，因此不计算建筑面积。(6)勒脚、附墙柱（非结构性装饰柱）、垛、台阶、墙面抹灰、装饰面、镶贴块料面层、装饰性幕墙，主体结构外的空调室外机搁板（箱）、构件、配件，挑出宽度在2.10 m以下的无柱雨篷和顶盖高度达到或超过两个楼层的无柱雨篷。(7)窗台与室内地面高差在0.45 m以下且结构净高在2.10 m以下的凸（飘）窗，窗台与室内地面高差在0.45 m及以上的凸（飘）窗。(8)室外爬梯、室外专用消防钢楼梯：室外钢楼梯需要区分具体用途，如专用于消防楼梯，则不计算建筑面积，如果是建筑物唯一通道，兼用于消防，则需要按本规范的室外楼梯相应条款的规定计算建筑面积。(9)无围护结构的观光电梯。(10)建筑物以外的地下人防通道，独立的烟囱、烟道、地沟、油（水）罐、气柜、水塔、贮油（水）池、贮仓、栈桥等构筑物。

第三节　建筑面积计算规范的应用

一、新版面积规范主要修订的内容

1.新增内容

(1)增加建筑物架空层的面积计算规定；(2)增加无围护结构有围护设施的面积计算规定；(3)增加凸（飘）窗的建筑面积计算规定；(4)增加门廊的面积计算规定；(5)增加有顶盖

的采光井的面积计算规定。

2. 取消内容

(1)取消深基础架空层;(2)取消有永久性顶盖的面积计算规定;(3)取消原室外楼梯强调的有永久性顶盖的面积计算要求。

3. 修订内容

(1)修订落地橱窗、门斗、挑廊、走廊、檐廊的面积计算规定;(2)修订围护结构不垂直于水平面而超出底板外沿的建筑物的面积计算规定;(3)修订阳台的面积计算规定;(4)修订外保温层的面积计算规定;(5)修订了设备层、管道层的面积计算规定。

值得注意的是,开发商以往最常赠送、旧版《规范》中不算面积的飘窗,在新《规范》中有了明确要求:窗台与室内楼地面高差在 0.45 m 以下且结构净高在 2.10 m 及以上的凸(飘)窗,应按其围护结构外围水平面积计算 1/2 面积。另外,在主体结构内的阳台,应按其结构外围水平面积计算全面积;在主体结构外的阳台,应按其结构底板水平投影面积计算 1/2 面积。而在地下室方面,新《规范》中:地下室、半地下室应按其结构外围水平面积计算。结构层高在 2.20 m 及以上的,应计算全面积;结构层高在 2.20 m 以下的,应计算 1/2 面积。修订的面积计算规定有近 26 条,极大的细化和改变了此前旧《规范》中的建筑面积计算。

二、计算建筑面积应注意的问题

计算建筑面积时,应注意分析施工图设计内容,特别应注意有不同层数、各层平面布置不一致的建筑。通过对设计图纸的熟悉,确定建筑物各部位建筑面积计算的范围和计算方法,注意分清哪些应计、哪些不计、哪些按减半计算。根据建筑面积计算规范,可按以下不同情况予以区分和确定。

(1)按工程性质确定。房屋建筑工程除另有规定外应计算建筑面积;构筑物及公共市政使用空间不计算建筑面积(如:烟囱、水塔、贮仓、栈桥、地下人防通道、地铁隧道以及建筑物通道等)。

(2)按建筑物结构层高(单层建筑物高度)确定。结构层高在 2.2 m 及以上的按全面积计算,不足 2.2 m 的按 1/2 面积计算(如:单层、多层建筑物、地下室、半地下室、有围护结构的屋顶楼梯间、水箱间、电梯机房等)。

(3)按使用空间高度确定。结构净高>2.1 m 的按全面积计算,1.2 m≤净高≤2.1 m 的按 1/2 面积计算,净高<1.2 m 的不计算建筑面积(如:坡屋顶内、场馆看台下的利用空间)。

(4)按有无围护结构、有无顶盖确定。如:有顶盖和围护设施的架空走廊,应按其围护结构外围水平面积计算全面积;无围护结构、有围护设施的架空走廊,应按其结构底板水平投影面积计算 1/2 面积;有顶盖无围护结构的车棚、货棚、站台、加油站、收费站等,应按其顶盖水平投影面积的 1/2 计算建筑面积;有顶盖无围护结构的场馆看台应按其顶盖水平投影面积的 1/2 计算面积。

(5)按自然层确定。如建筑物的室内楼梯、电梯井、提物井、管道井、通风排气竖井、烟道应并入建筑物的自然层计算建筑面积;与室内相通的变形缝,应按其自然层合并在建筑物建筑面积内计算;室外楼梯并入所依附建筑物自然层,并应按其水平投影面积的1/2计算;建筑物的外墙外保温层,应按其保温材料的水平截面积计算,并计入自然层建筑面积。

(6)按使用功能和使用效益确定。如:在主体结构内的阳台,按其结构外围水平面积计算,在主体结构外的阳台,按基结构底板水平投影面积的1/2计算;伸出建筑物外宽度≥2.1 m的无柱雨篷及有柱雨篷,按雨篷结构板水平投影面积的1/2计算;建筑物内有结构层的设备层、管道层、避难层等的楼层,结构层高在≥2.20 m,应计算全面积;结构层高在2.20 m以下的,应计算1/2面积。

三、建筑面积的计算方法

1. 按照规范规定应该计算建筑面积的,其面积的计算一般有以下方法

(1)按围护结构外围水平面积计算。如:单层及多层房屋、室外落地橱窗、门斗、有顶盖和围护设施的架空走廊、在主体结构内的阳台,应按其围护结构外围水平面积计算。

(2)按围护设施外围水平面积计算。有围护设施(或柱)的檐廊,应按其围护设施(或柱)外围水平面积计算1/2面积。

(3)按结构底板水平投影面积计算。如:单层房屋内无围护结构的局部楼层、有永久性顶盖而无围护结构的挑廊及走廊、大厅内的回廊、围护结构不垂直于水平面而向外倾斜的建筑物等。有围护设施的室外走廊(挑廊),应按其结构底板水平投影面积计算1/2面积;门厅、大厅内设置的走廊应按走廊结构底板水平投影面积计算建筑面积。无围护结构、有围护设施的架空走廊,应按其结构底板水平投影面积计算1/2面积。在主体结构外的阳台,应按其结构底板水平投影面积计算1/2面积。

(4)按结构顶板(或顶盖)水平投影面积计算。如:建筑物架空层及坡地建筑物吊脚架空层,应按其顶板水平投影计算建筑面积。门廊应按其顶板的水平投影面积的1/2计算建筑面积;有顶盖无围护结构的场馆看台应按其顶盖水平投影面积的1/2计算面积。有顶盖无围护结构的车棚、货棚、站台、加油站、收费站等,应按其顶盖水平投影面积的1/2计算建筑面积。

(5)按其他指定界线计算。如:作为外墙起围护作用的幕墙按幕墙外边线计算、外墙外侧有保温隔热层的,应按保温隔热层外边线计算等。

2. 尺寸界线

(1)外围水平面积除另有规定以外,是指外围结构尺寸,不包括:抹灰(装饰)层、凸出墙面的墙裙和梁、柱、垛等。

(2)同一建筑物不同层高要分别计算建筑面积时,其分界处的结构应计入结构相似或层高较高的建筑物内,如有变形缝时,变形缝的面积计入较低跨的建筑物内。

例 如图1.17,某多层住宅变形缝宽度为0.20 m,阳台水平投影尺寸为1.80 m×3.60 m(共18个),雨篷水平投影尺寸为2.60 m×4.00 m,坡屋面阁楼室内净高最高点为3.65 m,最低点为0.6 m。坡屋面坡度为1:2。平屋面女儿墙顶面标高为11.60 m。请按建筑工程建筑面积计算规范(GB/T 50353—2013)计算下图的建筑面积。

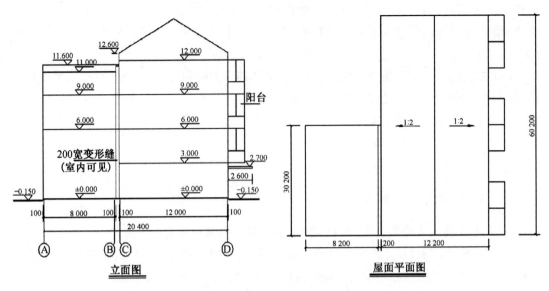

图 1.17　建筑立面、屋面平面图

建筑面积和工程量计算如表 1.1。

序号	名称	计算公式
1	A—B轴	$30.20×(8.40×2+8.40×1/2)=634.2$（与室内相通的变形缝归低跨）
2	B—C轴	$60.20×12.20×4=2\,937.76\ m^2$
3	坡屋面	$60.20×(6.20+1.80×2×1/2)=481.60\ m^2$（结构净高超过 2.1 m 全算,结构净高 1.2 m 至 2.1 m 算一半,结构净高 1.2 m 以下的部位不计算。）
4	雨篷	$2.60×4.00×1/2=5.20\ m^2$（无柱雨篷宽超过 2.1 m 算一半）
5	阳台	$18×1.80×3.60×1/2=58.32\ m^2$（在主体结构外的阳台计算一半）
	合计	$4\,117.08\ m^2$

复习思考题

1. 解释下列名词并作简要比较:

(1) 结构层高、结构净高;

(2) 围护结构、围护设施;

(3) 地下室、半地下室;

(4) 落地橱窗、飘窗;

(5) 门斗、门廊;

(6) 走廊、檐廊。

2. 计算图 1.18 的建筑面积。

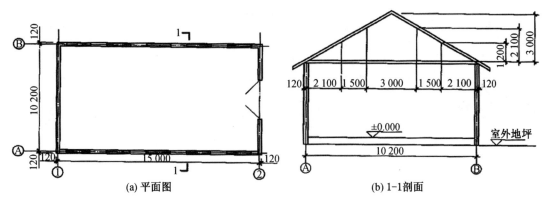

(a) 平面图　　　　　　　　　　(b) 1-1剖面

图 1.18　建筑平面、剖面图

3. 计算图 1.19 的建筑面积。

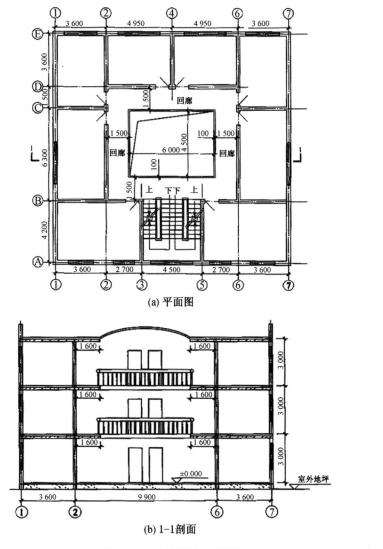

(a) 平面图

(b) 1-1剖面

图 1.19　建筑平面、剖面图

第二章　装饰工程工程量清单计价

第一节　概述

一、计价及计算规范构成

2013 版清单法规范共计十册,分别为《建设工程工程量清单计价规范》(GB 50500—2013)(以下简称《计价规范》)以及《房屋建筑与装饰工程工程量计算规范》(GB 50854—2013)、《仿古建筑工程工程量计算规范》(GB 50855—2013)、《通用安装工程工程量计算规范》(GB 50856—2013)、《市政工程工程量计算规范》(GB 50857—2013)、《园林绿化工程工程量计算规范》(GB 50858—2013)、《矿山工程工程量计算规范》(GB 50859—2013)、《构筑物工程工程量计算规范》(GB 50860—2013)、《城市轨道交通工程工程量计算规范》(GB 50861—2013)、《爆破工程工程量计算规范》(GB 50862—2013)(以下简称《计算规范》)等九个专业工程计算规范。

《计价规范》正文部分由总则、术语、一般规定、工程量清单编制、招标控制价、投标报价、合同价款约定、工程计量、合同价款调整、合同价款期中支付、竣工结算与支付、合同解除的价款结算与支付、合同价款争议的解决、工程造价鉴定、工程计价资料与档案、工程计价定额格等章节组成;附录包括:附录 A 物价变化合同价款调整办法、附录 B 工程计价文件封面、附录 C 工程计价文件扉页、附录 D 工程计价总说明、附录 E 工程计价汇总表、附录 F 分部分项工程和措施项目计价定额、附录 G 其他项目计价定额、附录 H 规费、税金项目计价定额、附录 J 工程计量申请(核准)表、附录 K 合同价款支付申请(核准)表、附录 L 主要材料、工程设备一览表等组成。

各册《计算规范》正文部分均由总则、术语、工程计量、工程量清单编制等章节组成;附录则根据各专业工程特点分别设置。

《房屋建筑与装饰工程工程量计算规范》附录包括:附录 A 土石方工程、附录 B 地基处理与边坡支护工程、附录 C 桩基工程、附录 D 砌筑工程、附录 E 混凝土及钢筋混凝土工程、附录 F 金属结构工程、附录 G 木结构工程、附录 H 门窗工程、附录 J 屋面及防水工程、附录 K 保温、隔热、防腐工程、附录 L 楼地面装饰工程、附录 M 墙、柱面装饰与隔断、幕墙工程、附录 N 天棚工程、附录 P 油漆、涂料、裱糊工程、附录 Q 其他装饰工程、附录 R 拆除工程等。

《计价规范》和《计算规范》是编制工程量清单的主要依据,计价定额是工程量清单计价的主要依据。

二、规范强制性规定及共性问题说明

1. 工程量清单计价规范的强制性规定

(1) 使用国有资金投资的建设工程发承包,必须采用工程量清单计价。

(2) 工程量清单应采用综合单价计价。

(3) 措施项目中的安全文明施工费必须按国家或省级、行业建设主管部门的规定计算,不得作为竞争性费用。

（4）规费和税金必须按国家或省级、行业建设主管部门的规定计算，不得作为竞争性费用。

（5）建设工程发承包，必须在招标文件、合同中明确计价中的风险内容及其范围，不得采用无限风险、所有风险或类似语句规定计价中的风险内容及范围。

（6）招标工程量清单必须作为招标文件的组成部分，其准确性和完整性应由招标人负责。

（7）分部分项工程项目清单必须载明项目编码、项目名称、项目特征、计量单位和工程量。

（8）分部分项工程项目清单必须根据相关工程现行国家计算规范规定的项目编码、项目名称、项目特征、计量单位和工程量计算规则进行编制。

（9）措施项目清单必须根据相关工程现行国家《计算规范》的规定编制。

（10）国有资金投资的建设工程招标，招标人必须编制招标控制价。

（11）投标报价不得低于工程成本。

（12）投标人必须按招标工程量清单填报价格。项目编码、项目名称、项目特征、计量单位、工程量必须与招标工程量清单一致。

（13）工程量必须按照相关工程现行国家《计算规范》规定的工程量计算规则计算。

（14）工程量必须以承包人完成合同工程应予计量的工程量确定。

（15）工程完工后，发承包双方必须在合同约定时间内办理工程竣工结算。

2. 房屋与装饰工程计算规范的强制性规定

（1）房屋建筑与装饰工程计价，必须按计算规范规定的工程量计算规则进行工程计量。

（2）工程量清单应根据附录规定的项目编码、项目名称、项目特征、计量单位和工程量计算规则进行编制。

（3）工程量清单的项目编码，应采用十二位阿拉伯数字表示，一至九位应按附录的规定设置，十至十二位应根据拟建工程的工程量清单项目名称和项目特征设置，同一招标工程的项目编码不得有重码。

（4）工程量清单的项目名称应按附录的项目名称结合拟建工程的实际确定。

（5）工程量清单项目特征应按附录中规定的项目特征，结合拟建工程项目的实际予以描述。

（6）工程量清单中所列工程量应按附录中规定的工程量计算规则计算。

（7）工程量清单的计量单位应按附录中规定的计量单位确定。

（8）措施项目中列出了项目编码、项目名称、项目特征、计量单位、工程量计算规则的项目，编制工程量清单时，应按照《计算规范》4.2分部分项工程的规定执行。

3. 房屋与装饰工程计算规范附录共性问题的说明

（1）《计算规范》第4.1.3条第一款规定，编制工程量清单，出现附录中未包括的项目，编制人可作相应补充，具体做法如下：① 补充项目的编码由本规范的代码01与B和三位阿拉伯数字组成，并应从01B001起顺序编制，同一招标工程的项目不得重码。② 在工程量清单应附补充项目的项目名称、项目特征、计量单位、工程量计算规则和工作内容，并应报省工造价管理机构备案。

（2）能计量的措施项目（即单价措施项目），也同分部分项工程一样，编制工程量清单必须列出项目编码，项目名称，项目特征、计量单位。措施项目中仅列出项目编码、项目名称，未列出项目特征、计量单位和工程量计算规则的项目，编制工程量清单时，应按《计算规范》附录 S 措施项目规定的项目编码、项目名称确定。

（3）项目特征是描述清单项目的重要内容，是投标人投标报价的重要依据，在描述工量清单项目特征时，有关情况应按以下原则进行：① 项目特征描述的内容应按附录中的规定，结合拟建工程的实际，能满足确定综合单价的需要。② 若采用标准图集或施工图纸能够全部或部分满足项目特征描述的要求，项目特征描述可直接采用详见××图集或××图号的方式，但应注明标注图集的编码、页号及节点大样。对不能满足项目特征描述要求的部分，仍应用文字描述。③ 拆除工程中对于只拆面层的项目，在项目特征中，不必描述基层（或龙骨）类型（或种类）；对于基层（或龙骨）和面层同时拆除的项目，在项目特征中必须描述（基层或龙骨）类型（或种类）。

（4）《计算规范》附录中有两个或两个以上计量单位的，应结合拟建工程项目的实际情况，确定其中一个为计量单位。在同一个建设项目（或标段、合同段）中，有多个单位工程的相同项目计量单位必须保持一致。

（5）清单工程量小数点后有效位数的统一。① 以"t"为单位，保留小数点后三位数字，第四位小数四舍五入。② 以"m"、"m²"、"m³"、"kg"等为单位，保留小数点后两位数字，第三位小数四舍五入。③ 以"个"、"件"、"根"、"组"、"系统"等为单位，取整数。

（6）《计算规范》各项目仅列出了主要工作内容，除另有规定和说明者外，应视为已经包括完成该项目所列或未列的全部工作内容。具体应按以下三个方面规定执行：①《计算规范》对项目的工作内容进行了规定，除另有规定和说明外，应视为已经包括完成该项目的全部工作内容，未列内容或未发生，不应另行计算。②《计算规范》附录项目工作内容列出了主要施工内容，施工过程中必然发生的机械移动、材料运输等辅助内容虽然未列出，但应包括。③ 计算规范以成品考虑的项目，若采用现场制作，应包括制作的工作内容。

（7）工程量具有明显不确定性的项目应在工程量清单文件中以文字明确。编制工程量清单时，设计没有明确，其工程数量可为暂估量，结算对按现场签证数量计算。

（8）《计算规范》中的工程量计算规则与计价定额中的工程量计算规则是有区别的，是不尽相同的，招标文件中的工程量清单应按《计算规范》中的工程量计算规则计算工程量；投标人投标报价（包括综合单价分析）应按《计价规范》第 6.2 节的规定执行，当采用计价定额进行综合单价组价时，则应按照计价定额规定的工程量计算规则计算工程量。

投标报价时，应根据招标文件中的工程量清单和有关要求、施工现场实际情况及拟定的施工方案或施工组织设计，依据企业定额和市场价格信息，或参照建设行政主管部门发布的社会平均消耗量定额进行编制。

（9）附录清单项目中的工程量是按建筑物或构筑物的实体净量计算，施工中所用的材料料、成品、半成品在制作、运输、安装中等所发生的一切损耗，应包括在报价内。

（10）钢结构工程量按设计图示尺寸以质量计算，金属构件切边、切肢、不规则及多边形钢板发生的损耗在综合单价中考虑。

（11）楼（地）面防水反边高度≤300 mm 算作地面（平面）防水。反边高度＞300 mm，自底端起按墙面（立面）防水计算，墙面、楼（地）面、屋面防水搭接及附加层用量不另行计算。

（12）金属结构、木结构、木门窗、墙面装饰板、柱（梁）装饰、天棚装饰均取消项目中的"刷油漆"，单独执行附录 P 油漆、涂料、裱糊工程。与此同时，金属结构以成品编制项目，各项目中增补了"补刷油漆"的内容。

（13）附录R拆除工程项目,适用于房屋工程的维修、加固、二次装修前的拆除,不适用于房屋的整体拆除。房屋建筑工程,仿古建筑、构筑物、园林景观工程等项目拆除,可按此附录编码列项。我省修缮定额所列的拆除项目,应作为分部分项项目,按附录R相应项目编码列项。

（14）建筑物超高人工和机械降效不进入综合单价,与高压水泵及上下通讯联络费用一道进入"超高施工增加"项目;但其中的垂直运输机械降效已包含在省计价定额第二十三章垂直运输机械费中,"超高施工增加"项目内并不包含该部分费用。

（15）设计规定或施工组织设计规定的已完工工程保护所发生的费用列入工程量清单措施项目费;分部分项项目成品保护发生的费用应包括在分部分项项目报价内。

三、计算规范与计价定额的关系

（1）工程量清单表格应按照《计算规范》及我省规定设置,按照《计算规范》附录要求计列项目;计价定额的定额项目用于计算确定清单项目中工程内容的含量和价格。

（2）工程量清单的工程量计算规则应按照计算规范附录的规定执行;而清单项目中工程内容的工程量计算规则应按照计价定额规定执行。

（3）工程量清单的计量单位应按照计算规范附录中的计量单位选用确定;清单项目中工程内容的计量单位应按照计价定额规定的计量单位确定。

（4）工程量清单的综合单价,是由单个或多个工程内容按照计价定额规定计算出来的价格的汇总。

（5）在编制单位工程的清单项目时,一般要同时使用多本专业计算规范,但清单项目应以本专业计算规范附录为主,没有时应按规范规定在相关专业附录之间相互借用。但应使用本专业计价定额相关子目进行组价。

第二节　工程量清单的编制

一、工程量清单编制的规定

1. 工程量清单编制的一般规定

（1）《计价规范》第4.1.1条规定,招标工程量清单应由具有编制能力的招标人或受其委托、具有相应资质的工程造价咨询人编制。

（2）《计价规范》强制性条文第4.1.2条规定,招标工程量清单必须作为招标文件的组成部分,其准确性和完整性应由招标人负责。

（3）《计价规范》第4.1.3条规定,招标工程量清单是工程量清单计价的基础,应作为编制招标控制价、投标报价、计算或调整工程量、索赔的依据之一。

（4）《计价规范》第4.1.4条规定,招标工程量清单应以单位(项)工程为单位编制,应由分部分项项目清单、措施项目清单、其他项目清单、规费和税金项目清单纽成。

（5）《计价规范》第4.1.5条和《计算规范》第4.1.1条同时规定了编制招标工程量清单应依据:① 工程量清单计价规范和工程量计算规范;② 国家或省级、行业建设主管部门颁发的计价定额(计价依据)和办法;③ 建设工程设计文件及相关资料;④ 与建设工程有关的标准、规范、技术资料;⑤ 拟定的招标文件;⑥ 施工现场情况、地勘水文资料、工程特点及常规施工方案;⑦ 其他相关资料。

（6）《计算规范》第4.1.3条规定,编制工程量清单出现附录未包括的项目,编制人应做补充,并报省级或行业工程造价管理机构备案,省级或行业工程造价管理机构应汇总报住房和城乡建设部标准定额研究所。

补充项目的编码由代码01与B和三位阿拉伯数字组成,并应从01B001起顺序编制,同一招标工程的项目不得重码。补充的工程量清单需附有补充项目的名称、项目特征、计量单位、工程量计算规则、工作内容。不能计量的措施项目,需附有补充项目名称、工作内容及包含范围。

2. 工程量清单编制的强制规定

《房屋建筑与装饰工程工程量清单计算规范》(GB 50854—2013)有以下强制性规定:第4.2.1条规定:分部分项工程量清单应根据附录规定的统一项目编码、项目名称、计量单位和工程量计算规则进行编制。第4.2.2条规定:分部分项工程量清单的项目编码,一至九位应按附录的规定设置;十至十二位应根据拟建工程的工程量清单项目名称和项目特征设置,同一招标工程的编码不得有重码。由于实际招标工程形式多样,为了便于操作,江苏省贯彻文件不强制要求同一招标工程的项目编码不得重复,但规定了同一单位工程的项目编码不得有重码。第4.2.3条规定:工程量清单的项目名称应按附录的项目名称结合拟建工程的实际确定。第4.2.4条规定:工程量清单项目特征应按附录中规定的项目特征,结合拟建工程项目的实际予以描述。

项目特征是确定综合单价的重要依据,描述应按一下原则进行:① 描述的内容应按附录中的规定,结合拟建工程实际,满足确定综合单价的需要;② 描述可直接索引标准图集编号或图纸编号。但对不能满足特征描述要求时,仍应用文字加以描述。

第4.2.5条规定:工程量清单中所列工程量应按附录中规定的工程量计算规则计算。第4.2.6条规定:程量清单的计量单位应按附录中规定的计量单位确定。

为了操作方便,规范中部分项目列有两个或两个以上的计量单位和计算规则。在编制清单时,应结合拟建工程项目的实际情况,同～招标工程选择其中一个确定。

二、装饰工程分部分项工程项目清单的编制

1. 楼地面装饰工程

1) 概况

本章共8节43个项目,包括整体面层及找平层、块料面层、橡塑面层、其他材料面层、踢脚线、楼梯面层、台阶装饰、零星装饰等项目。适用于楼地面、楼梯、台阶等装饰工程。

2) 有关项目的说明

（1）整体面层、块料面层中包括抹找平层,单独列的"平面砂浆找平层"项目只适用于仅做找平层的平面抹灰。

（2）楼地面工程中,防水工程项目按附录J屋面及防水工程相关项目编码列项。

（3）间壁墙指墙厚不大于120 mm的墙。

3) 有关项目特征说明

（1）楼地面装饰是指构成楼地面的找平层(在垫层、楼板上或填充层上起找平、找坡或加强作用的构造层)、结合层(面层与下层相结合的中间层)、面层(直接承受各种荷载作用的表面层)等。构成楼地面的基层、垫层、填充层和隔离层在其他章节设置。如混凝土垫层按"E.1现浇混凝土基础中的垫层"编码列项,除混凝土外的其他材料垫层按"D.4垫层"编码

列项。

（2）找平层是指水泥砂浆找平层,有特殊要求的可采用细石混凝土、沥青砂浆、沥青混凝土等材料铺设。

（3）结合层是指冷油、纯水泥浆、细石混凝土等面层与下层相结合的中间层。

（4）面层是指整体面层(水泥砂浆、现浇水磨石、细石混凝土、菱苦土等面层)、块料面层(石材、陶瓷地砖、橡胶、塑料、竹、木地板)等面层。

（5）面层中其他材料:① 防护材料是指耐酸、耐碱、耐臭氧、耐老化、防火、防油渗等材料;② 嵌条材料是用于水磨石的分格、作图案等的嵌条,如:玻璃嵌条、铜嵌条、铝合金嵌条、不锈钢嵌条等;③ 压线条是指地毯、橡胶板、橡胶卷材铺设压线条,如:铝合金、不锈钢、铜压线条等;④ 颜料是用于水磨石地面、楼梯、台阶和块料面层勾缝所需配制石子浆或砂浆内添加的颜料(耐碱的矿物颜料);⑤ 防滑条是用于楼梯、台阶踏步的防滑设施,如:水泥玻璃屑、水泥钢屑、铜、铁防滑条等;⑥ 地毡固定配件是用于固定地毡的压棍脚和压棍;⑦ 酸洗、打蜡、磨光水磨石、菱苦土、陶瓷块料等,均可采用草酸清洗油渍、污渍,然后打蜡(蜡脂、松香水、鱼油、煤油等按设计要求配合)和磨光。

4）工程量计算规则的说明

（1）单跑楼梯不论其中间是否有休息平台,其工程量与双跑楼梯同样计算。

（2）台阶面层与平台面层是同一种材料时,平台计算面层后,台阶不再计算最上一层踏步面积;如台阶计算最上一层踏步(加 30 cm),平台面层中必须扣除该面积。

（3）如间壁墙在做地面前已完成,地面工程量也不扣除。

（4）石材楼地面和块料楼地面按设计图示尺寸以面积计算。门洞、空圈、暖气包槽、壁龛的开口部分并入相应的工程量内。

2. 墙、柱面装饰与隔断、幕墙工程

1）概况

本章共 10 节 35 个项目,包括墙面抹灰、柱(梁)面抹灰、零星抹灰、墙面块料面层、柱(梁)面镶贴块料、镶贴零星块料、墙饰面、柱(梁)饰面、幕墙、隔断等工程。通用于一般抹灰、装饰抹灰工程。

2）有关项目说明

（1）一般抹灰包括石灰砂浆、水泥砂浆、混合砂浆、聚合物水泥砂浆、膨胀珍珠岩水泥砂浆和麻刀灰、纸筋石灰、石膏灰等。（2）装饰抹灰包括水刷石、水磨石、斩假石(剁斧石)、干粘石、假面砖、拉条灰、拉毛灰、甩毛灰、扒拉石、喷毛灰等。（3）柱面抹灰项目、石材柱面项目、块料柱面项目适用于矩形柱、异形柱(包括圆形柱、半圆形柱等)。（4）零星抹灰和镶贴零星块料面层项目适用于不大于 0.5 m² 的少量分散的抹灰和镶贴块料面层。（5）墙、柱(梁)面的抹灰项目,包括底层抹灰;墙、柱(梁)面的镶贴块料项目,包括黏结层,本章列有立面砂浆找平层、柱、梁面砂浆找平及零星项目砂浆找平项目,只适用于仅做找平层的立面抹灰。

3）有关项目特征说明

（1）墙体类型指砖墙、石墙、混凝土墙、砌块墙以及内墙、外墙等。（2）底层、面层的厚度应根据设计规定(一般采用标准设计图)确定。（3）勾缝类型指清水砖墙、砖柱的加浆勾缝(平缝或凹缝),石墙、石柱的勾缝(如平缝、平凹缝、平凸缝、半圆凹缝、半圆凸缝和三角凸缝等)。（4）块料饰面板是指石材饰面板(天然花岗石、大理石、人造花岗石、人造大理石、预制水磨石饰面板等,陶瓷面砖(内墙彩釉面瓷砖、外墙面砖、陶瓷锦砖、大型陶瓷锦面板等),玻璃面砖(玻璃锦砖、玻璃面砖等),金属饰面板(彩色涂色钢板、彩色不锈钢板、镜面不锈钢饰面板、铝合金板、复合铝板、铝塑板等),塑料饰面板(聚氯乙烯塑料饰面板、玻璃钢饰面板、塑料贴面饰面板、聚醋装饰板、复塑中密度纤维板等),木质饰面板(胶合板、硬质纤维板、细木工板、刨花板、水泥木屑板、灰板条等)。(5)安装方式可描述为砂浆或黏接剂粘贴、挂贴、干挂等,不论哪种安装方式,都要详细描述与组价相关的内容。挂贴是对大规格的石材(大理石、花岗石、青石等)使用先贴后灌浆的方式固定于墙、柱面。干挂分直接干挂法(通过不锈钢膨胀螺栓、不锈钢挂件、不锈钢连接件、不锈钢钢针等将外墙饰面板连接在外墙墙面)和间接干挂法(通过固定在墙、柱、梁上的龙骨,再通过各种挂件固定外墙饰面板)。(6)嵌缝材料指嵌缝砂浆、嵌缝油膏、密封胶封水材料等。(7)防护材料指石材等防碱背涂处理剂和面层防酸涂剂等。(8)基层材料指面层内的底板材料,如木墙裙、木护墙、木板隔墙等,在龙骨上粘贴或铺钉一层加强面层的底板。

4) 有关工程量计算说明

(1)墙面抹灰不扣除与构件交接处的面积,是指墙与梁的交接处所占面积,不包括墙与楼板的交接。(2)外墙裙抹灰面积,按其长度乘以高度计算,是指按外墙裙的长度。(3)柱的一般抹灰和装饰抹灰及勾缝,以柱断面周长乘以高度计算,柱断面周长是指结构断面周长。(4)装饰板柱(梁)面按设计图示饰面外围尺寸以面积计算。饰面外围尺寸是饰面的表面尺寸。(5)带肋全玻璃幕墙是指玻璃幕墙带玻璃肋,玻璃肋的工程量应合并在玻璃幕墙工程量内计算。

5) 有关工程内容说明

(1)"抹面层"是指一般抹灰的普通抹灰(一层底层和一层面层或不分层一遍成活)、中级抹灰(一层底层、一层中层和一层面层或一层底层、一层面层)、高级抹灰(一层底层、数层中层和一层面层)的面层。(2)"抹装饰面"是指装饰抹灰(抹底灰、涂刷107胶溶液、刮或刷水泥浆液、抹中层、抹装饰面层)的面层。

3. 天棚工程

1) 概况

本章共4节10个项目,包括天棚抹灰、天棚吊顶、采光天棚、天棚其他装饰。适用于天棚装饰工程。

2) 有关项目的说明

(1)天棚的检查孔、天棚内的检修走道等应包括在报价内。(2)天棚吊顶的平面、跌级、锯齿形、阶梯形、吊挂式、藻井式以及矩形、弧形、拱形等应在清单项目特征中进行描述。(3)天棚设置保温、隔热、吸声层时,按其他章节相关项目编码列项。(4)天棚装饰刷油漆、涂料以及裱糊,按油漆、涂料、裱糊章节相应项目编码列项。

3) 有关项目特征的说明

(1)"天棚抹灰"中的基层类型是指混凝土现浇板、预制混凝土板、木板条等。(2)龙骨中距,指相邻龙骨中线之间的距离。(3)基层材料,指底板或面层背后的加强材料。(4)天棚面层适用于:石膏板(包括装饰石膏板、纸面石膏板、吸声穿孔石膏板、嵌装式装饰石膏等)、埃特板、装饰吸声罩面板(包括矿棉装饰吸声板、贴塑矿(岩)棉吸声板、膨胀珍珠岩装饰吸声制品、玻璃棉装饰吸声板等)、塑料装饰罩面板(钙塑泡沫装饰吸声板、聚苯乙烯泡沫塑料装饰吸声板、聚氯乙烯塑料天花板等)、纤维水泥加压板(包括轻质硅酸钙吊顶板等)、金属装饰板(包括铝合金罩面板、金属微孔吸声板、铝合金单体构件等)、木质饰板(胶合板、薄板、板条、水泥木丝板、刨花板等)、玻璃饰面(包括镜面玻璃、镭射玻璃等)。(5)格栅吊顶面层适用于木格栅、金属格栅、塑料格栅等。(6)吊筒吊顶适用于木(竹)质吊筒、金属吊筒、塑料吊筒以及圆形、矩形、扁钟形吊筒等。(7)送风口、回风口适用于金属、塑料、木质风口。

4)有关工程量计算的说明

(1)天棚抹灰与天棚吊顶工程量计算规则有所不同:天棚抹灰不扣除柱、垛所占面积;天棚吊顶不扣除柱垛所占面积,但应扣除单个大于 0.3 m² 独立柱所占面积。柱垛是指与墙体相连的柱突出墙体部分。(2)天棚吊顶应扣除与天棚吊顶相连的窗帘盒所占的面积。(3)格栅吊顶、吊筒吊顶、藤条造型悬挂吊顶、织物软吊顶、装饰网架吊顶均按设计图示尺寸以水平投影面积计算。

4. 门窗工程

1)概况

本章共 10 节 55 个项目,包括木门,金属门,金属卷帘(闸)门,厂房库大门,特种门,其他门,木窗,金属窗,门窗套,窗台板,窗帘、窗帘盒、轨。适用于门窗工程。

2)有关项目的说明

(1)木质门应区分镶板木门、企口木板门、实木装饰门、胶合板门、夹板装饰门、木纱门、全玻门(带木质扇框)、木质半玻门(带木质扇框)等项目,分别编码列项。(2)金属门应区分金属平开门、金属推拉门、金属地弹门、全玻门(带金属扇框)、金属半玻门(带扇框)等项目,分别编码列项。(3)特种门应区分冷藏门、冷冻间门、保温门、变电室门、隔音门、防射线门、人防门、金库门等项目,分别编码列项。(4)木质窗应区分木百叶窗、木组合窗、木天窗、木固定窗、木装饰空花窗等项目,分别编码列项。(5)金属窗应区分金属组合窗、防盗窗等项目,分别编码列项。(6)木门五金应包括:折页、插销、门碰珠、弓背拉手、搭机、木螺丝、弹簧折页(自动门)、管子拉手(自由门、地弹门)、地弹簧(地弹门)、角铁、门轧头(地弹门、自由门)等。(7)铝合金门五金包括:地弹簧、门锁、拉手、门插、门铰、螺丝等。(8)金属门五金包括L 型执手插锁(双舌)、执手锁(单舌)、门轧头、地锁、防盗门机、门眼(猫眼)、门碰珠、电子锁(磁卡锁)、闭门器、装饰拉手等。(9)木窗五金包括:折页、插销、风钩、木螺丝、滑轮滑轨(推拉窗)等。(10)金属窗五金包括:折页、螺丝、执手、卡锁、铰拉、风撑、滑轮、滑轨、拉把、拉手、角码、牛角制等。(11)因窗工作内容均包括了五金安装,金属窗里不再单列"特殊五金"项目。(12)单独制作安装木门框按木门框项目编码列项。(13)木门窗套适用于单独门窗套的制作、安装。(14)门窗框与洞口之间缝隙的填塞,应包括在报价内。

3)有关项目特征的说明

(1)以樘计量,项目特征必须描述洞口尺寸;以平方米计量,项目特征可不描述洞口尺寸。(2)门窗工程项目特征根据施工图"门窗表"表现形式和内容,均增补门代号及洞口尺寸,同时取消与此重复的内容,例如:类型、品种、规格等。(3)木门窗、金属门窗取消油漆品种、刷漆遍数,单独执行油漆章节。

4)有关工程量计算说明

(1)门窗工程以"樘"、m² 计量。(2)门窗套以"樘"、"m²"、"m"计量:以"樘"计量,按设计图示数量计算;以"m²"计量,按设计图示尺寸以展开面积计算;以"m"计量,按设计图示中心以延长米计算。(3)窗台板以"m²"计量,按设计图示尺寸以展开面积计算。(4)窗帘以"m"、"m²"计量,以"m"计量,按设计图示尺寸以成活后长度计算;以"m²"计量,按图示尺寸以成活后展开面积计算。

5）有关工程内容的说明

（1）门窗工程（除个别门窗外）均以成品木门窗考虑，在工作内容栏中取消"制作"的工作内容。（2）防护材料分防火、防腐、防虫、防潮、耐磨、耐老化等材料，应根据清单项目要求计价。

5. 油漆、涂料、裱糊工程

1）概况

本章共 8 节 36 个项目，包括门油漆，窗油漆，木扶手及其他板条、线条油漆，木材面油漆，金属面油漆，抹灰面油漆，喷刷涂料，裱糊等；适用于门窗油漆、金属、抹灰面油漆工程。

2）有关项目的说明

（1）有关项目中已包括油漆、涂料的不再单独按本章列项。（2）连窗门可按门油漆项目编码列项。（3）木扶手区分带托板与不带托板分别编码（第五级编码）列项。（4）列有木扶手和木栏杆的油漆项目，若是木栏杆带扶手，木扶手不应单独列项，应包含在木栏杆油漆中。（5）抹灰面油漆和刷涂料中包括刮腻子，但又单独列有满刮腻子项目，此项目只适用于仅做满刮腻子的项目，不得将抹灰面油漆和刷涂料中刮腻子单独分出执行满刮腻子项目。

3）有关工程特征的说明

（1）木门油漆应区分木大门、单层木门、双层（一玻一纱）木门、双层（单裁口）木门、全玻自由门、半玻自由门、装饰门及有框门或无框门等项目，分别编码列项。（2）金属门油漆应区分平开门、推拉门、钢制防火门等项目，分别编码列项。（3）木窗油漆应区分单层木窗、双层（一玻一纱）木窗、双层框扇（单裁口）木窗、双层框三层（二玻一纱）木窗、单层组合窗、双层组合窗、木百叶窗、木推拉窗等项目，分别编码列项。（4）金属窗油漆应区分平开窗、推拉窗、固定窗、组合窗、金属隔栅窗等项目，分别编码列项。（5）腻子种类分石膏油腻子（熟桐油、石膏粉、适量色粉）、胶腻子（大白、色粉、羧甲基纤维素）、漆片腻子（漆片、酒精、石膏粉、适量色粉）、油腻子（矾石粉、桐油、脂肪酸、松香）等。

4）有关工程量计算的说明

（1）楼梯木扶手工程量按中心线斜长计算，弯头长度应计算在扶手长度内。（2）搏风板工程量按中心线斜长计算，有大刀头的每个大刀头增加长度 50 cm。搏风板是悬山或歇山屋顶山墙处沿屋顶斜坡钉在桁头之板，大刀头是搏风板头的一种，形似大刀。（3）木护墙、木墙裙油漆按垂直投影面积计算。（4）窗台板、筒子板、盖板、门窗套、踢脚线油漆按水平或垂直投影面积（门窗套的贴脸板和筒子板垂直投影面积合并）计算。（5）清水板条天棚、檐口油漆、木方格吊顶天棚油漆以水平投影面积计算，不扣除空洞面积。（6）暖气罩油漆，垂直面按垂直投影面积计算，突出墙面的水平面按水平投影面积计算，不扣除空洞面积。（7）工程量以面积计算的油漆、涂料项目，线角、线条、压条等不展开。

5）有关工程内容的说明

（1）抹灰面的油漆、涂料，应注意基层的类型，如：一般抹灰墙柱面与拉条灰、拉毛灰、甩毛灰等油漆、涂料的耗工量与材料消耗量的不同。（2）墙纸和织锦缎的裱糊，应注意设计要求对花还是不对花。

6. 其他装饰工程

1）概况

本章共 8 节 62 个项目，包括柜类、货架、压条、装饰线、扶手、栏杆、栏板装饰、暖气罩、浴厕配件、雨篷、旗杆、招牌、灯箱、美术字等项目。适用于装饰物件的制作、安装工程。

2)有关项目的说明

(1)厨房壁柜和厨房吊柜以嵌入墙内为壁柜,以支架固定在墙上的为吊柜。(2)压条、装饰线项目已包括在门扇、墙柱面、天棚等项目内的,不再单独列项。(3)洗漱台项目适用于石质(天然石材、人造石材等)、玻璃等。(4)旗杆的砌砖或混凝土台座,台座的饰面可按相关附录章节另行编码列项,也可纳入旗杆价内。(5)美术字不分字体,按大小规格分类。(6)柜类、货架、浴厕配件、雨篷、招牌、灯箱、美术字等单件项目,包括了刷油漆,主要考虑整体性。不得单独将油漆分离,单列油漆清单项目;其他项目没有包括刷油漆,可单独按附录P相应项目编码列项。(7)凡栏杆、栏板含扶手的项目,不得单独将扶手进行编码列项。

3)有关项目特征的说明

(1)台柜的规格以能分离的成品单体长、宽、高来表示,如:一个组合书柜分上下两部分,下部为独立的矮柜,上部为敞开式的书柜,可以上、下两部分标注尺寸。(2)镜面玻璃和灯箱等的基层材料是指玻璃背后的衬垫材料,如:胶合板、油毡等。(3)装饰线和美术字的基层类型是指装饰线、美术字依托体的材料,如砖墙、木墙、石墙、混凝土墙、墙面抹灰、钢支架等。(4)旗杆高度指旗杆台座上表面至杆顶的尺寸(包括球珠)。(5)美术字的字体规格以字的外接矩形长、宽和字的厚度表示。固定方式指粘贴、焊接以及铁钉、螺栓、铆钉固定等方式。

4)有关工程量计算的说明

(1)柜类、货架以"个"或"m"或"m³"计算。(2)洗漱台放置洗面盆的地方必须挖洞,根据洗漱台摆放的位置有些还需选形,产生挖弯、削角,为此洗漱台的工程量按外接矩形计算。挡板指镜面玻璃下边沿至洗漱台面和侧墙与台面接触部位的竖挡板(一般挡板与台面使用同种材料品种,不同材料品种应另行计算)。吊沿指台面外边沿下方的竖挡板。挡板和吊沿均以面积并入台面面积内计算。

三、装饰工程措施项目清单的编制

《计价规范》强制性条文第4.3.1条规定,措施项目清单必须根据相关工程现行国家工程量计算规范的规定编制。

《计价规范》第4.3.2条规定,措施项目清单应根据拟建工程的实际情况列项。

措施项目是指为完成工程项目施工,发生于该工程施工准备和施工过程中技术、生活、安全、环保等方面的项目。措施项目清单的编制需考虑多种因素,除工程本身的因素外,还涉及水文、气象、环境、安全等因素。由于影响措施项目设置的因素太多,工程量计算规范不可能将施工中可能出现的措施项目一一列出。在编制措施项目清单时,因工程情况不同,出现工程量计算规范附录中未列的措施项目,可根据工程具体情况对措施项目清单作补充。

工程量计算规范措施项目一共有7节52个项目。内容包括:脚手架工程、混凝土模板及支架(撑)、垂直运输、超高施工增加、大型机械设备进出场及安拆、施工排水降水、安全文明施工及其他措施项目。同时,工程量计算规范将措施项目划分为两类:一类是可以计算工程量的项目,如脚手架、降水工程等,就以"量"计价,更有利于措施费的确定和调整,称为"单价措施项目"。单价措施项目清单及计价定额是与分部分项工程项目清单及计价定额合二为一的,计价规范附录F.1列出了"分部分项工程和单价措施项目清单与计价定额";另一类是不能计算工程量的项目,如安全文明措施、临时设施等,就以"项"计价,称为"总价措施项目"。

对此,计价规范附录 F.4 列出了"总价措施项目清单与计价定额"。

1. 脚手架工程

1)概况

脚手架工程分为综合脚手架和单项脚手架两类。其中单项脚手架包括:外脚手架、里脚手架、悬空脚手架、挑脚手架、满堂脚手架、整体提升架、外装饰吊篮等 7 个项目。

2)脚手架主要工程量计算规则及使用注意要点

(1)"综合脚手架"系指整个房屋建筑结构及装饰施工常用的各种脚手架的总体。规范规定其适用于能够按"建筑面积计算规则"计算建筑面积的建筑工程脚手架,不适用于房屋加层、构筑物及附属工程脚手架。工程量是按建筑面积计算。应注意:使用综合脚手架时,不得再列出外脚手架、里脚手架等单项脚手架。特征描述要明确建筑结构形式和檐口高度。(2)"外脚手架"系指沿建筑物外墙外围搭设的脚手架。常用于外墙砌筑、外装饰等项目的施工。工程量是按服务对象的垂直投影面积计算。(3)"里脚手架"系指沿室内墙边等搭设的脚手架。常用于内墙砌筑、室内装饰等项目的施工。工程量计算同外脚手架。(4)"悬空脚手架"多用于脚手板下需要留有空间的平顶抹灰、勾缝、刷浆等施工所搭设。工程量是按搭设的水平投影面积计算,不扣除垛、柱所占面积。(5)"挑脚手架"主要用于采用里脚手架砌外墙的外墙面局部装饰(檐口、腰线、花饰等)施工所搭设。工程量按搭设长度乘以搭设层数以延长米计算。(6)"满堂脚手架"系指在工作面范围内满设的脚手架,多用于室内净空较高的天棚抹灰、吊顶等施工所搭设。工程量是按搭设的水平投影面积计算。(7)"整体提升架"多用于高层建筑外墙施工。工程量按所服务对象的垂直投影面积计算。应注意:整体提升架已包括 2 m 高的防护架体设施。(8)"外装饰吊篮"用于外装饰,工程量按所服务对象的垂直投影面积计算。

3)共性问题的说明

(1)同一建筑物有不同檐高时,按建筑物竖向切面分别按不同檐高编列清单项目。(2)脚手架材质可以不描述,但应注明由投标人根据实际情况按照《建筑施工扣件式钢管脚手架安全技术规程》JGJ 130、《建筑施工附着升降脚手架管理暂行规定》(建建〔2000〕230 号)等规范自行确定。

2. 垂直运输

垂直运输指施工工程在合理工期内所需的垂直运输机械。工程量计算规则设置了两种,一种是按建筑面积计算;另一种是按施工工期日历天数计算。我省贯彻文件明确施工工期日历天为定额工期。应注意:项目特征要求描述的建筑物檐口高度是指设计室外地坪至檐口滴水的高度(平屋面系指屋面板板底高度),突出主体建筑物屋顶的电梯机房、楼梯出口间、水箱间、瞭望塔、排烟机房等不计入檐口高度。另外,同一建筑物有不同檐高时,按建筑物的不同檐高做纵向分割,分别计算建筑面积,以不同檐高分别编码列项。

3. 超高施工增加

单层建筑物檐口高度超过 20 m,多层建筑物超过 6 层时,可按超高部分的建筑面积计算超高施工增加。应注意:计算层数时,地下室不计入层数。另外,同一建筑物有不同檐高时,可按不同高度的建筑面积分别计算建筑面积,以不同檐高分别编码列项。

应注意:我省贯彻文件为了增加规则的操作适用性,补充规定超高施工增加适用于建筑物檐高超过 20 m 或层数超过 6 层时。工程量按超过 20 m 部分与超过 6 层部分建筑面积中的较大值计算。

4. 大型机械设备进出场及安拆

大型机械设备进出场及安拆是指各类大型施工机械设备在进入工地和退出工地时所发生的运输费和安装拆卸费用等。工程量是按使用机械设备的数量计算。应注意:项目特征应注明机械设备名称和规格型号。

5. 安全文明施工及其他措施项目

安全文明施工及其他措施项目为总价措施项目,由于影响措施项目设置的因素太多,"总价措施项目清单与计价定额"中不能一一列出,江苏省费用定额中对措施项目进行了补充和完善,供招标人列项和投标人报价参考用。费用定额中对于房屋建筑与装饰工程的总价措施项目及内容如下:

1) 通用的总价措施项目

(1) 安全文明施工:为满足施工安全、文明施工以及环境保护、职工健康生活所需要的各项费用。本项为不可竞争费用。① 环境保护包含范围:现场施工机械设备降低噪音、防扰民措施费用;水泥和其他易飞扬细颗粒建筑材料密闭存放或采取覆盖措施等费用;工程防扬尘洒水费用;土石方、建渣外运车辆冲洗、防洒漏等费用;现场污染源的控制、生活垃圾清理外运、场地排水排污措施的费用;其他环境保护措施费用。② 文明施工包含范围:"五牌一图"的费用;现场围挡的墙面美化(包括内外粉刷、刷白、标语等)、压顶装饰费用;现场厕所便槽刷白、贴面砖,水泥砂浆地面或地砖费用,建筑物内临时便溺设施费用;其他施工现场临时设施的装饰装修、美化措施费用;现场生活卫生设施费用;符合卫生要求的饮水设备、淋浴、消毒等设施费用;生活用洁净燃料费用;防煤气中毒、蚊虫叮咬等措施费用;施工现场操作场地的硬化费用;现场绿化费用、治安综合治理费用;现场配备医药保健器材、物品费用和急救人员培训费用;用于现场工人的防暑降温费、电风扇、空调等设备及用电费用;其他文明施工措施费用。③ 安全施工包含范围:安全资料、特殊作业专项方案的编制,安全施工标志的购置及安全宣传的费用;"三宝"(安全帽、安全带、安全网)、"四口"(楼梯口、电梯井口、通道口、预留洞口),"五临边"(阳台围边、楼板围边、屋面围边、槽坑围边、卸料平台两侧),水平防护架、垂直防护架、外架封闭等防护的费用;施工安全用电的费用,包括配电箱三级配电、两级保护装置要求、外电防护措施;起重机、塔吊等起重设备(含井架、门架)及外用电梯的安全防护措施(含警示标志)费用及卸料平台的临边防护、层间安全门、防护棚等设施费用;建筑工地起重机械的检验检测费用;施工机具防护棚及其围栏的安全保护设施费用;施工安全防护通道的费用;工人的安全防护用品、用具购置费用;消防设施与消防器材的配置费用;电气保护、安全照明设施费;其他安全防护措施费用。

(2) 夜间施工:规范、规程要求正常作业而发生的夜班补助、夜间施工降效、夜间照明设施的安拆、摊销、照明用电以及夜间施工现场交通标志、安全标牌、警示灯安拆等费用。

(3) 二次搬运:由于施工场地限制而发生的材料、成品、半成品等一次运输不能到达堆放地点,必须进行的二次或多次搬运费用。

(4) 冬雨季施工:在冬雨季施工期间所增加的费用。包括冬季作业、临时取暖、建筑物门窗洞口封闭及防雨措施、排水、工效降低、防冻等费用。不包括设计要求混凝土内添加防冻剂的费用。

(5) 地上、地下设施、建筑物的临时保护设施:在工程施工过程中,对已建成的地上、地下设施和建筑物进行的遮盖、封闭、隔离等必要保护措施。在园林绿化工程中,还包括对已有植物的保护。

（6）已完工程及设备保护费：对已完工程及设备采取的覆盖、包裹、封闭、隔离等必要保护措施所发生的费用。

（7）临时设施费：施工企业为进行工程施工所必需的生活和生产用的临时建筑物、构筑物和其他临时设施的搭设、使用、拆除等费用。① 临时设施包括：临时宿舍、文化福利及公用事业房屋与构筑物、仓库、办公室、加工场等。② 建筑与装饰工程在规定范围内（建筑物沿边起 50 米以内，多幢建筑两幢间隔 50 米内）的围墙、临时道路、水电、管线和轨道垫层等。建设单位同意在施工就近地点临时修建混凝土构件预制场所发生的费用，应向建设单位结算。

（8）赶工措施费：施工合同约定工期比定额工期提前，施工企业为缩短工期所发生的费用。如施工过程中，发包人要求实际工期比合同工期提前时，由发承包双方另行约定。

（9）工程按质论价：施工合同约定质量标准超过国家规定，施工企业完成工程质量达到经有权部门鉴定或评定为优质工程所必须增加的施工成本费。

（10）特殊条件下施工增加费：地下不明障碍物、铁路、航空、航运等交通干扰而发生的施工降效费用。

2）装饰工程专业措施项目

总价措施项目中，除通用措施项目外，建筑与装饰工程专业措施项目如下：

（1）非夜间施工照明：为保证工程施工正常进行，在如地下室、地官等特殊施工部位施工时所采用的照明设备的安拆、维护、摊销及照明用电等费用。

（2）住宅工程分户验收：按《住宅工程质量分户验收规程》（DGJ32/TJ 103—2010）的要求对住宅工程工程进行专门验收（包括蓄水、门窗淋水等）发生的费用。室内空气污染测试不包含在住宅工程分户验收费中，由建设单位委托检测机构完成并承担费用。

第三节　装饰工程工程量清单计价

一、一般规定和要求

计价规范第 1.0.3 条规定：建设工程发承包及实施阶段的工程造价应由分部分项工程费、措施项目费、其他项目费、规费和税金组成。第 3.1.4 条规定：工程量清单应采用综合单价计价。第 5.2.2 条规定：综合单价中应包括招标文件中划分的应由投标人承担的风险范围及其费用。招标文件中没有明确的，如是工程造价咨询人编制，应提请招标人明确；如是招标人编制，应予明确。第 5.2.3 条规定：分部分项工程和措施项目中的单价项目，应根据拟定的招标文件和招标工程量清单项目中的特征描述及有关要求确定综合单价计算。第 5.2.4、6.2.4 条规定：措施项目中的总价项目金额应根据招标文件及施工组织设计或施工方案按规范第 3.1.4 条和第 3.1.5 条的规定确定。第 5.2.5 条规定：其他项目应按下列规定计价：（1）暂列金额应按招标工程量清单中列出的金额填写；（2）暂估价中的材料、工程设备单价应按招标工程量清单中列出的单价计入综合单价；（3）暂估价中的专业工程金额应按招标工程量清单中列出的金额填写；（4）计日工应按招标工程量清单中列出的项目根据工程特点和有关计价依据确定综合单价计算；（5）总承包服务费应根据招标工程量清单列出的内容和要求确定。

《江苏省建筑与装饰工程计价定额》(2014版)与《建设工程工程量清单计价规范》(2014)、《房屋建筑与装饰工程工程量计算规范》GB 50854—2013配套使用,一般来讲,工程量清单的综合单价是由单个或多个工程内容按照计价定额规定计算出来的价格的汇总。

二、装饰工程分部分项工程量清单计价

1. 楼地面装饰工程清单计价要点

(1) 整体面层:计算规范的计算规则是"不扣除间壁墙及不大于0.3 m²柱、垛、附墙烟囱及孔洞所占面积"。计价定额则为"不扣除柱、垛、间壁墙、附墙烟囱及面积在0.3 m²以内的孔洞所占面积"。注意二者的区别。(2) 踢脚线:计算规范的计算规则是"以平方米计量,按设计图示长度乘高度以面积计算"或"以米计量,按延长米计算",而计价定额中是"水泥砂浆、水磨石踢脚线按延长米计算,其洞口、门口长度不予扣除,但洞口、门口、垛、附墙烟囱等侧壁也不增加;块料面层踢脚线按图示尺寸以实贴延长米计算,门洞扣除,侧壁另加"。计价定额中不论是整体还是块料面层楼梯均包括踢脚线在内,而计算规范未明确,在实际操作中为便于计算,可参照计价定额把楼梯踢脚线合并在楼梯内计价,但在楼梯清单的项目特征一栏应把踢脚线描述在内,在计价时不要漏掉。(3) 楼梯:计算规范中无论是块料面层还是整体面层,均按水平投影面积计算,包括500 mm以内的楼梯井宽度;计价定额中整体面层与块料面层楼梯的计算规则是不一样的,整体面层按楼梯水平投影面积计算,而块料面层按实铺面积计算。虽然计价定额中整体面层也是按楼梯水平投影面积计算,与规范仍有区别:①楼梯井范围不同,规范是500 mm为控制指标,定额以200 mm为界限;②楼梯与楼地面相连时规范规定只算至楼梯梁内侧边缘,定额规定应算至楼梯梁外侧面。(4) 台阶:计算规范中无论是块料面层还是整体面层,均按水平投影面积计算;计价定额中整体面层按水平投影面积计算,块料面层按展开(包括两侧)实铺面积计算。同时注意:台阶面层与平台面层使用同一种材料时,平台计算面层后,台阶不再计算最上一层踏步面积,但应将最后一步台阶的踢脚板面层考虑在报价内。

2. 墙、柱面装饰与隔断、幕墙工程清单计价要点

(1) 外墙面抹灰计算规范与计价定额的计算规则有明显区别:规范中明确了门窗洞口和孔洞的侧壁及顶面不增加面积(外墙长×外墙高—门窗洞口—外墙裙和单个大于0.3 m²孔洞十附墙柱、梁、垛、烟囱侧面积),而计价定额规定:门窗洞口、空圈的侧壁、顶面及垛应按结构展开面积并人墙面抹灰中计算。因此在计算清单工程量及定额工程量时应注意区分。(2) 关于阳台、雨篷的抹灰:在计算规范中无一般阳台、雨篷抹灰列项,可参照计价定额中有关阳台、雨篷粉刷的计算规则,以水平投影面积计算,并以补充清单编码的形式列入M.1墙面抹灰中,并在项目特征一栏详细描述该粉刷部位的砂浆厚度(包括打底、面层)及相应的砂浆配合比。(3) 装饰板墙面:计算规范中集该项目的龙骨、基层、面层于一体,采用一个计算规则,而计价定额中不同的施工工序甚至同一施工工序但做法不同其计算规则都不一样。在进行清单计价时,要根据清单的项目特征,罗列完整全面的定额子目,并根据不同子目各自的计算规则调整相应工程量,最后才能得出该清单项目的综合价格。(4) 柱(梁)面装饰:计算规范中不分矩形柱、圆柱均为一个项目,其柱帽、柱墩并入柱饰面面工程量内;计价定额分矩形柱、圆柱分别设子目,柱帽、柱墩也单独设子目,工程量也单独计算。

3. 天棚工程清单计价要点

（1）楼梯天棚的抹灰：规范计算规则规定："板式楼梯底面抹灰按斜面积计算，锯齿形楼梯底板抹灰按展开面积计算。"即按实际粉刷面积计算。计价定额计算规则则规定："底板为斜板的混凝土楼梯、螺旋楼梯，按水平投影面积（包括休息平台）乘以系数1.18，底板为锯齿形时（包括预制踏步板），按其水平投影面积乘以系数1.5计算。"（2）天棚吊顶：同样，计算规范中也是集该项目的吊筋、龙骨、基层、面层于一体，采用一个计算规则，计价定额中分别设置不同子目且计算规则都不一样。

4. 门窗工程清单计价要点

（1）门窗（除个别门窗外）工程均按成品编制项目，若成品中已包含油漆，不再单独计算油漆，不含油漆应按附录P油漆、涂料、裱糊工程相应项目编码列项。（2）"钢木大门"的钢骨架制作安装包括在报价内。（3）门窗套、筒子板、窗台板等，计算规范是在门窗工程中设立项目编码，计价定额把它们归为零星项目在第十八章中设置。

5. 油漆、涂料、裱糊工程清单计价要点

（1）在计算规范中门窗油漆是以"樘"或"m²"为计量单位，金属面油漆以"t"或"m²"为计量单位，其余项目油漆基本按该项目的图示尺寸以长度或面积计算工程量；而在计价定额中很多项目工程量需根据相应项目的油漆系数表乘折算系数后才能套用定额子目。（2）有线角、线条、压条的油漆、涂料面的工料消耗应包括在报价内。（3）空花格、栏杆刷涂料计算规范的计算规则是"按设计图示尺寸以单面外围面积计算"，应注意其展开面积工料消耗应包括在报价内。

6. 其他装饰工程清单计价要点

（1）台柜项目，应按设计图纸或说明，包括台柜、台面材料（石材、皮草、金属、实木等）、内隔板材料、连接件、配件等，均应包括在报价内。（2）扶手、栏杆：楼梯扶手、栏杆计算规范的计算规则是："按设计图示以扶手中心线长度（包括弯头长度）计算。"即按实际展开长度计算，计价定额则规定："楼梯踏步部分的栏杆与扶手应按水平投影长度乘以系数1.18计算"，注意区分。（3）洗漱台现场制作，切割、磨边等人工、机械的费用应包括在报价内。（4）招牌、灯箱：计算规范中招牌是"按设计图示尺寸以正立面边框外围面积计算"，而灯箱是"以设计图示数量计算"，计价定额基层、面层分别计算：钢骨架基层制作、安装套用相应子目，按吨"t"计量；面层油漆按展开面积计算。

三、装饰工程措施项目清单计价

《计价规范》第5.2.3条规定：措施项目中的单价项目，应根据拟定的招标文件和招标工程量清单项目中的特征描述及有关要求确定综合单价计算。第5.2.4条规定：措施项目中的总价项目应根据拟定的招标文件和施工方案按本规范第3.1.4、3.1.5条的规定计价。

《江苏省建筑与装饰工程计价定额》（2014版）费用计算规则中对措施项目费计算标准和方法做出了规定，但同时特别说明按照计价定额编制招标控制价或投标报价，其措施项目费原则上由编标单位或投标单位根据工程实际情况分别计算。除了不可竞争费必须按规定计算外，其余费用均作为参考标准。

根据《江苏省建设工程费用定额》及现行《计算规范》，措施项目费可以分为单价措施项目与总价措施项目。

（1）单价措施项目是指在现行《计算规范》中有对应工程量计算规则，按人工费、材料费、施工机具使用费、管理费和利润形式组成综合单价的措施项目。

单价措施项目以清单工程量乘以综合单价计算。综合单价按照计价定额中的规定，依据设计图纸和经建设方认可的施工方案进行组价。

建筑与装饰工程单价措施项目包括：① 脚手架工程费：脚手架的搭设，加固、拆除、运输以及周转材料摊销等费用。按《江苏省建筑与装饰工程计价定额》中第二十章计算。② 垂直运输费：指在合理工期内完成单位工程全部项目所需的垂直运输机械台班费用，按《江苏省建筑与装饰工程计价定额》中第二十三章计算。③ 超高施工增加：因檐口高度超过 20 m 或建筑物层数超过 6 层，发生的人工降效、机械降诳、高压水泵摊销以及上、下联络通信费用等。④ 大型机械设备进出场及安拆：机械整体或分体自停放场地运至施工现场，或由一个施工地点运至另一个施工地点所发生的机械进出场运输转移、机械安装、拆卸等费用。按机械台班定额计算。

（2）总价措施项目是指在现行《计算规范》中无工程量计算规则，以总价（或计算基础乘费率）计算的措施项目。其中各专业都可能发生的通用的总价措施项目如下：① 安全文明施工：为满足施工安全、文明施工以及环境保护、职工健康生活所需要的各项费用。本项为不可竞争费用。② 夜间施工：规范、规程要求正常作业而发生的夜班补助、夜间施工降效、夜间照明设施的安拆、摊销、照明用电以及夜间施工现场交通标志、安全标牌、警示灯安拆等费用。③ 二次搬运：由于施工场地限制而发生的材料、成品、半成品等一次运输不能到达堆放地点，必须进行的二次或多次搬运费用。④ 冬雨季施工：在冬雨季施工期间所增加的费用。包括冬季作业、临时取暖、建筑物门窗洞口封闭及防雨措施、排水、工效降低、防冻等费用。不包括设计要求混凝土内添加防冻剂的费用。⑤ 地上、地下设施、建筑物的临时保护设施：在工程施工过程中，对已建成的地上、地下设施和建筑物进行的遮盖、封闭、隔离等必要保护措施。在园林绿化工程中，还包括对已有植物的保护。⑥ 已完工程及设备保护费：对已完工程及设备采取的覆盖、包裹、封闭、隔离等必要保护措施所发生的费用。⑦ 临时设施费：施工企业为进行工程施工所必需的生活和生产用的临时建筑物、构筑物和其他临时设施的搭设、使用、拆除等费用。临时设施包括：临时宿舍、文化福利及公用事业房屋与构筑物、仓库、办公室、加工场等。建筑、装饰、安装、修缮、古建园林工程规定范围内（建筑物沿边起 50 m 以内，多幢建筑两幢间隔 50 m 内）围墙、临时道路、水电、管线和轨道垫层等。建设单位同意在施工就近地点临时修建混凝土构件预制场所发生的费用，应向建设单位结算。⑧ 赶工措施费：施工合同约定工期比定额工期提前，施工企业为缩短工期所发生的费用。如施工过程中，发包人要求实际工期比合同工期提前时，由发承包双方另行约定。⑨ 工程按质论价：施工合同约定质量标准超过国家规定，施工企业完成工程质量达到经有权部门鉴定或评定为优质工程所必须增加的施工成本费。⑩ 特殊条件下施工增加费：地下不明障碍物、铁路、航空、航运等交通干扰而发生的施工降效费用。总价措施项目中，除通用措施项目外，建筑与装饰工程专业措施项目如下：非夜间施工照明：为保证工程施工正常进行，在如地下室、地官等特殊施工部位施工时所采用的照明设备的安拆、维护、摊销及照明用电等费用。住宅工程分户验收：按《住宅工程质量分户验收规程》（DGJ321TJ 103—2010）的要求对住宅工程工程进行专门验收（包括蓄水、门窗淋水等）发生的费用。总价措施项目中部分以费率计算的措施项目费率标准详见 14 版江苏费用定额，其计费基础为：分部分项工程费＋单价措施项目费；其他总价措施项目，按项计取，综合单价按实际或可能发生的费用进行计算。

四、其他项目清单计价

计价规范第 4.4.1 条规定:其他项目清单应按照下列内容列项:暂列金额;暂估价,包括材料暂估单价、工程设备暂估单价、专业工程暂估价;计日工;总承包服务费。

1. 暂列金额

招标人在工程量清单中暂定并包括在合同价款中的一笔款项。用于施工合同签订时尚未确定或者不可预见的所需材料、设备、服务的采购,施工中可能发生的工程变更、合同约定调整因素出现时的工程价款调整以及发生的索赔、现场签证确认等的费用。

暂列金额由招标人根据工程特点、工期长短,按有关计价规定进行估算确定,一般可以分部分项工程费的 10%～15% 为参考。

2. 暂估价

招标人在工程量清单中提供的用于支付必然发生但暂时不能确定价格的材料、工程设备的单价以及专业工程的金额。

(1)暂估材料单价由招标人提供,材料单价组成中应包括场外运输与采购保管费。投标人根据该单价计算相应分部分项工程和措施项目的综合单价,并在材料暂估价格表中列出暂估材料的数量、单价、合价和汇总价格,该汇总价格不计入其他项目工程费和集中。

(2)专业工程的暂估价应是综合暂估价,包括除规费和税金以外的管理费、利润等。

(3)计日工。在施工过程中,承包人完成发包人提出的合同范围以外的零星项目或工作,按合同中约定的综合单价计价。

(4)总承包服务费。总承包人为配合协调发包人进行的专业工程发包,对发包人自行采购的材料、工程设备等进行保管以及施工现场管理、协调、配合、竣工资料汇总整理等服务所需的费用。总包服务范围由建设单位在招标文件中明示,并且发承包双方在施工合同中约定。① 招标人仅要求对分包的专业工程进行总承包管理和协调时,按分包的专业工程估算造价的 1% 计算;② 招标人要求对分包的专业工程进行总承包管理和协调并同时要求提供配合服务时,根据招标文件中列出的配合服务内容和提出的要求按分包的专业工程估算造价的 2%～3% 计算。

五、规费、税金的计算

1. 规费

规费应按照有关文件的规定计算,作为不可竞争费,不得让利,也不得任意调整计算标准。

(1)工程排污费:按工程所在地环境保护等部门规定的标准缴纳,按实计取列入。

(2)社会保险费及住房公积金按 14 版江苏费用定额规定执行。

2. 税金

税金是指国家税法规定的应计入建筑安装工程造价内的营业税、城市维护建设税、教育费附加及地方教育附加。

(1)营业税:是指以产品销售或劳务取得的营业额为对象的税种。

(2)城市建设维护税:是为加强城市公共事业和公共设施的维护建设而开征的税,它以附加形式依附于营业税。

（3）教育费附加及地方教育附加：是为发展地方教育事业，扩大教育经费来源而征收的税种。它以营业税的税额为计征基数。

税金按各市规定的税率计算，计算基础为不含税工程造价。

第四节　分部分项工程清单计价实例

例 2.1　某服务大厅内地面垫层上水泥砂浆铺贴大理石板，20 mm 厚 1：3 水泥砂浆找平层，8 mm 厚 1：1 水泥砂浆结合层。具体做法如图 2.1 所示：1 200 mm×1 200 mm 大花白大理石板，四周做两道各宽 200 mm 中国黑大理石板镶边，转弯处采用 45°对角，大厅内有 4 根直径 1 200 mm 圆柱，圆柱四周地面铺贴 1 200 mm×1 200 mm 中国黑大理石板，大理石板现场切割；门档处不贴大理石板；铺贴结束后酸洗打蜡，并进行成品保护。材料市场价格：中国黑大理石 260 元/m²，大花白大理石 320 元/m²。不考虑其他材料及机械的调差，不计算踢脚线。假设人工工资单价为 110 元/工日，管理费率为 42%，利润率为 15%，请计算该地面工程的分部分项工程费。

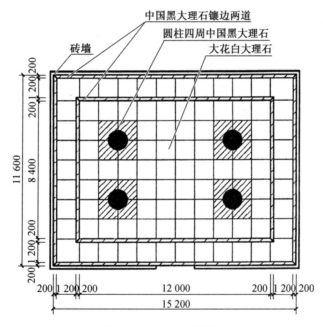

图 2.1　大厅地面布置图

相关知识

① 石材块料面板镶贴不分品种、拼色均执行相应子目。定额已包括镶贴一道墙四周的镶边线（阴、阳角处含 45°角），但设计有两条或两条以上镶边者，按相应定额子目人工乘系数 1.10（工程量按镶边的工程量计算）。② 圆柱四周中国黑大理石为弧形，据计价定额 P531 页注，该弧形部分的石材损耗按实调整并按弧形图示尺寸每 10 m 另外增加切割人工 0.6 工日，合金钢切割锯片 0.14 片，石料切割机 0.6 台班。③ 大理石地面酸洗打蜡未含在石材块料面板计价子目内，另套相应的计价子目。④ 计价时，要注意各大理石价格的区分。人工工日为 110 元/工日，管理费率为 42%，利润率为 15%。要注意调整。

解

1）按《计算规范》编制工程量清单

（1）确定清单项目编码和计量单位

大理石地面查计算规范项目编码为011102001001，计量单位m²。

（2）按《计算规范》规定计算清单工程量

大理石地面：$15.2 \times 11.6 - (0.6 \times 0.6 \times 3.14) \times 4 = 171.8$（m²）

（3）项目特征描述

地面垫层上20 mm厚1∶3水泥砂浆找平层，8 mm厚1∶1水泥砂浆结合层，上贴1 200 mm ×1 200 mm规格大理石板，酸洗打蜡，并进行成品保护。

2）按《计价定额》组价

（1）按《计价定额》计算定额子目工程量

① 中国黑大理石镶边两道的面积：

$[15.2 \times 2 + (11.6 - 0.2 \times 2) \times 2 + 12 \times 2 + (8.4 + 0.2 \times 2) \times 2)] \times 0.2 = 18.88$（m²）

② 大花白大理石镶贴的面积：

$15.2 \times 11.6 - [(1.2 \times 1.2 \times 4) \times 4] - 18.88 = 134.4$（m²）

③ 圆柱四周中国黑大理石镶贴的面积：

$(1.2 \times 1.2 \times 4) \times 4 - (0.6 \times 0.6 \times 3.14) \times 4 = 18.52$（m²）

④ 大理石酸洗打蜡、成品保护的面积：

$15.2 \times 11.6 - (0.6 \times 0.6 \times 3.14) \times 4 = 171.8$（m²）

（2）按《计价定额》计算各子目单价

13-47换 中国黑大理石镶边 3 479.78 元/10 m²

按《计价定额》P519页说明六，二道镶边人工乘系数1.1。

人工费 $3.8 \times 1.1 \times 110 = 459.80$（元）

材料费 $2 642.35 + 10.20 \times (260.00 - 250.00) = 2 744.35$（元）

机械费 8.63 元

管理费 $(459.80 + 8.63) \times 42\% = 196.74$（元）

利 润 $(459.80 + 8.63) \times 15\% = 70.26$（元）

小 计 3 479.78 元/10 m²

13-47换 大花白大理石镶贴 4 026.15 元/10 m²。

人工费 $323.00 + 3.8 \times (110.00 - 85.00) = 418.00$（元）

材料费 $2 642.35 + 10.20 \times (320.00 - 250.00) = 3 356.35$（元）

机械费 8.63 元

管理费 $(418.00 + 8.63) \times 429.6 = 179.18$（元）

利 润 $(418.00 + 8.63) \times 15\% = 63.99$（元）

小 计 4 026.15 元/10 m²

13-47换 圆柱四周中国黑大理石镶贴 4 166.25 元/10 m²

按定额规则计算工程量 $1.2 \times 1.2 \times 4 \times 4 - 0.6 \times 0.6 \times 3.14 \times 4 = 18.52$（m²）

大理石实际用量 $1.2 \times 1.2 \times 4 \times 4 = 23.04$（m²）

大理石实际含量 $23.04 \div 18.52 \times "1.02" \times 10 = 12.69$（m²/10 m²）

大理石切割弧长 $3.14 \times 1.2 \times 4 = 15.07$（m）

弧边增加人工费　$0.6 \times 110 \times 1.507 \div 1.852 = 53.71$（元/10 m²）

增合金钢切割锯片0.14片　$0.14 \times 80 \times 1.507 \div 1.852 = 9.11$（元/10 m²）

增石料切割机0.6台班　$0.6 \times 14.69 \times 1.507 \div 1.852 = 7.17$（元/10 m²）

13-47 单价换算：

人工费　$323.00 + 3.8 \times (110.00 - 85.00) + 53.71 = 471.71$（元）

材料费　$2\,642.35 + 9.11 + 260 \times 12.69 - 2\,550 = 3\,400.86$（元）

机械费　$8.63 + 7.17 = 15.8$（元）

管理费　$(471.71 + 15.8) \times 42\% = 204.75$（元）

利　润　$(471.71 + 15.8) \times 15\% = 73.13$（元）

小　计　4 166.25 元/10 m²

13-110　大理石面层酸洗打蜡　81.21 元/10 m²

人工费　$0.43 \times 110 = 47.3$（元）

材料费　6.94 元

管理费　$47.3 \times 42\% = 19.87$（元）

利　润　$47.3 \times 15\% = 7.1$（元）

小　计　81.21 元/10 m²

18-75　大理石成品保护 21.14 元/10 m²

人工费　$0.05 \times 110 = 5.5$ 元

材料费　12.50 元

管理费　$5.5 \times 42\% = 2.31$ 元

利　润　$5.5 \times 15\% = 0.83$（元）

小　计　21.14 元/10 m²

3) 计算清单综合单价

项目编码	项目名称	项目特征	计量单位	工程量（m²）	金额（元）	
					综合单价	合价
011102001001	石材楼地面	略	m²	171.8	408.36	70 156.25
13-47 换	中国黑大理石镶边	略	10 m²	1.888	3 479.78	6 569.82
13-47 换	大花白大理石镶贴	略	10 m²	13.44	4 026.15	54 111.46
13-47 换	圆柱四周中国黑大理石镶贴	略	10 m²	1.852	4 166.25	7 715.90
13-110	酸洗打蜡	略	10 m²	17.18	81.21	1 395.19
18-75	成品保护	略	10 m²	17.18	21.14	363.19

例2.2　某市一学院教学楼三层设一舞蹈教室，现浇混凝土楼板上做木地板楼面，木龙骨与现浇楼板用 M8 mm×80 mm 膨胀螺栓固定@400 mm×800 mm。做法如图 2.2，木地板实铺面积为 308 m²，踢脚线为硬木踢脚线，毛料断面 120 mm×20 mm，钉在砖墙上，设计总长度 80 m，面刷 3 遍双组份混合型聚氨酯清漆。假设现已按设计图纸计算出主龙骨材积为 3.031 m³，横撑材积为 1.018 m³，M8 mm×80 mm 膨胀螺栓为 966 套。试计算木地板楼面工程的分部分项工程费（人工单价、材料单价、管理费费率、利润费率均按定额不作调整）。

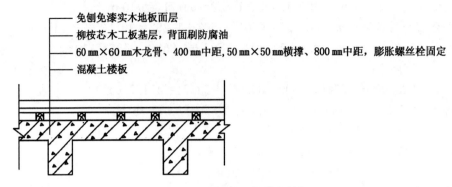

图 2.2　木地板楼面构造大样图

相关知识

(1) 木龙骨与现浇楼板采用膨胀螺丝联结,膨胀螺丝损耗 2‰;(2) 木楞断面与《计价定额》中不同,需换算;(3) 毛地板用柳桉芯木工板代替,需换算;(4) 硬木踢脚线断面尺寸与定额不同,需换算。

解

(1) 按《计算规范》编制工程量清单

① 确定项目编码和计量单位

木地板楼面查《计算规范》项目编码为 011104002001,取计量单位为 m^2。

木质踢脚线查《计算规范》项目编码为 020105006001,取计量单位为 m。

② 按《计算规范》计算工程量

木地板楼面 308 m^2

木质踢脚线 80 m

③ 工程量清单

011104002001　木地板楼面　308 m^2

01110500500　木质踢脚线　80 m

④ 项目特征描述

混凝土楼板上,60 mm×60 mm 木龙骨,400 mm 中距。50 mm×50 mm 横撑,800 mm 中距,M8 mm×80 mm 膨胀螺丝固定,间距 400 mm×800 mm。18 厚细工木板基层,背面刷防腐油,免刨免漆实木地板面层;木质踢脚线硬木制安,毛料断面 120 mm×20 mm,刷 3 遍双组份混合型聚氨酯清漆。

(2) 按《计价定额》组价

① 按《计价定额》计算规则计算子目工程量

木地板楼面：308 m^2

木质踢脚线：80 m

② 按《计价定额》计算各子目单价

13-114 换　铺设木楞及木工板水泥砂浆坞龙骨　824.8 元/10 m^2

分析:

增 M8×80 膨胀螺丝　986÷308×10×1.02＝32 套/10 m^2

增电锤　0.40(台班)

增普通成材

$(3.031+1.018)\div30.8\times1.06-(0.082+0.033+0.02)=0.004\ \text{m}^3$

增 18 厚细木工板　10.50 m²

减毛地板　　　　-10.50 m²

进行水泥砂浆坞龙骨的综合单价应将子目 13-113 减 13-112：

507.27-323.98=183.29 元/10 m²

13-114 换单价：1 313.92+32.00×0.6+0.40×8.34×(1+25%+12%)+0.004×1 600+10.50×38-10.50×70-183.29=824.8 元/10 m²

13-117 免刨免漆地板安装　3 235.90 元/10 m²

13-127 换　木质踢脚线制安　141.09 元/10 m

分析：硬木毛料断面 150 mm×20 mm 换 120 mm×20 mm

$$0.033\times\left(\frac{120\times20}{150\times20}-1\right)=-0.006\ 6\ (\text{m}^3)$$

13-127 换　158.25-0.006 6×2 600=141.09 元/10 m

17-39　踢脚线 3 遍双组份混合型聚氨酯清漆　117.83 元/10 m

③ 计算各定额子目合价

011104002001　木地板楼面

13-114 换　308.00÷10×842.99=25 964.09(元)

13-117　308.00÷10×3 235.90=99 665.72(元)

合计　125 629.81 元

011105005001　木质踢脚线制安

13-127 换　80÷10×141.09=1 128.72(元)

17-39　80÷10×117.83=942.64(元)

合计　2 071.36 元

(3)计算综合单价

011104002001　木地板楼面

125 629.81÷308.00=407.89(元/m²)

011105005001　木质踢脚线制安

2 071.36÷80=25.89(元/m)

(4)分部分项工程费

125 069.56+2 071.20=127 140.76(元)

项目编码	项目名称	项目特征描述	计量单位	工程量(m²)	金额(元)	
					综合单价	合价
011104002001	木地板楼面	略		308	406.07	125 069.56
13-114 换	铺设木楞及木工板	略	10 m²	30.8	824.8	25 403.84
13-117	免刨免漆地板安装	略	10 m²	30.8	3 235.9	99 665.72
011105005001	木踢脚线	略		80	25.89	2 071.20
13-127 换	木质踢脚线制安	略	10 m	8	141.09	1 128.72
17-39	踢脚线油聚氨酯清漆三遍	略	10 m	8	117.83	942.64

例 2.3 一餐厅楼梯栏杆如图 2.3 所示。采用型钢栏杆,成品榉木扶手。设计要求栏杆 25 mm×25 mm×1.5 mm 方钢管与楼梯用 M8 mm×80 mm 膨胀螺栓连接。木扶手刷 3 遍双组份混合型聚氨酯清漆,型钢栏杆防锈漆一遍,黑色调和漆两遍。人工按 110 元/工日计算,其余未作说明的均按计价定额执行。求该楼梯栏杆 1 m 的清单综合单价。(注:25 mm×4 mm 扁钢 0.79 kg/m,25 mm×25 mm×1.5 mm 方钢管 1.18 kg/m。材料、机械费不调整。)

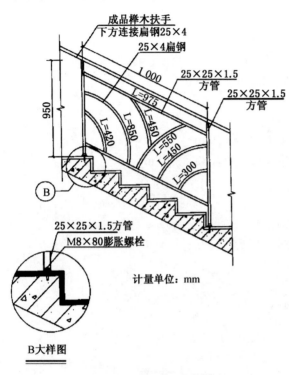

图 2.3　楼梯栏杆大样图

② 按《计算规范》计算清单工程量

011503002001　硬木扶手带铁栏杆 1 m。

③ 项目特征描述

榉木扶手成品安装,25 mm×25 mm×1.5 mm 方钢管、25 mm×4 mm 扁铁型钢,与楼梯用 M8 mm×80 mm 膨胀螺栓连接。木扶手刷 3 遍双组份混合型聚氨酯清漆,型钢栏杆防锈漆一遍,黑色调和漆两遍。

(2) 按《计价定额》组价

① 计算型钢定额含量

25 mm×4 mm 扁钢:$(1.00+0.42+0.85+0.45+0.55+0.42+0.30)×"1.06"×"0.79"×10=33.41(kg/10 m)$

25 mm×25 mm×1.5 mm 方钢管:$(0.95×1+1-0.025+1-0.025)×"1.06"×1.18×10=2.9×"1.06"×1.18×10=36.27(kg/10 m)$

② 计算型钢油漆表面积

25×4 扁钢油漆表面积:

$0.025×1+(0.025+0.004)×2×(0.42+0.85+0.45+0.55+0.42+0.30)=0.2 m^2$

相关知识

① 设计成品木扶手安装,每 10 m 扣除制作人工 2.85 工日。扣除硬木成材,增加成品榉木扶手。② 型钢栏杆按设计用量加 6% 损耗进行调整,油漆按"m^2"计算。③ 栏杆与楼梯用膨胀螺栓连接,每 10 m 另增人工 0.35 工日,膨胀螺栓 10 只,铁件 1.25 kg,合金钢钻头 0.13 只,电锤 0.13 台班。注意铁件应按 5-27 子目进行工、料、机二次分析。④ 人工按 110 元/工日,计算综合单价时,管理费、利润应作调整。⑤ 金属面刷油漆,原材料每米重量 5 kg 以内为小型构件,套定额时油漆用量乘系数 1.02,人工乘系数 1.1。

解

(1) 按《计算规范》编制工程量清单

① 确定项目编码和计量单位

硬木扶手带铁栏杆查计算规范项目编码为 011503002001,取计量单位为 m。

$25\ mm \times 25\ mm \times 1.5\ mm$ 方钢管油漆表面积：

$(0.025+0.025) \times 2 \times 2.9 = 0.29\ m^2$

油漆表面积合计：$0.2+0.29 = 0.49\ m^2$

③ 按《计价定额》计算各子目单价

13-153 换　2 193.59 元/10 m

分析：

① 型钢栏杆成品木扶手制作安装：

扣除制作人工　$-2.85 \times 110 = -313.5$(元)($-2.85$ 工日)

扣除硬木成材　$-0.095 \times 2\ 600 = -247$(元)

增加成品扶手　$10.60 \times 58 = 614.80$(元)

扣除扁钢　　　$-47.80 \times 4.25 = -203.15$(元)

扣除圆钢　　　$-54.39 \times 4.02 = -218.65$(元)

增 $25 \times 25 \times 1.5$ 方钢管　$36.27 \times 6.07 = 220.16$(元)

增 25×4 扁钢　$33.41 \times 4.25 = 141.99$(元)

小　计：

人工　-313.5 元/10 m(-2.85 工日/10 m)

材料费　308.15 元/10 m

② 膨胀螺栓连接(铁件套用 5-27 子目)：

人工费增　$0.35 \times 110 = 38.5$(元)(0.35 工日)

M8×80 膨胀　$0.6 \times 10 = 6.0$(元)(查附录)

合金钢钻头　$0.13 \times 15 = 1.95$(元)

电锤　$0.13 \times 8.34 = 1.08$(元)

铁件人工　$1.25 \div 1\ 000 \times 28 \times 110 = 3.85$(元)(0.035 工日)

铁件材料费　$1.25 \div 1\ 000 \times 4\ 968.25 = 6.21$(元)

铁件机械费　$1.25 \div 1\ 000 \times 787.54 = 0.98$(元)

(据子目 5-27 分析,该子目:人工含量为 28 工日/t,二类工,单价 82 元/工日,机械费 787.54 元/t)

小　计：

人工费　42.35 元(0.385 工日)

材料费　14.16 元

机械费　2.06 元

③ 13-153 换　2 193.59 元/10 m

人工费　$(7.74-2.85+0.385) \times 110 = 580.25$(元)

材料费　$686.42+308.15+14.16 = 1\ 008.73$(元)

机械费　$172.38+2.06 = 174.44$(元)

管理费　$(580.25+174.44) \times 42\% = 316.97$(元)

利　润　$(580.25+174.44) \times 15\% = 113.2$(元)

小　计：　2 193.59 元/10 m

17-35换　扶手刷3遍双组份混合型聚氨酯清漆　277.1元/10 m

其中：人工费　$124.95+1.47\times(110-85)=161.70(元)$

材料费　23.23元

机械费　0

管理费　$161.7\times42\%=67.91(元)$

利　润　$161.7\times15\%=24.26(元)$

小　计：277.1元/10 m

17-132换　金属面调和漆第1遍　63.13元/10 m²

人工费　$0.24\times110\times1.1=29.04(元)$

材料费　$17.26+13.52\times0.02=17.53(元)$

管理费　$29.04\times42\%=12.20(元)$

利　润　$29.04\times15\%=4.36(元)$

小　计：63.13元/10 m²

17-133换　金属面调和漆第2遍　58.33元/10 m²

人工费　$0.23\times110\times1.1=27.83(元)$

材料费　$14.40+11.96\times0.02=14.64(元)$

管理费　$27.83\times42\%=11.69(元)$

利　润　$27.83\times15\%=4.17(元)$

小　计：58.33元/10 m²

17-135换　金属面防锈漆第1遍　75.32元/10 m²

人工费　$0.24\times110\times1.1=29.04(元)$

材料费　$29.28+21.9\times0.02=29.72(元)$

管理费　$29.04\times42\%=12.20(元)$

利　润　$29.04\times15\%=4.36(元)$

小　计　75.32元/10 m²

④ 按《计价定额》确定各子目单价

011503002001　硬木扶手铁栏杆　1 m

13-153换　硬木扶手铁栏杆制安

$1\div10\times2\,193.59=219.36(元)$

17-35　扶手刷3遍双组份混合型聚氨酯清漆

$1\div10\times277.1=27.71(元)$

17-132　金属面调和漆第1遍

$0.49\div10\times63.13=3.09(元)$

17-133　金属面调和漆第2遍

$0.49\div10\times58.33=2.86(元)$

17-135　金属面防锈漆第1遍

$0.49\div10\times75.32=3.69(元)$

合　计：256.71元

（3）计算清单综合单价

011503002001　硬木扶手铁栏杆　256.71元/m

项目编码	项目名称	项目特征描述	计量单位	工程量（m²）	金额（元）	
					综合单价	合价
011503002001	硬木扶手铁栏杆	略		1	256.71	256.71
13-153 换	型钢栏杆成品木扶手制作安装		10 m	0.1	2 193.59	219.36
17-35	扶手刷 3 遍双组份混合型聚氨酯清漆	略	10 m	0.1	277.1	27.71
17-132	金属面调和漆第 1 遍	略	10 m²	0.049	63.13	3.09
17-133	金属面调和漆第 2 遍	略	10 m²	0.049	58.33	2.86
17-135	金属面防锈漆第 1 遍	略	10 m²	0.049	75.32	3.69

例 2.4 一卫生间墙面装饰如图 2.4 所示。做法为 12 厚 1:3 水泥砂浆底,5 厚素水泥浆结合层。已知人工单价为 110 元/工日,250×300 瓷砖为 6.5 元/块,250×80 瓷砖腰线 15元/块,其余材料价格及机械费均不调整。并且不考虑门、窗小面瓷砖。计算该墙面贴瓷砖工程量请单的综合单价。

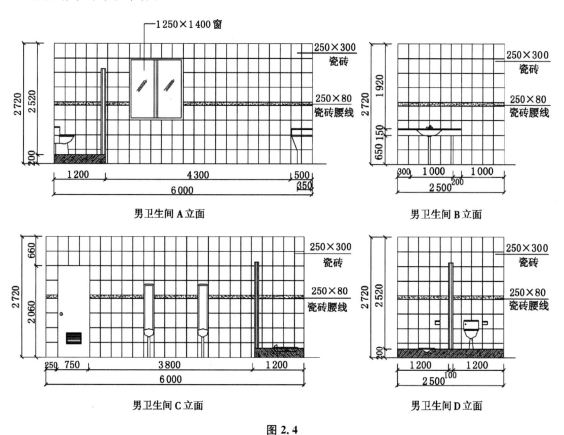

图 2.4

相关知识

① 瓷砖规格与定额不同,瓷砖数量、单价均应换算。② 查定额附录七可知,瓷砖墙定额考虑的是 12 厚 1:3 水泥浆底,6 厚 1:0.1:2.5 混合砂浆粘贴瓷砖。③ 贴面用素水泥浆与定额不同,应扣除混合砂浆,增加括号内价格。

解

1）按《计算规范》编制工程量清单

（1）确定项目编码和计量单位

瓷砖墙面查计算规范项目编码为 011204003001,取计量单位为 m²。

（2）按《计算规范》规定计算清单工程量

瓷砖墙面：$(2.50+6.00) \times 2 \times 2.72-0.75 \times 2.06-1.25 \times 1.40-(2.50+1.20 \times 2) \times 0.20=41.97(m^2)$

（3）项目特征描述

块料墙面：12 厚 1：3 水泥砂浆底层,5 厚素水泥浆结合层。瓷砖规格为 250×330,瓷砖腰线规格为 250×80。

2）按计价定额组价

（1）按《计价定额》计算规则计算子目工程量

250×80 瓷砖腰线：$(2.50+6.00) \times 2-1.25-0.75=15(m)$

250×300 瓷砖：$(2.50+6.00) \times 2 \times 2.72-0.75 \times 2.06-1.25 \times 1.40-(2.50+1.20 \times 2) \times 0.20-15.00 \times 0.08=40.77(m^2)$

（2）套用定额计算各子目单价

14-82 换　250×300 瓷砖内墙面　$1\,797.39$（元/10 m²）

分析：

①瓷砖净用量计算

10 m² 瓷砖净用量：$10 \div (0.25 \times 0.30)=134$（块）

10 m 腰线瓷砖净用量：$10 \div 0.25=40$（块）

②扣混合砂浆：-15.94 元

③增素水泥浆：24.11 元

14-82 换：$4.83 \times 110+2\,614.16-15.94+24.11-2\,562.5+134 \times 6.5 \times 1.025+6.78+(4.83 \times 110+6.78) \times (42\%+15\%)=1\,797.39$（元/10 m²）

14-92 换：250×80 瓷砖腰线　684.86（元/10 m）

分析：

①腰线规格换算：

②扣混合砂浆：-1.05 元

③增素水泥浆：1.42 元

14-92 换：$0.38 \times 110+772.03-1.05+1.42-768.75+40 \times 15 \times 1.025+0.37+(0.38 \times 110+0.37) \times (42\%+15\%)=684.86$（元/10 m）

（3）计算各子目合价

011204003001 瓷砖墙面

14-82 换　$1\,797.39 \times 4.077=7\,327.96$（元）

14-92 换　$684.86 \times 1.5=1\,027.29$（元）

合计：$8\,355.25$ 元

3）计算清单综合单价

011204003001 瓷砖墙面：$8\,355.25 \div 41.97=199.08$（元/m²）

例 2.5 某学院门厅处一钢筋混凝土方柱,结构截面尺寸为 500 mm×500 mm,柱帽、柱墩挂贴黑金砂花岗岩(250 元/m²),柱身挂贴米黄花岗岩(500 元/m²),灌缝 1∶2 水泥砂浆 50 mm 厚。棱角均为 45°倒角(现场加工)。具体尺寸如图 2.5。人工工资单价 110 元/工日;管理费率 42%、利润率 15%,其余未作说明的均按 14 版计价定额的规定执行。试计算该柱面分部分项工程的综合单价。

相关知识

①《计算规范》不分柱帽、柱墩,柱面工程量按镶贴表面积计算计算。②《计价定额》柱面工程量按建筑尺寸(含干挂空间、砂浆、面板厚度)展开面积计算。由于饰面材料不同,柱身、柱帽、柱墩的工程量应分开计算。

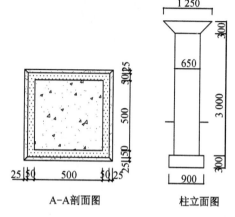

图 2.5 钢筋混凝土柱饰面

解

1) 按《计算规范》编制工程量清单

(1) 确定项目编码和计量单位

石材柱面查《计算规范》项目编码为 011205001001,取计量单位为 m²。

(2) 按《计算规范》规定计算工程量:

$0.65×4×3+0.9×4×0.3+(0.9×0.9-0.65×0.65)+0.5×(0.65+1.25)×0.3×1.414×4=10.88(m²)$

(3) 项目特征描述

石材方柱面:砼方柱截面尺寸为 500 mm×500 mm,柱身饰面建筑尺寸为 650 mm×650 mm 柱帽、柱墩挂贴黑金砂,柱身挂贴米黄花岗岩,灌缝 1∶2 水泥砂浆 50 mm 厚,棱角均为 45°倒角(现场加工)。

2) 按《计价定额》组价

(1) 按《计价定额》计算规则计算工程量

米黄柱身:$0.65×4×3=7.8(m²)$

黑金砂柱帽:$0.5×(0.65+1.25)×0.3×1.414×4=1.61(m²)$

黑金砂柱墩:$0.9×4×0.3+(0.9×0.9-0.65×0.65)=1.47(m²)$

45°倒角:$(3+0.3)×4×2+0.3×1.414×4×2=29.79(m)$

(2) 按《计价定额》计算子目单价

14-125 柱身挂贴米黄花岗岩 6 951.64 元/m²

$(8.15×110+26.66)×1.57+(2\ 947.28-10.2×250-0.473×265.07)+10.2×500+0.473×275.64=6\ 951.64(元/10\ m²)$

14-125 柱帽挂贴黑金砂 4 401.64 元/10 m²

$(8.15×110+26.66)×1.57+(2\ 947.28-0.473×265.07)+0.473×275.64=4\ 401.64(元/10\ m²)$

14-125 柱墩挂贴黑金砂 4 401.64 元/10 m²

18-3 145°倒角

$(1.2×110+11.7)×1.57+26=251.61(元/10\ m)$

（3）计算各定额子目合价

011205001001　石材圆柱面

14-125　柱身挂贴四拼米黄花岗岩　$3\ 932.87×7.8÷10=3\ 067.64(元)$

14-134　柱墩挂贴黑金砂　$28\ 273.57×1.47÷10=4\ 156.21(元)$

14-135　柱帽挂贴黑金砂　$31\ 703.07×1.61÷10=5\ 104.19(元)$

合　计　12 328.04 元

3）计算清单综合单价

011205001001　石材柱面　$7\ 527.53÷10.88=691.87(元/m^2)$

项目编码	项目名称	项目特征描述	计量单位	工程量（m²）	金额（元）	
					综合单价	合价
011205001001	石材柱面	略		10.88	691.87	7 527.55
14-125	柱身挂贴四拼米黄花岗岩	略	10 m²	0.78	6 951.64	5 422.28
14-125	柱帽挂贴黑金砂	略	10 m²	0.161	4 401.64	708.66
14-125	柱墩挂贴黑金砂	略	10 m²	0.147	4 401.64	647.04
18-31	45°倒角	略	10 m	2.979	251.61	749.55

例 2.6　某居民家庭室内卫生间墙面装饰如图 2.6 所示，12 mm 厚 1∶2.5 防水砂浆底层、5 mm 厚的素水泥浆结合层贴瓷砖，瓷砖规格 200 mm×300 mm×8 mm，瓷砖价格 8 元/块，其余材料价格按 2014 版计价定额不变。窗侧四周需贴瓷砖（用 200 mm×300 mm×8 mm 瓷砖裁剪而成）、阳角 45°磨边对缝；门洞处不贴瓷砖；门洞口尺寸 800 mm×2 000 mm、窗洞口尺寸 1 200 mm×1 400 mm；图示尺寸除大样图外均为结构净尺寸。人工工资单价 110 元/工日；管理费率 42%、利润率 15%，其余未作说明的均按 14 版计价定额的规定执行。试计算该墙面分部分项工程的综合单价。

相关知识

① 居民家庭室内装饰人工乘系数 1.15。② 块料面板子目内均不包括磨边，应另套相应的计价子目。③ 计算镶贴块料面层均按块料面层的建筑尺寸面积（各块料面层＋粘贴砂浆厚度＝25 mm）计算。④ 门窗洞口侧边等小面排版规格小于块料原规格并需要裁剪的块料面层项目，可套用柱、梁、零星项目。

解

1）按《计算规范》编制工程量清单

（1）确定项目编码和计量单位

瓷砖墙面查计算规范项目编码为 011204003001，计量单位m²。

（2）按《计算规范》规定计算清单工程量

① A 立面：

窗侧壁　$0.125×[(1.4-0.05)×2+(1.2-0.05)×2]=0.63(m^2)$

墙面　$2.95×2.6-(1.4-0.05)×(1.2-0.05)=6.12(m^2)$

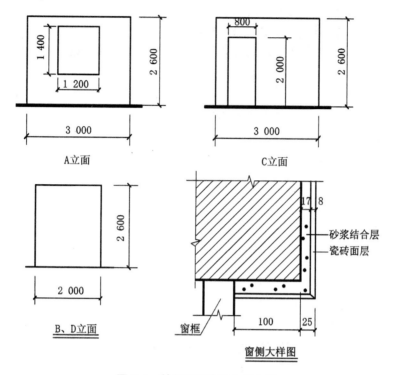

图 2.6 某居民家庭室内卫生间

② B、D 立面:$(2-0.05) \times 2.6 \times 2 = 10.14 (\text{m}^2)$

③ C 立面:$2.95 \times 2.6 - 0.8 \times 2 = 6.07 (\text{m}^2)$

合计 $0.63 + 6.12 + 10.14 + 6.07 = 22.96 \text{ m}^2$

(3) 项目特征描述

居民家庭室内卫生间墙面,12 mm 厚 1:2.5 防水砂浆底层、5 mm 厚的素水泥浆结合层贴瓷砖,瓷砖规格 200 mm×300 mm×8 mm,窗侧四周需贴瓷砖、阳角 45°磨边对缝。

2) 按《计价定额》组价

(1) 按《计价定额》计算规则计算子目工程量

① A 立面:

窗侧壁 $0.125 \times [(1.4-0.05) \times 2 + (1.2-0.05) \times 2] = 0.63 (\text{m}^2)$

墙面 $2.95 \times 2.6 - (1.4-0.05) \times (1.2-0.05) = 6.12 (\text{m}^2)$

② B、D 立面:$(2-0.05) \times 2.6 \times 2 = 10.14 (\text{m}^2)$

③ C 立面:$2.95 \times 2.6 - 0.8 \times 2 = 6.07 (\text{m}^2)$

墙面瓷砖 $6.12 + 10.14 + 6.07 = 22.33 (\text{m}^2)$

窗侧壁瓷砖 0.63 m^2

④ 线条磨边:$[(1.4-0.05) \times 2 + (1.2-0.05) \times 2] \times 2 = 10 (\text{m})$

(2) 按《计价定额》确定子目单价

① 14-80 换 墙面贴面瓷砖 2 331.61 元/10 m²

每 10 m² 瓷砖用量:$10 \div (0.2 \times 0.3) = 167 (\text{块}/10 \text{ m}^2)$

每 10 m² 瓷砖单价:$167 \times 8 = 1\ 336 (\text{元}/10 \text{ m}^2)$

居民家庭室内装修人工乘系数 1.15。其中：

人工费　$4.39×110×1.15=555.34$（元）

材料费　$2101.66-2050+1.025×1336-15.94+24.11-32.59+387.57×0.136=$
1449.35（元）

机械费　6.61 元

管理费　$(555.34+6.61)×42\%=236.02$（元）

利　润　$(555.34+6.61)×15\%=84.29$（元）

小　计　2331.61 元/10 m²

② 14-81 换　墙窗侧壁贴瓷砖　2596.71 元/10 m²

人工费　$5.56×110×1.15=703.34$（元）

材料费　$2150.47-2100+1.05×1336-15.94+25.53-31.15+387.57×0.13=$
1482.09（元）

机械费　6.61 元

管理费　$(703.34+6.61)×42\%=298.18$（元）

利　润　$(703.34+6.61)×15\%=106.49$（元）

小　计　2596.71 元/10 m²

③ 18-34　线条磨边　117.58 元/10 m。其中：

人工费　$0.55×110×1.15=69.58$（元）

材料费　4.58 元

机械费　2.39 元

管理费　$(69.58+2.39)×42\%=30.23$（元）

利　润　$(69.58+2.39)×15\%=10.8$（元）

小　计　117.58 元/10 m

3) 计算清单综合单价

项目编码	项目名称	特征描述	计量单位	工程量（m²）	金额（元）	
					综合单价	合价
011204003001	块料墙面	略		22.96	238.37	5472.98
14-80 换	墙面贴瓷砖	略	10 m²	2.23	2331.61	5199.49
14-81	窗侧壁贴瓷砖	略	10 m²	0.063	2596.71	163.59
18-34	线条磨边	略	10 m	1	117.58	117.58

例 2.7　某培训中心外墙上有一铝塑板幕墙，具体做法如图 2.7。材料价格及费率均按定额不作调整。计算该分项工程的综合单价。（注：铝型材理论重量：立柱铝方管（100 mm×50 mm×2 mm）为 1.577 kg/m，横梁铝方管（50 mm×38 mm×1.4 mm）为 0.653 kg/m，横梁端部连接铝（38 mm×38 mm×3 mm）为 0.593 kg/m，铝塑板连接角铝（20 mm×25 mm×3 mm）为 0.361 kg/m，每块铝塑板连接角铝设计用量为 22 个；钢材理论重量：8 mm 厚钢板为 62.80 kg/m²，L80 mm×50 mm×5 mm 不等边角钢为 5.01 kg/m，φ16 mm 钢筋为 1.58 kg/m）

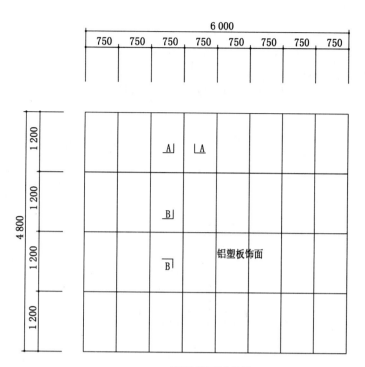

铝塑板墙面分格图

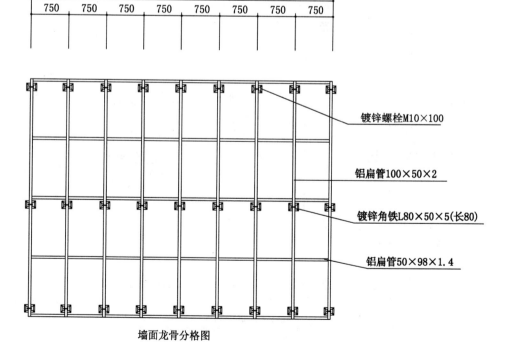

墙面龙骨分格图

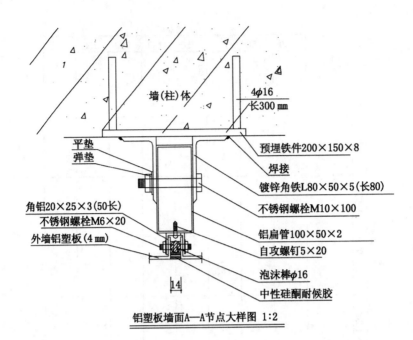

墙(柱)体

4φ16
长300 mm

平垫
弹垫

预埋铁件200×150×8

焊接

镀锌角铁L80×50×5(长80)

角铝20×25×3(50长)
不锈钢螺栓M6×20
外墙铝塑板(4 mm)

不锈钢螺栓M10×100

铝扁管100×50×2
自攻螺钉5×20

14

泡沫棒φ16
中性硅酮耐候胶

铝塑板墙面A—A节点大样图 1:2

铝扁管50×38×1.4

自攻螺钉5×20
泡沫棒φ16
中性硅酮耐候胶

镀锌角铁L80×50×5(L=80 mm)

不锈钢螺栓M10×100

外墙铝塑板(4 mm)

铝扁管100×50×2

4φ16
L=300 mm

墙(柱)体

预埋铁件200×150×8

铝塑板墙面B—B节点大样图

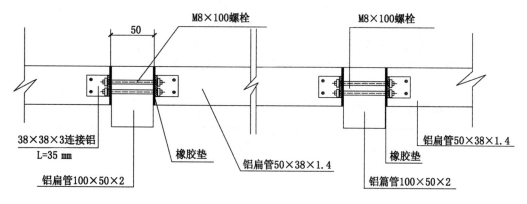

立柱与横梁连接示意图

图 2.7　铝塑板幕墙

相关知识

设计铝型材用量与定额不符时,应按设计用量加 7% 损耗调整含量,其他不变。

解

1) 按《计算规范》计算工程量清单

(1) 确定项目编码和计量单位

铝塑板幕墙查计算规范项目编码为 011209001001,取计量单位为 m^2。

预埋铁件查计算规范项目编码为 010516002001,取计量单位为 t。

(2) 按《计算规范》规定计算清单工程量

① 外墙铝塑板幕墙:$6.00 \times 4.80 = 28.80（m^2）$

② 计算铁件重量:

8 mm 厚钢板　$0.20 \times 0.15 \times 9 \times 3 \times "62.80" = 50.868（kg）$

Φ16 mm 钢筋　$0.3 \times 4 \times 9 \times 3 \times "1.58" = 51.192（kg）$

L80×50×5 不等边角钢:$0.08 \times 9 \times 3 \times 2$ 侧 $\times "5.01" = 21.643（kg）$

合计:123.7 kg

(3) 项目特征描述

外墙铝塑板幕墙:100×50×2 铝方管竖龙骨,50 mm×38 mm×1.4 mm 铝方管横龙骨,间距 750 mm×1 200 mm,面层为 4 mm 厚外墙铝塑板,采用铝角码干挂,用耐候胶塞缝。

2) 按《计价定额》组价

(1) 按《计价定额》计算规则计算子目工程量

外墙铝塑板幕墙:$6.00 \times 4.80 = 28.80（m^2）$

(2) 按《计价定额》计算各子目单价

14-163 换　外墙铝塑板幕墙　3 763.4 元/10 m^2

分析:

①计算铝塑板幕墙铝合金重量及含量

100×50×2 铝方管立柱:$4.80 \text{ m} \times 9$ 根 $\times "1.577" \times 1.07 = 72.90（kg）$

50×38×1.4 铝方管横梁:$(6 - 0.05 \times 9) \times 5$ 道 $\times "0.653" \times 1.07 = 19.39（kg）$

38×38×3 面板连接铝:$16 \times 5 \times 0.035 \times "0.593" \times 1.07 = 1.78（kg）$

20×25×3 角铝:$22 \times 0.05 \times 8 \times 4 \times "0.361" \times 1.07 = 13.60（kg）$

合计:107.67 kg

铝型材含量:$107.67\div28.80\times10=37.385(\text{kg}/10\ \text{m}^2)$

② 铝型材重量换算:$(37.385-64.469)\times21.5=-582.31(\text{元})$

14-163 换 $4\,512.06-582.31-166.35=3\,763.4(\text{元}/10\ \text{m}^2)$

③ 计算铁件重量:123.7 kg

3）计算分项清单综合单价

项目编码	项目名称	特征描述	计量单位	工程量（m²）	金额（元）	
					综合单价	合价
011209001001	铝塑板幕墙	略	m²	28.8	376.34	10 838.59
14-163	铝塑板幕墙		10 m²	2.88	3 763.4	10 838.59
010516002001	预埋铁件	略	t	0.124	12 655.81	1 569.32
5-27	铁件制作		t	0.124	9 192.7	1 139.89
5-28	铁件安装		t	0.124	3 463.13	429.43

例 2.8 某公司接待室墙面装饰如图 2.8。红榉饰面踢脚线高 120 mm，下部为红、白榉分色凹凸墙裙并带压顶线 12 mm×25 mm，上部大部分为丝绒软包，外框为红榉饰面。不计算油漆，计算该分项工程的综合单价（不考虑材差及费率调整）。

相关知识

① 计算规范计算装饰板墙面面积时按设计图示墙净长乘以净高以面积计算。扣除门窗洞口及单个 0.3 m² 以上的孔洞所占面积。② 套定额时，木龙骨断面、间距与定额不同，需换算。木龙骨材积换算时，不需要加刨光系数。③ 套定额时，踢脚线安装在木基层板上时，要扣除定额中木砖含量。④ 套定额时，在夹板基层上再做一层凸面夹板时，每 10 m² 另加夹板 10.5 m²，人工 1.90 工日，工程量按设计层数及设计面积计算。⑤ 套定额时，在有凹凸基层上镶贴切片板面层时，按墙面定额人工乘系数 1.30，切片板含量乘以系数 1.05，其他不变。

解

1）按《计算规范》编制工程量清单

（1）确定项目编码和计量单位

红榉饰面板踢脚线查计算规范项目编码为 011105005001，取计量单位 m。

红、白榉饰面板墙面饰面板查计算规范项目编码为 011207001001，取计量单位 m²。

墙面丝绒软包饰面查计算规范项目编码为 011207001002，取计量单位 m²。

（2）按《计算规范》规定计算清单工程量

红榉饰面板踢脚线：4.40 m

墙面丝绒软包：$(1.00\times2+2.00)\times2.00=8.00(\text{m}^2)$

红、白榉饰面板墙面：$4.40\times3.00-8=5.20(\text{m}^2)$

（3）项目特征描述

① 红榉饰面板踢脚线，踢脚线高 120 mm，三层 12 mm 厚细木工板基层，红榉饰切片板面层，红榉阴角线 15 mm×15 mm。

② 红、白榉切片板墙面，墙面木龙骨 30 mm×40 mm，间距 400 mm（双向）与墙用木针固定，细木工板凹凸基层，面层为红、白榉木切片板，木压顶线 12 mm×25 mm 墙裙，凹凸处压 20 mm×20 mm 白榉阴角线。

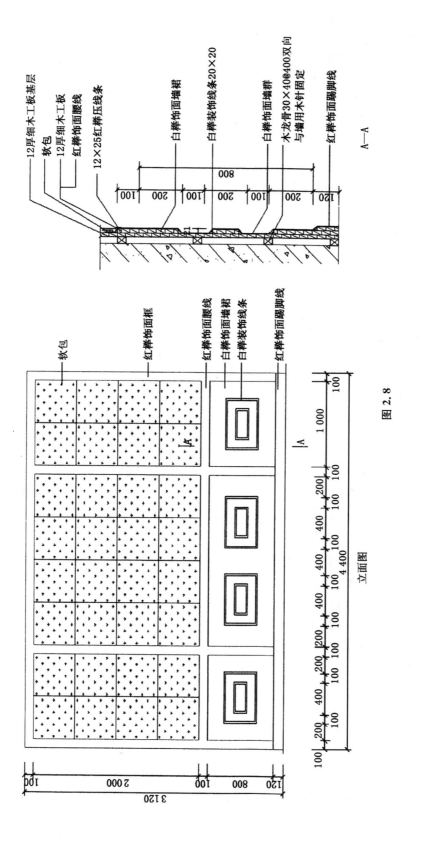

图 2.8

立面图

③ 墙面丝绒软包,墙面木龙骨30 mm×40 mm,间距400 mm(双向)与墙用木针固定,细木工板基层,20 mm 厚海绵,丝绒面料面层。

2) 按《计价定额》组价

(1) 按《计价定额》计算规则计算子目工程量

① 红榉切片板踢脚线:长4.40 m,面积为0.53 m²

② 软包墙面

木龙骨8 m²

基层板8 m²

丝绒软包8 m²

③ 红、白榉切片板墙面(不含踢脚线部分)

木龙骨　5.2 m²

木工板　5.2 m²

夹板基层上再做一层凸面夹板(不含踢脚线部分):

4.40×3-8-(0.6×0.4-0.4×0.2)×4=4.56(m²)

红、白榉切片板5.20 m²

墙裙压顶线12×254.40(m)

墙裙白榉阴角线20×20　[(0.6+0.4)×2+(0.4+0.2)×2]×4=12.8(m)

(2) 按《计价定额》确定子目单价

① 红榉切片板踢脚线

13-131 换　红榉切片板踢脚线　167.88 元/10 m

分析:

• 扣木砖:-14.4 元

• 高度不同,材料按比例换算,但踢脚线上口线条含量不调整。

13-131 换　$199.82-118.62+(118.62-14.4-16.5)\times\dfrac{120}{150}+16.5=167.88$(元/10 m)

《计价定额》P613 页附注,增加2层基层板:

增人工　1.9×0.12×85×2×(1+25%+12%)=53.1(元/10 m)

增木工板　10.5×0.12×32×2=80.64(元/10 m)

小计　53.1+80.64=133.74 元/10 m

13-131 换　红榉切片板踢脚线　167.88+133.74=301.62(元/10 m)

② 红、白榉切片板墙面

14-168 换　墙面墙裙木龙骨　367.87 元/10 m²

分析:24×30 断面换为30×40 断面木龙骨,木龙骨与墙面用木针固定,普通成材应扣除0.04 m³/10 m²,则:

(30×40)÷(24×30)×(0.111-0.04)=0.118(m³)

300×300 间距换成400×400 间距

(300×300)÷(400×400)×0.118=0.066(m³)

14-168 换:439.87+(0.066-0.111)×1 600=367.87(元/10 m²)

14-185 换　墙面、墙裙木工板基层　476.94 元/10 m²

539.94+(32-38)×10.5=476.94(元/10 m²)

P613 页附注:墙面、墙裙在夹板基层上再增 1 层凸面板

分析:• 木工板:10.50×32＝336(元)

• 人工费:1.90×85＝161.5(元)

• 管理费:161.5×25%＝40.38(元)

• 利润:161.5×12%＝19.38(元)

P613 附注增费 336＋161.5＋40.38＋19.38＝557.26(元/10 m²)

14-193 换　红、白桦切片板贴在凹凸基层板上　470.11 元/10 m²

分析:

• 饰面板增　(10.5×1.05－10.5)×18＝9.45(元)

• 人工费增　(1.2×1.30－1.2)×85＝30.6(元)

• 管理费增　30.6×25%＝7.65(元)

• 利润增　30.6×12%＝3.67(元)

14-193 换　418.74＋9.45＋30.6＋7.65＋3.67＝470.11(元/10 m²)

14-209 换　布艺软包墙面　1 309.78 元/10 m²

分析:定额中为纤维板,应换为木工板:

1 023.78＋(32－6)×11＝1 309.78(元/10 m²)

3)计算清单综合单价

项目编码	项目名称	特征描述	计量单位	工程量（m²）	金额（元）	
					综合单价	合价
011105005001	**桦木饰面板踢脚线**	**略**		**4.4**	**34.60**	**152.24**
14-168 换	踢脚线木龙骨		10 m²	0.053	367.87	19.50
P613 页附注	增 2 层基层木工板		10 m	0.44	133.74	58.85
13-131 换	红桦饰面板踢脚线		10 m	0.44	167.88	73.88
011207001001	**桦木饰面板墙面**	**略**		**5.2**	**196.98**	**1 024.30**
14-168 换	墙面木龙骨		10 m²	0.52	367.87	191.29
14-185 换	墙面木工板基层		10 m²	0.52	476.94	248.01
P613 页附注	增加 1 层基层板		10 m²	0.456	557.26	254.11
14-193 换	红桦饰面板		10 m²	0.52	470.11	244.46
18-19	白桦阴角线 20 mm×20 mm		100 m	0.128	458.84	58.73
18-22	木压顶线 12 mm×25 mm		100 m	0.044	629.48	27.70
011207001002	**墙面丝绒软包饰面**	**略**		**8**	**215.46**	**1 723.68**
14-168 换	墙面木龙骨		10 m²	0.8	367.87	294.30
14-185 换	墙面木工板基层		10 m²	0.8	476.94	381.55
14-209 换	布艺软包墙面		10 m²	0.8	1 309.78	1 047.82

例 2.9　某综合楼的二楼会议室装饰天棚吊顶,现浇板板底净高 4.0 m,钢筋混凝土柱断面为 300 mm×500 mm,200 mm 厚空心砖墙,天棚布置如图 2.9 所示,采用 Φ10 mm 吊筋

（理论重量 0.617 kg/m），双层装配式 U 形（不上人）轻钢龙骨，规格 400 mm×600 mm，9.5 mm 厚纸面石膏板面层；天棚面批 901 胶白水泥三遍腻子、刷乳胶漆三遍，回光灯槽侧板做法为细木工板外贴 9.5 mm 厚纸面石膏板。天棚与主墙相连处做 120 mm×60 mm 的石膏装饰线，石膏装饰线的单价为 12 元/m，回光灯槽阳角处贴自粘胶带。吊筋根数图示用量为 13 根/10 m²。人工工资单价按 110 元/工日，管理费率按 42%，利润率按 15%，乳胶漆按 20 元/kg 计算，其余按计价定额不做调整。试编制该天棚的分部分项工程量清单并计算其综合单价。

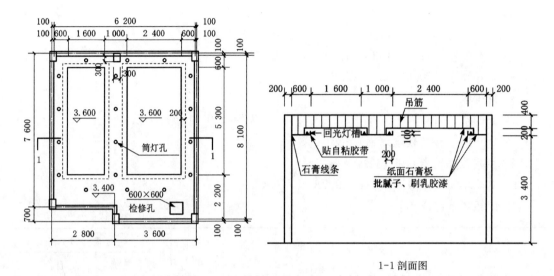

图 2.9 天棚平面图

相关知识

① 计算规范工程量计算规则规定天棚吊顶按设计图示尺寸以水平投影面积计算。② 定额工程量计算规则规定天棚龙骨的面积按主墙间的水平投影计算。天棚饰面应按展开面积计算。③ 计价定额中吊筋根数据按 13 根/10 m² 取定，高度是按 1 m 高取定的，吊筋根数、高度不同均应按实调整。④ 建筑物室内天棚面层净高在 3.60 m 内，吊筋与楼层的连结点高度超过 3.60 m，应按满堂脚手架相应定额综合单价乘以系数 0.60 计算。

解

1) 按《计算规范》编制工程量清单

(1) 确定项目编码和计量单位

① 吊顶天棚查计算规范项目编码为 011302001001，计量单位为 m²；

② 灯槽查计算规范项目编码为 011304001001，计量单位为 m²；

③ 天棚面油漆查计算规范项目项目编码为 011406001001，计量单位为 m²；

④ 满堂脚手架查计算规范项目编码为 011701006001，计量单位为 m²。

(2) 按《计算规范》规定计算清单工程量

① 吊顶天棚　6.2×8.1−2.8×0.7＝48.26（m²）

② 灯槽

内边线长　(2.4+5.3)×2+(1.6+5.3)×2＝29.2（m）

外边线长　(2.4＋0.4＋5.3＋0.4)×2＋(1.6＋0.4＋5.3＋0.4)×2＝32.4(m)

中心线长　(2.4＋0.2＋5.3＋0.2)×2＋(1.6＋0.2＋5.3＋0.2)×2＝30.8(m)

灯槽侧板面积　0.1×29.2＋0.2×32.4＝9.4(m²)

③ 天棚面油漆　48.26＋0.2×30.8＋0.1×29.2＋0.2×32.4＝63.82(m²)

④ 满堂脚手架　6.2×8.1－2.8×0.7＝48.26(m²)

(3)项目特征描述

① 吊顶天棚:天棚 φ10 mm 吊筋,双层装配式 U 形(不上人)轻钢龙骨,规格 400 mm×600 mm,9.5 mm 厚纸面石膏板面层;天棚与主墙相连处做 120 mm×60 mm 的石膏装饰线,灯槽阳角处贴自粘胶带,开筒灯孔及检修孔。

② 抹灰面油漆　纸面石膏板面批 901 胶白水泥三遍腻子、刷乳胶漆三遍。

③ 灯槽侧立板　细木工板外贴纸面石膏板。

④ 满堂脚手架　室内净高 4.0 m,搭设方式及脚手架材质按 2014 版计价定额执行。

2) 按《计价定额》组价

(1) 按《计价定额》计算规则计算子目工程量

① φ10 mm 吊筋

0.4 m 高天棚吊筋　[(1.6＋0.2×2)＋(2.4＋0.2×2)]×(5.3＋0.2×2)＝27.36(m²)

0.6 m 高天棚吊筋　(6.2×8.1－2.8×0.7)－27.36＝20.9(m²)

② 复杂天棚龙骨　6.2×8.1－2.8×0.7＝48.26(m²)

③ 回光灯槽　30.8 m

④ 纸面石膏板　48.26＋0.2×30.8＝54.42(m²)

⑤ 阳角处贴自粘胶带　(2.4＋5.3)×2＋(1.6＋5.3)×2＝29.2(m)

⑥ 石膏阴角线　(6.2＋8.1)×2＋0.3×2(柱侧)＝29.2(m)

⑦ 天棚批腻子、乳胶漆各三遍　48.26＋0.2×30.8＋0.1×29.2＋0.2×32.4＝63.82(m²)

⑧ 检修孔　1 个

⑨ 筒灯孔　18 个

(2) 套用计价定额确定子目单价

定额编号	子目名称	综合单价计算
15-35 换	0.4 m 高吊筋	10.52×(1＋42%＋15%) ＋(90.65－600/750×24.6)＝87.49
15-35 换	0.6 m 高吊筋	10.52×(1＋42%＋15%) ＋(90.65－400/750×24.6)＝94.05
15-8	复杂天棚龙骨	(2.1×110＋3.4)×(1＋42%＋15%) ＋390.66＝758.67
15-46	纸面石膏板	1.34×110×(1＋42%＋15%) ＋150.42＝381.84
18-65	回光灯槽300 mm 高	(1.58×110＋5.33)×(1＋42%＋15%) ＋270.57－194.56＋(300÷500)×5.12×38－61.44＋(300÷500)×5.12×12＝449.4

定额编号	子目名称	综合单价计算
17-175	阳角处贴自粘胶带	$0.21 \times 110 \times (1+42\%+15\%)$ $+52.66=88.93$
18-26	石膏阴角线	$(3.29 \times 110+15) \times (1+42\%+15\%)$ $+1\,051.68+110 \times (12-9.5)=1\,918.41$
17-179	批腻子、乳胶漆各三遍	$1.9 \times 110 \times (1+42\%+15\%)$ $+75.57+4.86 \times (20-12)=442.58$
18-60	检修孔	$4.28 \times 110 \times (1+42\%+15\%)$ $+249.36=988.52$
18-63	筒灯孔	$0.17 \times 110 \times (1+42\%+15\%)+9.2=38.56$
20-20×0.6	满堂脚手架	$[(1 \times 110+10.88) \times (1+42\%+15\%)+29.6] \times 0.6=131.63$

3) 计算清单综合单价

项目编码	项目名称	项目特征描述	计量单位	工程量（m²）	金额（元）综合单价	金额（元）合价
011302001001	**吊顶天棚**	略		**48.26**	**148.43**	**7 163.23**
15-35 换	0.4 m 高吊筋 Φ10 mm		10 m²	2.736	87.49	239.37
15-35 换	0.6 m 高吊筋 Φ10 mm		10 m²	2.09	94.05	196.56
15-8	复杂天棚龙骨		10 m²	4.826	758.67	3 661.34
15-46	纸面石膏板面层		10 m²	5.442	381.84	2 077.97
18-26	石膏阴角线		100 m	0.292	1 918.41	560.18
18-60	600 mm×600 mm 检修孔		10 个	0.1	988.52	98.85
17-175	阳角得贴自粘胶带		10 m	2.92	88.93	259.68
18-63	开筒灯孔		10 个	1.8	38.56	69.41
011406001001	**抹灰面油漆**	略		**63.82**	**44.26**	**2 824.67**
17-179	批腻子、刷乳胶漆各 3 遍		10 m²	6.382	442.58	2 824.55
011304001001	**灯槽**			**9.4**	**147.25**	**1 384.15**
18-65	回光灯槽		10 m	3.08	449.4	1 384.15
011701006001	**满堂脚手架**	略		**48.26**	**13.16**	**635.10**
20-20×0.6	满堂脚手架		10 m²	4.826	131.63	635.25

例 2.10　某学院门厅采用不上人型轻钢龙骨（间距 400 mm×600 mm），防火板基层（单价为 35 元/m²），面层为铝塑板（白色铝塑板、穿孔铝塑板、闪银铝塑板价格分别为 80、90、100 元/m²），具体做法如图 2.10。高低处侧面面板均为闪银铝塑板，吊筋为 Φ8 mm，假设吊筋根数为 13 根/10 m²，楼板板底标高为＋4.500，计算该分项工程的综合单价（不考虑价差和费率调整）。

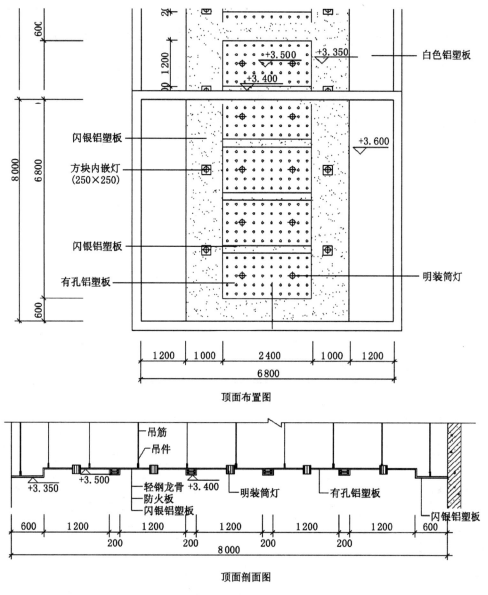

顶面布置图

顶面剖面图

图 2.10

相关知识

① 计算规范工程量计算规则规定天棚吊顶按设计图示尺寸以水平投影面积计算。
② 定额工程量计算规则规定天棚龙骨的面积按主墙间的水平投影计算。天棚饰面应按展开面积计算。③ 套用定额时,因三种铝塑板的价格不一样,应分开计算。④ 计价定额中吊筋根数据按 13 根/10 m² 取定,高度是按 1 m 高取定的,吊筋根数、高度不同均应按实调整。

解

1) 按计算规范计算工程量清单

(1) 确定项目编码和计量单位

铝塑板吊顶查计算规范项目编码为 011302001001,计量单位 m²。

(2) 按计算规范规定计算工程量

铝塑板吊顶:6.8×8＝54.4(m²)

（3）项目特征描述

铝塑板吊顶：φ8 mm 钢筋吊筋，不上人型轻钢龙骨，龙骨间距为 400 mm×600 mm，面层为防火板基层上贴铝塑板，铝塑板有白色铝塑板、穿孔铝塑板及闪银铝塑板。

2）按定额计算综合单价

（1）按定额工程量计算规则计算工程量

φ8 吊筋（高度为 1.1 m）　0.2×2.4×4＝1.92(m²)

φ8 吊筋（高度为 1.0 m）　1.2×2.4×5＝14.4(m²)

φ8 吊筋（高度为 1.15 m）　4.4×8－2.4×6.8＝18.88(m²)

φ8 吊筋（高度为 0.90 m）　1.2×8×2＝19.2(m²)

不上人型轻钢龙骨（间距 400×600）　6.8×8＝54.40(m²)

白色铝塑板面层　1.2×8×2＝19.2(m²)

穿孔铝塑板面层　1.2×2.4×5＝14.40(m²)

闪银铝塑板面层　4.4×8－1.2×2.4×5＋8×(3.6－3.35)×2＋(2.4＋6.8－0.2×4)×2×(3.5－3.35)＋0.2×8×(3.4－3.35)＋2.4×(3.5－3.4)×2×4＝29.32(m²)

防火板基层　19.2＋14.4＋29.32＝62.92(m²)

开筒灯孔　16(个)

（2）套用计价定额确定子目单价

子目	项目名称	单位	单价(元)	数量	合价(元)
15-34	φ8 mm 吊筋（高度为 1.0 m）	10 m²	60.54	1.44	87.18
15-34 换	φ8 mm 吊筋（高度为 1.1 m）	10 m²	62.65	0.192	12.03
	60.54＋[(1.1－0.25)÷0.75×3.93－3.93]×4.02＝62.65 元/10 m²)				
15-34 换	φ8 吊筋（高度为 1.15 m）	10 m²	63.7	1.888	120.27
	60.54＋[(1.15－0.25)÷0.75×3.93－3.93]×4.02＝63.7(元/10 m²)				
15-34 换	φ8 吊筋（高度为 0.90 m）	10 m²	58.43	1.92	112.19
	60.54＋[(0.9－0.25)÷0.75×3.93－3.93]×4.02＝58.43(元/10 m²)				
15-12	装配式 U 型不上人轻钢龙骨（复杂）	10 m²	665.08	5.44	3 618.04
15-42 换	基层防火板	10 m²	490.16	6.292	3 084.09
	248.66＋(35－12)×10.5＝490.16(元/10 m²)				
15-54	穿孔铝塑板面层	10 m²	1 176.31	1.44	1 693.89
	1 123.81＋(90－85)×10.5＝1 176.31(元/10 m²)				
15-54	白色铝塑板面层	10 m²	1 071.31	1.92	2 056.92
	1 123.81＋(80－85)×10.5＝1 071.31(元/10 m²)				
15-54	闪银铝塑板面层	10 m²	1 281.31	2.932	3 756.8
	1 123.81＋(100－85)×10.5＝1 281.31(元/10 m²)				
18-63	开筒灯孔	10 个	28.99	1.60	46.38
合计					14 587.79

3) 计算分项清单综合单价

011302001001　铝塑板吊顶:14 587.79÷54.40＝268.16(元/m²)

例 2.11　门大样如图 2.11,采用木龙骨,三夹板基层外贴花樟和白榉木切片板。白木实木封边线收边,求该门扇的清单造价和综合单价。(假设花樟和白榉木切片板材料单价分别为 35 元/m²、20 元/m²,白木实木封边线为 6 元/m,其他费用按《计价定额》计算。门洞尺寸为 900 mm×2 100 mm,不计算木门油漆,门边梃断面同定额)

相关知识

① 门面层采用花樟和白榉木切片拼花,有部分弧形,要按实计算花樟切片板和白榉木切片板的用量。② 设计增加双面三夹板基层,按《计价定额》第 712 页中附注 2 增加三夹板 19.8 m²,万能胶 4.2 kg,人工 0.49×2 工日。③ 球形执手锁和不锈钢铰链的安装要另套门五金配件安装。④《计算规范》中门的计量单位为樘或 m²,现取 m²,计算规则为按设计图示洞口面积计算。《计价定额》中门的计量单位为门洞面积。

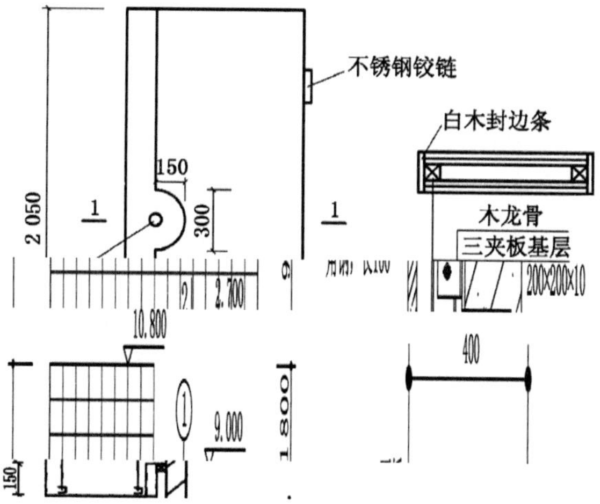

图 2.11

解

1) 按《计算规范》计算工程量清单

(1) 确定项目编码和计量单位

夹板装饰门查《计算规范》项目编码为 010801001001,取计量单位取 m²。

门锁安装查《计算规范》项目编码为 010801006001,取计量单位取个。

门铰链安装查《计算规范》项目编码为 010801006002,取计量单位取个。

(2) 计算工程量清单

门洞口面积　0.90×2.1＝1.89 m²

010801001001　夹板装饰门　1.89 m²

010801006001　门锁安装　1 个

010801006002　门铰链安装　2 个。

(3) 项目特征描述

门边梃断面:22.80 cm²。三夹板基层外贴花樟和白榉木切片板,白木实木封边线收边。铝合金球形锁一把,不锈钢铰链 2 个,木门不油漆。

2) 按《计价定额》组价

(1) 按《计价定额》计算规则计算工程量

切片板门:0.90×2.10＝1.89(m²)

球形执手锁:1 把

不锈钢铰链:2 个

(2) 套用《计价定额》计算各子目单价

16-295 换切片板门　1 065.17(元/10 m²)

分析:按设计增加三夹板基层每 10 m²

增三夹板　$19.8×12＝237.6(元/10\ m^2)$

增万能胶　$2.10×2×20＝84(元/10\ m^2)$

增人工　$0.49×2×85×(1＋25\%＋12\%)＝114.12(元/10\ m^2)$

小　计：$435.72\ 元/10\ m^2$

按实计算花樟、白榉木切片板的含量：

花樟切片板　$(0.15×2.05＋0.15×0.3)×2×"1.1"＝0.78(m^2)$

白榉木切片板　$(0.8×2.05－0.15×2.05)×2×"1.1"＝2.93(m^2)$

每 $10\ m^2$ 切片板含量：

花樟切片板　$0.78÷1.89×10＝4.13(m^2/10\ m^2)$

白榉木切片板　$2.93÷1.89×10＝15.5(m^2/10\ m^2)$

增材料费　$4.13×35＋15.5×20＝454.55(元/10\ m^2)$

参考《计价定额》16-291 子目，增加白木封边条 $29.15\ m/10\ m^2$。

$29.15\ m×6＝174.9(元/10\ m^2)$

小　计：$435.72＋454.55＋174.9＝1\ 065.17\ 元/10\ m^2$

16-312　球形执手锁　96.34 元/把

16-314　不锈钢铰链　32.41 元/个

（3）计算清单综合单价

010801001001　夹板装饰门　106.52 元/m²

010801006001 门锁安装　96.34 元/把

010801006002 门铰链安装　32.41 元/个

复习思考题

1. 什么是工程量清单计价方法？

2. 什么是工程量清单？

3. 工程量清单计价活动的基本原则是什么？

4. 工程量清单计价适用于哪些工程？

5. 工程量清单计价与原有计价方式在计价程序上有何不同？

6. 什么是建设行政主管发布的消耗量定额？什么是企业定额？两者的水平差异？

7. 工程量清单计价规范编制的依据和原则？

8. 实行工程量清单计价，合同价方式如何确定？

9. 分部分项工程量清单的项目编码如何设置？

10. 工程量清单计价规范的组成？

11. 招标文件中工程量清单格式的组成？

12. 投标文件中工程量清单计价格式的组成？

13. 综合单价的组成？风险是否包含在综合单价中？

14. 实行工程量清单报价，综合单价在约定的风险范围内不再调整，但在哪些情况下可作调整？

15. 费用计算规则中，不可竞争费用包括哪些？

16. 三冒头无腰镶板双开门，门洞尺寸 $1.20\ m×2.20\ m$。门框毛料断面为 $60\ cm^2$，门扇门肚板断面同计价定额，门设执手锁 1 把，插销 2 只，门铰链 4 副，门油调和漆 3 遍，施工单位为装饰工程二级资质,工日单价为38元,不计材差,求该门的综合单价。

17. 一会议室彩色水磨石地面,铜条分割,分色及做法如图2.12所示。边框采用土黄色镶边,宽度为180 mm. 中间采用铁红和铬绿色分格。踢脚线高120 mm. 采用土黄色。假设该工程内容为一土建三类工程中的分部分项工程,计算该分部分项工程的清单造价及综合单价。(材料价差不调整)

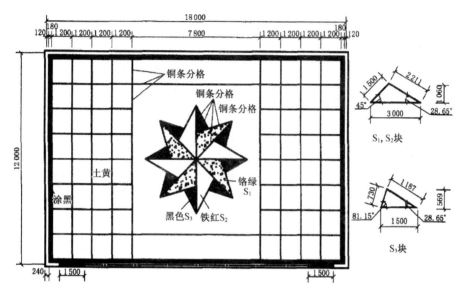

图2.12 水磨石地面布置图

18. 某学院门厅处一砼方柱圆柱直径 D＝600 mm,柱帽、柱墩挂贴进口黑金砂花岗岩,柱身挂贴四拼进口米黄花岗岩,灌缝1∶2水泥砂浆50 mm厚。具体尺寸如图2.13。计算该柱面清单的综合单价。(材料价格及费率均按定额执行)

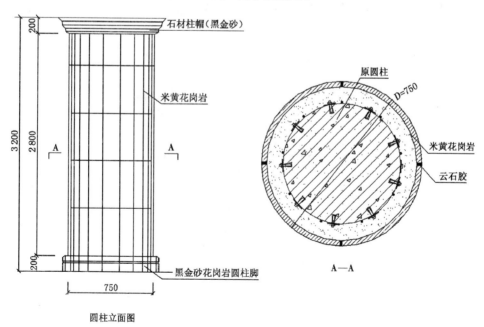

图2.13 砼方柱圆柱

19. 某体育馆一外墙采用钢骨架上干挂花岗岩勾缝,勾缝宽度为 6 mm,如图 2.14 所示。甲、乙双方商定钢骨架锌费 1 300 元/t,花岗岩市场单价为 350 元/m²,综合人工单价为 110 元/工日,管理费费率 42%,利润费率 15%,其他材料、机械按计价定额规定不作调整。请按有关规定和已知条件,编制该石材墙面的分部分项工程量清单并计算出各清单项目的综合单价(钢材理论重量:8♯槽钢为 8.04 kg/m, L50×5 等边角钢为 3.77 kg/m,L80×50×6 不等边角钢为 5.935 g/m,铁件 4.4 Kg/个)。

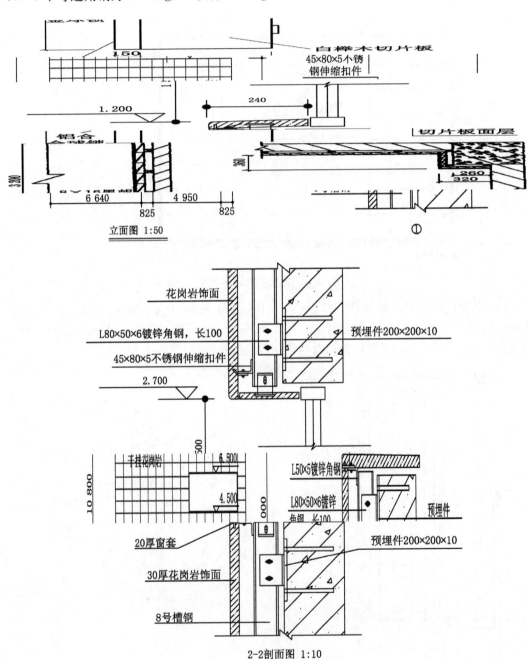

图 2.14 干挂花岗岩墙面

20. 某公司卫生间采用铝扣板吊顶,局部有 PS 灯片灯带,具体做法如图 2.15。吊筋为 $\phi8$ mm 钢筋,吊筋高度为 1.00 m,轻钢主龙骨为中龙骨(50 mm×20 mm×0.50 mm)。灯盒木工板刷防火漆两度,清油封底批腻子两遍,乳胶漆两遍,计算该分项工程的清单造价及综合单价(不考虑材差及费率调整)。

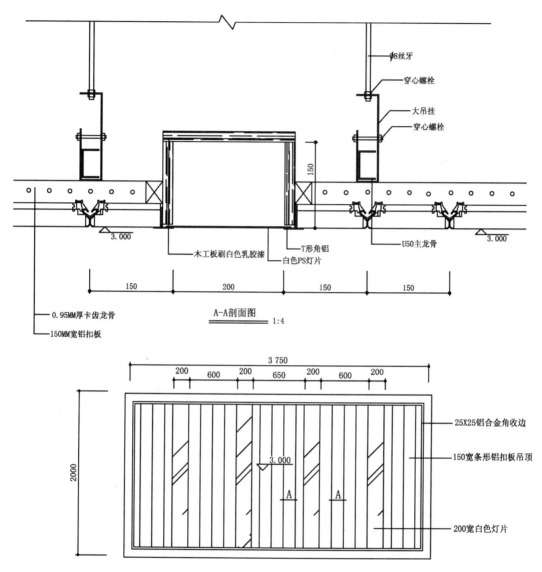

图 2.15 卫生间顶棚布置图

21. 门大样如图 2.16,采用细木工板贴白影木切片板,部分雀眼木切片板镶拼,白桦木实木封边条收边。求该门的清单造价和综合单价。(设:施工单位为装饰工程二级资质,人工工日为 38 元/工日。白影木切片板 50.39 元/m²,雀眼木切片板 60.47 元/m²,白桦木实木收边线 6.5 元/m,木工板 26.87 元/m²,其他材料价格同计价定额,门洞尺寸如图。)

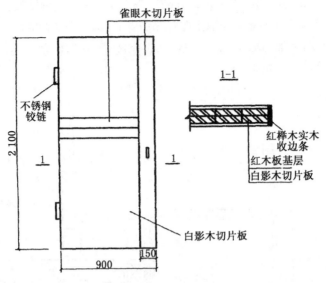

图 2.16　装饰实木门

22.一玻璃推拉门如图 2.17,门框木方采用普通成材,断面 45 mm×140 mm。外贴红胡桃木切片板,中间嵌 5 mm 喷砂玻璃,10 mm×10 mm 红胡桃木实木线条方格双面造型。门油聚酯亚光漆三遍,假设普通成材 1 500 元/m³,红胡桃实木封边条 6.00 元/m,5 mm 喷砂玻璃 35 元/m²,红胡桃切片板 20.16 元/m²,10 mm×10 mm 红胡桃实木线条 3 元/m,施工单位为装饰工程二级资质,工日单价为 38 元,不计别的材差,求该分部分项工程的清单造价和综合单价。(注:所注尺寸为门洞尺寸)

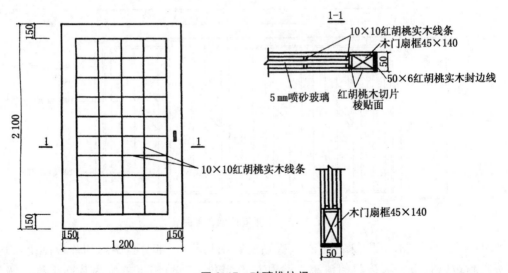

图 2.17　玻璃推拉门

23.某学院一过道采用装配式 T 型(不上人型)铝合金龙骨,面层采用 600 mm×600 mm 矿棉板吊顶,如图 2.18。已知:主龙骨为 45 mm×15 mm×1.2 mm 轻钢龙骨,沿过道短向布置,间距 1.0 m。吊筋为 φ8 钢筋,沿主龙骨方向间距 1.2 m,吊筋总高度为 1 m。四周为 L35 mm×1.0 mm 铝边龙骨(单价 6 元/m),T 型铝合金龙骨布置如图所示(T 型主龙骨 20 mm×35 mm×0.8 mm,T 型副龙骨 20 mm×22 mm×0.6 mm),计算该分项工程的综合单价(不考虑材差及费率调整)。

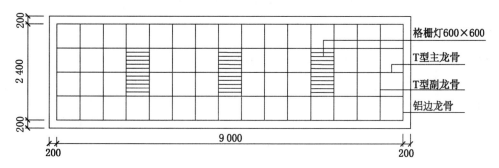

图 2.18　走道天棚布置图

24. 某综合楼装修会议室天棚吊顶,采用 φ8 mm 钢吊筋连接(每 10 m² 天棚吊筋每增减 100 mm 调整含量为 0.54 kg),装配式 U 型(不上人型)轻钢龙骨,纸面石膏板面层,面层规格 500 mm×500 mm。如图 2.19 所示:最低天棚面层到吊筋安装点的高度为 1 m,石膏板面刷乳胶漆两遍(不考虑自粘胶带),线条刷润油粉、刮腻子、聚氨酯清漆两遍。综合人工单价为 110 元/工日,管理费费率 42%,利润费率 15%,其他按计价定额规定不作调整。请按有关规定和已知条件,编制该会议室天棚的分部分项工程量清单并计算出各清单项目的综合单价。

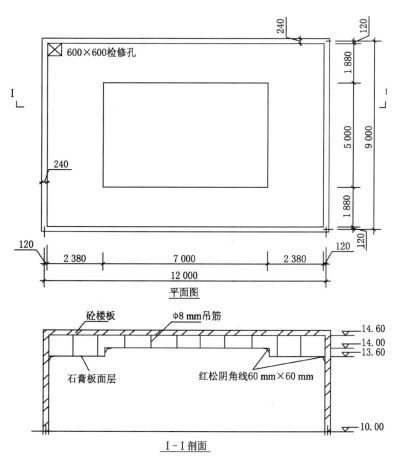

图 2.19　会议室天棚吊顶

第三章 单位工程清单计价编制实例

例 某单位二楼会议室装饰设计如图 3.1(1～7)。

1) 设计说明:

(1) 本工程尺寸除标高以 m 为单位外,其余均以 mm 为单位,建筑层高为 4.00 m。

(2) 本工程交付装饰的楼面为现浇钢筋砼板上做 15 mm 厚 1:3 水泥砂浆找平,10 mm 厚 1:2 水泥砂浆抹面。天棚为上一层楼板,板底未粉刷。墙体砖墙,15 mm 厚 1:1:6 水泥石灰砂浆打底,5 mm 厚 1:03:3 水泥石灰砂浆粉面。门、窗侧水泥砂浆粉刷。

(3) 图中所注门、窗尺寸均为洞口尺寸。门尺寸 1 600 mm×2 100 mm,窗尺寸 1 200 mm×2 200 mm。

(4) 设计要求:

① 楼面铺设 10 mm 厚毛腈地毯,下垫 5 厚橡胶海绵衬垫。

② 天棚吊顶采用 φ8 mm 吊筋,轻钢龙骨 400 mm×600 mm,纸面石膏板吊顶,石膏阴角线中间部分拱形造型。上安筒灯,设回光灯槽。天棚面层批 901 胶白水泥腻子 3 遍,刷白色亚光乳胶漆 3 遍。(注:天棚不上人,天棚板缝贴自粘胶带长度 221.31 m,吊筋均高 0.7 m,根数为 13 根/10 m²)

③ A 墙面:设窗帘藏帘箱,做法详见大样图,墙面批腻子刷白色亚光乳胶漆各 3 遍,柱面饰银灰色铝塑板;B 墙面:整个墙面为白影木切片板斜拼纹,5 mm 宽黑色勾缝;C 墙面:黑色胡桃木切片板整包,嵌磨砂玻璃固定隔断;D 墙面:白影木切片板面层,上嵌铜装饰条,部分饰米黄色软包。中间设计两根假柱,面饰银灰色铝塑板。

④ 所有木龙骨规格 24 mm×30 mm@300 mm×300 mm 刷防火漆 2 遍。木龙骨与墙、柱采用木砖固定。

⑤ 所有木结构表面均润油粉、刮腻子、硝基清漆、磨退出亮。

2) 编制说明:

(1) 下表中的材料为暂估价材料。

序号	材料名称	单位	市场价格(元)	备注
1	10 mm 厚毛腈地毯	m²	70.00	
2	细木工板	m²	28.55	
3	九夹板	m²	20.16	
4	五夹板	m²	16.80	
5	黑胡桃木切片板	m²	25.19	
6	白影木切片板	m²	80.62	
7	黑胡桃木子弹头线条 25 mm×8 mm	m	3.00	
8	黑胡桃木线条 12 mm×8 mm	m	2.00	
9	黑胡桃木裁口线条 5 mm×15 mm	m	2.00	
10	黑胡桃木压边线条 20 mm×20 mm	m	5.00	

序号	材料名称	单位	市场价格(元)	备注
11	黑胡桃木门窗套线条 60 mm×15 mm	m	12.00	
12	黑胡桃木压顶线条 16 mm×8 mm	m	2.50	
13	黑胡桃木硬木封边条 12 mm×45 mm	m	8	
14	铝塑板(双面)	m²	94.60	
15	纸面石膏板	m²	11.00	
16	磨砂玻璃 δ=10 mm	m²	120.00	
17	石膏阴角线 100 mm×30 mm	m²	6.00	
18	啡网纹大理石	m²	700.00	
19	啡网纹石材线条 20 mm×30 mm	m	50.00	
20	铜嵌条 2 mm×15 mm	m	3.50	
21	米黄色摩力克软包布	m²	78	
22	塑钢窗	m²	250	
23	拉丝不锈钢灯罩	个	800.00	综合单价

(2)除暂估价材料外,其他材料及机械费均不调整。

(3)有关费取值:人工单价110元/工日,管理费费率42%、利润12%。现场安全文明施工措施费仅计算基本费,费率按1.6%计算。临时设施费率1%,工程排污费率0.1%,社会保障费率2.2%,公积金费率0.38%,税金3.48%,暂列金额5 000元。

依据上述条件,编制工程量清单及招标控制价(注:仅计算会议室室内部分的装饰造价,包括会议室与走廊相连部分的门、窗)。

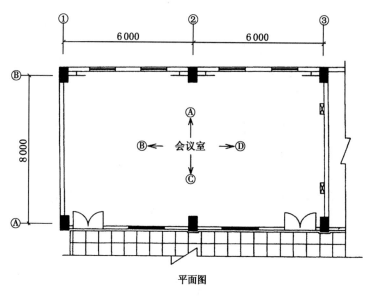

平面图

图 3.1(1)　二楼会议室

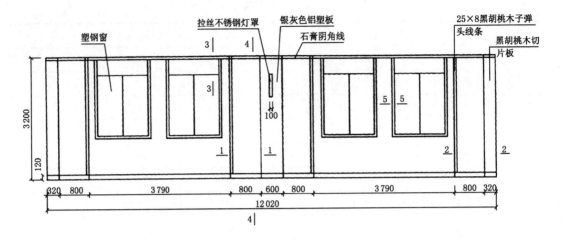

A立面

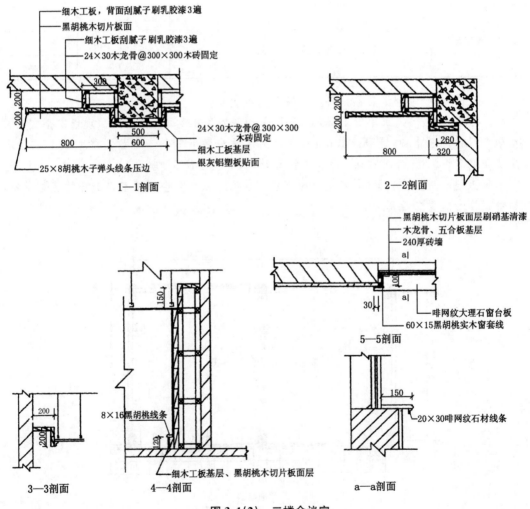

图 3.1(2)　二楼会议室

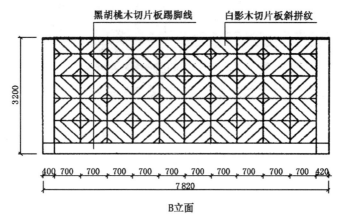

B立面

a

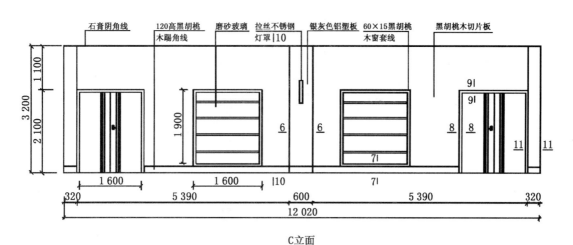

C立面

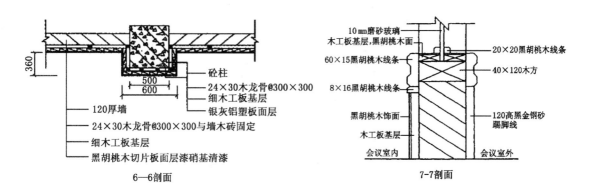

6—6剖面

7-7剖面

b

图 3.1(3)　二楼会议室

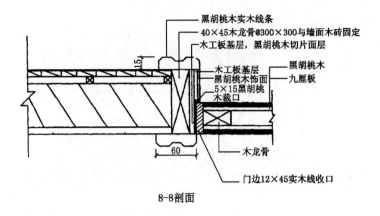

8-8剖面

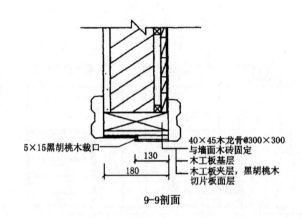

9-9剖面

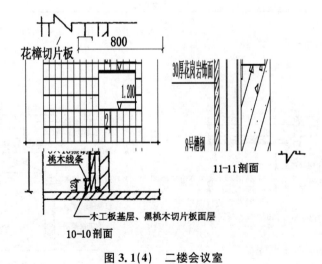

11-11剖面

10-10剖面

图 3.1(4) 二楼会议室

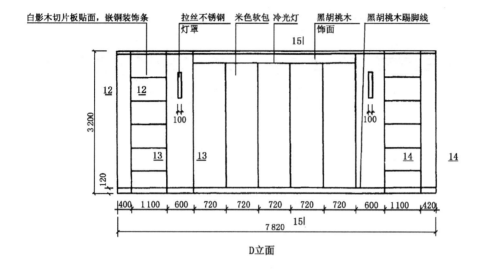

白影木切片板贴面，嵌铜装饰条　　拉丝不锈钢　米色软包　冷光灯　黑胡桃木　黑胡桃木踢脚线
　　　　　　　　　　　　　　灯罩　　　　　　　　　　　　饰面

D立面

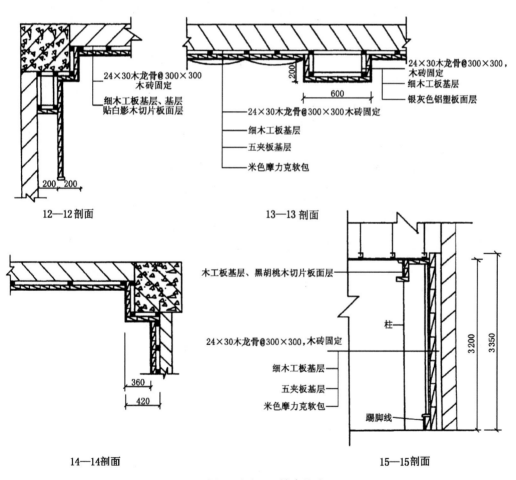

12—12剖面

24×30木龙骨@300×300
木砖固定

细木工板基层、基层
贴白影木切片板面层

13—13剖面

24×30木龙骨@300×300，
木砖固定

细木工板基层

银灰色铝塑板面层

24×30木龙骨@300×300木砖固定

细木工板基层

五夹板基层

米色摩力克软包

14—14剖面

15—15剖面

木工板基层、黑胡桃木切片板面层

柱

24×30木龙骨@300×300，木砖固定

细木工板基层

五夹板基层

米色摩力克软包

踢脚线

图 3.1(5)　二楼会议室

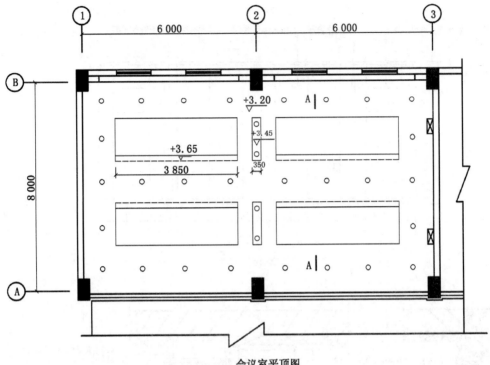

会议室平顶图

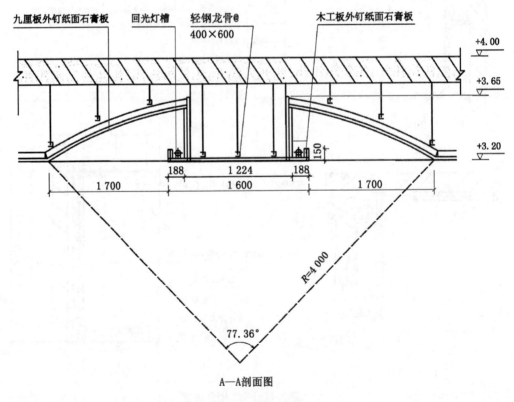

A—A剖面图

图 3.1(6)　二楼会议室

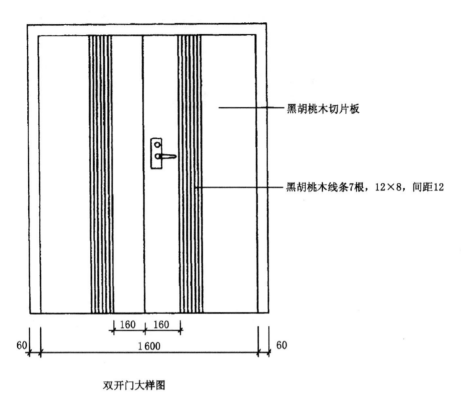

黑胡桃木切片板

黑胡桃木线条7根，12×8，间距12

160 160

60   1 600   60

双开门大样图

图 3.1(7)   二楼会议室

相关知识

① 计算天棚吊顶的工程量时，要扣除与天棚连接的窗帘盒的面积。② 中间拱形天棚吊顶，其龙骨工程量按水平投影面积计算。面层工程量按拱形展开面积计算。③ A-A 剖面中的回光灯槽应按第六章回光灯槽子目套用，其木工板造型不另计算。④ 成品塑钢窗、门制安的工程量按门窗洞口的面积计算。⑤ 踢脚线与墙面切片板面层油漆材料相同，应合并在墙裙工程量中，不能另外计算。⑥ 木结构上的线条油漆也应包含在相应木饰面油漆中，不能另计。⑦ 门套线的油漆含在木门油漆定额中，不能另算。⑧ 顶部石膏阴角线刷白色乳胶漆已含在天棚吊顶中，不另计算。⑨ 天棚高度在 3.60 m 内，吊筋与楼板的连接高度超过 3.60 m，应按满堂脚手架相应项目基价乘以"0.6"计算。⑩ 双扇门油漆按单扇门油漆定额乘"0.9"系数，门上有装饰线条时，乘"1.05"系数。

解

1) 按《计价规范》计算工程量清单

(1) 楼地面工程

011104001001   楼地面铺地毯   94 m²

$(8.00-0.12-0.06)×(12.00+0.25×2-0.24×2)=94(m^2)$

011105005001   木质踢脚线钉在砖墙面上   9.8 m

A 墙面：$12.50-0.50×3(柱)-0.30×4(藏帘箱)=9.80(m)$

011105005002   木质踢脚线钉在木龙骨上   30.3 m

A 墙面：$0.80×4+0.20×4(柱侧)+(0.32×2+0.60)(柱面)=5.24(m)$

B 墙面：$8.00-0.12-0.06-0.40-0.42=7.0(m)$

C 墙面：12.50－0.24×2(墙)＋0.36×4(柱侧)－1.60×2(门)＝10.26(m)

D 墙面：8.00－0.12－0.06－0.40－0.42＋0.20×4(柱侧)]＝7.80(m)

小　计：30.3 m

011404002001　木质踢脚线油漆　20.12 m

A 墙面：0.12×[9.8(墙上)＋0.20×4(柱侧铝塑板面)＋(0.32×2＋0.60)(柱侧铝塑板面)]＝11.84(m)

C 墙面：0.12×[(0.36×2＋0.6)(中柱铝塑板面)＋(0.32＋0.36)×2(边柱铝塑板面)]＝2.68(m)

D 墙面：0.12×[7.80－1.1×2(白影木切片板面)]＝5.6(m)

小　计：20.12 m

(2) 墙、柱面工程

A 墙面：

011207001001　黑胡桃木切片板藏帘箱　9.86 m²

0.80×(3.20－0.12)×4＝9.86(m²)

011208001001　柱面粘贴银灰色铝塑板　6.28 m²

1-1 剖面：(0.20×2＋0.60)×(3.20－0.12)＝3.08(m²)

2-2 剖面：(0.20＋0.32)×(3.20－0.12)×2＝3.20(m²)

小　计：6.28 m²

010807001001　塑钢窗　4 樘

1.2×2.20×4＝10.56(m²)

010808001001　黑胡桃木切片板窗套　4.48 m²

0.20×(1.20＋2.20×2)×4＝4.48(m²)

010810003001　木暗窗帘盒　9.80 m

12.5－0.50×3(柱)－0.30×4(藏帘箱)＝9.80(m)

010809004001　啡网纹大理石窗台板　4.80 m

1.2×4＝4.80(m)

01140401001　夹板面批腻子，刷亚光白色乳胶漆　13.15 m²

(0.80＋0.05－0.30)×3.20×4(藏帘箱背面)＋0.20×(3.20＋0.15)×4(内侧)＋(0.20＋0.15)×9.80(暗窗帘盒)＝13.15(m²)

011406001001　墙面批腻子，刷亚光白色乳胶漆的面积　19.62 m²

9.80×(3.20－0.12)(踢脚线高)－1.20×2.20×4(窗洞)＝19.62(m²)

01B001　拉丝不锈钢成品灯罩　1 个

B 墙面：

011207001002　墙面白影木切片板拼花　21.56 m²

(8.00－0.12－0.06－0.40－0.42)×[3.20－0.12(踢脚线)]＝21.56(m²)

C 墙面：

011207001003　墙面黑胡桃木切片板面层　20.40 m²

[12.50－0.24×2(墙)－0.32×2(柱)－0.60(柱)]×(3.20－0.12)－1.60×1.90×2(固定玻璃隔断)－1.60×2.10×2(门)＝20.40(m²)

011208001002　柱面粘贴银灰色铝塑板　8.25 m²

$(0.36 \times 2 + 0.60) \times (3.20 - 0.12) + (0.36 + 0.32) \times (3.20 - 0.12) \times 2 = 8.25(\text{m}^2)$

011210003001　固定玻璃隔断　6.08 m²

$1.60 \times 1.90 \times 2 = 6.08(\text{m}^2)$

010808001003　固定玻璃隔断窗套　1.68 m²

7-7 剖面　$0.12 \times (1.60 + 1.90) \times 2 \times 2 = 1.68(\text{m}^2)$

010801001001　黑胡桃木切片板造型门　2 樘

$1.60 \times 2.10 \times 2 = 6.72(\text{m}^2)$

010808001002　细木工板基层黑胡桃木切片板门套　2.09 m²

$0.18 \times (2.10 \times 2 + 1.60) \times 2 = 2.09(\text{m}^2)$

01B002　拉丝不锈钢成品灯罩　1 个

D 墙面：

011207001004　墙面白影木切片板面层　6.78 m²

$1.10 \times (3.20 - 0.12) \times 2 = 6.78(\text{m}^2)$

011208001004　柱面粘贴银灰色铝塑板　6.16 m²

$(0.20 \times 2 + 0.60) \times (3.20 - 0.12) \times 2 = 6.16(\text{m}^2)$

010810003002　冷光灯盒　3.60 m

$0.72 \times 5 = 3.60(\text{m})$

011408002001　墙面米黄色摩力克软包布　11.09 m²

$0.72 \times 5 \times (3.20 - 0.12) = 11.09(\text{m}^2)$

01B003　拉丝不锈钢成品灯罩　2 个

（3）天棚工程

011302001001　轻钢龙骨纸面石膏板天棚　89.61 m²

$7.82 \times 12.02 = 94(\text{m}^2)$

011304001001　回光灯槽　15.4 m

$3.85 \times 4 = 15.4(\text{m})$

2）套《计价定额》按《计价定额》计算规则计算工程量

（1）楼地面工程

011104001001　楼地面铺地毯　94.00 m²

13-136 楼地面铺设固定双层地毯

$(8.00 - 0.12 - 0.06) \times (12.00 + 0.25 \times 2 - 0.24 \times 2) = 94.00(\text{m}^2)$

011105005001　木质踢脚线钉在砖墙面上　9.8 m

13-131　木质踢脚线钉在砖墙面上

A 墙面：$12.50 - 0.50 \times 3(\text{柱}) - 0.30 \times 4(\text{藏帘箱}) = 9.80(\text{m})$

011105005002　木质踢脚线钉在木龙骨上　30.3 m

13-131 注　木质踢脚线钉在木龙骨上

A 墙面：$0.80 \times 4 + 0.20 \times 4(\text{柱侧}) + (0.32 \times 2 + 0.60)(\text{柱面}) = 5.24(\text{m})$

B 墙面：$8.00 - 0.12 - 0.06 - 0.40 - 0.42 = 7.00(\text{m})$

C 墙面：$12.50 - 0.24 \times 2(\text{墙}) + 0.36 \times 4(\text{柱侧}) - 1.60 \times 2(\text{门}) = 10.26(\text{m})$

D 墙面：$8.00 - 0.12 - 0.06 - 0.40 - 0.42 + 0.20 \times 4(\text{柱侧}) = 7.80(\text{m})$

小　计：30.30 m

011404002001　木质踢脚线油漆　20.12 m

17-80　木质踢脚线油漆

A墙面：9.8(墙上)+0.20×4(柱侧铝塑板面)+(0.32×2+0.60)(柱侧铝塑板面)=11.84(m)

C墙面：(0.36×2+0.6)(中柱铝塑板面)+(0.32+0.36)×2(边柱铝塑板面)=2.68(m)

D墙面：7.80-1.1×2(白影木切片板面)=5.60(m)

小　计：20.12 m

(2)墙、柱面工程

A墙面：

011207001001　黑胡桃木切片板藏帘箱　9.86 m²

14-168　墙面木龙骨

1-1及2-2剖面　0.30×(3.20+0.15)×4=4.02(m²)

14-185　细木工板基层

藏帘箱　0.80×3.20×4+0.20×(3.20+0.15)×4(内侧)=12.92(m²)

14-193　黑胡桃木切片板面层

0.80×(3.20-0.12)×4=9.86(m²)

18-20　25×8黑胡桃木子弹头线条

3.20×4=12.80(m)

17-79　木材面油漆

0.80×3.20×4=10.24(m²)(藏帘箱含踢脚线)

17-97　墙面木龙骨防火漆　4.02 m²

011208001001　柱面粘贴银灰色铝塑板　6.28 m²

14-169　柱面木龙骨

1-1剖面　(0.40×2+0.60)×(3.20+0.15)=4.69(m²)

2-2剖面　(0.40+0.32)×(3.20+0.15)×2=4.82(m²)

小　计：9.51 m²

14-176　假柱造型木龙骨

1-1及2-2剖面　(0.20+0.30)×3.20×4=6.40(m²)

14-187　细木工板基层

1-1剖面　(0.20×2+0.60)×3.20=3.20(m²)

2-2剖面　(0.20+0.32)×3.20×2=3.33(m²)

小　计：6.53 m²

14-204　柱面粘贴银灰色铝塑板

1-1剖面　(0.20×2+0.60)×(3.20-0.12)=3.08(m²)

2-2剖面　(0.20+0.32)×(3.20-0.12)×2=3.20(m²)

小　计：6.28 m²

17-101　柱面木龙骨防火漆　9.51 m²

17-96　假柱造型木龙骨防火漆　6.40 m²

010807001001　塑钢窗　4樘

16-12　塑钢窗制安

1.20×2.20×4＝10.56(m²)

010808001001　黑胡桃木切片板窗套　4.48 m²

18-45　黑胡桃木切片板窗套

0.20×(1.20＋2.20×2)×4＝4.48(m²)

18-14　黑胡桃木实木窗套线

(1.32＋2.26×2)×4＝23.36(m)

17-79　窗套油漆　4.48 m²

17－78×0.35　窗套线油漆　23.36 m

010810003001　木暗窗帘盒　9.80 m

18-66　暗窗帘盒

12.50－0.50×3(柱)－0.30×4(藏帘箱)＝9.80(m)

17－78×2.04　暗窗帘盒油漆　9.80 m

010809004001　啡网纹大理石窗台板　4.80 m

14-129　啡网纹大理石窗台板

0.15×1.20×4＝0.72(m²)

18-28　20×30 啡网纹石材线条

(1.20＋0.03×2＋0.05×2)×4＝5.44(m)

18-32　石材磨一阶半圆边　5.44 m

011404001001　夹板面批腻子、刷乳胶漆各三遍　13.15 m²

17-182 夹板面批腻子、刷乳胶漆各三遍

(0.80＋0.05－0.30)×3.20×4(藏帘箱背面)＋0.20×(3.20＋0.15)×4(内侧)＋

(0.20＋0.15)×9.80(暗窗帘盒)＝13.15(m²)

17-174　夹板面清油封底　13.15 m²

011406001001　墙面批腻子、刷乳胶漆各三遍　19.62 m²

17-176 墙面批腻子、刷乳胶漆各三遍

9.80×(3.20－0.12)(踢脚线高)－1.20×2.20×4(窗洞)＝19.62(m²)

01B001　拉丝不锈钢成品灯罩　1个

18-3 换　拉丝不锈钢成品灯罩　1个

B墙面：

011207001002　墙面白影木切片板拼花　21.56 m²

14-168　墙面木龙骨基层

(8.00－0.12－0.06－0.40－0.42)×(3.20＋0.15)＝23.45(m²)

14-185　墙面细木工板基层　23.45 m²

14-193 注 2　墙面白影木切片板拼花

(8.00－0.12－0.06－0.40－0.42)×[3.20－0.12(踢脚线)]＝21.56(m²)

17-79　木材面油漆

(8.00－0.12－0.06－0.40－0.42)×3.20(含踢脚线在内)＝22.40(m²)

17-97　墙面木龙骨防火漆　23.45 m²

(3.20－0.12)×9＋(7.82－0.40－0.42)×4＝55.72(m)

C 墙面：

011207001003 墙面黑胡桃木切片板面层 20.40 m^2

14-168 墙面细木龙骨基层

[12.50－0.50×3(柱)]×(3.20＋0.15)－1.60×1.90×2(固定玻璃隔断)－1.60×2.10×2(门)＝24.05(m^2)

14-185 墙面木工板基层 24.05 m^2

14-193 墙面黑胡桃木切片板面层

[12.50－0.24×2(墙)－0.32×2(柱)－0.60(柱)]×(3.20－0.12)－1.60×1.90×2(固定玻璃隔断)－1.60×2.10×2(门)＝20.40(m^2)

17-79 木材面油漆 20.40 m^2

17-97 墙面木龙骨防火漆的面积 24.05 m^2

011208001002 柱面粘贴银灰色铝塑板 8.25 m^2

14-169 柱面木龙骨基层

(0.36×2＋0.60)×(3.20＋0.15)(中柱)＋(0.36＋0.32)×(3.20＋0.15)×2(边柱)＝8.98(m^2)

14-187 柱面木工板基层 8.98 m^2

14-204 柱面粘贴银灰色铝塑板

(0.36×2＋0.60)×(3.20－0.12)＋(0.36＋0.32)×(3.20－0.12)×2＝8.25(m^2)

17-101 柱面木龙骨防火漆 8.98 m^2

011210003001 固定玻璃隔断 6.08 m^2

18-83 固定玻璃隔断

1.60×1.90×2＝6.08(m^2)

18-12 20×20黑胡桃实木线条压边

(1.60＋1.90)×2×4＝28.00(m)

010808001003 固定玻璃隔断窗套 1.68 m^2

18-48 细木工板基层黑胡桃木切片板窗套

7-7剖面 0.12×(1.60＋1.90)×2×2＝1.68(m^2)

18-14 60×15黑胡桃实木窗套线

(1.72＋2.02)×2×4＝29.92(m)

17-79 窗套油漆 1.68 m^2

010801001001 黑胡桃木切片板造型门 2 樘

16-295注1 黑胡桃木切片板造型门

1.60×2.10×2＝6.72(m^2)

18-12 门上12×8黑胡桃木线条造型

2.10×7(根)×4×2(扇)＝117.60(m)

16-312 执手锁 2 把

16-313 插销 2 只

16-314 铰链 8 个

17－76×0.945 门油漆 6.72 m^2

010808001002 细木工板基层黑胡桃木切片板门套 2.09 m^2

14-169　门侧木龙骨基层

$0.18×(2.10×2+1.60)×2＝2.09$ m²

14-187　门侧木工板基层 $0.18×(2.10×2+1.60)×2＝2.09$(m²)

14-194　门侧粘贴黑胡桃木切片板

9-9剖面　$0.05×(2.10×2+1.60)×2＝0.58$(m²)

18-48　细木工板基层黑胡桃木切片板门套

9-9剖面　$0.13×(2.10×2+1.60)×2＝1.51$(m²)

18-14　$60×15$黑胡桃实木门套线

门　$(1.72+2.16×2)×2×2$(双面)$＝24.16$(m)

18-12　门套侧$5×15$黑胡桃实木裁口线

$(1.60+2.10×2)×2＝11.60$(m)

17-79　门套油漆

门侧　0.58 m²

门套　1.51 m²

小　计：2.09 m²

01B002　拉丝不锈钢成品灯罩　1个

18-3换　拉丝不锈钢成品灯罩　1个

D墙面：

011207001004　墙面白影木切片板面层　6.78 m²

14-168　墙面木龙骨

$[8.00-0.12-0.06-0.40-0.42-0.72×5(软包)]×(3.20+0.15)＝11.39$(m²)

14-185　墙面细木工板基层

$[8.00-0.12-0.06-0.40-0.42-0.60×2-0.72×5(软包)]×(3.20+0.15)＝7.37$(m²)

14-193　白影木切片板面层

$1.10×(3.20-0.12)×2＝6.78$(m²)

17-79　白影木切片板面层油漆

$6.78+1.1×2×0.12(踢脚线)＝7.04$(m²)

17-97　墙面木龙骨防火漆　11.39 m²

18-18　白影木切片板面层上铜嵌条

$1.10×5×2＝11.00$(m)

011208001004　柱面粘贴银灰色铝塑板　6.16 m²

14-176　假柱造型木龙骨

$(0.20×2+0.60)×(3.20+0.15)×2＝6.70$(m²)

14-187　柱面细木工板基层　6.70 m²

14-204　柱面粘贴银灰色铝塑板

$(0.20×2+0.60)×(3.20-0.12)×2＝6.16$(m²)

17-96　假柱造型木龙骨防火漆的面积　6.70 m²

010810003002　冷光灯盒　3.60 m

18-67　冷光灯盒(明窗帘盒)

0.72×5＝3.60(m)

17－78×2.04　灯光灯盒油漆　3.6 m

01140802001　墙面米黄色摩力克软包布　11.09 m²

14-168　墙面木龙骨

0.72×5(软包)×(3.20＋0.15)＝12.06(m²)

14-185　墙面细木工板基层　12.06 m²

14-189　墙面五夹板软包底层

0.72×5×3.20＝11.52(m²)

17-250　墙面米黄色摩力克软包布

0.72×5×(3.20－0.12)＝11.09(m²)

17-97　墙面木龙骨防火漆　12.06 m²

01B003　拉丝不锈钢成品灯罩　2个

18-3换　拉丝不锈钢成品灯罩　2个

(3) 天棚工程

011302001001　轻钢龙骨纸面石膏板天棚　94 m²

15-34　天棚吊筋

7.82×12.02＝94(m²)

15-8注2　拱形部分天棚龙骨

(1.70＋0.188)×3.85×4＝29.08(m²)

15-8　其他部分天棚龙骨

94-29.08＝64.92(m²)

15-44　天棚木工板凹凸处木工板侧板(标高3.45 m处)

(0.35＋1.888)×2×0.25×2＝2.24(m²)

15-44　拱形部分天棚九厘板造型

弧长＝πrθ/180＝0.017 45rθ＝0.017 45×4.00×77.36＝5.40(m)

(5.40－1.224)×3.85×2＝32.16(m²)

15-46　拱形部分天棚石膏板面层　32.16 m²

15-44　拱形部分两端弧形木工板侧板

扇形面积 πr²θ/360＝0.008 727r²θ

(0.008 727×4²×77.36－1/2×$\sqrt{4^2-2.5^2}$×5－0.45×1.224)×4＝9.78(m²)

15-46　拱形部分两端弧形石膏板面层　9.78 m²

15-46　平面及凹凸面部分天棚石膏板面层　65.67(m²)

平面　60.53 m²

凹凸处侧立面(标高3.45 m处)　2.24 m²

暗藏灯光带底　0.188×3.85×4＝2.9(m²)

小　计: 65.67 m²

18-63　夹板面开筒灯孔　32 只

18-26　石膏阴角线

A墙面: 12.5－0.24×2(墙)＋0.2×4(柱侧)＝12.82(m)

B墙面: 8.00－0.12－0.06－0.40－0.42＝7.00(m)

C 墙面：12.50－0.24×2(墙)＋0.36×4(柱侧)＝13.46(m)

D 墙面：8.00－0.12－0.06－0.40(边柱)－0.42(边柱)＋0.20×2(柱侧)＝7.40(m)

小　计：40.7 m

17-179　天棚批腻子、刷乳胶漆各三遍

拱形　32.16 m²

拱形端部 9.78 m²

平面及凹凸　65.67 m²

回光灯槽侧板　15.4×0.6＝9.24(m²)

小　计：116.85 m²

17-175　天棚贴自粘胶带　221.30 m

011304001001　回光灯槽　15.4 m

18-65　回不光灯带(侧板总高0.6 m)　3.85×4＝15.4(m)

3) 套《计价定额》子目换算分析

序号	《计价定额》子目	项目名称
		一、楼地面工程
1		011104001001　楼地面地毯
	13～136	楼地面铺设固定双层地毯
2		011105005001　木质踢脚线钉在砖墙面上
	13～131	木质踢脚线钉在砖墙面上
		注：高度150 mm 换120 mm，材料费乘系数0.8。其中：12 mm 厚细木工板换为18厚细木工板，普通切片板换为黑胡桃木切片板。红松阴角线15×15换为黑胡桃木压顶线16 mm×8 mm，含量仍为11 m
3		011105005002　木质踢脚线钉在木龙骨上
	13～131 注	木质踢脚线钉在木龙骨上
		注：扣除木砖成材0.09 m³，其余换算同上
4		011404002001　木质踢脚线油漆
	17～80	木质踢脚线油漆
		二、墙、柱面工程
		A 墙面：
5		011207001001黑胡桃木切片板藏帘箱
	14～168	墙面木龙骨24 mm×30 mm
	14～185	细木工板基层
	14～193	黑胡桃木切片板面层
		注：普通切片板换黑胡桃木切片板
	18～12	25 mm×8 mm 黑胡桃木子弹头线条
		注：红松平线 B＝20 mm 换25 mm×8 mm 黑胡桃木子弹头线条

序号	《计价定额》子目	项目名称
	17～79	木材面油漆
	17～97	墙面木龙骨防火漆
6		011208001001　柱面粘贴银灰色铝塑板
	14～169	柱面木龙骨 24 mm×30 mm
	14～176	假柱造型木龙骨
		注:木龙骨断面 40 mm×50 mm 换为 24 mm×30 mm。普通成材:(24×30)÷(40×50)×0.144＝0.052 m³。子目中普通成材含量由 0.144 m³ 换为 0.052 m³
	14～187	细木工板基层
	14～204	柱面粘贴银灰色铝塑板
		注:铝塑板单面换铝塑板双面
	17～101	柱面木龙骨防火漆
	17～96	假柱造型木龙骨防火漆
7		010807001001　塑钢窗
	16～12	塑钢窗
8		010808001001　黑胡桃木切片板窗套
	18～45	黑胡桃木切片板窗套
		注:普通切片板换黑胡桃木切片板,木工板换为五夹板
	18～14	60 mm×15 mm 黑胡桃木实木窗套线
		注:红松平线 B＝60 mm 换黑胡桃木门窗套线 60 mm×15 mm
	17～79	窗套油漆
	17－78×0.35	窗套线油漆
9		010810003001　木暗窗帘盒
	18～66	暗窗帘盒
		纸面石膏板换为黑胡桃木切片板
	17－78×2.04	暗窗帘盒油漆
10		010809004001　啡网纹大理石窗台板
	14～127	啡网纹大理石窗台板
		注:大理石综合换啡网纹大理石
	18～28	20 mm×30 mm 啡网纹石材线条
		注:石材倒角线 100 mm×25 mm 换啡网纹石材线条 20 mm×30 mm
	18～32	石材磨一阶半圆边
11		011404001001　夹板面批腻子、刷乳胶漆各三遍

序号	《计价定额》子目	项目名称
	17～174	夹板面清油封底
	17～182	夹板面批腻子、刷乳胶漆各三遍
12		011406001001　墙面批腻子、刷乳胶漆各三遍
	17～176	墙面批腻子、刷乳胶漆各三遍
13		01B001　拉丝不锈钢成品灯罩
	18～3 换	拉丝不锈钢灯罩
		B 墙面：
14		011207001002　墙面白影木切片板拼花
	14～168	木龙骨 24 mm×30 mm
	14～185	细木工板基层
	14～193 注	白影木切片板拼花
		注：普通切片板斜拼纹者，人工乘系数"1.30"，切片板含量乘系数"1.1"，其他不变。普通切片板换白影木切片板
	17～79	木材面油漆
	17～97	墙面木龙骨防火漆
		C 墙面：
15		011207001003　墙面黑胡桃木切片板面层
	14～168	墙面木龙骨 24 mm×30 mm
	14～185	细木工板基层
	14～193	黑胡桃木切片板面层
	17～79	木材面油漆
	17～97	墙面木龙骨防火漆
16		011208001002　柱面粘贴银灰色铝塑板
	14～169	柱面木龙骨 24 mm×30 mm
	14～187	细木工板基层
	14～204	柱面粘贴银灰色铝塑板
	17～101	柱面木龙骨防火漆
17		011210003001　固定玻璃隔断
	18～83	固定玻璃隔断
		注：断面 125 mm×75 mm 换为 40 mm×120 mm 普通成材：$(40×120)÷(75×125)×0.132＝0.068\ m^3$ 普通成材含量由 $0.132\ m^3$ 换为 $0.068\ m^3$。钢化玻璃换为 10 厚磨砂玻璃
	18～12	20 mm×20 mm 黑胡桃实木线条压边

序号	《计价定额》子目	项目名称
		注:红松平线 B＝20 mm 换 20 mm×20 mm 黑胡桃木线条
18		010808001003　固定隔断窗套
	18～48	黑胡桃木切片板固定隔断窗套
		注:扣除普通成材及九夹板,普通切片板换黑胡桃木切片板
	18～14	黑胡桃木门窗套线条 60 mm×15 mm
	17～79	窗套油漆
19		010801001001　黑胡桃木切片板造型门
	16～295 注 1	黑胡桃木切片板造型门
		注:按附注增加九厘板 9.90 m²×2,万能胶 2.1 kg×2,人工 0.49 工日×2,12 mm×15 mm 黑胡桃硬木封边条 29.15 m。普通切片板换为黑胡桃木切片板
	18～12	门上 12 mm×8 mm 黑胡桃木线条造型
		注:红松平线 B＝20 mm 换 12 mm×8 mm 黑胡桃木线条
	16～312	执手锁
	16～313	铰链
	16～314	插销
	17－76×0.945	门油漆
		注:双扇门油漆按单扇门油漆定额乘"0.9"系数,门上有装饰线条时,乘"1.05"系数。0.9×1.05＝0.945
20		010808001002　细木工板基层黑胡桃木切片板门套
	14～169 换	门侧木龙骨 40 mm×45 mm
		注:木龙骨 24 mm×30 mm 换为 40 mm×45 mm。普通成材(40×45)÷(24×30)×0.109＝0.273 m³ 普通成材含量由 0.109 m³ 换为 0.273 m³
	14～187	门侧粘木工板基层
	14～194	门侧粘贴黑胡桃木切片板
	18～48	细木工板基层黑胡桃木切片板门套
		注:扣除普通成材及九夹板,普通切片板换黑胡桃木切片板
	18～14	黑胡桃实木门套线 60 mm×15 mm
	18～12	门套侧 5 mm×15 mm 黑胡桃实木裁口线
		注:红松平线 B＝20 mm 换 5 mm×15 mm 黑胡桃木裁口线
	17～79	门套油漆
21		01B002　拉丝不锈钢成品灯罩
	18～3 换	拉丝不锈钢成品灯罩

序号	《计价定额》子目	项目名称
		D墙面:
22		011207001004　墙面白影木切片板面层
	14～168	木龙骨24 mm×30 mm
	14～185	细木工板基层
	14～193	白影木切片板面层
		注:普通切片板换白影木切片板
	17～79	木材面油漆
	17～97	墙面木龙骨防火漆
	18～18	白影木切片板面层嵌铜条
23		011208001004　柱面粘贴银灰色铝塑板
	14～176	假柱造型木龙骨
	14～187	细木工板基层
	14～204	柱面粘贴银灰色铝塑板
	17～96	假柱造型木龙骨防火漆
24		010810003002　冷光灯盒
	18～67	冷光灯盒
		注:扣纸面石膏板,普通切片板换黑胡桃木切片板
	17－78×2.04	冷光灯盒油漆
25		011408002001　墙面米黄色摩力克软包布
	14～168	木龙骨24 mm×30 mm
	14～185	细木工板基层
	14～189	墙面五夹板软包底层
		注:三夹板换为五夹板
	17～250	米黄色摩力克软包布
		注:墙布换为米黄色摩力克软包布
	17～97	墙面木龙骨防火漆
26		01B003　拉丝不锈钢灯罩
	18～3 换	拉丝不锈钢灯罩
		三、天棚工程
27		011302001001　轻钢龙骨纸面石膏板天棚
	15～34 注	φ8天棚吊筋
		注:φ8天棚吊筋圆钢数量调整:(0.75－0.25)÷0.75×3.93＝2.358 kg

序号	《计价定额》子目	项目名称
	15～8 注	拱形天棚龙骨
		注:此处假设龙骨含量同定额,不需调整。但拱形部分需按《计价定额》规定人工、机械费乘系数"1.8"
	15～8	其他部位天棚龙骨
	15～44	天棚木工板侧板(标高 3.45 m 处)
		三夹板换为木工板
	15～44	拱形顶九厘板基层
		注:三夹板换为木工板,拱形部分人工乘系数 1.5
	15～46	拱形顶纸面石膏板面层
		注:拱形部分人工乘系数 1.5
	15～44	拱形端部弧形木工板基层
		注:三夹板换为木工板,弧形部分人工乘系数 1.15
	15～46	拱形端部弧形纸面石膏板面层
		注:弧形部分人工乘系数 1.15
	15～46	其他部位天棚石膏板面层
	18～63	夹板面开筒灯孔
	18～26	石膏阴角线
28		011304001001　回光灯槽
	18～65	细木工板、纸面石膏板含量换算:0.6÷0.5×5.12＝6.144
29		011406001002　天棚乳胶漆
	17～175	天棚板缝贴自粘胶带
	17～179	纸面石膏板批腻子、刷乳胶漆各三遍

4) 利用软件进行计算报价

报价清单详以下见附件 1,附件 2。

二楼会议室室内装饰工程

招标工程量清单

招　标　人：＿＿＿（略）＿＿＿

（单位盖章）

招标咨询人：＿＿＿（略）＿＿＿

（单位盖章）

2016 年 8 月 20 日

填表须知

1. 工程量清单及其计价格式中所有要求签字、盖章的地方，必须由规定的单位和人员签字、盖章。

2. 工程量清单及其计价格式中的任何内容不得随意删除或涂改。

3. 工程量清单计价格式中列明的所有需要填报的单价和合价，投标人均应填报，未填报的单价和合价，视为此项费用已包含在工程量清单的其他单价和合价中。

4. 金额（价格）均应以<u>人民</u>币表示。

总说明

工程名称:二楼会议室   第＿＿页　共＿＿页

1. 工程概况:二楼会议室建筑层高 4.00 m。土建、安装工程已结束。详细情况见设计说明。

2. 招标范围:二楼会议室室内装饰工程。

3. 清单编制依据:《建设工程工程量清单计价规范》、施工设计图文件、施工组织设计等。

4. 工程质量应达到合格标准。

5. 考虑施工中可能发生的设计变更或清单有误,暂列金额 5 000.00 元。

6. 投标人在投标时应按《建设工程工程量清单计价规范》规定的统一格式,提供"分部分项工程量清单综合单价分析表"、"措施项目费分析表"。

7. 随清单附有"主要材料价格表",投标人应该按其规定填写。

分部分项工程和单价措施项目清单

序号	项目编码	项目名称	项目特征描述	计量单位	工程量	综合单价	合价	其中暂估价
			一、楼地面装饰工程					
1	011104001001	地毯楼地面	1. 面层材料品种、规格、颜色:10 mm 厚毛晴地毯 2. 防护材料种类:5 厚橡胶海绵衬垫 3. 压线条种类:铝合金收口条	m²	94.000			
2	011105005001	木质踢脚线	1. 踢脚线高度:120 mm 2. 基层材料种类、规格:细木板钉在砖墙上 3. 面层材料品种、规格、颜色:黑胡桃木切片板 4. 线条材质、规格:黑胡桃木压顶线 16 mm×8 mm	m	9.800			
3	011105005002	木质踢脚线	1. 踢脚线高度:120 mm 2. 基层材料种类、规格:细木板钉在墙面木龙骨上 3. 面层材料品种、规格、颜色:黑胡桃木切片板	m	30.300			
4	011404002001	踢脚线油漆	1. 腻子种类:润油粉、刮腻子 2. 油漆品种、刷漆遍数:刷硝基清漆、磨退出亮	m²	2.410			
			分部小计					
			二、墙柱面工程					
			A　墙面工程					
5	011207001001	黑胡桃木切片板藏帘箱	1. 龙骨材料种类、规格、中距:木龙骨 24 mm×30 mm@300 mm×300 mm 钉在木砖上 2. 隔离层材料种类、规格:木龙骨刷防火漆二遍 3. 基层材料种类、规格:细木工板 4. 面层材料品种、规格、颜色:黑胡桃木切片板 5. 压条材料种类、规格:黑胡桃木子弹头线条 25 mm×8 mm 6. 面板油漆种类:硝基清漆、磨退出亮	m²	9.860			
			本页小计					

分部分项工程和单价措施项目清单

工程名称:二楼会议室室内装饰工程　　　　标段:　　　　　第 2 页　共 7 页

序号	项目编码	项目名称	项目特征描述	计量单位	工程量	金额(元)		
						综合单价	合价	其中暂估价
6	011208001001	柱面铝塑板饰面	1. 龙骨材料种类、规格、中距:木龙骨 24 mm×30 mm@300 mm×300 mm 钉在木砖上 2. 隔离层材料种类:木龙骨刷防火漆二遍 3. 基层材料种类、规格:细木工板 4. 面层材料品种、规格、颜色:银灰色铝塑板	m²	6.280			
7	010807001001	塑钢推拉窗	1. 窗代号及洞口尺寸:C1 200 mm×2 200 mm 2. 框、扇材质:塑钢 3. 玻璃品种、厚度:5 mm 厚白玻	樘	4.000			
8	010808001001	木窗套	1. 基层材料种类:五夹板基层 2. 面层材料品种、规格:黑胡桃木切片板 3. 线条品种、规格:黑胡桃木门窗套线条 60 mm×15 mm 4. 面板油漆种类:硝基清漆、磨退出亮	m²	4.480			
9	010810003001	木暗窗帘盒	1. 窗帘盒材质、规格:木暗窗帘盒,细木工板基层、黑胡桃木切片板面 2. 防护材料种类:硝基清漆、磨退出亮	m	9.800			
10	010809004001	石材窗台板	1. 黏结层厚度、砂浆配合比:15 mm厚1∶3 水泥砂浆找平层,5 mm厚1∶2.5 水泥砂浆面层 2. 窗台板材质、规格、颜色:150 mm 宽啡网纹大理石板,磨一阶半圆 3. 线条种类:啡网纹大理石线条 20 mm×30 mm	m	4.800			
11	011404001001	夹板面刷乳胶漆	1. 腻子种类:混合腻子 2. 刮腻子遍数:满批三遍 3. 防护材料种类:刷清油一遍 4. 油漆品种、刷漆遍数:乳胶漆三遍	m²	13.150			
			本页小计					

分部分项工程和单价措施项目清单

序号	项目编码	项目名称	项目特征描述	计量单位	工程量	综合单价	合价	其中 暂估价
12	011406001001	抹灰面油漆	1. 基层类型:砖内墙 2. 腻子种类:901胶混合腻子 3. 刮腻子遍数:三遍 4. 油漆品种、刷漆遍数:乳胶漆各三遍	m²	19.620			
13	01B001	拉丝不锈钢灯罩	1. 材质、规格:拉丝不锈钢成品装饰件	个	1.000			
			B　墙面工程					
14	011207001002	墙面白影木切片板拼花	1. 龙骨材料种类、规格、中距:木龙骨 24 mm×30 mm@300 mm×300 mm 钉在木砖上 2. 隔离层材料种类、规格:木龙骨刷防火漆二遍 3. 基层材料种类、规格:细木工板基层 4. 面层材料品种、规格、颜色:白影木木切片板斜拼纹 5. 油漆种类:硝基清漆、磨退出亮	m²	21.560			
			C　墙面工程					
15	011207001003	墙面黑胡桃木切片板饰面	1. 龙骨材料种类、规格、中距:木龙骨 24 mm×30 mm@300 mm×300 mm 钉在木砖上 2. 隔离层材料种类、规格:木龙骨刷防火漆二遍 3. 基层材料种类、规格:细木工板 4. 面层材料品种、规格、颜色:黑胡桃木切片板 5. 油漆种类:硝基清漆、磨退出亮	m²	20.400			
			本页小计					

分部分项工程和单价措施项目清单

序号	项目编码	项目名称	项目特征描述	计量单位	工程量	金额（元）		
						综合单价	合价	其中 暂估价
16	011208001002	柱面银灰色铝塑板饰面	1. 龙骨材料种类、规格、中距：木龙骨 24 mm×30 mm@300 mm×300 mm 钉在木砖上 2. 隔离层材料种类：木龙骨刷防火漆二遍 3. 基层材料种类、规格：细木工板 4. 面层材料品种、规格、颜色：银灰色铝塑板（双面）	m²	8.250			
17	011210003001	固定玻璃隔断	1. 边框材料种类、规格：40 mm×120 mm 木方，细木工板基层，黑胡桃木切片板面层，刷硝基清漆、磨退出亮 2. 玻璃品种、规格、颜色：10 mm 厚磨砂玻璃 3. 压条材质、规格：黑胡桃实木线条压边 20 mm×20 mm	m²	6.080			
18	010808001003	固定玻璃隔断窗套	1. 基层材料种类：细木工板1层 2. 面层材料品种、规格：黑胡桃木切片板 3. 线条品种、规格：黑胡桃木门窗套线条 60 mm×15 mm 4. 油漆种类、遍数：硝基清漆、磨退出亮	m²	1.680			
19	010801001001	黑胡桃木切片板造型门	1. 门代号及洞口尺寸：M1 600 mm×2 100 mm 2. 门芯材质、厚度：木龙骨外侧双蒙九厘板，黑胡桃硬木门封边条 12 mm×45 mm 3. 门扇面层：黑胡桃木切片板（双面） 4. 线条：黑胡桃木线条 12 mm×8 mm 5. 油漆种类：硝基清漆、磨退出亮	樘	2.000			
		本页小计						

分部分项工程和单价措施项目清单

工程名称:二楼会议室室内装饰工程　　　标段：　　　　

序号	项目编码	项目名称	项目特征描述	计量单位	工程量	金额(元)		
						综合单价	合价	其中 暂估价
20	010808001002	木门套	1. 门代号及洞口尺寸:M1 600 mm×2 100 mm 2. 基层材料种类:木龙骨 40 mm×45 mm@300 mm×300 mm,细木工板 1 层 3. 面层材料品种、规格:黑胡桃木切片板 4. 线条品种、规格:黑胡桃木门窗套线条 60 mm×15 mm,黑胡桃木裁口线条 5 mm×15 mm 5. 油漆种类、遍数:硝基清漆、磨退出亮	m²	2.090			
21	01B002	拉丝不锈钢灯罩	1. 材质、规格:拉丝不锈钢成品装饰件	个	1.000			
			D　墙面工程					
22	011207001004	墙面装饰板	1. 龙骨材料种类、规格、中距:木龙骨 24 mm×30 mm@300 mm×300 mm 钉在木砖上 2. 隔离层材料种类、规格:木龙骨刷防火漆二遍 3. 基层材料种类、规格:细木工板 4. 面层材料品种、规格、颜色:白影木切片板 5. 压条材料种类、规格:嵌铜装饰条 6. 油漆种类、遍数:硝基清漆、磨退出亮	m²	6.780			
23	011208001004	柱面铝塑板饰面	1. 龙骨材料种类、规格、中距:木龙骨 24 mm×30 mm@300 mm×300 mm 钉在木砖上 2. 隔离层材料种类:木龙骨刷防火漆二遍 3. 基层材料种类、规格:细木工板 4. 面层材料品种、规格、颜色:银灰色铝塑板	m²	6.160			
			本页小计					

分部分项工程和单价措施项目清单

序号	项目编码	项目名称	项目特征描述	计量单位	工程量	金额（元）		
						综合单价	合价	其中 暂估价
24	010810003002	冷光灯盒	1. 窗帘盒材质、规格:木明窗帘盒,细木工板基层、黑胡桃木切片板面层 2. 油漆种类、遍数:硝基清漆、磨退出亮	m	3.600			
25	011408002001	墙面米色软包	1. 基层类型:木龙骨 24 mm×30 mm@300 mm×300 mm 2. 基层板:细木工板及五夹板 3. 防护材料种类:木龙骨刷防火漆二遍 4. 面层材料品种、规格、颜色:米黄色摩力克软包布	m²	11.090			
26	01B003	拉丝不锈钢灯罩	1. 材质、规格:拉丝不锈钢成品装饰件	个	2.000			
		分部小计						
		三、天棚工程						
27	011302001001	轻钢龙骨纸面石膏板天棚	1. 吊顶形式、吊杆规格、高度:凹凸型天棚,φ8 mm 钢筋吊筋,均高 0.7 m 2. 龙骨材料种类、规格、中距:轻钢龙骨 400 mm×600 mm 3. 基层材料种类、规格:部分细木工板及九厘板造型 4. 面层材料品种、规格、:纸面石膏板 5. 压条材料种类、规格:石膏阴角线条	m²	94			
28	011406001002	天棚乳胶漆	1. 基层类型:纸面石膏板 2. 腻子种类:901 胶白水泥腻子 3. 刮腻子遍数:三遍 4. 防护材料种类:板缝自粘胶带 5. 油漆品种、刷漆遍数:白色乳胶漆三遍 6. 部位:天棚	m²	116.85			
29	011304001001	灯带(槽)	1. 灯带型式、尺寸:600 mm 高回光灯槽 2. 基层类型:细木工板 3. 面板:纸面石膏板	m	15.400			
		分部小计						
		本页小计						

分部分项工程和单价措施项目清单

工程名称：二楼会议室室内装饰工程　　　标段：　　　　　　　第 7 页　共 7 页

序号	项目编码	项目名称	项目特征描述	计量单位	工程量	金额(元)		
						综合单价	合价	其中 暂估价
			分部分项合计					
1	011701006001	满堂脚手架		m²				
2	011703001001	垂直运输		工日				
			单价措施合计					
			本页小计					
			合计					

总价措施项目清单

工程名称：二楼会议室室内装饰工程　　　　标段：　　　　　

序号	项目编码	项目名称	计算基础	费率（%）	金额（元）	调整费率(%)	调整后金额(元)	备注
1	011707001001	安全文明施工费						
1.1		基本费	分部分项合计＋单价措施项目合计－设备费					
1.2		增加费	分部分项合计＋单价措施项目合计－设备费					
2	011707002001	夜间施工	分部分项合计＋单价措施项目合计－设备费					
3	011707003001	非夜间施工照明	分部分项合计＋单价措施项目合计－设备费					
4	011707004001	二次搬运	分部分项合计＋单价措施项目合计－设备费					
5	011707005001	冬雨季施工	分部分项合计＋单价措施项目合计－设备费					
6	011707006001	地上、地下设施、建筑物的临时保护设施	分部分项合计＋单价措施项目合计－设备费					
7	011707007001	已完工程及设备保护	分部分项合计＋单价措施项目合计－设备费					
8	011707008001	临时设施	分部分项合计＋单价措施项目合计－设备费					
9	011707009001	赶工措施	分部分项合计＋单价措施项目合计－设备费					
10	011707010001	工程按质论价	分部分项合计＋单价措施项目合计－设备费					
11	011707011001	住宅分户验收	分部分项合计＋单价措施项目合计－设备费					
12	011707012001	特殊条件下施工增加费	分部分项合计＋单价措施项目合计－设备费					

其他项目清单汇总表

工程名称：二楼会议室室内装饰工程　　　　标段：　　　　　　第 1 页　共 1 页

序号	项目名称	金额(元)	结算金额(元)	备注
1	暂列金额	5 000.00		
2	暂估价			
2.1	材料暂估价			
2.2	专业工程暂估价			
3	计日工			
4	总承包服务费			
合计		5 000.00		

规费、税金项目清单

工程名称：二楼会议室室内装饰工程　　　标段：　　　　　　　第1页　共1页

序号	项目名称	计算基础	计算基数（元）	计算费率（%）	金额（元）
1	规费	工程排污费＋社会保险费＋住房公积金			
1.1	工程排污费	分部分项工程费＋措施项目费＋其他项目费－工程设备费			
1.2	社会保险费	分部分项工程费＋措施项目费＋其他项目费－工程设备费			
1.3	住房公积金	分部分项工程费＋措施项目费＋其他项目费－工程设备费			
2	税金	分部分项工程费＋措施项目费＋其他项目费＋规费－按规定不计税的工程设备金额			
	合计				

二楼会议室室内装饰工程

招标控制价

招　标　人：＿＿＿（略）＿＿＿
　　　　　　　（单位盖章）

招标咨询人：＿＿＿（略）＿＿＿
　　　　　　　（单位盖章）

2016 年 8 月 20 日

单位工程汇总表

工程名称：二楼会议室室内装饰工程　　　标段：　　　　第1页　共1页

序号	项目名称	计算公式	金额(元)
1	分部分项工程费	分部分项工程费	92 000.41
2	人工费	分部分项人工费	29 570.13
3	材料费	分部分项材料费	44 998.24
4	施工机具使用费	分部分项机械费	364.96
5	企业管理费	分部分项管理费	12 576.29
6	利润	分部分项利润	4 490.78
7	措施项目费	措施项目合计	5 033.55
8	单价措施项目费	单价措施项目合计	2 574.60
9	总价措施项目费	总价措施项目合计	2 458.95
10	其中:安全文明施工措施费	安全文明施工费	1 513.20
11	其他项目费	其他项目费	5 000.00
12	其中:暂列金额	暂列金额	5 000.00
13	其中:专业工程暂估	专业工程暂估价	—
14	其中:计日工	计日工	—
15	其中:总承包服务费	总承包服务费	—
16	规费	工程排污费+社会保险费+住房公积金	2 734.51
17	工程排污费	(分部分项工程费+措施项目费+其他项目费-工程设备费)×0.1%	102.03
18	社会保险费	(分部分项工程费+措施项目费+其他项目费-工程设备费)×2.2%	2 244.75
19	住房公积金	(分部分项工程费+措施项目费+其他项目费-工程设备费)×0.38%	387.73
20	税金	(分部分项工程费+措施项目费+其他项目费+规费-按规定不计税的工程设备金额)×3.48%	3 645.94
21	工程造价	分部分项工程费+措施项目费+其他项目费+规费+税金	108 414.41

[新点 2013 清单造价江苏版 V10.3.0]

分部分项工程费综合单价

序号	定额编号	换	定额名称	单位	工程量（m²）	金额（元）	
						综合单价	合价
1	011		一、楼地面装饰工程		1	14 537.47	14 537.47
2	0111		1.1　楼地面装饰工程		1	14 537.47	14 537.47
3	011104001001		地毯楼地面 【项目特征】 1. 面层材料品种、规格、颜色：10 mm厚毛晴地毯 2. 防护材料种类：5 mm厚橡胶海绵衬垫 3. 压线条种类：铝合金收口条	m²	94	139.36	13 099.84
4	13－136	换	地毯 楼地面 固定 双层	10 m²	9.4	1 393.60	13 099.84
5	011105005001		木质踢脚线 【项目特征】 1. 踢脚线高度：120 mm 2. 基层材料种类、规格：细木板钉在砖墙上 3. 面层材料品种、规格、颜色：黑胡桃木切片板 4. 线条材质、规格：黑胡桃木压顶线16 mm×8 mm	m	9.8	23.36	228.93
6	13-131	换	衬板上贴切片板 踢脚线 制作安装	10 m	0.98	233.67	229.00
7	011105005002		木质踢脚线 【项目特征】 1. 踢脚线高度：120 mm 2. 基层材料种类、规格：细木板钉在墙面木龙骨上 3. 面层材料品种、规格、颜色：黑胡桃木切片板	m	30.3	22.21	672.96
8	13-131 备注2	换	衬板上贴切片板 踢脚线 制作安装	10 m	3.03	222.15	673.11
9	011404002001		踢脚线油漆 【项目特征】 1. 腻子种类：润油粉、刮腻子 2. 油漆品种、刷漆遍数：刷硝基清漆、磨退出亮	m²	2.41	222.30	535.74
10	17-80		润油粉、刮腻子、刷硝基清漆、磨退出亮 踢脚线	10 m	2.012	266.27	535.74
11	0112		墙、柱面装饰与隔断、幕墙工程		1	15 876.89	15 876.89
12	0112		二、A墙面		1	15 876.89	15 876.89

［新点2013清单造价江苏版 V10.3.0］

分部分项工程费综合单价

序号	定额编号	换	定额名称	单位	工程量 (m²)	综合单价	合价
13	011207001001		黑胡桃木切片板藏帘箱 【项目特征】 1. 龙骨材料种类、规格、中距：木龙骨 24 mm×30 mm@300 mm×300 mm 钉在木砖上 2. 隔离层材料种类、规格：木龙骨刷防火漆二遍 3. 基层材料种类、规格：细木工板 4. 面层材料品种、规格、颜色：黑胡桃木切片板 5. 压条材料种类、规格：黑胡桃木子弹头线条 25 mm×8 mm 6. 面板油漆种类：硝基清漆、磨退出亮	m²	9.86	319.23	3 147.61
14	14-168		木龙骨基层 墙面	10 m²	0.402	561.66	225.79
15	14-185		墙面细木工板基层 钉在龙骨上	10 m²	1.292	507.70	655.95
16	14-193	换	木质切片板粘贴在夹板基层上 墙面	10 m²	0.986	561.74	553.88
17	18-12	换	黑胡桃木子弹头线条 25 mm×8 mm	100 m	0.128	706.04	90.37
18	17-79		润油粉、刮腻子、刷硝基清漆、磨退出亮 其他木材面	10 m²	1.024	1 545.56	1 582.65
19	17-97		防火涂料二遍 隔墙、隔断(间壁)、护壁木龙骨 单向	10 m²	0.402	96.97	38.98
20	011208001001		柱面铝塑板饰面 【项目特征】 1. 龙骨材料种类、规格、中距：木龙骨 24 mm×30 mm@300 mm×300 mm 钉在木砖上 2. 隔离层材料种类：木龙骨刷防火漆二遍 3. 基层材料种类、规格：细木工板 4. 面层材料品种、规格、颜色：银灰色铝塑板	m²	6.28	373.30	2 344.32
21	14-169		柱面木龙骨基层 24 mm×30 mm	10 m²	0.951	650.20	618.34
22	14-176	换	假柱造型木龙骨 24 mm×30 mm	10 m²	0.64	310.35	198.62
23	14-187		柱、梁面细木工板基层 钉在龙骨上	10 m²	0.653	528.76	345.28
24	14-204	换	粘贴在夹板基层上 铝塑板	10 m²	0.628	1 382.74	868.36
25	17-101		柱面木龙骨防火涂料	10 m²	0.951	202.56	192.63
26	17-96		假柱造型木龙骨防火涂料	10 m²	0.64	189.03	120.98
27	010807001001		塑钢推拉窗 【项目特征】 1. 窗代号及洞口尺寸：C1 200 mm×2 200 mm 2. 框、扇材质：塑钢 3. 玻璃品种、厚度：5 mm 厚白玻	樘	4	938.71	3 754.84
28	16-12		塑钢窗	10 m²	1.056	3 555.70	3 754.82

[新点 2013 清单造价江苏版 V10.3.0]

分部分项工程费综合单价

序号	定额编号	换	定额名称	单位	工程量（m²）	综合单价	合价
29	010808001001		木窗套 【项目特征】 1. 基层材料种类：五夹板基层 2. 面层材料品种、规格：黑胡桃木切片板 3. 线条品种、规格：黑胡桃木门窗套线条 60 mm×15 mm 4. 面板油漆种类：硝基清漆、磨退出亮	m²	4.48	499.84	2 239.28
30	18-45	换	窗套 普通切片板面	10 m²	0.448	1 666.01	746.37
31	18-14	换	黑胡桃木门窗套线条 60 mm×15 mm	100 m	0.234	1 680.92	393.34
32	17-79		窗套刷硝基清漆、磨退出亮	10 m²	0.448	1 545.56	692.41
33	17−78×0.35	换	窗套线条刷硝基清漆、磨退出亮	10 m	2.336	174.27	407.09
34	010810003001		木暗窗帘盒 【项目特征】 1. 窗帘盒材质、规格：木暗窗帘盒，细木工板基层，黑胡桃木切片板面 2. 防护材料种类：硝基清漆、磨退出亮	m	9.8	150.56	1 475.49
35	18-66	换	暗窗帘盒 细木工板、纸面石膏板	100 m	0.098	4 898.75	480.08
36	17−78×2.04	换	润油粉、刮腻子、刷硝基清漆、磨退出亮 木扶手	10 m	0.98	1 015.73	995.42
37	010809004001		石材窗台板 【项目特征】 1. 黏结层厚度、砂浆配合比：15 mm厚1：3 水泥砂浆找平层，5 mm厚1：2.5 水泥砂浆面层 2. 窗台板材质、规格、颜色：150 mm宽啡网纹大理石板，磨一阶半圆 3. 线条种类：啡网纹大理石线条 20 mm×30 mm	m	4.8	234.76	1 126.85
38	14-129	换	粘贴石材块料面板 零星项目 水泥砂浆	10 m²	0.072	8 467.43	609.65
39	18-28	换	石材线条安装 倒角边	100 m	0.054	5 816.17	314.07
40	18-32		石材磨边加工 一阶半圆	10 m	0.544	373.48	203.17
41	011404001001		夹板面刷乳胶漆 【项目特征】 1. 腻子种类：混合腻子 2. 刮腻子遍数：满批三遍 3. 防护材料种类：刷清油一遍 4. 油漆品种、刷漆遍数：乳胶漆三遍	m²	13.15	38.02	499.96
42	17-174		清油封底	10 m²	1.315	57.75	75.94
43	17-182		夹板面 批腻子、刷乳胶漆各三遍	10 m²	1.315	322.46	424.03

[新点 2013 清单造价江苏版 V10.3.0]

分部分项工程费综合单价

序号	定额编号	换	定额名称	单位	工程量（m²）	金额（元）	
						综合单价	合价
44	011406001001		抹灰面油漆 【项目特征】 1. 基层类型:砖内墙 2. 腻子种类：901胶混合腻子 3. 刮腻子遍数:三遍 4. 油漆品种、刷漆遍数:乳胶漆各三遍	m²	19.62	24.90	488.54
45	17-176		内墙面 在抹灰面上 901胶混合腻子批、刷乳胶漆各三遍	10 m²	1.962	248.96	488.46
46	01B001		拉丝不锈钢灯罩 【项目特征】 1. 材质、规格:拉丝不锈钢成品装饰件	个	1	800.00	800.00
47	D00001		拉丝不锈钢灯罩	个	1	800.00	800.00
48	0112		墙、柱面装饰与隔断、幕墙工程		1	8 979.52	8 979.52
49	0112		三、B墙面		1	8 979.52	8 979.52
50	011207001002		墙面白影木切片板拼花 【项目特征】 1. 龙骨材料种类、规格、中距:木龙骨 24 mm×30 mm@300 mm×300 mm 钉在木砖上 2. 隔离层材料种类、规格:木龙骨刷防火漆二遍 3. 基层材料种类、规格:细木工板基层 4. 面层材料品种、规格、颜色:白影木木切片板斜拼纹 5. 油漆种类:硝基清漆、磨退出亮	m²	21.56	416.49	8 979.52
51	14-168		木龙骨基层 24 mm×30 mm	10 m²	2.345	561.66	1 317.09
52	14-185		墙面细木工板基层 钉在龙骨上	10 m²	2.345	507.70	1 190.56
53	14-193 备注2	换	白影木切片板粘贴在夹板基层上墙面	10 m²	2.156	1 290.57	2 782.47
54	17-79		面板刷硝基清漆、磨退出亮	10 m²	2.24	1 545.56	3 462.05
55	17-97		木龙骨刷防火涂料二遍	10 m²	2.345	96.97	227.39
56	0112		墙、柱面装饰与隔断、幕墙工程		1	19 154.89	19 154.89
57	0112		四、C墙面		1	19 154.89	19 154.89

［新点2013清单造价江苏版 V10.3.0］

分部分项工程费综合单价

序号	定额编号	换	定额名称	单位	工程量（m²）	金额（元）	
						综合单价	合价
58	011207001003		墙面黑胡桃木切片板饰面 【项目特征】 1. 龙骨材料种类、规格、中距：木龙骨24 mm×30 mm@300 mm×300 mm 钉在木砖上 2. 隔离层材料种类、规格：木龙骨刷防火漆二遍 3. 基层材料种类、规格：细木工板 4. 面层材料品种、规格、颜色：黑胡桃木切片板 5. 油漆种类：硝基清漆、磨退出亮	m²	20.4	348.24	7 104.10
59	14-168		木龙骨基层 墙面	10 m²	2.405	561.66	1 350.79
60	14-185		墙面细木工板基层 钉在龙骨上	10 m²	2.405	507.70	1 221.02
61	14-193	换	黑胡桃木切片板粘贴在夹板基层上 墙面	10 m²	2.04	561.74	1 145.95
62	17-79		润油粉、刮腻子、刷硝基清漆、磨退出亮 其他木材面	10 m²	2.04	1 545.56	3 152.94
63	17-97		防火涂料二遍 隔墙、隔断(间壁)、护壁木龙骨 单向	10 m²	2.405	96.97	233.21
64	011208001002		柱面银灰色铝塑板饰面 【项目特征】 1. 龙骨材料种类、规格、中距：木龙骨24 mm×30 mm@300 mm×300 mm 钉在木砖上 2. 隔离层材料种类、规格：木龙骨刷防火漆二遍 3. 基层材料种类、规格：细木工板 4. 面层材料品种、规格、颜色：银灰色铝塑板(双面)	m²	8.25	288.65	2 381.36
65	14-169		木龙骨基层 方形柱面 24 mm×30 mm	10 m²	0.898	650.20	583.88
66	14-187		柱、梁面细木工板基层 钉在龙骨上	10 m²	0.898	528.76	474.83
67	14-204	换	粘贴在夹板基层上 铝塑板	10 m²	0.825	1 382.74	1 140.76
68	17-101		防火涂料二遍 木方柱	10 m²	0.898	202.56	181.90
69	011210003001		固定玻璃隔断 【项目特征】 1. 边框材料种类、规格：40 mm×120 mm 木方，细木工板基层，黑胡桃木切片板面层，刷硝基清漆、磨退出亮 2. 玻璃品种、规格、颜色：10 mm 厚磨砂玻璃 3. 压条材质、规格：黑胡桃实木线条压边 20 mm×20 mm	m²	6.08	265.36	1 613.39
70	18-83	换	不锈钢包边框全玻璃隔断 钢化玻璃 δ12 mm	10 m²	0.608	2 229.08	1 355.28
71	18-12	换	木装饰条安装 条宽在 25 mm 内	100 m	0.28	922.04	258.17

［新点 2013 清单造价江苏版 V10.3.0］

分部分项工程费综合单价

序号	定额编号	换	定额名称	单位	工程量（m²）	金额（元）	
						综合单价	合价
72	010808001003		固定玻璃隔断窗套 【项目特征】 1. 基层材料种类:细木工板1层 2. 面层材料品种、规格:黑胡桃木切片板 3. 线条品种、规格:黑胡桃木门窗套线条60 mm×15 mm 4. 油漆种类、遍数:硝基清漆、磨退出亮	m²	1.68	620.38	1 042.24
73	18-48	换	窗套(单层细木工板，黑胡桃切片板)	10 m²	0.138	2 028.81	279.98
74	18-14	换	黑胡桃木门窗线条60 mm×15 mm	100 m	0.299	1 680.92	502.60
75	17-79		润油粉、刮腻子、刷硝基清漆、磨退出亮 其他木材面	10 m²	0.168	1 545.56	259.65
76	010801001001		黑胡桃木切片板造型门 【项目特征】 1. 门代号及洞口尺寸:M1 600 mm×2 100 mm 2. 门芯材质、厚度:木龙骨外侧双蒙九厘板,黑胡桃硬木门封边条12 mm×45 mm 3. 门扇面层:黑胡桃木切片板(双面) 4. 线条:黑胡桃木线条12 mm×8 mm 5. 油漆种类:硝基清漆、磨退出亮	樘	2	2 385.57	4 771.14
77	16-295备注1	换	黑胡桃木切片板门	10 m²	0.672	3 375.81	2 268.54
78	18-12	换	黑胡桃木线条12 mm×8 mm	100 m	1.176	598.04	703.30
79	16-312		门窗特殊五金 执手锁	把	2	105.91	211.82
80	16-313		门窗特殊五金 插销	套	2	32.99	65.98
81	16-314		门窗特殊五金 铰链	个	8	38.03	304.24
82	17 — 76 × 0.945	换	润油粉、刮腻子、刷硝基清漆、磨退出亮 单层木门	10 m²	0.672	1 811.40	1 217.26
83	010808001002		木门套 【项目特征】 1. 门代号及洞口尺寸:M1 600 mm×2 100 mm 2. 基层材料种类:木龙骨 40 mm×45 mm@300 mm×300 mm,细木工板1层 3. 面层材料品种、规格:黑胡桃木切片板 4. 线条品种、规格:黑胡桃木门窗套线条60 mm×15 mm,黑胡桃木裁口线条5 mm×15 mm 5. 油漆种类、遍数:硝基清漆、磨退出亮	m²	2.09	690.27	1 442.66
84	14-169	换	门侧木龙骨40 mm×45 mm	10 m²	0.209	912.60	190.73
85	14-187	换	门侧18厚细木工板基层 钉在龙骨上	10 m²	0.209	528.76	110.51
86	14-194	换	门侧粘贴黑胡桃木切片板面层	10 m²	0.058	619.23	35.92
87	18-48	换	门套 木龙骨、单层细木工板 九厘板、普通切片板	10 m²	0.151	2 028.81	306.35

[新点2013清单造价江苏版 V10.3.0]

分部分项工程费综合单价

序号	定额编号	换	定额名称	单位	工程量（m²）	金额（元）	
						综合单价	合价
88	18-14	换	黑胡桃木门窗套线条 60 mm×15 mm	100 m	0.242	1 680.92	406.78
89	18-12	换	黑胡桃木裁口线条 5 mm×15 mm	100 m	0.116	598.04	69.37
90	17-79		润油粉、刮腻子、刷硝基清漆、磨退出亮 其他木材面	10 m²	0.209	1 545.56	323.02
91	01B002		拉丝不锈钢灯罩 【项目特征】 1. 材质、规格:拉丝不锈钢成品装饰件	个	1	800.00	800.00
92	D00001		拉丝不锈钢灯罩	个	1	800.00	800.00
93	0112		墙、柱面装饰与隔断、幕墙工程		1	9 965.13	9 965.13
94	0112		五、D墙面		1	9 965.13	9 965.13
95	011207001004		墙面装饰板 【项目特征】 1. 龙骨材料种类、规格、中距:木龙骨 24 mm×30 mm@300 mm×300 mm 钉在木砖上 2. 隔离层材料种类、规格:木龙骨刷防火漆二遍 3. 基层材料种类、规格:细木工板 4. 面层材料品种、规格、颜色:白影木切片板 5. 压条材料种类、规格:嵌铜装饰条 6. 油漆种类、遍数:硝基清漆、磨退出亮	m²	6.78	465.35	3 155.07
96	14-168		木龙骨基层 墙 24 mm×30 mm	10 m²	1.139	561.66	639.73
97	14-185		墙面细木工板基层 钉在龙骨上	10 m²	0.737	507.70	374.17
98	14-193	换	白影木切片板粘贴在夹板基层上	10 m²	0.678	1 143.75	775.46
99	17-79		润油粉、刮腻子、刷硝基清漆、磨退出亮 其他木材面	10 m²	0.704	1 545.56	1 088.07
100	17-97		防火涂料二遍木龙骨 单向	10 m²	1.139	96.97	110.45
101	18-18	换	金属装饰条安装墙面嵌金属装饰条	100 m	0.11	1 519.49	167.14
102	011208001004		柱面铝塑板饰面 【项目特征】 1. 龙骨材料种类、规格、中距:木龙骨 24 mm×30 mm@300 mm×300 mm 钉在木砖上 2. 隔离层材料种类:木龙骨刷防火漆二遍 3. 基层材料种类、规格:细木工板 4. 面层材料品种、规格、颜色:银灰色铝塑板	m²	6.16	250.09	1 540.55
103	14-176	换	假柱造型木龙骨 24 mm×30 mm	10 m²	0.67	310.35	207.93
104	14-187		柱、梁面细木工板基层 钉在龙骨上	10 m²	0.67	528.76	354.27
105	14-204	换	粘贴在夹板基层上 铝塑板	10 m²	0.616	1 382.74	851.77

[新点 2013 清单造价江苏版 V10.3.0]

分部分项工程费综合单价

工程名称：二楼会议室室内装饰工程　　　　标段：

序号	定额编号	换	定额名称	单位	工程量（m²）	综合单价	合价
						金额（元）	
106	17-96		假柱造型木龙骨防火涂料	10 m²	0.67	189.03	126.65
107	010810003002		冷光灯盒 【项目特征】 1. 窗帘盒材质、规格：木明窗帘盒,细木工板基层、黑胡桃木切片板面层 2. 油漆种类、遍数：硝基清漆、磨退出亮	m	3.6	149.76	539.14
108	18-67	换	明窗帘盒 细木工板、纸面石膏板、普通切片板	100 m	0.036	4 819.06	173.49
109	17－78×2.04	换	润油粉、刮腻子、刷硝基清漆、磨退出亮 木扶手	10 m	0.36	1 015.73	365.66
110	011408002001		墙面米色软包 【项目特征】 1. 基层类型：木龙骨 24 mm×30 mm@300 mm×300 mm 2. 基层板：细木工板及五夹板 3. 防护材料种类：木龙骨刷防火漆二遍 4. 面层材料品种、规格、颜色：米黄色摩力克软包布	m²	11.09	282.27	3 130.37
111	14-168		木龙骨基层 24 mm×30 mm@300 mm×300 mm	10 m²	1.206	561.66	677.36
112	14-185		墙面细木工板基层 钉在龙骨上	10 m²	1.206	507.70	612.29
113	14-189	换	五夹板面钉在细木工板上	10 m²	1.152	327.35	377.11
114	17-250	换	米黄色摩力克软包布墙面	10 m²	1.109	1 214.10	1 346.44
115	17-97		防火涂料二遍 隔墙、隔断(间壁)、护壁木龙骨 单向	10 m²	1.206	96.97	116.95
116	01B003		拉丝不锈钢灯罩 【项目特征】 1. 材质、规格：拉丝不锈钢成品装饰件	个	2	800.00	1 600.00
117	D00001		拉丝不锈钢灯罩	个	2	800.00	1 600.00
118	0113		天棚工程		1	23 486.51	23 486.51
119	0113		六、天棚工程		1	23 486.51	23 486.51
120	011302001001		轻钢龙骨纸面石膏板天棚 【项目特征】 1. 吊顶形式、吊杆规格、高度：凹凸型天棚,φ8 钢筋吊筋,均高 0.7 m 2. 龙骨材料种类、规格、中距：轻钢龙骨 400 mm×600 mm 3. 基层材料种类、规格：部分细木工板及九厘板造型 4. 面层材料品种、规格、：纸面石膏板 5. 压条材料种类、规格：石膏阴角线条	m²	94	169.90	15 970.60
121	15-34	换	天棚吊筋 吊筋规格 φ8 mm H=750 mm	10 m²	9.4	56.33	529.50

[新点 2013 清单造价江苏版 V10.3.0]

分部分项工程费综合单价

序号	定额编号	换	定额名称	单位	工程量（m²）	金额（元）	
						综合单价	合价
122	15-8 备注2	换	拱形部分装配式 U 型（不上人型）轻钢龙骨 面层规格 400 mm×600 mm 复杂	10 m²	2.908	1 053.08	3 062.36
123	15-8		平面部分装配式 U 型（不上人型）轻钢龙骨 面层规格 400 mm×600 mm 复杂	10 m²	6.492	758.67	4 925.29
124	15-44	换	木工板基层侧立板（标高 3.45 m 处）	10 m²	0.224	531.35	119.02
125	15-44	换	九厘板基层拱形顶基层板	10 m²	3.216	546.13	1 756.35
126	15-46	换	纸面石膏板天棚面层 拱形顶面板	10 m²	3.216	486.05	1 563.14
127	15-44	换	细木工板基层拱形端部扇形基层板	10 m²	0.978	563.47	551.07
128	15-46	换	纸面石膏板天棚面层拱形端部扇形	10 m²	0.978	405.05	396.14
129	15-46	换	纸面石膏板天棚面层	10 m²	6.567	370.34	2 432.02
130	18-63		天棚面零星项目 筒灯孔	10 个	3.2	38.56	123.39
131	18-26		石膏装饰线 安装	100 m	0.407	1 258.42	512.18
132	011304001001		灯带（槽） 【项目特征】 1. 灯带型式、尺寸：388 mm 高回光灯槽 2. 基层板：细木工板 3. 面板：纸面石膏板	m	15.4	53.88	829.75
133	18-65	换	回光灯槽	10 m	1.54	538.79	829.74
134	011406001002		天棚乳胶漆 【项目特征】 1. 基层类型：纸面石膏板 2. 腻子种类：901 胶白水泥腻子 3. 刮腻子遍数：三遍 4. 防护材料种类：板缝自粘胶带 5. 油漆品种、刷漆遍数：白色乳胶漆三遍 6. 部位：天棚	m²	116.85	57.22	6 686.16
135	17-179		天棚复杂面 在抹灰面上 901 胶白水泥腻子批、刷乳胶漆各三遍	10 m²	11.685	403.70	4 717.23
136	17-175		天棚墙面板缝贴自粘胶带	10 m	22.13	88.93	1 968.02
			合　计				92 000.41

［新点 2013 清单造价江苏版 V10.3.0］

分部分项工程费分析表

工程名称：二楼会议室室内装饰工程

标段：

序号	定额编号	定额名称	单位	工程量 (m²)	综合单价组成（元）						金额（元）	
					人工费	辅材费	主材费	机械费	管理费	利润	综合单价	合价
1	011	一、楼地面装饰工程			3 287.13	9 337.69		24.82	1 391.21	496.62	14 537.47	14 537.47
2	0111	楼地面装饰工程			3 287.13	9 337.69		24.82	1 391.21	496.62	14 537.47	14 537.47
3	011104001001	地毯楼地面【项目特征】1. 面层材料品种、规格、颜色：10 mm厚毛晴地毯 2. 防护材料种类：5 mm厚橡胶海绵衬垫 3. 压线条种类：铝合金收口条	m²	94	28.60	94.14		0.20	12.10	4.32	139.36	13 099.84
4	13-136	地毯楼地面 固定 双层	10 m²	9.4	286.00	941.44		2.00	120.96	43.20	1 393.60	13 099.84
5	011105005001	木质踢脚线【项目特征】1. 踢脚线高度：120 mm 2. 基层材料种类、规格：细木板钉在砖墙上 3. 面层材料品种、规格、颜色：黑胡桃木切片板 4. 线条材质、规格：黑胡桃木压顶线 16 mm×8 mm	m	9.8	7.48	11.39		0.15	3.20	1.14	23.36	228.93
6	13-131	衬板上贴切片板 踢脚线 制作·安装	10 m	0.98	74.80	113.93		1.47	32.03	11.44	233.67	229.00
7	011105005002	木质踢脚线【项目特征】1. 踢脚线高度：120 mm 2. 基层材料种类、规格：细木板钉在墙面木龙骨上 3. 面层材料品种、规格、颜色：黑胡桃木切片板	m	30.3	7.48	10.24		0.15	3.20	1.14	22.21	672.96
8	13-131 备注 2	衬板上贴切片板 踢脚线 制作·安装	10 m	3.03	74.80	102.41		1.47	32.03	11.44	222.15	673.11

[新点 2013 清单造价江苏版 V10.3.0]

分部分项工程费分析表

工程名称：二楼会议室室内装饰工程

标段：

序号	定额编号	定额名称	单位	工程量(m²)	综合单价组成(元)						金额(元)	
					人工费	辅材费	主材费	机械费	管理费	利润	综合单价	合价
9	011404002001	踢脚线油漆【项目特征】1. 腻子种类：润油粉、刮腻子 2. 油漆品种、刷漆遍数：刷硝基清漆、磨退出亮	m²	2.41	123.98	27.65			52.07	18.60	222.30	535.74
10	17-80	润油粉、刮腻子、刷硝基清漆、磨退出亮 踢脚线	10 m	2.012	148.50	33.12			62.37	22.28	266.27	535.74
11	0112	墙、柱面装饰与隔断、幕墙工程		1	4899.86	8111.02		46.41	2077.62	741.96	15876.89	15876.89
12	0112	二、A墙面		1	4899.86	8111.02		46.41	2077.62	741.96	15876.89	15876.89
13	011207001001	黑胡桃木切片板藏帘箱【项目特征】1. 龙骨材料种类、规格、中距：木龙骨 24 mm×30 mm@300 mm×300 mm 钉在木砖上 2. 隔离层材料种类、规格：木龙骨 刷防火漆二遍 3. 基层材料种类、规格：细木工板 4. 面层材料品种、规格、颜色：黑胡桃木切片板 5. 压条材料种类、规格：黑胡桃木子弹头线条 25 mm×8 mm 6. 面板油漆种类：硝基清漆、磨退出亮	m²	9.86	136.04	104.84		0.51	57.36	20.48	319.23	3147.61
14	14-168	木龙骨基层 墙面	10 m²	0.402	235.40	180.95		7.09	101.85	36.37	561.66	225.79
15	14-185	墙面细木工板基层 钉在龙骨上	10 m²	1.292	130.90	301.81		0.24	55.08	19.67	507.70	655.95
16	14-193	木质切片板粘贴在夹板基层上 墙面	10 m²	0.986	132.00	354.50			55.44	19.80	561.74	553.88
17	18-12	黑胡桃木子弹头线条 25 mm×8 mm	100 m	0.128	224.40	330.18		15.00	100.55	35.91	706.04	90.37
18	17-79	润油粉、刮腻子、刷硝基清漆、磨退出亮 其他木材面	10 m²	1.024	877.80	167.41			368.68	131.67	1545.56	1582.65

[新点 2013 清单造价江苏版 V10.3.0]

分部分项工程费分析表

工程名称：二楼会议室室内装饰工程

标段：

序号	定额编号	定额名称	单位	工程量 (m²)	综合单价组成（元）						金额（元）	
					人工费	辅材费	主材费	机械费	管理费	利润	综合单价	合价
19	17-97	防火涂料二遍 隔墙、隔断(同壁)、护壁木龙骨 单向	10 m²	0.402	49.50	19.25			20.79	7.43	96.97	38.98
20	0112080001001	柱面铝塑板饰面 【项目特征】1. 龙骨材料种类、规格、中距:木龙骨 24 mm×30 mm 钉在木砖上 300 mm@300 mm×300 mm 钉在木砖上 2. 隔离层材料种类、规格:木龙骨刷防火漆二遍 3. 基层材料种类、规格:细木工板 4. 面层材料品种、规格、颜色:银灰色铝塑板	m²	6.28	113.60	192.51		1.55	48.36	17.28	373.30	2 344.32
21	14-169	柱面木龙骨基层 24 mm×30 mm	10 m²	0.951	293.70	177.63		7.30	126.42	45.15	650.20	618.34
22	14-176	假柱造型木龙骨 24 mm×30 mm	10 m²	0.64	124.30	108.98		3.96	53.87	19.24	310.35	198.62
23	14-187	柱、梁面细木工板基层 钉在龙骨上	10 m²	0.653	143.00	303.61		0.41	60.23	21.51	528.76	345.28
24	14-204	粘贴在夹板基层上 铝塑板	10 m²	0.628	160.60	1 130.60			67.45	24.09	1 382.74	868.36
25	17-101	柱面木龙骨防火涂料	10 m²	0.951	103.40	40.22			43.43	15.51	202.56	192.63
26	17-96	假柱造型木龙骨防火涂料	10 m²	0.64	96.80	37.05			40.66	14.52	189.03	120.98
27	010807001001	塑钢推拉窗 【项目特征】1. 窗代号及洞口尺寸:C1 200 mm×2 200 mm 2. 框、扇材质:塑钢 3. 玻璃品种、厚度:5 mm 厚白玻	樘	4	127.20	732.38		4.22	55.20	19.71	938.71	3 754.84
28	16-12	塑钢窗	10 m²	1.056	481.80	2 774.15		16.00	209.08	74.67	3 555.70	3 754.82

[新点 2013 清单造价江苏版 V10.3.0]

分部分项工程费分析表

工程名称：二楼会议室室内装饰工程　　标段：

序号	定额编号	定额名称	单位	工程量(m²)	综合单价组成(元)						金额(元)	
					人工费	辅材费	主材费	机械费	管理费	利润	综合单价	合价
29	010808001001	木窗套 【项目特征】1.基层材料种类:五夹板基层 2.面层材料料材品种,规格:黑胡桃木切片板 3.线条品种,规格:黑胡桃木门窗套线条 60 mm×15 mm 4.面板油漆种类:硝基清漆,磨退出亮	m²	4.48	219.97	152.76		1.09	92.85	33.17	499.84	2 239.28
30	18-45	窗套 普通切片板面	10 m²	0.448	678.70	595.61		3.08	286.35	102.27	1 666.01	746.37
31	18-14	黑胡桃木门窗套线条 60 mm×15 mm	100 m	0.234	224.40	1 305.06		15.00	100.55	35.91	1 680.92	393.34
32	17-79	窗套刷硝基清漆,磨退出亮	10 m²	0.448	877.80	167.41			368.68	131.67	1 545.56	692.41
33	17-78×0.35	窗套线条刷硝基清漆,磨退出亮	10 m	2.336	100.87	15.90			42.37	15.13	174.27	407.09
34	010810003001	木暗窗帘盒 【项目特征】1.窗帘盒材质,规格:木暗窗帘盒,细木工板基层,黑胡桃木切片板面 2.防护材料种类:硝基清漆,磨退出亮	m	9.8	71.17	38.76		0.04	29.91	10.68	150.56	1 475.49
35	18-66	暗窗帘盒 细木工板,纸面石膏板	100 m	0.098	1 237.50	2 949.04		4.35	521.58	186.28	4 898.75	480.08
36	17-78×2.04	润油粉、刮腻子、刷硝基清漆、磨退出亮 木扶手	10 m	0.98	587.93	92.68			246.93	88.19	1 015.73	995.42

[新点 2013 清单造价江苏版 V10.3.0]

分部分项工程费分析表

工程名称：二楼会议室室内装饰工程

序号	定额编号	定额名称	单位	工程量 (m²)	综合单价组成（元）						金额（元）	
					人工费	辅材费	主材费	机械费	管理费	利润	综合单价	合价
37	010809004001	石材窗台板【项目特征】1. 粘结层厚度，砂浆配合比：15 mm厚1:3水泥砂浆找平层，5厚1:2.5水泥砂浆面层 2. 窗台板材质、规格、颜色：150 mm宽啡网纹大理石板，磨一阶半圆 3. 线条种类：啡网纹大理石线条 20 mm×30 mm	m	4.8	37.37	172.98		1.98	16.53	5.90	234.76	1 126.85
38	14-129	粘贴石材块料面板 零星项目 水泥砂浆	10 m²	0.072	744.70	7 289.77		5.40	315.04	112.52	8 467.43	609.65
39	18-28	石材线条安装 倒角边	100 m	0.054	334.40	5 263.49		17.63	147.85	52.80	5 816.17	314.07
40	18-32	石材磨边加工 一阶半圆	10 m	0.544	198.00	39.00		15.04	89.48	31.96	373.48	203.17
41	011404001001	夹板面刷乳胶漆【项目特征】1. 腻子种类：混合腻子 2. 刮腻子遍数：满批三遍 3. 防护材料种类、刷漆遍数：刷清油一遍 4. 油漆品种、刷漆遍数：乳胶漆三遍	m²	13.15	19.14	7.97			8.04	2.87	38.02	499.96
42	17-174	清油封底	10 m²	1.315	27.50	14.57			11.55	4.13	57.75	75.94
43	17-182	夹板面 批腻子、刷乳胶漆各三遍	10 m²	1.315	163.90	65.13			68.84	24.59	322.46	424.03
44	011406001001	抹灰面油漆【项目特征】1. 基层类型：砖内墙 2. 腻子种类：901 胶混合腻子 3. 刮腻子遍数：三遍 4. 油漆品种、刷漆遍数：乳胶漆各三遍	m²	19.62	11.33	7.11			4.76	1.70	24.90	488.54

[新点 2013 清单造价江苏版 V10.3.0]

分部分项工程费分析表

工程名称：二楼会议室室内装饰工程　　标段：

序号	定额编号	定额名称	单位	工程量(m²)	综合单价组成(元)						金额(元)	
					人工费	辅材费	主材费	机械费	管理费	利润	综合单价	合价
45	17-176	内墙面 在抹灰面上 901胶混合腻子批，刷乳胶漆各三遍	10 m²	1.962	113.30	71.07			47.59	17.00	248.96	488.46
46	01B001	拉丝不锈钢灯罩【项目特征】1. 材质、规格：拉丝不锈钢成品装饰件	个	1		800.00					800.00	800.00
47	D00001	拉丝不锈钢灯罩	个	1		800.00					800.00	800.00
48	0112	墙、柱面装饰与隔断、幕墙工程		1	3 311.18	3 753.81		17.25	1 397.95	499.33	8 979.52	8 979.52
49	0112	三、B墙面		1	3 311.18	3 753.81		17.25	1 397.95	499.33	8 979.52	8 979.52
50	01120700 1002	墙面白影木切片板拼花【项目特征】1. 龙骨材料种类、规格，中距：木龙骨24 mm×30 mm@300 mm×300 mm 钉在木砖上 2. 隔离层材料种类、规格：木龙骨基层 3. 基层材料种类、规格：细木工板 4. 面层材料品种、规格、颜色：白影木切片板斜纹斜拼 5. 油漆种类：硝基清漆二遍，磨退出亮	m²	21.56	153.58	174.11		0.80	64.84	23.16	416.49	8 979.52
51	14-168	木龙骨基层 24 mm×30 mm	10 m²	2.345	235.40	180.95		7.09	101.85	36.37	561.66	1 317.09
52	14-185	墙面细木工基层 钉在木龙骨上	10 m²	2.345	130.90	301.81		0.24	55.08	19.67	507.70	1 190.56
53	14-193 备注2	白影木切片板粘贴在夹板基层上墙面	10 m²	2.156	171.60	1 021.16			72.07	25.74	1 290.57	2 782.47
54	17-79	面板刷硝基漆 磨退出亮	10 m²	2.24	877.80	167.41			368.68	131.67	1 545.56	3 462.05
55	17-97	木龙骨刷防火涂料二遍	10 m²	2.345	49.50	19.25			20.79	7.43	96.97	227.39
56	0112	墙、柱面装饰与隔断、幕墙工程		1	6 618.52	8 603.20		102.15	2 822.67	1 008.35	19 154.89	19 154.89

[新点 2013 清单造价江苏版 V10.3.0]

分部分项工程费分析表

工程名称：二楼会议室室内装饰工程　　标段：

序号	定额编号	定额名称	单位	工程量(m²)	综合单价组成(元)						金额(元)	
					人工费	辅材费	主材费	机械费	管理费	利润	综合单价	合价
57	0112	四，C墙面		1	6 618.52	8 603.20		102.15	2 822.67	1 008.35	19 154.89	19 154.89
58	011207001003	墙面黑胡桃木切片板饰面 【项目特征】1.龙骨材料种类、规格，中距：木龙骨24 mm×30 mm@300 mm×300 mm 钉在木砖上 2.隔离层材料种类、规格：木龙骨刷防火漆一遍 3.基层材料种类、规格：细木工板 4.面层材料品种、规格、颜色：黑胡桃木切片板 5.油漆种类：硝基清漆、磨退出亮	m²	20.4	150.00	111.37		0.87	63.36	22.64	348.24	7 104.10
59	14-168	木龙骨基层墙面	10 m²	2.405	235.40	180.95		7.09	101.85	36.37	561.66	1 350.79
60	14-185	墙面细木工板基层 钉在龙骨上	10 m²	2.405	130.90	301.81		0.24	55.08	19.67	507.70	1 221.02
61	14-193	黑胡桃木切片板粘贴在夹板基层 上 墙面	10 m²	2.04	132.00	354.50			55.44	19.80	561.74	1 145.95
62	17-79	润油粉、刮腻子、刷硝基清漆、磨退出亮 其他木材面	10 m²	2.04	877.80	167.41			368.68	131.67	1 545.56	3 152.94
63	17-97	防火涂料二遍 墙面、隔断(间壁)、护壁木龙骨 单向	10 m²	2.405	49.50	19.25			20.79	7.43	96.97	233.21
64	011208001002	柱面银灰色铝塑板饰面 【项目特征】1.龙骨材料种类、规格，中距：木龙骨24 mm×30 mm@300 mm×300 mm 钉在木砖上 2.隔离层材料种类、规格：木龙骨刷防火漆一遍 3.基层材料种类、规格：细木工板 4.面层材料品种、规格、颜色：银灰色铝塑板(双面)	m²	8.25	74.85	169.82		0.83	31.80	11.35	288.65	2 381.36

[新点 2013 清单造价江苏版 V10.3.0]

分部分项工程费分析表

工程名称：二楼会议室室内装饰工程　　标段：

序号	定额编号	定额名称	单位	工程量(m²)	综合单价组成(元)						金额(元)	
					人工费	辅材费	主材费	机械费	管理费	利润	综合单价	合价
65	14-169	木龙骨基层 方形柱面24 mm×30 mm	10 m²	0.898	293.70	177.63		7.30	126.42	45.15	650.20	583.88
66	14-187	柱、梁面细木工板基层 钉在龙骨上	10 m²	0.898	143.00	303.61		0.41	60.23	21.51	528.76	474.83
67	14-204	粘贴在夹板基层上 铝塑板	10 m²	0.825	160.60	1 130.60			67.45	24.09	1 382.74	1 140.76
68	17-101	防火涂料二遍 木方柱	10 m²	0.898	103.40	40.22			43.43	15.51	202.56	181.90
69	011210003001	固定玻璃隔断【项目特征】1. 边框材料种类、规格:40 mm×120 mm 木方、细木工板基层、黑胡桃木切片板面层,刷硝基清漆、磨退出亮 2. 玻璃品种、规格、颜色:10 mm 厚磨砂玻璃 3. 压条材质、规格:黑胡桃实木线条压边 20 mm×20 mm	m²	6.08	59.28	170.97		0.84	25.25	9.02	265.36	1 613.39
70	18-83	不锈钢包边全玻框全玻璃隔断 钢化玻璃 δ12 mm	10 m²	0.608	489.50	1 458.20		1.51	206.22	73.65	2 229.08	1 355.28
71	18-12	木装饰条安装 条宽在25 mm内	100 m	0.28	224.40	546.18		15.00	100.55	35.91	922.04	258.17
72	010808001003	固定玻璃隔断窗套【项目特征】1. 基层材料种类:细木工板1层切片板 2. 面层材料品种、规格:黑胡桃木切片板 3. 线条品种、规格:黑胡桃木门窗套线条60 mm×15 mm 4. 油漆种类、遍数:硝基清漆、磨退出亮	m²	1.68	196.84	305.70		3.58	84.19	30.07	620.38	1 042.24
73	18-48	窗套(单层细木工板 黑胡桃切片板)	10 m²	0.138	841.50	690.19		11.13	358.10	127.89	2 028.81	279.98
74	18-14	黑胡桃木门窗线条 60 mm×15 mm	100 m	0.299	224.40	1 305.06		15.00	100.55	35.91	1 680.92	502.60
75	17-79	润油粉、刮腻子、刷硝基清漆、磨退出亮 其他木材面	10 m²	0.168	877.80	167.41			368.68	131.67	1 545.56	259.65

[新点 2013 清单造价江苏版 V10.3.0]

分部分项工程费分析表

标段：

工程名称：二楼会议室室内装饰工程

序号	定额编号	定额名称	单位	工程量(m²)	综合单价组成(元)						金额(元)	
					人工费	辅材费	主材费	机械费	管理费	利润	综合单价	合价
76	010801001001	黑胡桃木切片板造型门 【项目特征】 1. 门代号及洞口尺寸:M600 mm×2100 mm 2. 门芯材质,厚度:木龙骨外侧双蒙九厘板,黑胡桃硬木门封边条 12 mm×45 mm 3. 门脸面层:黑胡桃木切片板(双面) 4. 线条:黑胡桃木线条 12 mm×8 mm 5. 油漆种类:硝基清漆,磨退出亮	樘	2	879.23	959.82		28.89	381.40	136.23	2 385.57	4 771.14
77	16-295 备注1	黑胡桃木切片板门	10 m²	0.672	1 076.90	1 591.31		59.73	477.38	170.49	3 375.81	2 268.54
78	18-12	黑胡桃木线条 12 mm×8 mm	100 m	1.176	224.40	222.18		15.00	100.55	35.91	598.04	703.30
79	16-312	门窗特殊五金 执手锁	把	2	18.70	76.55			7.85	2.81	105.91	211.82
80	16-313	门窗特殊五金 插销	套	2	7.70	20.90			3.23	1.16	32.99	65.98
81	16-314	门窗特殊五金 铰链	个	8	11.00	20.76			4.62	1.65	38.03	304.24
82	17-76×0.945	润油粉、刮腻子、刷基清漆、磨退出亮 单层木门	10 m²	0.672	937.63	339.33			393.80	140.64	1 811.40	1 217.26
83	010808001002	木门套 【项目特征】 1. 门代号及洞口尺寸:M600 mm×2100 mm 2. 基层材料种类:木龙骨 40 mm×45 mm@300 mm×300 mm,细木工板1层 3. 面层材料品种,规格:黑胡桃木切片板 4. 套条品种,规格:黑胡桃木门窗套线条 60 mm×15 mm,黑胡桃木裁口线条 5 mm×15 mm 5. 油漆种类,遍数:硝基清漆,磨退出亮	m²	2.09	235.14	314.60		4.14	100.49	35.90	690.27	1 442.66
84	14-169	门侧木龙骨 40 mm×45 mm	10 m²	0.209	293.70	440.03		7.30	126.42	45.15	912.60	190.73

[新点 2013清单造价江苏版 V10.3.0]

分部分项工程费分析表

工程名称：二楼会议室室内装饰工程　　标段：

序号	定额编号	定额名称	单位	工程量(m²)	综合单价组成(元)						金额(元)	
					人工费	辅材费	主材费	机械费	管理费	利润	综合单价	合价
85	14-187	门侧18 mm厚细木工板基层 钉在龙骨上	10 m²	0.209	143.00	303.61		0.41	60.23	21.51	528.76	110.51
86	14-194	门侧粘贴黑胡桃木切片板面层	10 m²	0.058	160.60	367.09			67.45	24.09	619.23	35.92
87	18-48	门套 木龙骨、单层细木工板 九厘板，普通切片板	10 m²	0.151	841.50	690.19		11.13	358.10	127.89	2 028.81	306.35
88	18-14	黑胡桃木门窗套线条 60 mm×15 mm	100 m	0.242	224.40	1 305.06		15.00	100.55	35.91	1 680.92	406.78
89	18-12	黑胡桃木裁口线条 5 mm×15 mm	100 m	0.116	224.40	222.18		15.00	100.55	35.91	598.04	69.37
90	17-79	润油粉、刮腻子、刷硝基清漆、磨退出亮 其他木材面	10 m²	0.209	877.80	167.41			368.68	131.67	1 545.56	323.02
91	01B002	拉丝不锈钢灯罩 【项目特征】 1. 材质、规格:拉丝不锈钢成品装饰件	个	1		800.00					800.00	800.00
92	D00001	拉丝不锈钢灯罩	个	1		800.00					800.00	800.00
93	0112	墙、柱面装饰与隔断、幕墙工程		1	2 630.59	5 799.90		22.35	1 114.28	398.02	9 965.13	9 965.13
94	0112	五、D墙面		1	2 630.59	5 799.90		22.35	1 114.28	398.02	9 965.13	9 965.13
95	011207001004	墙面装饰板 【项目特征】 1. 龙骨材料种类、规格、中距:木龙骨 24 mm×30 mm@300 mm× 300 mm 钉在木砖上 2. 隔离层材料种类、规格:木龙骨 刷防火漆一遍 3. 基层材料种类、规格:细木工板 4. 面层材料品种、规格:嵌铜装饰条 影木切片板 5. 压条材料种类、规格:铜装饰条 6. 油漆种类、遍数:硝基清漆、磨 退出亮	m²	6.78	177.59	184.13		1.54	75.22	26.87	465.35	3 155.07

[新点 2013 清单造价江苏版 V10.3.0]

分部分项工程费分析表

工程名称：二楼会议室室内装饰工程

标段：

序号	定额编号	定额名称	单位	工程量 (m²)	综合单价组成（元）						金额（元）	
					人工费	辅材费	主材费	机械费	管理费	利润	综合单价	合价
96	14-168	木龙骨基层 墙 24 mm×30 mm	10 m²	1.139	235.40	180.95		7.09	101.85	36.37	561.66	639.73
97	14-185	墙面细木工板基层 钉在龙骨上	10 m²	0.737	130.90	301.81		0.24	55.08	19.67	507.70	374.17
98	14-193	白影木切片板粘贴在夹板基层上	10 m²	0.678	132.00	936.51			55.44	19.80	1 143.75	775.46
99	17-79	润油油粉、刮腻子、刷硝基清漆、磨退出亮 其他木材面	10 m²	0.704	877.80	167.41			368.68	131.67	1 545.56	1 088.07
100	17-97	防火涂料二遍木龙骨 单向	10 m²	1.139	49.50	19.25			20.79	7.43	96.97	110.45
101	18-18	金属装饰条安装 墙面嵌金属装饰条	100 m	0.11	686.40	410.44		20.00	296.69	105.96	1 519.49	167.14
102	011208001004	柱面铝塑板饰面 【项目特征】 1. 龙骨材料种类、规格、中距：木龙骨 24 mm×30 mm饰@300 mm×300 mm 钉在木砖上 2. 隔离层材料种类：木龙骨刷防火漆二遍 3. 基层材料种品种、规格：细木工板 4. 面层材料品种、规格、颜色：银灰色铝塑板	m²	6.16	55.66	161.96		0.47	23.58	8.42	250.09	1 540.55
103	14-176	假柱造型木龙骨 24 mm×30 mm	10 m²	0.67	124.30	108.98		3.96	53.87	19.24	310.35	207.93
104	14-187	柱.梁面细木工板基层 钉在龙骨上	10 m²	0.67	143.00	303.61		0.41	60.23	21.51	528.76	354.27
105	14-204	粘贴在夹板基层上 铝塑板	10 m²	0.616	160.60	1 130.60			67.45	24.09	1 382.74	851.77
106	17-96	假柱造型木龙骨防火涂料	10 m²	0.67	96.80	37.05			40.66	14.52	189.03	126.65
107	010810003002	冷光灯盒 【项目特征】 1. 窗帘盒材质、规格：木明窗帘盒、细木工板基层、黑胡桃木切片板面层 2. 油漆种类、遍数：硝基清漆、磨退出亮	m	3.6	72.16	36.41		0.04	30.32	10.83	149.76	539.14

[新点 2013 清单造价江苏版 V10.3.0]

分部分项工程费分析表

工程名称：二楼会议室室内装饰工程　　　　标段：

序号	定额编号	定额名称	单位	工程量(m²)	综合单价组成（元）						金额（元）	
					人工费	辅材费	主材费	机械费	管理费	利润	综合单价	合价
108	18-67	明窗帘盒 细木工板、纸面石膏板、普通切片板	100 m	0.036	1 336.50	2 713.92		4.35	563.16	201.13	4 819.06	173.49
109	17-78×2.04	润油粉、刮腻子、刷硝基清漆、磨退出亮 木扶手	10 m	0.36	587.93	92.68			246.93	88.19	1 015.73	365.66
110	01140800201	墙面米色软包 【项目特征】1. 基层类型:木龙骨 24 mm×30 mm@300 mm×300 mm 2. 基层板:细木工板及五夹板 3. 防护材料种类:木龙骨刷防火漆二遍 4. 面层材料品种、规格、颜色:米黄色摩力克软包布	m²	11.09	74.29	164.36		0.80	31.55	11.27	282.27	3 130.37
111	14-168	木龙骨基层 24 mm×30 mm×300 mm	10 m²	1.206	235.40	180.95		7.09	101.85	36.37	561.66	677.36
112	14-185	墙面细木工板基层 钉在龙骨上	10 m²	1.206	130.90	301.81		0.24	55.08	19.67	507.70	612.29
113	14-189	五夹板面钉在细木工板上	10 m²	1.152	94.60	178.83			39.73	14.19	327.35	377.11
114	17-250	米黄色摩力克软包墙面	10 m²	1.109	192.50	911.87			80.85	28.88	1 214.10	1 346.44
115	17-97	防火涂料二遍 隔墙、隔断(间壁)、护壁木龙骨 单向	10 m²	1.206	49.50	19.25			20.79	7.43	96.97	116.95
116	01B003	拉丝不锈钢灯罩 【项目特征】1. 材质、规格:拉丝不锈钢成品装饰件	个	2		800.00					800.00	1 600.00
117	D00001	拉丝不锈钢灯罩	个	2		800.00					800.00	1 600.00
118	0113	天棚工程		1	8 822.85	9 392.62		151.98	3 772.56	1 346.50	23 486.51	23 486.51
119	0113	六天棚工程		1	8 822.85	9 392.62		151.98	3 772.56	1 346.50	23 486.51	23 486.51

[新点 2013 清单造价江苏版 V10.3.0]

分部分项工程费分析表

工程名称：二楼会议室室内装饰工程　标段：

序号	定额编号	定额名称	单位	工程量(m²)	综合单价组成(元)						金额(元)	
					人工费	辅材费	主材费	机械费	管理费	利润	综合单价	合价
120	0113020001001	轻钢龙骨纸面石膏板天棚 【项目特征】1. 吊顶形式,吊杆规格,高度:凹凸型天棚;φ8 mm钢筋吊筋,中距,均高 0.7 m 2. 龙骨材料种类,规格:轻钢龙骨 400 mm×600 mm 3. 基层材料种类,规格:部分细木工板及九厘板造型 4. 面层材料品种,规格:纸面石膏板 5. 压条材料种类,规格:石膏阴角线条	m²	94	59.60	73.91		1.53	25.70	9.16	169.90	15 970.60
121	15-34	天棚吊筋 吊筋规格 φ8 mm H=750 mm	10 m²	9.4		39.81		10.52	4.42	1.58	56.33	529.50
122	15-8 备注 2	拱形部分装配式 U 型(不上人型)轻钢龙骨 面层规格 400 mm×600 mm 复杂	10 m²	2.908	415.80	390.66		6.12	177.21	63.29	1 053.08	3 062.36
123	15-8	平面部分装配式 U 型(不上人型)轻钢龙骨 面层规格 400 mm×600 mm 复杂	10 m²	6.492	231.00	390.66		3.40	98.45	35.16	758.67	4 925.29
124	15-44	木工板基层侧面板(标高3.45 m处)	10 m²	0.224	136.40	317.20			57.29	20.46	531.35	119.02
125	15-44	九厘板基层拱形基层板	10 m²	3.216	204.60	224.91			85.93	30.69	546.13	1 756.35
126	15-46	纸面石膏面层 拱形顶面板	10 m²	3.216	221.10	138.92			92.86	33.17	486.05	1 563.14
127	15-44	细木工板基层拱形端部扇形基层板	10 m²	0.978	156.86	317.20			65.88	23.53	563.47	551.07
128	15-46	纸面石膏板天棚面层拱形端部扇形	10 m²	0.978	169.51	138.92			71.19	25.43	405.05	396.14
129	15-46	纸面石膏板天棚面层	10 m²	6.567	147.40	138.92			61.91	22.11	370.34	2 432.02
130	18-63	天棚面零星项目 筒灯孔	10 个	3.2	18.70	9.20			7.85	2.81	38.56	123.39
131	18-26	石膏装饰线 安装	100 m	0.407	361.90	666.68		15.00	158.30	56.54	1 258.42	512.18

[新点2013清单造价江苏版 V10.3.0]

分部分项工程费分析表

工程名称：二楼会议室室内装饰工程　　标段：

序号	定额编号	定额名称	单位	工程量 (m²)	综合单价组成(元)							金额(元)	
					人工费	辅材费	主材费	机械费	管理费	利润	综合单价	合价
132	011304001001	灯带(槽) 【项目特征】 1. 灯带型式,尺寸:388 mm 高回 光灯槽 2. 基层板:细木工板 3. 面板:纸面石膏板	m	15.4	17.38	25.76		0.53	7.52	2.69	53.88	829.75
133	18-65	回光灯槽	10 m	1.54	173.80	257.56		5.33	75.23	26.87	538.79	829.74
134	011406001002	天棚乳胶漆 【项目特征】 1. 基层类型:纸面石膏板 2. 腻子种类:901 胶白水泥腻子 3. 刮腻子遍数:三遍 4. 防护材料种类:板缝自粘胶带 5. 油漆品种,刷漆遍数:白色乳胶 漆三遍 6. 部位:天棚	m²	116.85	25.27	17.53			10.62	3.80	57.22	6 686.16
135	17-179	天棚复杂面 在抹灰面上 901 胶白 水泥腻子批,刷乳胶漆各三遍	10 m²	11.685	209.00	75.57			87.78	31.35	403.70	4 717.23
136	17-175	天棚墙面板缝贴自粘胶带	10 m	22.13	23.10	52.66			9.70	3.47	88.93	1 968.02
合计												92 000.41

[新点 2013 清单造价江苏版 V10.3.0]

措施项目费综合单价

工程名称：二楼会议室室内装饰工程   标段：   第1页 共1页

序号	项目编号	项目名称	单位	工程量（m²）	金额(元) 单价	金额(元) 合价
1	011707001001	安全文明施工费	项	1	1 513.20	1 513.20
1.1		基本费	项	1	1 513.20	1 513.20
1.2		增加费	项	1		
2	011707002001	夜间施工	项	1		
3	011707003001	非夜间施工照明	项	1		
4	011707004001	二次搬运	项	1		
5	011707005001	冬雨季施工	项	1		
6	011707006001	地上、地下设施、建筑物的临时保护设施	项	1		
7	011707007001	已完工程及设备保护	项	1		
8	011707008001	临时设施	项	1	945.75	945.75
9	011707009001	赶工措施	项	1		
10	011707010001	工程按质论价	项	1		
11	011707011001	住宅分户验收	项	1		
12	011707012001	特殊条件下施工增加费	项	1		
1	011701006001	满堂脚手架	m²	94	13.17	1 237.98
	20-20 备注1	满堂脚手架 基本层 高5 m以内	10 m²	9.4	131.62	1 237.23
2	011703001001	垂直运输	工日	274.46	4.87	1 336.62
	23-30	单独装饰工程垂直运输 卷扬机 垂直运输高度20 m以内(6层)	10 工日	27.446	48.71	1 336.89

［新点2013清单造价江苏版 V10.3.0］

措施项目费分析明细表

工程名称：二楼会议室室内装饰工程　　　　　　　　　　　　　　　　　标段：　　　　　　　　　　　　　　　　　　　　　

| 序号 | 定额编号 | 换 | 定额名称 | 单位 | 工程量 (m²) | 综合单价组成（元） | | | | | 综合单价（元） |
						人工费	材料费	机械费	管理费	利润	
1	011707001001		安全文明施工费	项	1						1 513.20
1.1			基本费	项	1						1 513.20
1.2			增加费	项	1						
2	011707002001		夜间施工	项	1						
3	011707003001		非夜间施工照明	项	1						
4	011707004001		二次搬运	项	1						
5	011707005001		冬雨季施工	项	1						
6	011707006001		地上、地下设施、建筑物的临时保护设施	项	1						
7	011707007001		已完工程及设备保护	项	1						
8	011707008001		临时设施	项	1						
9	011707009001		赶工措施	项	1						
10	011707010001		工程按质论价	项	1						
11	011707011001		住宅分户验收	项	1						
12	011707012001		特殊条件下施工增加费	项	1						
1	011701006001		满堂脚手架	m²	94	6.60	1.78	0.65	3.05	1.09	13.17
	20-20 备注 1	换	满堂脚手架　基本层　高 5 m 以内	10 m²	9.4	66.00	17.75	6.53	30.46	10.88	131.62
2	011703001001		垂直运输	工日	274.46			3.10	1.30	0.47	4.87
	23-30		单独装饰工程垂直运输　卷扬机　垂直运输高度 20 m 以内（6层）	10 工日	27.446			31.03	13.03	4.65	48.71

[新点 2013 清单造价江苏版 V10.3.0]

其他项目费

工程名称：二楼会议室室内装饰工程　　　标段：　　　　　第1页　共1页

序号	项目名称	计算公式	金额(元)
1	暂列金额	暂列金额	5 000.00
2	暂估价	专业工程暂估价	
2.1	材料暂估价		
2.2	专业工程暂估价	专业工程暂估价	
3	计日工	计日工	
4	总承包服务费	总承包服务费	
	合计		5 000.00

[新点 2013 清单造价江苏版 V10.3.0]

材料暂估价格表

工程名称：二楼会议室室内装饰工程 　　标段： 　　第 1 页 共 1 页

序号	材料编码	材料名称	规格、型号等要求	单位	数量	单价(元)	合价(元)	备注
1	09113508	塑钢窗		m²	10.137 6	250.00	2 534.40	
2	10011706~1	黑胡桃木子弹头线条 25 mm×8 mm		m	13.824	3.00	41.47	
3	10011706~2	黑胡桃木线条 12 mm×8 mm		m	127.008	2.00	254.02	
4	10011706~3	黑胡桃木裁口线条 5 mm×15 mm		m	12.528	2.00	25.06	
5	10011706~4	黑胡桃实木线条 20 mm×20 mm		m	30.24	5.00	151.20	
6	10011706~5	黑胡桃硬木门封边条 12 mm×45 mm		m	19.588 8	8.00	156.71	
7	10011711~2	黑胡桃木门窗套线条 60 mm×15 mm		m	83.7	12.00	1 004.40	
8	10013105~3	黑胡桃木压顶线 16 mm×8 mm		m	44.11	2.50	110.28	
9	10031501~1	铜装饰条	2 mm×15 mm	m	11.55	3.50	40.43	
10	10050507~1	啡网纹石材线条 20 mm×30 mm		m	5.67	50.00	283.50	
11	10070307	石膏装饰线	100 mm×30 mm	m	44.77	6.00	268.62	
12	10330103~1	米黄色摩力克软包布		m²	12.84 222	78.00	1001.69	
13	10430303~1	10厚毛晴地毯		m²	103.4	70.00	7 238.00	
14	05092103	细木工板	δ18 mm	m²	146.664 9	28.55	4 187.28	
15	05050113	胶合板	2 440 mm×1 220 mm×9 mm	m²	48.681 6	20.16	981.42	
16	05150102~1	黑胡桃木切片板		m²	66.135 14	25.19	1 665.94	
17	05150102~2	白影木切片板		m²	32.020 8	80.62	2 581.52	
18	06250103~1	磨砂玻璃	10 mm	m²	6.384	120.00	766.08	
19	07112130~1	啡网纹大理石		m²	0.734 4	700.00	514.08	
20	08010200	纸面石膏板		m²	133.213 26	11.00	1 465.35	
21	08120503	铝塑板（双面）		m²	22.759	94.60	2 153.00	
22	CL-D00001	拉丝不锈钢灯罩		个	4	800.00	3 200.00	
23	05050109	胶合板	2 440 mm×1 220 mm×5 mm	m²	16.8	16.80	282.24	
合计							30 906.69	

[新点 2013 清单造价江苏版 V10.3.0]

人工汇总表

序号	定额编号	定额名称	单位	工程量（m²）	单位工日	工日合计
		整个工程		1	274.46	274.46
	011	一、楼地面装饰工程		1	29.88	29.88
	0111	1.1　楼地面装饰工程		1	29.88	29.88
	011104001001	地毯楼地面 1. 面层材料品种、规格、颜色：10 mm 厚毛晴地毯 2. 防护材料种类：5 厚橡胶海绵衬垫 3. 压线条种类：铝合金收口条	m²	94	0.26	24.44
1	13-136 换	地毯 楼地面 固定 双层	10 m²	9.4	2.60	24.44
	011105005001	木质踢脚线 1. 踢脚线高度：120 mm 2. 基层材料种类、规格：细木板钉在砖墙上 3. 面层材料品种、规格、颜色：黑胡桃木切片板 4. 线条材质、规格：黑胡桃木压顶线 16 mm×8 mm	m	9.8	0.07	0.67
2	13-131 换	衬板上贴切片板 踢脚线 制作安装	10 m	0.98	0.68	0.67
	011105005002	木质踢脚线 1. 踢脚线高度：120 mm 2. 基层材料种类、规格：细木板钉在墙面木龙骨上 3. 面层材料品种、规格、颜色：黑胡桃木切片板	m	30.3	0.07	2.06
3	13-131 备注 2	衬板上贴切片板 踢脚线 制作安装	10 m	3.03	0.68	2.06
	011404002001	踢脚线油漆 1. 腻子种类：润油粉、刮腻子 2. 油漆品种、刷漆遍数：刷硝基清漆、磨退出亮	m²	2.41	1.13	2.72
4	17-80	润油粉、刮腻子、刷硝基清漆、磨退出亮 踢脚线	10 m	2.012	1.35	2.72
	0112	墙、柱面装饰与隔断、幕墙工程		1	44.54	44.54
	0112	二、A 墙面		1	44.54	44.54

［新点 2013 清单造价江苏版 V10.3.0］

人工汇总表

序号	定额编号	定额名称	单位	工程量(m²)	单位工日	工日合计
	011207001001	黑胡桃木切片板藏帘箱 1. 龙骨材料种类、规格、中距：木龙骨 24 mm×30 mm@300 mm×300 mm 钉在木砖上 2. 隔离层材料种类、规格：木龙骨刷防火漆二遍 3. 基层材料种类、规格：细木工板 4. 面层材料品种、规格、颜色：黑胡桃木切片板 5. 压条材料种类、规格：黑胡桃木子弹头线条 25 mm×8 mm 6. 面板油漆种类：硝基清漆、磨退出亮	m²	9.86	1.24	12.19
5	14-168	木龙骨基层 墙面	10 m²	0.402	2.14	0.86
6	14-185	墙面细木工板基层 钉在龙骨上	10 m²	1.292	1.19	1.54
7	14-193 换	木质切片板粘贴在夹板基层上 墙面	10 m²	0.986	1.20	1.18
8	18-12 换	黑胡桃木子弹头线条 25 mm×8 mm	100 m	0.128	2.04	0.26
9	17-79	润油粉、刮腻子、刷硝基清漆、磨退出亮 其他木材面	10 m²	1.024	7.98	8.17
10	17-97	防火涂料二遍 隔墙、隔断(间壁)、护壁木龙骨 单向	10 m²	0.402	0.45	0.18
	011208001001	柱面铝塑板饰面 1. 龙骨材料种类、规格、中距：木龙骨 24 mm×30 mm@300 mm×300 mm 钉在木砖上 2. 隔离层材料种类、规格：木龙骨刷防火漆二遍 3. 基层材料种类、规格：细木工板 4. 面层材料品种、规格、颜色：银灰色铝塑板	m²	6.28	1.03	6.49
11	14-169	柱面木龙骨基层 24 mm×30 mm	10 m²	0.951	2.67	2.54
12	14-176 换	假柱造型木龙骨 24 mm×30 mm	10 m²	0.64	1.13	0.72
13	14-187	柱、梁面细木工板基层 钉在龙骨上	10 m²	0.653	1.30	0.85
14	14-204 换	粘贴在夹板基层上 铝塑板	10 m²	0.628	1.46	0.92
15	17-101	柱面木龙骨防火涂料	10 m²	0.951	0.94	0.89
16	17-96	假柱造型木龙骨防火涂料	10 m²	0.64	0.88	0.56

[新点 2013 清单造价江苏版 V10.3.0]

人工汇总表

序号	定额编号	定额名称	单位	工程量（m²）	单位工日	工日合计
	010807001001	塑钢推拉窗 1. 窗代号及洞口尺寸：C1200 mm×2200 mm 2. 框、扇材质：塑钢 3. 玻璃品种、厚度：5 mm 厚白玻	樘	4	1.16	4.63
17	16-12	塑钢窗	10 m²	1.056	4.38	4.63
	010808001001	木窗套 1. 基层材料种类：五夹板基层 2. 面层材料品种、规格：黑胡桃木切片板 3. 线条品种、规格：黑胡桃木门窗套线条 60 mm×15 mm 4. 面板油漆种类：硝基清漆、磨退出亮	m²	4.48	2.00	8.96
18	18-45 换	窗套 普通切片板面	10 m²	0.448	6.17	2.76
19	18-14 换	黑胡桃木门窗套线条 60 mm×15 mm	100 m	0.234	2.04	0.48
20	17-79	窗套刷硝基清漆、磨退出亮	10 m²	0.448	7.98	3.58
21	17−78×0.35	窗套线条刷硝基清漆、磨退出亮	10 m	2.336	0.92	2.14
	010810003001	木暗窗帘盒 1. 窗帘盒材质、规格：木暗窗帘盒，细木工板基层、黑胡桃木切片板面 2. 防护材料种类：硝基清漆、磨退出亮	m	9.8	0.65	6.34
22	18-66 换	暗窗帘盒 细木工板、纸面石膏板	100 m	0.098	11.25	1.10
23	17−78×2.04	润油粉、刮腻子、刷硝基清漆、磨退出亮 木扶手	10 m	0.98	5.34	5.24
	010809004001	石材窗台板 1. 黏结层厚度、砂浆配合比：15 mm 厚1：3 水泥砂浆找平层，5 mm 厚1：2.5 水泥砂浆面层 2. 窗台板材质、规格、颜色：150 mm 宽啡网纹大理石板，磨一阶半圆 3. 线条种类：啡网纹大理石线条 20 mm×30 mm	m	4.8	0.34	1.63
24	14-129 换	粘贴石材块料面板 零星项目 水泥砂浆	10 m²	0.072	6.77	0.49
25	18-28 换	石材线条安装 倒角边	100 m	0.054	3.04	0.16
26	18-32	石材磨边加工 一阶半圆	10 m	0.544	1.80	0.98

［新点 2013 清单造价江苏版 V10.3.0］

人工汇总表

序号	定额编号	定额名称	单位	工程量(m²)	单位工日	工日合计
	011404001001	夹板面刷乳胶漆 1. 腻子种类：混合腻子 2. 刮腻子遍数：满批三遍 3. 防护材料种类：刷清油一遍 4. 油漆品种、刷漆遍数：乳胶漆三遍	m²	13.15	0.17	2.29
27	17-174	清油封底	10 m²	1.315	0.25	0.33
28	17-182	夹板面 批腻子、刷乳胶漆各三遍	10 m²	1.315	1.49	1.96
	011406001001	抹灰面油漆 1. 基层类型：砖内墙 2. 腻子种类：901胶混合腻子 3. 刮腻子遍数：三遍 4. 油漆品种、刷漆遍数：乳胶漆各三遍	m²	19.62	0.10	2.02
29	17-176	内墙面 在抹灰面上901胶混合腻子批、刷乳胶漆各三遍	10 m²	1.962	1.03	2.02
	01B001	拉丝不锈钢灯罩 1. 材质、规格：拉丝不锈钢成品装饰件	个	1		
30	D00001	拉丝不锈钢灯罩	个	1		
	0112	墙、柱面装饰与隔断、幕墙工程		1	30.10	30.10
	0112	三、B墙面		1	30.10	30.10
	011207001002	墙面白影木切片板拼花 1. 龙骨材料种类、规格、中距：木龙骨24 mm×30 mm@300 mm×300 mm钉在木砖上 2. 隔离层材料种类、规格：木龙骨刷防火漆二遍 3. 基层材料种类、规格：细木工板基层 4. 面层材料品种、规格、颜色：白影木木切片板斜拼纹 5. 油漆种类：硝基清漆、磨退出亮	m²	21.56	1.40	30.10
31	14-168	木龙骨基层 24 mm×30 mm	10 m²	2.345	2.14	5.02
32	14-185	墙面细木工板基层 钉在龙骨上	10 m²	2.345	1.19	2.79
33	14-193 备注2	白影木切片板粘贴在夹板基层上 墙面	10 m²	2.156	1.56	3.36
34	17-79	面板刷硝基清漆、磨退出亮	10 m²	2.24	7.98	17.88
35	17-97	木龙骨刷防火涂料二遍	10 m²	2.345	0.45	1.06
	0112	墙、柱面装饰与隔断、幕墙工程		1	60.17	60.17

［新点 2013 清单造价江苏版 V10.3.0］

人工汇总表

序号	定额编号	定额名称	单位	工程量(m²)	单位工日	工日合计
	0112	四、C 墙面		1	60.17	60.17
	011207001003	墙面黑胡桃木切片板饰面 1. 龙骨材料种类、规格、中距：木龙骨 24 mm×30 mm@300 mm×300 mm 钉在木砖上 2. 隔离层材料种类、规格：木龙骨刷防火漆二遍 3. 基层材料种类、规格：细木工板 4. 面层材料品种、规格、颜色：黑胡桃木切片板 5. 油漆种类：硝基清漆、磨退出亮	m²	20.4	1.36	27.82
36	14-168	木龙骨基层 墙面	10 m²	2.405	2.14	5.15
37	14-185	墙面细木工板基层 钉在龙骨上	10 m²	2.405	1.19	2.86
38	14-193 换	黑胡桃木切片板粘贴在夹板基层上 墙面	10 m²	2.04	1.20	2.45
39	17-79	润油粉、刮腻子、刷硝基清漆、磨退出亮 其他木材面	10 m²	2.04	7.98	16.28
40	17-97	防火涂料二遍 隔墙、隔断(间壁)、护壁木龙骨 单向	10 m²	2.405	0.45	1.08
	011208001002	柱面银灰色铝塑板饰面 1. 龙骨材料种类、规格、中距：木龙骨 24 mm×30 mm@300 mm×300 mm 钉在木砖上 2. 隔离层材料种类：木龙骨刷防火漆二遍 3. 基层材料种类、规格：细木工板 4. 面层材料品种、规格、颜色：银灰色铝塑板(双面)	m²	8.25	0.68	5.61
41	14-169	木龙骨基层 方形柱面 24 mm×30 mm	10 m²	0.898	2.67	2.40
42	14-187	柱、梁面细木工板基层 钉在龙骨上	10 m²	0.898	1.30	1.17
43	14-204 换	粘贴在夹板基层上 铝塑板	10 m²	0.825	1.46	1.20
44	17-101	防火涂料二遍 木方柱	10 m²	0.898	0.94	0.84

[新点 2013 清单造价江苏版 V10.3.0]

人工汇总表

序号	定额编号	定额名称	单位	工程量(m²)	单位工日	工日合计
	011210003001	固定玻璃隔断 1. 边框材料种类、规格：40 mm×120 mm木方，细木工板基层，黑胡桃木切片板面层，刷硝基清漆、磨退出亮 2. 玻璃品种、规格、颜色：10 mm厚磨砂玻璃 3. 压条材质、规格：黑胡桃实木线条压边20 mm×20 mm	m²	6.08	0.54	3.28
45	18-83换	不锈钢包边框全玻璃隔断 钢化玻璃δ12 mm	10 m²	0.608	4.45	2.71
46	18-12换	木装饰条安装 条宽在25 mm内	100 m	0.28	2.04	0.57
	010808001003	固定玻璃隔断窗套 1. 基层材料种类：细木工板1层 2. 面层材料品种、规格：黑胡桃木切片板 3. 线条品种、规格：黑胡桃木门窗套线条60 mm×15 mm 4. 油漆种类、遍数：硝基清漆、磨退出亮	m²	1.68	1.79	3.01
47	18-48换	窗套(单层细木工板、黑胡桃切片板)	10 m²	0.138	7.65	1.06
48	18-14换	黑胡桃木门窗线条60 mm×15 mm	100 m	0.299	2.04	0.61
49	17-79	润油粉、刮腻子、刷硝基清漆、磨退出亮 其他木材面	10 m²	0.168	7.98	1.34
	010801001001	黑胡桃木切片板造型门 1. 门代号及洞口尺寸：M1600 mm×2100 mm 2. 门芯材质、厚度：木龙骨外侧双蒙九厘板，黑胡桃硬木门封边条12 mm×45 mm 3. 门扇面层：黑胡桃木切片板(双面) 4. 线条：黑胡桃木线条12 mm×8 mm 5. 油漆种类：硝基清漆、磨退出亮	樘	2	7.99	15.99
50	16-295备注1	黑胡桃木切片板门	10 m²	0.672	9.79	6.58
51	18-12换	黑胡桃木线条12 mm×8 mm	100 m	1.176	2.04	2.40
52	16-312	门窗特殊五金 执手锁	把	2	0.17	0.34
53	16-313	门窗特殊五金 插销	套	2	0.07	0.14
54	16-314	门窗特殊五金 铰链	个	8	0.10	0.80
55	17－76×0.945	润油粉、刮腻子、刷硝基清漆、磨退出亮 单层木门	10 m²	0.672	8.52	5.73

[新点2013清单造价江苏版 V10.3.0]

人工汇总表

工程名称：二楼会议室室内装饰工程　　　　标段：

序号	定额编号	定额名称	单位	工程量（m²）	单位工日	工日合计
	010808001002	木门套 1. 门代号及洞口尺寸：M1600 mm×2100 mm 2. 基层材料种类：木龙骨 40 mm×45 mm@300 mm×300 mm，细木工板 1 层 3. 面层材料品种、规格：黑胡桃木切片板 4. 线条品种、规格：黑胡桃木门窗套线条 60 mm×15 mm，黑胡桃木裁口线条 5 mm×15 mm 5. 油漆种类、遍数：硝基清漆、磨退出亮	m²	2.09	2.14	4.47
56	14-169 换	门侧木龙骨 40 mm×45 mm	10 m²	0.209	2.67	0.56
57	14-187 换	门侧 18 mm 厚细木工板基层 钉在龙骨上	10 m²	0.209	1.30	0.27
58	14-194 换	门侧粘贴黑胡桃木切片板面层	10 m²	0.058	1.46	0.08
59	18-48 换	门套 木龙骨、单层细木工板 九厘板、普通切片板	10 m²	0.151	7.65	1.16
60	18-14 换	黑胡桃木门窗套线条 60 mm×15 mm	100 m	0.242	2.04	0.49
61	18-12 换	黑胡桃木裁口线条 5 mm×15 mm	100 m	0.116	2.04	0.24
62	17-79	润油粉、刮腻子、刷硝基清漆、磨退出亮 其他木材面	10 m²	0.209	7.98	1.67
	01B002	拉丝不锈钢灯罩 1. 材质、规格：拉丝不锈钢成品装饰件	个	1		
63	D00001	拉丝不锈钢灯罩	个	1		
	0112	墙、柱面装饰与隔断、幕墙工程		1	23.91	23.91
	0112	五、D 墙面		1	23.91	23.91
	011207001004	墙面装饰板 1. 龙骨材料种类、规格、中距：木龙骨 24 mm×30 mm@300 mm×300 mm 钉在木砖上 2. 隔离层材料种类、规格：木龙骨刷防火漆二遍 3. 基层材料种类、规格：细木工板 4. 面层材料品种、规格、颜色：白影木切片板 5. 压条材料种类、规格：嵌铜装饰条 6. 油漆种类、遍数：硝基清漆、磨退出亮	m²	6.78	1.61	10.94
64	14-168	木龙骨基层 墙 24 mm×30 mm	10 m²	1.139	2.14	2.44
65	14-185	墙面细木工板基层 钉在龙骨上	10 m²	0.737	1.19	0.88

［新点 2013 清单造价江苏版 V10.3.0］

人工汇总表

序号	定额编号	定额名称	单位	工程量(m²)	单位工日	工日合计
66	14-193 换	白影木切片板粘贴在夹板基层上	10 m²	0.678	1.20	0.81
67	17-79 换	润油粉、刮腻子、刷硝基清漆、磨退出亮 其他木材面	10 m²	0.704	7.98	5.62
68	17-97	防火涂料二遍木龙骨 单向	10 m²	1.139	0.45	0.51
69	18-18 换	金属装饰条安装 墙面嵌金属装饰条	100 m	0.11	6.24	0.69
	011208001004	柱面铝塑板饰面 1. 龙骨材料种类、规格、中距：木龙骨 24 mm×30 mm@300 mm×300 mm 钉在木砖上 2. 隔离层材料种类：木龙骨刷防火漆二遍 3. 基层材料种类、规格：细木工板 4. 面层材料品种、规格、颜色：银灰色铝塑板	m²	6.16	0.51	3.12
70	14-176 换	假柱造型木龙骨 24 mm×30 mm	10 m²	0.67	1.13	0.76
71	14-187	柱、梁面细木工板基层 钉在龙骨上	10 m²	0.67	1.30	0.87
72	14-204 换	粘贴在夹板基层上 铝塑板	10 m²	0.616	1.46	0.90
73	17-96	假柱造型木龙骨防火涂料	10 m²	0.67	0.88	0.59
	010810003002	冷光灯盒 1. 窗帘盒材质、规格：木明窗帘盒，细木工板基层、黑胡桃木切片板面层 2. 油漆种类、遍数：硝基清漆、磨退出亮	m	3.6	0.66	2.36
74	18-67 换	明窗帘盒 细木工板、纸面石膏板、普通切片板	100 m	0.036	12.15	0.44
75	17－78×2.04	润油粉、刮腻子、刷硝基清漆、磨退出亮 木扶手	10 m	0.36	5.34	1.92
	011408002001	墙面米色软包 1. 基层类型：木龙骨 24 mm×30 mm@300 mm×300 mm 2. 基层板：细木工板及五夹板 3. 防护材料种类：木龙骨刷防火漆二遍 4. 面层材料品种、规格、颜色：米黄色摩力克软包布	m²	11.09	0.68	7.49
76	14-168	木龙骨基层 24 mm×30 mm@300 mm×300 mm	10 m²	1.206	2.14	2.58
77	14-185	墙面细木工板基层 钉在龙骨上	10 m²	1.206	1.19	1.44

[新点 2013 清单造价江苏版 V10.3.0]

人工汇总表

序号	定额编号	定额名称	单位	工程量(m²)	单位工日	工日合计
78	14-189 换	五夹板面钉在细木工板上	10 m²	1.152	0.86	0.99
79	17-250 换	米黄色摩力克软包布墙面	10 m²	1.109	1.75	1.94
80	17-97	防火涂料二遍 隔墙、隔断(间壁)、护壁木龙骨 单向	10 m²	1.206	0.45	0.54
	01B003	拉丝不锈钢灯罩 1. 材质、规格:拉丝不锈钢成品装饰件	个	2		
81	D00001	拉丝不锈钢灯罩	个	2		
	0113	天棚工程		1	80.21	80.21
	0113	六、天棚工程		1	80.21	80.21
	011302001001	轻钢龙骨纸面石膏板天棚 1. 吊顶形式、吊杆规格、高度:凹凸型天棚、φ8 mm 钢筋吊筋、均高 0.7 m 2. 龙骨材料种类、规格、中距:轻钢龙骨 400 mm×600 mm 3. 基层材料种类、规格:部分细木工板及九厘板造型 4. 面层材料品种、规格:纸面石膏板 5. 压条材料种类、规格:石膏阴角线条	m²	94	0.54	50.92
82	15-34 换	天棚吊筋 吊筋规格 φ8 mm H＝750 mm	10 m²	9.4		
83	15-8 备注 2	拱形部分装配式 U 型(不上人型)轻钢龙骨 面层规格 400 mm×600 mm 复杂	10 m²	2.908	3.78	10.99
84	15-8	平面部分装配式 U 型(不上人型)轻钢龙骨 面层规格 400 mm×600 mm 复杂	10 m²	6.492	2.10	13.63
85	15-44 换	木工板基层侧立板(标高 3.45 m 处)	10 m²	0.224	1.24	0.28
86	15-44 换	九厘板基层拱形顶基层板	10 m²	3.216	1.86	5.98
87	15-46 换	纸面石膏板天棚面层 拱形顶面板	10 m²	3.216	2.01	6.46
88	15-44 换	细木工板基层拱形端部扇形基层板	10 m²	0.978	1.43	1.39
89	15-46 换	纸面石膏板天棚面层拱形端部扇形	10 m²	0.978	1.54	1.51
90	15-46 换	纸面石膏板天棚面层	10 m²	6.567	1.34	8.80
91	18-63	天棚面零星项目 筒灯孔	10 个	3.2	0.17	0.54
92	18-26	石膏装饰线 安装	100 m	0.407	3.29	1.34

［新点 2013 清单造价江苏版 V10.3.0］

人工汇总表

序号	定额编号	定额名称	单位	工程量(m²)	单位工日	工日合计
	011304001001	灯带(槽) 1. 灯带型:尺寸:388 mm 高回光灯槽 2. 基层板:细木工板 3. 面板:纸面石膏板	m	15.4	0.16	2.43
93	18-65 换	回光灯槽	10 m	1.54	1.58	2.43
	011406001002	天棚乳胶漆 1. 基层类型:纸面石膏板 2. 腻子种类:901 胶白水泥腻子 3. 刮腻子遍数:三遍 4. 防护材料种类:板缝自粘胶带 5. 油漆品种、刷漆遍数:白色乳胶漆三遍 6. 部位:天棚	m²	116.85	0.23	26.85
94	17-179	天棚复杂面 在抹灰面上 901 胶白水泥腻子批、刷乳胶漆各三遍	10 m²	11.685	1.90	22.20
95	17-175	天棚墙面板缝贴自粘胶带	10 m	22.13	0.21	4.65
		单价措施项目		1	5.64	5.64
	011701006001	满堂脚手架	m²	94	0.06	5.64
96	20-20 备注 1	满堂脚手架 基本层 高 5 m 以内	10 m²	9.4	0.60	5.64
	011703001001	垂直运输	工日	274.46		
97	23-30	单独装饰工程垂直运输 卷扬机 垂直运输高度 20 m 以内(6层)	10 工日	27.446		
		合计				274.46

[新点 2013 清单造价江苏版 V10.3.0]

主要材料一览表

工程名称：二楼会议室室内装饰工程　　　标段：　　　　　　　　　第 1 页　共 6 页

序号	材料编码	材料名称	规格、型号等要求	单位	数量	单价(元)	合价(元)	备注
1	01090101	圆钢		kg	22.165 2	4.02	89.10	
2	01210315	等边角钢	∟ 40 mm×4 mm	kg	15.04	3.96	59.56	
3	02270105	白布		m²	0.076 572	4.00	0.31	
4	02270118	豆色布		m²	2.241 95	7.00	15.69	
5	02270403	脱脂棉		kg	0.292 374	15.00	4.39	
6	03030405	铜木螺钉	3.5 mm×25 mm	十个	8.4	0.70	5.88	
7	03031206	自攻螺钉	M4 mm×15 mm	十个	521.750 4	0.30	156.53	
8	03032113	塑料胀管螺钉		套	164.736	0.10	16.47	
9	03070114	膨胀螺栓	M8 mm×80 mm	套	41.92	0.60	25.15	
10	03070123	膨胀螺栓	M10 mm×110 mm	套	124.644	0.80	99.72	
11	03110106	螺杆	L=250 mm φ8 mm	根	124.644	0.35	43.63	
12	03210313	金刚石磨边轮	100 mm×16 mm(粒度 120～150#)	片	3.264	6.50	21.22	
13	03270202	砂纸		张	11.917 92	1.10	13.11	
14	03270205	水砂纸		张	18.073 24	0.70	12.65	
15	03510201	钢钉		kg	5.828	7.00	40.80	
16	03510705	铁钉	70 mm	kg	11.273 99	4.20	47.35	
17	03570216	镀锌铁丝	8#	kg	1.466 4	4.90	7.19	
18	03652403	合金钢切割锯片		片	0.0216	80.00	1.73	

[新点 2013 清单造价江苏版 V10.3.0]

主要材料一览表

工程名称：二楼会议室室内装饰工程　　标段：　　第2页　共6页

序号	材料编码	材料名称	规格、型号等要求	单位	数量	单价(元)	合价(元)	备注
19	04010611	水泥	32.5级	kg	6.875 784	0.31	2.13	
20	04010701	白水泥		kg	93.679 05	0.70	65.58	
21	04030107	中砂		t	0.023 587	69.37	1.64	
22	04090602	滑石粉		kg	10.065 06	0.62	6.24	
23	04090801	石膏粉	325目	kg	12.875 3	0.42	5.41	
24	05030600	普通木成材		m^3	1.418 743	1 600.00	2 269.99	
25	05050109	胶合板	2 440 mm×1 220 mm×5 mm	m^2	16.8	16.80	282.24	
26	05050113	胶合板	2440 mm×1220 mm×9 mm	m^2	48.681 6	20.16	981.42	
27	05092103	细木工板	δ18 mm	m^2	146.664 9	28.55	4 187.28	
28	05150102～1	黑胡桃木切片板		m^2	66.135 14	25.19	1 665.94	
29	05150102～2	白影木切片板		m^2	32.020 8	80.62	2 581.52	
30	05252103	木刺条		m	114.68	3.00	344.04	
31	06250103～1	磨砂玻璃	10 mm	m^2	6.384	120.00	766.08	
32	07112130～1	啡网纹大理石		m^2	0.734 4	700.00	514.08	
33	08010200	纸面石膏板		m^2	133.213 26	11.00	1 465.35	
34	08120503	铝塑板(双面)		m^2	22.759	94.60	2 153.00	
35	08310113	轻钢龙骨(大)	50 mm×15 mm×1.2 mm	m	175.216	6.50	1 138.90	
36	08310122	轻钢龙骨(中)	50 mm×20 mm×0.5 mm	m	207.184	4.00	828.74	

【新点2013清单造价江苏版 V10.3.0】

主要材料一览表

工程名称：二楼会议室室内装饰工程　　标段：　　　　　　　　　　　　　　　　　　　　　第 3 页　共 6 页

序号	材料编码	材料名称	规格、型号等要求	单位	数量	单价(元)	合价(元)	备注
37	08310131	轻钢龙骨(小)	25 mm×20 mm×0.5 mm	m	31.96	2.60	83.10	
38	08330107	大龙骨垂直吊件(轻钢)	45 mm	只	188	0.50	94.00	
39	08330111	中龙骨垂直吊件		只	310.2	0.45	139.59	
40	08330113	小龙骨垂直吊件		只	117.5	0.40	47.00	
41	08330300	轻钢龙骨垂直接件		只	94	0.60	56.40	
42	08330301	轻钢龙骨次接件		只	112.8	0.70	78.96	
43	08330302	轻钢龙骨小接件		只	12.22	0.30	3.67	
44	08330309	小龙骨平面连接件		只	117.5	0.60	70.50	
45	08330310	中龙骨平面连接件		只	546.14	0.50	273.07	
46	08330500	中龙骨横撑		m	193.452	3.50	677.08	
47	08330501	边龙骨横撑		m	18.988	3.00	56.96	
48	09113508	塑钢窗(推拉/平开/悬窗)		m²	10.137 6	250.00	2 534.40	
49	09470302	执手锁		把	2.02	75.00	151.50	
50	09492370	不锈钢合页		只	8.08	20.00	161.60	
51	09492540	铜插销		套	2.02	20.00	40.40	
52	09493560	镀锌铁脚		个	82.368	1.70	140.03	
53	10011706~1	黑胡桃木子弹头弹条线条 25 mm×8 mm		m	13.824	3.00	41.47	

[新点 2013清单造价江苏版 V10.3.0]

主要材料一览表

工程名称：二楼会议室室内装饰工程

标段：

序号	材料编码	材料名称	规格、型号等要求	单位	数量	单价(元)	合价(元)	备注
54	10011706~2	黑胡桃木线条 12 mm×8 mm		m	127.008	2.00	254.02	
55	10011706~3	黑胡桃木裁口线条 5 mm×15 mm		m	12.528	2.00	25.06	
56	10011706~4	黑胡桃实木线条 20 mm×20 mm		m	30.24	5.00	151.20	
57	10011706~5	黑胡桃硬木封边条 12 mm×45 mm		m	19.588 8	8.00	156.71	
58	10011711~2	黑胡桃木门窗套线条 60 mm×15 mm		m	83.7	12.00	1 004.40	
59	10013105~3	黑胡桃木压顶线 16 mm×8 mm		m	44.11	2.50	110.28	
60	10030311	铝合金收口条		m	9.4	5.00	47.00	
61	10031501~1	铜装饰条	2 mm×15 mm	m	11.55	3.50	40.43	
62	10050507~1	啡网纹石材线条 20 mm×30 mm		m	5.67	50.00	283.50	
63	10070307	石膏装饰线	100 mm×30 mm	m	44.77	6.00	268.62	
64	10330103~1	米黄色摩力克软包布		m²	12.84 222	78.00	1001.69	

[新点 2013 清单造价江苏版 V10.3.0]

主要材料一览表

工程名称：二楼会议室室内装饰工程　　标段：

序号	材料编码	材料名称	规格、型号等要求	单位	数量	单价（元）	合价（元）	备注
65	10430303～1	10 mm 厚毛晴地毯		m²	103.4	70.00	7 238.00	
66	10430903	地毯烫带	0.1 m×20 m/卷	m	70.5	3.00	211.50	
67	10430907～1	5 厚橡胶海绵衬垫	25 m²/卷	m²	103.4	9.00	930.60	
68	11010304	内墙乳胶漆		kg	71.133 16	12.00	853.60	
69	11030505	防火涂料	X-60（饰面）	kg	12.853 08	19.00	244.21	
70	11111304	硝基清漆		kg	23.165 138	25.00	579.13	
71	11111715	酚醛清漆		kg	3.198 459	13.00	41.58	
72	11430314	色粉		kg	0.298 724	6.50	1.94	
73	11430327	钛白粉		kg	53.299 467	0.85	45.30	
74	11450516	硝基稀释剂		kg	55.866 248	13.00	726.26	
75	11590914	硅酮密封胶		L	2.187 84	80.00	175.03	
76	12030107	油漆溶剂油		kg	1.636 74	14.00	22.91	
77	12060334	防腐油		kg	5.227 86	6.00	31.37	
78	12070311	砂蜡	0.5kg	kg	2.733 638	24.00	65.61	
79	12070313	上光蜡		kg	0.977 968	95.00	92.91	
80	12333521	催干剂		kg	0.189 24	17.60	3.33	
81	12333551	PU 发泡剂		L	2.772	30.00	83.16	
82	12410108	黏结剂	YJ-Ⅲ	kg	0.335 52	11.50	3.86	

[新点 2013 清单造价江苏版 V10.3.0]

主要材料一览表

工程名称：二楼会议室室内装饰工程

标段：

序号	材料编码	材料名称	规格、型号等要求	单位	数量	单价(元)	合价(元)	备注
83	12410703	羧甲基纤维素		kg	1.273 85	2.50	3.18	
84	12413518	901胶		kg	45.596 274	2.50	113.99	
85	12413528	干挂云石胶（AB胶）		kg	0.047 52	11.50	0.55	
86	12413535	万能胶		kg	45.415 4	20.00	908.31	
87	12413544	聚醋酸乙烯乳液		kg	6.786 94	5.00	33.93	
88	12430342	自粘胶带		m	225.726	5.00	1 128.63	
89	17310706	双螺母双垫片	φ8 mm	副	124.644	0.60	74.79	
90	31010707	密封油膏		kg	1.549 1	6.50	10.07	
91	31110301	棉纱头		kg	0.007 92	6.50	0.05	
92	31150101	水		m³	0.010 328	4.70	0.05	
93	32030303	脚手钢管		kg	7.952 4	4.29	34.12	
94	32030504	底座		个	0.056 4	4.80	0.27	
95	32030513	脚手架扣件		个	1.128	5.70	6.43	
96	32090101	周转木材		m³	0.028 2	1 850.00	52.17	
97	CL-D00001	拉丝不锈钢灯罩		个	4	800.00	3 200.00	
		合计					44 829.54	

[新点 2013清单造价江苏版 V10.3.0]

规费、税金清单计价定额

工程名称：二楼会议室室内装饰工程　　　　标段：　　　　第1页　共1页

序号	项目名称	计算基础	费率(%)	金额(元)
1	规费	工程排污费＋社会保险费＋住房公积金	100.000	2 734.51
1.1	工程排污费	分部分项工程费＋措施项目费＋其他项目费－工程设备费	0.100	102.03
1.2	社会保险费	分部分项工程费＋措施项目费＋其他项目费－工程设备费	2.200	2 244.75
1.3	住房公积金	分部分项工程费＋措施项目费＋其他项目费－工程设备费	0.380	387.73
2	税金	分部分项工程费＋措施项目费＋其他项目费＋规费－按规定不计税的工程设备金额	3.480	3 645.94
合　计				9 114.96

[新点2013清单造价江苏版 V10.3.0]

第四章　投标报价与施工合同管理

第一节　投标报价

投标报价是整个投标工作中最重要的一环。一项工程好坏的重要标志是工期、造价、质量，而工期与质量尽管从承包商的历史、技术状况可以看出一部分，但真正的工期与质量还要在施工开始以后才能直观地看出。可是报价却是在开工之前确定，因此，工程投标报价对于承包商来说是至关重要的。

投标报价可由承包商根据工程量清单、现行的《计价定额》、取费标准及招标文件所规定的范围，结合本企业自己的管理水平、技术素质、技术措施和施工计划等条件确定。投标报价要根据具体情况，充分进行调查研究，内外结合，逐项确定各种计价依据，更要讲究投标策略及投标技巧，在全企业范围内开动脑筋，才能作出合理的标价。

随着竞争程度的激烈和工程项目的复杂，报价工作成为涉及企业经营战略、市场信息、技术活动的综合的商务活动，因此必须进行科学的组织。建筑工程投标的程序是：取得招标信息—准备资料报名参加—提交资格预审资料—通过预审得到招标文件—研究招标文件—准备与投标有关的所有资料—实地考察工程场地，并对招标人进行考察—确定投标策略—核算工程量清单—编制施工组织设计及施工方案—计算施工方案工程量—采用多种方法进行询价—计算工程综合单价—确定工程成本价—报价分析决策确定最终的报价—编制投标文件—投送投标文件—参加开标会议。

一、工程量清单下投标报价的前期工作

投标报价的前期工作主要是指确定投标报价的准备期，主要包括：取得招标信息、提交资格预审资料、研究招标文件、准备投标资料、确定投标策略等。这一时期工作的主要目的是为后面准确报价做必要的准备，往往有好多投标人对前期工作不重视，得到招标文件就开始编制投标文件，在编制过程中会缺这缺那、这不明白那不清楚，造成无法挽回的损失。

1. 得到招标信息并参加资格审查

招标信息的主要来源是招投标交易中心。交易中心会定期不定期地发布工程招标信息，但是，如果投标人仅仅依靠从交易中心获取工程招标信息，就会在竞争中处于劣势。因为我国招投标法规定了两种招标方式，即：公开招标和邀请招标，交易中心发布的主要是公开招标的信息，邀请招标的信息在发布时，招标人常常已经完成了考察及选择招标邀请对象的工作，投标人此时才去报名参加，已经错过了被邀请的机会。所以，投标人日常建立广泛的信息网络是非常关键的。有时投标人从工程立项甚至从项目可行性研究阶段就开始跟踪，并根据自身的技术优势和施工经验为招标人提供合理化建议，获得招标人的信任。投标人取得招标信息的主要途径有：(1) 通过招标广告或公告来发现投标目标，这是获得公开招标信息的方式；(2) 搞好公共关系，经常派业务人员深入各个单位和部门，广泛联系，收集信息；(3) 通过政府有关部门，如计委、建委、行业协会等单位获得信息；(4) 通过咨询公司、监理公司、科研设计单位等代理机构获得信息；(5) 取得老客户的信任，从而承接后续工程或接受邀请而获得信息；(6) 与总承包商建立广泛的联系；(7) 利用有形的建筑交易市场及各

种报刊、网站的信息;(8)通过社会知名人士的介绍得到信息。

投标人得到信息后,应及时表明自己的意愿,报名参加,并向招标人提交资格审查资料。

投标人资料主要包括:营业执照、资质证书、企业简历、技术力量、主要的机械设备、近两年内的主要施工工程情况及投标同类工程的施工情况、在建工程项目及财务状况。

对资格审查的重要性投标人必须重视,它是为招标人认识本企业的第一印象。经常有一些缺乏经验的投标人,尽管实力雄厚,但由于对投标资格审查资料的不重视而在投标资格审查阶段就被淘汰。

2. 有关投标信息的收集与分析

投标是投标人在建筑市场中的交易行为,具有较大的冒险性。据了解,国内一流的投标人中标概率也只有 $10\%\sim20\%$,而且中标后要想实现利润也面临着种种风险因素。这就要求投标人必须获得尽量多的招标信息,并尽量详细地掌握与项目实施有关的信息。随着市场竞争的日益激烈,如何对取得的信息进行分析,关系到投标人的生存和发展。信息竞争将成为投标人竞争的焦点。因此投标人对信息分析应从以下几方面进行。

1) 对招标人方面的调查分析

(1)工程的资金来源、额度及到位情况。(2)工程的各项审批手续是否齐全,是否符合工程所在地关于工程建设管理的各项规定。(3)招标人是首次组织工程建设,还是长期有建设任务,若是后者,要了解该招标人在工程招标、评标上的习惯做法,对承包商的基本态度,履行责任的可靠程度,尤其是能否及时支付工程款、合理对待承包商的索赔要求。(4)招标人是否有与工程规模相适应的经济技术管理人员,有无工程管理的能力、合同管理经验和履约的状况如何;委托的监理是否符合资质等级要求,以及监理的经验、能力和信誉。(5)了解招标人项目管理的组织和人员,其主要人员的工作方式和习惯、工程建设技术和管理方面的知识和经验、性格和爱好等个人特征。(6)调查监理工程师的资历,对承包商的基本态度,对承包商的正当要求能否给予合理的补偿,当业主与承包商之间出现合同争端时,能否站在公正的立场提出合理的解决方案。

2) 投标项目的技术特点

(1)工程规模、类型是否适合投标人;(2)气候条件、自然资源等是否为投标人技术专长的项目;(3)是否存在明显的技术难度;(4)工期是否过于紧迫;(5)预计应采取何种重大技术措施;(6)其他技术特长。

3) 投标项目的经济特点

(1)工程款支付方式,外资工程外汇比例;(2)预付款的比例;(3)允许调价的因素、规费及税金信息;(4)金融和保险的有关情况。

4) 投标竞争形势分析

(1)根据投标项目的性质,预测投标竞争形势;(2)分析参与投标竞争对手的优劣势和其投标的动向;(3)分析竞争对手的投标积极性。

5) 投标条件及迫切性

(1)可利用的资源和其他有利条件;(2)投标人当前的经营状况、财务状况和投标的积极性。

6) 本企业对投标项目的优势分析

(1)是否需要较少的开办费用;(2)是否具有技术专长及价格优势;(3)类似工程承包经验及信誉;(4)资金、劳务、物资供应、管理等方面的优势;(5)项目的经济效益和社会效益;(6)与招标人的关系是否良好;(7)投标资源是否充足;(8)是否有理想的合作伙伴联合投标,是否有良好的分包人。

7)投标项目风险分析

(1)民情风俗、社会秩序、地方法规、政治局势;(2)社会经济发展形势及稳定性、物价趋势;(3)与工程实施有关的自然风险;(4)招标人的履约风险;(5)延误工期罚款的额度大小;(6)投标项目本身可能造成的风险。

根据上述各项目信息的分析结果,做出包括经济效益预测在内的可行性研究报告,供投标决策者据以进行科学、合理的投标决策。

3. 认真分析研究招标文件

1)研究招标文件条款

为了在投标竞争中获胜,投标人应设立专门的投标机构,设置专业人员掌握市场行情及招标信息,时常积累有关资料,维护企业定额及人工、材料、机械价格系统。一旦通过了资格审查,取得招标文件后,则立刻可以研究招标文件、决定投标策略、确定定额含量及人工、材料、机械价格,编制施工组织设计及施工方案,计算报价,采用投标报价策略及分析决策报价,采用不平衡报价及报价技巧防范风险,最后形成投标文件。

在研究招标文件时,必须对招标文件的每句话、每个字都认认真真地推敲,投标时要对招标文件的全部内容响应,如误解招标文件的内容,可能会造成不必要的损失。必须掌握招标范围,经常会出现图纸、技术规范和工程量清单三者之间在范围、做法和数量上互相矛盾的现象。招标人提供的工程量清单中的工程量是工程净量,不包括任何损耗及施工方案、施工工艺造成的工程增量,所以要认真研究工程量清单包括的工程内容及采取的施工方案,清单项目的工程内容有时是明确的,有时并不明确,要结合施工图纸、施工规范及施工方案才能确定。除此之外,对招标文件规定的工期、投标书的格式、签署方式、密封方法、投标的截止日期要熟悉,并形成备忘录,避免由于失误而造成不必要的损失。

2)研究评标办法

评标办法是招标文件的组成部分,投标人中标与否是按评标办法的要求进行评定的。我国一般采用两种评标办法:综合评议法和最低报价法,综合评议法又有定性综合评议法和定量综合评议法两种,最低报价法就是合理低价中标。

定量综合评议法采用综合评分的方法选择中标人,是根据投标报价、主要材料、工期、质量、施工方案、信誉、荣誉、已完或在建工程项目的质量、项目经理的素质等因素综合评议投标人,选择综合评分最高的投标人中标。定性综合评议法是在无法把报价、工期、质量等诸多因素定量化打分的情况下,评标人根据经验判断各投标方案的优劣。采用综合评议法时,投标人的投标策略就是如何做到报价最高,综合评分最高,这就得在提高报价的同时,必须提高工程质量,要有先进科学的施工方案、施工工艺水平作保证,以缩短工期为代价。但是这种办法对投标人来说,必须要有丰富的投标经验,并能对全局很好地分析才能做到综合评分最高。如果一味地追求报价,而使综合得分降低就失去了意义,是不可取的。

最低报价法也叫合理低价中标法,是根据最低价格选择中标人,是在保证质量、工期的前提下,以最合理低价中标。这里主要是指"合理"低价,是指投标人报价不能低于自身的个别成本。对于投标人就要做到如何报价最低、利润相对最高,不注意这一点,有可能会造成中标工程越多亏损越多的现象。

3）合同条件的分析

合同的主要条款是招标文件的组成部分,双方的最终法律制约作用就在合同上,履约价格的体现方式和结算的依据主要是依靠合同。因此投标人要对合同特别重视。合同主要分通用条款和专用条款。要研究合同首先得知道合同的构成及主要条款,从以下几方面进行分析。

（1）承包商的任务、工作范围和责任。这是工程估价最基本的依据,通常由工程量清单、图纸、工程说明、技术规范所定义。在分项承包时,要注意本公司与其他承包商,尤其是工程范围相邻或工序相衔接的其他承包商之间的工程范围界限和责任界限;在施工总包或主包时,要注意在现场管理和协调方面的责任;另外,要注意为业主管理人员或监理人员提供现场工作和生活条件方面的责任。

（2）付款方式、时间。应注意合同条款中关于工程预付款、材料预付款的规定,如数额、支付时间、起扣时间和方式;还要注意工程进度款的支付时间、每月保留金扣留的比例、保留金总额及退还时间和条件。根据这些规定和预计的施工进度计划,可绘出本工程现金流量图,计算出占有资金的数额和时间,从而可计算出需要支付的利息数额并计入报价。如果合同条款中关于付款的有关规定比较含糊或明显不合理,应要求业主在标前答疑会上澄清或解释,最好能修改。

（3）工程变更及相应的合同价格调整。工程变更几乎是不可避免的,承包商有义务按规定完成,但同时也有权利得到合理的补偿。工程变更包括工程数量增减和工程内容变化。一般来说,工程数量增减所引起的合同价格调整的关键在于如何调整幅度,这在合同条款中并无明确规定。应预先估计哪些分项工程的工程量可能发生变化、增加还是减少以及幅度大小,并内定相应的合同价格调整计算方式和幅度。至于合同内容变化引起的合同价格调整,究竟调还是不调、如何调,都很容易发生争议。应注意合同条款中有关工程变更程序、合同价格调整前提等规定。

（4）施工工期。合同条款中关于合同工期、工程竣工日期、部分工程分期交付工期等规定,是投标者制定施工进度计划的依据,也是报价的重要依据。但是,在招标文件中业主可能并未对施工工期作出明确规定,或仅提出一个最后期限,而将工期作为投标竞争的一个内容,相应的开竣工日期仅是原则性的规定。故应注意合同条款中有无工期奖惩的规定,工期长短与报价结果之间的关系,尽可能做到在工期符合要求的前提下报价有竞争力,或在报价合理的前提下工期有竞争力。

（5）业主责任。通常,业主有责任及时向承包商提供符合开工条件要求的施工场地、设计图纸和说明,及时供应业主负责采购的材料和设备,办理有关手续,及时支付工程款等。投标者所制定的施工进度计划和作出的报价都是以业主正确和完全履行其责任为前提的。虽然在报价中不必考虑由于业主责任而引起的风险费用,但是,应当考虑到业主不能正确和完全履行其责任的可能性以及由此而造成的承包商的损失。因此,应注意合同条款中关于业主责任措辞的严密性以及关于索赔的有关规定。

总之,投标人要对各个因素进行综合分析,并根据权利义务进行对比分析,只有这样才能很好地预测风险,并采取相应的对策。

4）研究工程量清单

工程量清单是招标文件的重要组成部分,是招标人提供的投标人用以报价的工程量,也是最终结算及支付的依据。所以必须对工程量清单中的工程量在施工过程及最终结算时是否会变更等情况进行分析,并分析工程量清单包括的具体内容。只有这样,投标人才能准确把握每一清单项的内容范围,并做出正确的报价。不然会造成分析不到位,由于误解或错解而造成报价不全导致损失。尤其是采用合理低价中标的招标形式时,报价显得更加重要。为了正确地进行工程报价,应对工程量清单进行认真分析,主要应注意以下几方面问题。

(1) 熟悉工程量计算规则。不同的工程量计算规则,对分部分项工程的划分以及各分部分项工程所包含的内容不完全相同。报价人员应熟悉工程所在地的工程量计算规则。如工程量清单中的工程量是按《计算规范》规则计算的,而报价是按《江苏省建筑与装饰工程计价定额》进行的,它们的计算规则是不完全相同的。

(2) 工程量清单复核。工程量清单中的各分部分项工程量并不十分准确,若设计深度不够,则可能有较大的误差,故还要复核工程量。同时对清单中项目特征的具体内容必须认真分析,包括的内容不同,分项工程所报单价也不相同。

(3) 暂定金额及计日工。暂定金额一般是专款专用,不会损害承包商利益。但预先了解其内容、要求,有利于承包商统筹安排施工,可能降低其他分项工程的实际成本。计日工是指在工程实施过程中,业主有一些临时性的或新增的但未列入工程量清单的工作,需要使用人工、机械(有时还可能包括材料)。投标者应对计日工报出单价,但并不计入总价。报价人员应注意工作费用包括哪些内容、工作时间如何计算。一般来说,计日工单价可报得较高,但不宜太高。

4. 准备投标资料及确定投标策略

投标报价之前,必须准备与报价有关的所有资料,这些资料的质量高低直接影响到投标报价成败。投标前需要准备的资料主要有:招标文件;设计文件;施工规范;有关的法律、法规;企业内部定额及有参考价值的政府消耗量定额;企业人工、材料、机械价格系统资料;可以询价的网站及其他信息来源;与报价有关的财务报表及企业积累的数据资源;拟建工程所在地的地质资料及周围的环境情况;投标对手的情况及对手常用的投标策略;招标人的情况及资金情况等。所有这些都是确定投标策略的依据,只有全面地掌握第一手资料,才能快速准确地确定投标策略。

投标人在报价之前需要准备的资料可分为两类:一类是公用的,任何工程都必须用,投标人可以在平时日常积累,如规范、法律、法规、企业内部定额及价格系统等;另一类是特有资料,只能针对投标工程,这些必须是在得到招标文件后才能搜集整理,如设计文件、环境、竞争对手的资料等。确定投标策略的资料主要是特有资料,因此投标人对这部分资料要格外重视。投标人要在投标时显示出核心竞争力,就必须有一定的策略,有不同于别的投标竞争对手的优势,主要从以下几方面考虑。

1) 掌握全面的设计文件

招标人提供给投标人的工程量清单是按设计图纸及规范规则进行编制的,可能未进行图纸会审,在施工过程中难免会出现这样那样的问题,这就是我们说的设计变更。所以投标人在投标之前就要对施工图纸结合工程实际进行分析,了解清单项目在施工过程中发生变化的可能性,对于不变的报价要适中,对于有可能增加工程量的报价要偏高,有可能降低工程量的报价要偏低等,只有这样才能降低风险,获得最大的利润。

2) 实地勘察施工现场

投标人应该在编制施工方案之前对施工现场进行勘察,对现场和周围环境及与此工程有关的可用资料进行了解和勘察。实地勘察施工现场主要从以下几方面进行:工程施工条件;为工程施工和竣工以及修补其任何缺陷所需的工作和材料的范围和性质;进入现场的手段,以及投标人需要的临时设施等。

3)调查与拟建工程有关的环境

投标人不仅要勘察施工现场,在报价前还要详尽了解项目所在地的环境,包括政治形势、经济形势、法律法规和风俗习惯、自然条件、生产和生活条件等。对政治形势的调查,应着重了解工程所在地和投资方所在地的政治稳定性;对经济形势的调查,应着重了解工程所在地和投资方所在地的经济发展情况,工程所在地金融方面的换汇限制、官方和市场汇率、主要银行及其存款和信贷利率、管理制度等;对自然条件的调查,应着重了解工程所在地的水文地质情况、交通运输条件、是否多发自然灾害、气候状况如何等;对法律法规和风俗习惯的调查,应着重了解工程所在地政府对施工的安全、环保、时间限制等的各项管理规定,和当地的宗教信仰和节假日等;对生产和生活条件的调查,应着重了解施工现场的周围情况,如道路、供电、给排水、通讯是否便利,工程所在地的劳务和材料资源是否丰富,生活物资的供应是否充足等。

4)调查招标人与竞争对手

对招标人的调查应着重以下几个方面:第一,资金来源是否可靠,避免承担过多的资金风险;第二,项目开工手续是否齐全,提防有些发包人以招标为名,让投标人免费为其估价;第三,是否有明显的授标倾向,招标是否仅仅是出于政府的压力而不得不采取的形式。

对竞争对手的调查应着重从以下几方面进行:首先,了解参加投标的竞争对手有几个,其中有威胁性的都是哪些,特别是工程所在地的承包人,可能会有评标优势;其次,根据上述分析,筛选出主要竞争对手,分析其以往同类工程投标方法,惯用的投标策略,开标会上提出的问题等。投标人必须知己知彼才能制定切实可行的投标策略,提高中标的可能性。

二、工程量清单下投标报价的编制工作

投标报价的编制工作是投标人进行投标的实质性工作,由投标人组织的专门机构来完成,主要包括审核工程量清单、编制施工组织设计、材料询价、计算工程单价、标价分析决策及编制投标文件等。下面就从这几个方面分别进行说明。

1. 审核工程量清单并计算施工工程量

一般情况下,投标人必须按招标人提供的工程量清单进行组价,并按综合单价的形式进行报价。但投标人在按招标人提供的工程量清单组价时,必须把施工方案及施工工艺造成的工程增量(如材料的合理损耗)以价格的形式包括在综合单价内。有经验的投标人在计算施工工程量时就对工程量清单工程量进行审核,这样可以知道招标人提供的工程量的准确度,为投标人不平衡报价及结算索赔打好伏笔。

在实行工程量清单模式计价后,建设工程项目分为三部分进行计价:分部分项工程项目计价、措施项目计价及其他项目计价。招标人提供的工程量清单是分部分项工程项目清单中的工程量,但措施项目中的工程量及施工方案工程量招标人不提供,必须由投标人在投标时按设计文件及施工组织设计、施工方案进行二次计算。因此这部分用价格的形式分摊到报价内的量必须要认真计算,全面考虑。由于清单下报价最低占优,投标人如果由于没有考虑全面而成低价中标亏损,招标人会不予承担。

2. 编制施工组织设计及施工方案

施工组织设计及施工方案是招标人评标时考虑的主要因素之一,也是投标人确定施工

工程量的主要依据。它的科学性与合理性直接影响到报价及评标,是投标过程一项主要的工作,是技术性比较强、专业要求比较高的工作。主要包括:项目概况、项目组织机构、项目保证措施、前期准备方案、施工现场平面布置、总进度计划和分部分项工程进度计划、分部分项的施工工艺及施工技术组织措施、主要施工机械配置、劳动力配置、主要材料保证措施、施工质量保证措施、安全文明措施、保证工期措施等。

施工组织设计主要应考虑施工方法、施工机械设备及劳动力的配置、施工进度、质量保证措施、安全文明措施及工期保证措施等。此施工组织设计不仅关系到工期,而且对工程成本和报价也有密切关系。好的施工组织设计,应能紧紧抓住工程特点,采用先进科学的施工方法,降低成本。既要采用先进的施工方法,安排合理的工期,又要充分有效地利用机械设备和劳动力,尽可能减少临时设施和资金的占用。如果同时能向招标人提出合理化建议,在不影响使用功能的前提下为招标人节约工程造价,那么会大大提高投标人的低价的合理性,增加中标的可能性。还要在施工组织设计中进行风险管理规划,以防范风险。

3. 建立完善的询价系统

实行工程量清单计价模式后,投标人自由组价,所有与价格有关的全部放开,政府不再进行任何干预。可用什么方式询价,具体询什么价,这是投标人面临的新形势下的新问题。投标人在日常的工作中必须建立价格体系,积累一部分人工、材料、机械台班的价格。除此之外,在编制投标报价时进行多方询价。询价的内容主要包括:材料市场价、人工当地的行情价、机械设备的租赁价、分部分项工程的分包价等。

材料市场:材料在工程造价中常常占总造价的 60% 左右,对报价影响很大,因而在报价阶段对材料和设备市场价的了解要十分认真。对于一项建筑工程,材料品种规格有上百种甚至上千种,要对每一种材料在有限的投标时间内都进行询价有点不现实,必须对材料进行分类,分为主要材料和次要材料,主要材料是指对工程造价影响比较大的,必须进行多方询价并进行对比分析,选择合理的价格。询价方式有:上门到厂家或供应商家询问、已施工工程材料的购买价、厂家或供应商的挂牌价、政府定期或不定期发布的信息价、各种信息网站上发布的信息价等。在清单模式下计价,由于材料价格随着时间的推移变化特别大,不能只看当时的建筑材料价格,必须做到对不同渠道询到的价格进行有机的综合,并能分析今后材料价格的变化趋势,用综合方法预测价格变化,把风险变为具体数值加到价格上。可以说投标报价引起的损失有一大部分就是预测风险失误造成的。对于次要材料,投标人应建立材料价格储存库,按库内的材料价格分析市场行情及对未来进行预测,用系数的形式进行整体调整,不需临时询价。

人工综合单价:人工是建筑行业唯一能创造利润,反映企业管理水平的指标。人工综合单价的高低,直接影响到投标人个别成本的真实性和竞争性。人工应是企业内部人员水平及工资标准的综合。从表面上看没有必要询价,但必须用社会的平均水平和当地的人工工资标准,来判断企业内部管理水平,并确定一个适中的价格,既要保证风险最低,又要具有一定的竞争力。

机械设备的租赁价:机械设备是以折旧摊销的方式进入报价的,进入报价的多少主要体现在机械设备的利用率及机械设备的完好率上。机械设备除与工程数量有关外,还与施工工期及施工方案有关。进行机械设备租赁价的询价分析,可以判定是购买机械还是租赁机械,确保投标人资金的利用率最高。

分包询价:总承包的投标人一般都得用自身的管理优势总包大中型工程,包括此工程的设计、施工及试车等。投标人自己组织结构工程的设计及施工，把专业性强的分部分项工程如：钢结构的制作安装、玻璃幕墙的制作和安装、电梯的安装、特殊装饰等，分包给专业分包人去完成。不仅分包价款的高低会影响投标人的报价，而且与投标人的施工方案及技术措施有直接关系。因此必须在投标报价前对施工方案及施工工艺进行分析，确定分包范围，确定分包价。有些投标人为了能够准确确定分包价，采用先分包后报价的策略，不然会造成报高了中不了标，报低了按中标价又分包不出去的现象。

4. 投标报价的计算

1）工程量清单下投标报价计价特点

报价是投标的核心，不仅是能否中标的关键，而且对中标后能否盈利、盈利多少也是主要的决定因素之一。我国为了推动工程造价管理体制改革，与国际惯例接轨，由定额模式计价向清单模式计价过渡，用规范的形式规范了清单计价的强制性、实用性、竞争性和通用性。工程量清单下投标报价的计价特点主要表现在以下几个方面。

第一，量价分离，自主计价。招标人提供清单工程量，投标人除要审核清单工程量外还要计算施工工程量，并要按每一个工程量清单自主计价，计价依据由定额模式的固定化变为多样化。定额由政府法定性变为企业自主维护管理的企业定额及有参考价值的政府消耗量定额；价格由政府指导预算基价及调价系数变为企业自主确定的价格体系，除对外能多方询价外，还要在内建立一整套价格维护系统。

第二，价格来源是多样的，政府不再作任何参与，由企业自主确定。国家采用的是"全部放开、自由询价、预测风险、宏观管理"。"全部放开"就是凡与计价有关的价格全部放开，政府不进行任何限制。"自由询价"是指企业在计价过程中采用什么方式得到的价格都有效，价格来源的途径不作任何限制。"预测风险"是指企业确定的价格必须是完成该清单项的完全价格，由于社会、环境、内部、外部原因造成的风险必须在投标前就预测到，包括在报价内。

由于预测不准而造成的风险损失由投标人承担。"宏观管理"是因为建筑业在国民经济中占的比例特别大，国家从总体上还得宏观调控，政府造价管理部门定期或不定期发布价格信息，还得编制反映社会平均水平的消耗量定额，用于指导企业快速计价，并作为确定企业自身的技术水平的依据。

第三，提高企业竞争力，增强风险意识。清单模式下的招投标特点，就是综合评价最优，保证质量、工期的前提下，合理低价中标。最低价中标，体现的是个别成本，企业必须通过合理的市场竞争，提升施工工艺水平，把利润逐步提高。企业不同于其他竞争对手的核心优势除企业本身的因素外，报价是主要的竞争优势。企业要体现自己的竞争优势就得有灵活全面的信息、强大的成本管理能力、先进的施工工艺水平、高效率的软件工具。除此之外，企业需要有反映自己施工工艺水平的企业定额作为计价依据，有自己的材料价格系统、施工方案和数据积累体系，并且这些优势都要体现到投标报价中。

实行工程量清单就是风险共担，工程量清单计价无论对招标人还是投标人，在工程量变更时都必须承担一定风险，有些风险不是承包人本身造成的，就得由招标人承担。因此，在《计算规范》中规定了工程量的风险由招标人承担，综合单价的风险由投标人承担。投标报价有风险，但是不应怕风险，而是要采取措施降低风险，避免风险，转移风险。投标人必须采用多种方式规避风险，不平衡报价是最基本的方式，如在保证总价不变的情况下，资金回收早的单价偏高，回收迟的单价偏低。估计此项设计需要变更的，工程量增加的单价偏高，工程量减少的单价偏低等。在清单模式下索赔已是结算中必不可少的，也是大家会经常提到并要应用自如的工具。

国家推行工程量清单计价后,要求企业必须适应工程量清单模式的计价。对每个工程项目在计价之前都不能临时寻找投标资料,而需要企业应拥有企业定额(或确定适合企业的现行消耗量定额)、价格库、价格来源系统、历史数据的积累、快速计价及费用分摊的投标软件,只有这样才能体现投标人在清单计价模式下的核心竞争力。

2)《建设工程工程量清单计价规范》对投标报价的具体规定

《建设工程工程量清单计价规范》规定了工程量清单计价的工作范围、工程量清单计价价款构成、工程量清单计价单价和招标控制价、报价的编制、工程量调整及其相应单价的确定等。

我国近些年的招标投标计价活动中,压级压价、合同价款签订不规范、工程结算久拖不结等现象也比较严重,有损于招投标活动中的公开、公平、公正和诚实信用的原则。招标投标实行工程量清单计价,是一种新的计价模式,为了合理确定工程造价,本规范从工程量清单的编制、计价至工程量调整等各个主要环节都作了较详细规定,招投标双方都应严格遵守。

为了避免或减少经济纠纷,合理确定工程造价,本规范规定工程量清单计价价款,应包括完成招标文件规定的工程量清单项目所需的全部费用。其内涵:

① 包括分部分项工程费、措施项目费、其他项目费、规费和税金;② 包括完成每项分项工程所含全部工程内容的费用;③包括完成每项工程内容所需的全部费用(规费、税金除外);④ 工程量清单项目中没有体现的,施工中又必须发生的工程内容所需的费用;⑤ 考虑风险因素而增加的费用。

为了简化计价程序,实现与国际接轨,工程量清单计价采用综合单价计价。综合单价计价是有别于定额工料单价计价的另一种单价计价方式,它应包括完成规定计量单位、合格产品所需的全部费用,考虑我国的现实情况,综合单价包括除规费、税金以外的全部费用。综合单价不但适用于分部分项工程量清单,也适用于措施项目清单、其他项目清单等。各省、直辖市、自治区工程造价管理机构,应制定具体办法,统一综合单价的计算和编制。同一个分项工程,由于受各种因素的影响可能设计不同,因此所含工程内容也有差异。附录中"工程内容"栏所列的工程内容,没有区别不同设计逐一列出,就某一个具体工程项目而言,确定综合单价时,附录中的工程内容仅供参考。

措施项目清单中所列的措施项目均以"一项"提出,所以计价时,首先应详细分析其所含工程内容,然后确定其综合单价。措施项目不同,其综合单价组成内容可能有差异,因此本规范强调,在确定措施项目综合单价时,综合单价组成仅供参考。招标人提出的措施项目清单是根据一般情况确定的,没有考虑不同投标人的"个性"。因此投标人在报价时,可以根据本企业的实际情况,增加措施项目内容,并报价。

其他项目清单中的预留金、材料购置费和零星工作项目费,均为估算、预测数量,虽在投标时计入投标人的报价中,但不应视为投标人所有。竣工结算时,应按承包人实际完成的工作内容结算,剩余部分仍归招标人所有。

工程造价应在政府宏观调控下,由市场竞争形成。在这一原则指导下,投标人的报价应在满足招标文件要求的前提下实行人工、材料、机械消耗量自定,价格及费用自定,全面竞争,自主报价。为了合理减少工程投标人的风险,并遵照谁引起的风险、谁承担责任的原则,本规范对工程量的变更及其综合单价的确定做了规定。执行中应注意以下几点:① 不论由于工程量清单有误或漏项,还是由于设计变更引起新的工程量清单项目或清单项目工程数量的增减,均应如实调整。② 工程量变更后综合单价的确定应按本规范的规定执行。③ 本条仅适用于分部分项工程量清单。在合同履行过程中,引起索赔的原因很多,规范不否认其他原因发生的索赔或工程发包人可能提出的索赔。

3)计算投标报价

根据工程量计算规范的要求,实行工程量清单计价必须采用综合单价法计价,并对综合单价包括的范围进行了明确规定。因此造价人员在计价时必须按工程量清单计价规范进行计价。工程计价的方法很多,对于实行工程量清单投标模式的工程计价,较多采用综合单价法计价。

所谓"综合单价法"就是分部分项工程量清单费用及措施项目费用的单价综合了完成单位工程量或完成具体措施项目的人工费、材料费、机械使用费、管理费和利润,并考虑一定的风险因素,而将规费、税金等费用作为投标总价的一部分,单列在其他表中的一种计价方法。

投标报价,按照企业定额或政府消耗量定额标准及预算价格确定人工费、材料费、机械费,并以此为基础确定管理费、利润,并由此计算出分部分项的综合单价。根据现场因素及工程量清单规定措施项目费以实物量或以分部分项工程费为基数按费率的方法确定。其他项目费按工程量清单规定的人工、材料、机械台班的预算价为依据确定。规费按政府的有关规定执行。税金按税法的规定执行。分部分项工程费、措施项目费、其他项目费、规费、税金等合计汇总得到初步的投标报价,根据分析、判断、调整得到投标报价。

5. 投标报价的分析与决策

投标决策是投标人经营决策的组成部分,指导投标全过程。影响投标决策的因素十分复杂,加之投标决策与投标人的经济效益紧密相关,所以必须做到及时、迅速、果断。投标决策主要从投标的全过程分为项目分析决策、投标报价策略及投标报价分析决策。

1)项目分析决策

投标人要决定是否参加某项目工程的投标,首先要考虑当前经营状况和长远经营目标,其次要明确参加投标的目的,然后分析中标可能性的影响因素。

建筑市场是买方市场,投标报价的竞争异常激烈,投标人选择投标与否的余地非常小,都或多或少地存在着经营状况不饱满的情况。一般情况下,只要接到招标人的投标邀请,承包人都积极响应参加投标。这主要是基于以下考虑:首先,参加投标项目多,中标机会也多;其次,经常参加投标,在公众面前出现的机会也多,能起到广告宣传的作用;第三,通过参加投标,可积累经验,掌握市场行情,收集信息,了解竞争对手的惯用策略;第四,投标人拒绝招标人的投标邀请,可能会破坏自身的信誉,从而失去以后收到投标邀请的机会。

当然,也有一种理论认为有实力的投标人应该从投标邀请中,选择那些中标概率高、风险小的项目投标,即争取"投一个、中一个、顺利履约一个"。这是一种比较理想的投标策略,但在激烈的市场竞争中很难实现。

投标人在收到招标人的投标邀请后,一般不采取拒绝投标的态度。但有时投标人同时收到多个投标邀请,而投标报价资源有限,若不分轻重缓急地把投标资源平均分配,则每一个项目中标的概率都很低。这时承包人应针对各个项目的特点进行分析,合理分配投标资源,投标资源一般可以理解为投标编制人员和计算机等工具,以及其他资源。不同的项目需要的资源投入量不同;同样的资源在不同的时期不同的项目中价值也不同,例如同一个投标人在民用建筑工程的投标中标价值较高,但在工业建筑的投标中标价值就较低,这是由投标人的施工能力及造价人员的业务专长和投标经验等因素所决定的。投标人必须积累大量的经验资料,通过归纳总结和动态分析,才能判断不同工程的最小最优投标资源投入量。通过最小最优投标资源投入量的分析,可以取舍投标项目,对于投入大量的资源、中标概率仍极低的项目,应果断地放弃,以免浪费投标资源。

2) 投标报价策略

投标时,根据投标人的经营状况和经营目标,既要考虑自身的优势和劣势,也要考虑竞争的激烈程度,还要分析投标项目的整体特点,按照工程的类别、施工条件等确定报价策略。

(1) 生存型报价策略

如投标报价以克服生存危机为目标而争取中标时,可以不考虑其他因素。由于社会、政治、经济环境的变化和投标人自身经营管理不善,都可能造成投标人的生存危机。这种危机首先表现在由于经济原因,投标项目减少;其次,政府调整基建投资方向,使某些投标人擅长的工程项目减少,这种危机常常是危害到营业范围单一的专业工程投标人;第三,如果投标人经营管理不善,会存在投标邀请越来越少的危机,这时投标人应以生存为重,采取不盈利甚至赔本也要夺标的态度,只要能暂时维持生存渡过难关,就会有"东山再起"的希望。

(2) 竞争型报价策略

投标报价以竞争为手段,以开拓市场、低盈利为目标,在精确计算成本的基础上,充分估计各竞争对手的报价目标,用有竞争力的报价达到中标的目的。投标人处在以下几种情况下,应采取竞争型报价策略:经营状况不景气,近期接到的投标邀请较少;竞争对手有威胁性;试图打入新的地区;开拓新的工程施工类型;投标项目风险小,施工工艺简单、工程量大、社会效益好的项目;附近有本企业其他正在施工的项目。

(3) 盈利型报价策略

这种策略是投标报价充分发挥自身优势,以实现最佳盈利为目标,对效益较小的项目热情不高,对盈利大的项目充满自信。下面几种情况可以采用盈利型报价策略,如投标人在该地区已经打开局面,施工能力饱和,信誉度高,竞争对手少,具有技术优势并对招标人有较强的名牌效应,投标的目标主要是扩大影响,或者施工条件差、难度高,资金支付条件不好,工期、质量等要求苛刻,为联合伙伴陪标的项目等。

3) 投标报价分析决策

初步报价提出后,应当对这个报价进行多方面分析。分析的目的是探讨这个报价的合理性、竞争性、盈利及风险,从而做出最终报价的决策。分析的方法可以从静态分析和动态分析两方面进行。

(1) 报价的静态分析

先假定初步报价是合理的,分析报价的各项组成及其合理性。分析步骤如下:

① 分析组价计算书中的汇总数字,并计算其比例指标。a. 统计总建筑面积和各单项建筑面积。b. 统计材料费用总价及各主要材料数量和分类总价,计算单位面积的总材料费用指标和各主要材料消耗指标和费用指标,计算材料费占报价的比重。c. 统计人工费总价及主要工人、辅助工人和管理人员的数量,按报价、工期、建筑面积及统计的工日总数算出单位面积的用工数、单位面积的人工费,并算出按规定工期完成工程时,生产工人和全员的平均人月产值和人年产值,计算人工费占总报价的比重。d. 统计临时工程费用,机械设备使用费、脚手架费、垂直运输费和工具等费用,计算它们占总报价的比重,以及分别占购置费的比例,即以摊销形式摊入本工程的费用和工程结束后的残值。e. 统计各类管理费汇总数,计

算它们占总报价的比重,计算利润、贷款利息的总数和所占比例。f. 如果报价人有意地分别增加了某些风险系数,可以列为潜在利润或隐匿利润提出,以便研讨。g. 统计分包工程的总价及各分包商的分包价,计算其占总报价和投标人自己施工的直接费用的比例,并计算各分包人分别占分包总价的比例,分析各分包价的直接费、间接费和利润。

② 从宏观方面分析报价结构的合理性。例如分析总的人工费、材料费、机械台班费的合计数与总管理费用的比例关系,人工费与材料费的比例关系,临时设施费及机械台班费与总人工费、材料费、机械费合计数的比例关系,利润与总报价的比例关系,判断报价的构成是否基本合理。如果发现有不合理的部分,应当初步探明原因。首先是研究本工程与其他类似工程是否存在某些不可比因素;如果扣掉不可比因素的影响后,仍然存在报价结构不合理的情况,就应当深入探究其原因,并考虑适当调整某些人工、材料、机械台班单价、定额含量及分摊系统。

③ 探讨工期与报价的关系。根据进度计划与报价,计算出月产值、年产值。如果从投标人的实践经验角度判断这一指标过高或者过低,就应当考虑工期的合理性。

④ 分析单位面积价格和用工量、用料量的合理性。参照实际施工同类工程的经验,如果本工程与同类工程有某些不可比因素,可以扣除不可比因素后进行分析比较。还可以收集当地类似工程的资料,排除某些不可比因素后进行分析对比,并探索本报价的合理性。

⑤ 对明显不合理的报价构成部分进行微观方面的分析检查。重点是从提高工效、改变施工方案、调整工期、压低供货人和分包人的价格、节约管理费用等方面提出可行措施,并修正初步报价,测算出另一个低报价方案。根据定量分析方法可以测算出基础最优报价。

⑥ 将原初步报价方案、低报价方案、基础最优报价方案整理成对比分析资料,提交内部的报价决策人或决策小组研讨。

(2) 报价的动态分析

通过假定某些因素的变化,测算报价的变化幅度,特别是这些变化对报价的影响。对工程中风险较大的工作内容,采用扩大单价、增加风险费用的方法来减少风险。

例如很多种风险都可能导致工期延误。如管理不善、材料设备交货延误、质量返工、监理工程师的刁难、其他投标人的干扰等问题造成工期延误,不但不能索赔,还可能遭到罚款。由于工期延长可能使占用的流动资金及利息增加,管理费相应增大,工资开支也增多,机具设备使用费用增大。这种增加的开支部分只能用减小利润来弥补,因此,通过多次测算可以得知工期拖延多久利润将全部丧失。

(3) 报价决策

① 报价决策的依据。作为决策的主要资料依据应当是投标人自己造价人员的计算书及分析指标。至于其他途径获得的所谓招标人的"招标控制价价"或者用情报的形式获得的竞争对手"报价"等等,只能作为一般参考。在工程投标竞争中,经常出现泄漏招标控制价和刺探对手情报等情况,但是上当受骗者也很多。没有经验的报价决策人往往过于相信来自各种渠道的情报,并用它作为决策报价的主要依据。有些经纪人掌握的"招标控制价",可能只是招标人多年前编制的预算,或者只是从"可行性研究报告"上摘录下来的估算资料,与工程最后设计文件内容差别极大,毫无利用价值。有时,某些招标人利用中间商散布所谓"招标控制价",引诱投标人以更低的价格参加竞争,而实际工程成本却比这个"招标控制价价"要高得多。还有的投标竞争对手也散布一个"报价",实际上,他的真实投标价格却比这个"报价"低得多,如果投标人一不小心落入圈套就会被竞争对手甩在后面。

参加投标的投标人当然希望自己中标。但是,更为重要的是中标价格应当基本合理,不应导致亏损。以自己的报价资料为依据进行科学分析,而后做出恰当的投标报价决策,至少不会盲目地落入市场竞争的陷阱。

② 报价差异的原因。虽然实行工程量清单计价,是由投标人自由组价。但一般来说,投标人对投标报价的计算方法是大同小异,造价工程师的基础价格资料也是相似的。因此,从理论上分析,各投标人的投标报价同招标人的招标控制价价都应当相差不远。为什么在实际投标中却出现许多差异呢?除了那些明显的计算失误,如漏算、误解招标文件、有意放弃竞争而报高价者外,出现投标价格差异的基本原因有以下几方面:a. 追求利润的高低不一。有的投标人急于中标以维持生存局面,不得不降低利润率,甚至不计取利润;也有的投标人状况较好,并不急切求得中标,因而追求的利润较高。b. 各自拥有不同的优势。有的投标人拥有闲置的机具和材料;有的投标人拥有雄厚的资金;有的投标人拥有众多的优秀管理人才等。c. 选择的施工方案不同。对于大中型项目和一些特殊的工程项目,施工方案的选择对成本的影响较大。优良的施工方案,包括工程进度的合理安排、机械化程度的正确选择、工程管理的优化等,都可以明显降低施工成本,因而降低报价。d. 管理费用的差别。国有企业和集体企业、老企业和新企业、项目所在地企业和外地企业、大型企业和中小型企业之间的管理费用的差别是比较大的。由于在清单计价模式下会显示投标人的个别成本,这种差别会使个别成本的差异显得更加明显。

③ 在利润和风险之间做出决策。由于投标情况纷繁复杂,计价中碰到的情况并不相同,很难事先预料。一般说来,报价决策并不是干预造价工程师的具体计算,而是应当由决策人与造价工程师一起,对各种影响报价的因素进行恰当的分析,并做出果断的决策。为了对计价时提出的各种方案、价格、费用、分摊系数等予以审定和进行必要的修正,更重要的是决策人要全面考虑期望的利润和承担风险的能力。风险和利润并存于工程中,关键是投标人应当尽可能避免较大的风险,采取措施转移、防范风险并获得一定的利润。降低投标报价有利于中标,但会降低预期利润、增大风险。决策者应当在风险和利润之间进行权衡并做出选择。

④ 根据工程量清单做出决策。实际上,招标人在招标文件中提供的工程量清单,是按施工前未进行图纸会审的图纸和规范编制的,投标人中标后随工程的进展常常会发生设计变更。这样因设计变更会相应地发生价的变更。有时投标人在核对工程量清单时,会发现工程量有漏项和错算的现象,为投标人计算综合单价带来不便,增大投标报价的风险。但是,在投标时,投标人必须严格按照招标人的要求进行。如果投标人擅自变更、减少了招标人的条件,那么招标人将拒绝接受该投标人的投标书。因此,有经验的投标人即使确认招标人的工程量清单有错项、漏项、施工过程中定会发生变更及招标条件隐藏着的巨大的风险,也不会正面变更或减少条件,而是利用招标人的错误进行不平衡报价等技巧,为中标后的索赔留下伏笔。或者利用详细说明、附加解释等十分谨慎地附加某些条件提示招标人注意,降低投标人的投标风险。

⑤ 低报价中标的决策。低报价中标是实行清单计价后的重要因素,但低价必须讲"合理"二字。并不是越低越好,不能低于投标人的个别成本,不能由于低价中标而造成亏损,这样中标的工程越多亏损就越多。决策者必须是在保证质量、工期的前提下,保证预期的利润及考虑一定风险的基础上确定最低成本价。因此决策者在决定最终报价时要慎之又慎。低价虽然重要,但不是报价唯一因素,除了低报价之外,决策者可以采取策略或投标技巧战胜对手。投标人可以提出能够让招标人降低投资的合理化建议或对招标人有利的一些优惠条

件来弥补报高价的不足。

6. 投标技巧

投标技巧是指在投标报价中采用的投标手段让招标人可以接受,中标后能获得更多的利润。投标人在工程投标时,主要应该在先进合理的技术方案和较低的投标价格上下工夫,以争取中标,但是还有其他一些手段对中标有辅助性的作用,主要表现在以下几个方面。

1) 不平衡报价法

不平衡报价法是指一个工程项目的投标报价,在总价基本确定后,如何调整内部各个项目的报价,以期既不提高总价,不影响中标,又能在结算时得到更理想的经济效益。常见的不平衡报价法如表 4.1 所示。

表 4.1　常见的不平衡报价法

序号	信息类型	变动趋势	不平衡结果
1	资金收入的时间		
早	单价高		
晚	单价低		
2	清单工程量不准确		
增加	单价高		
减少	单价低		
3	报价图纸不明确		
增加工程量	单价高		
减少工程量	单价低		
4	暂定工程		
自己承包的可能性高	单价高		
自己承包的可能性低	单价低		
5	单价和包干混合制项目		
固定包干价格项目	价格高		
单价项目	单价低		
6	单价组成分析表		
人工费和机械费	单价高		
材料费	单价低		
7	认标时招标人要求压低单价		
工程量大的项目	单价小幅度降低		
工程量小的项目	单价较大幅度降低		
8	工程量不明确报单价的项目		
没有工程量	单价高		
有假定的工程量	单价适中		

（1）能够早日结算的项目可以报得较高，以利资金周转。后期工程项目的报价可适当降低。

（2）经过工程量核算，预计今后工程量会增加的项目，单价适当提高，这样在最终结算时可多赚钱，而将来工程量有可能减少的项目单价降低，工程结算时损失不大。

但是，上述两种情况要统筹考虑，即对于清单工程量有错误的早期工程，如果工程量不可能完成而有可能降低的项目，则不能盲目抬高单价，要具体分析后再定。

（3）设计图纸不明确，估计修改后工程量要增加的，可以提高单价，而工程内容说不清楚的，则可以降低一些单价。

（4）暂定项目要作具体分析。因这一类项目要开工后由发包人研究决定是否实施，由哪一家投标人实施。如果工程不分包，只由一家投标人施工，则其中肯定要施工的单价可高些，不一定要施工的则应该低些。如果工程分包，该暂定项目也可能由其他投标人施工时，则不宜报高价，以免抬高总报价。

（5）单价包干的合同中，招标人要求有些项目采用包干报价时，宜报高价。一则这类项目多半有风险，二则这类项目在完成后可全部按报价结算，即可以全部结算回来。其余单价项目则可适当降低。

（6）有的招标文件要求投标人对工程量大的项目报"清单项目报价分析表"，投标时可将单价分析表中的人工费及机械设备费报得较高，而材料费报得较低。这主要是为了在今后补充项目报价时，可以参考选用"清单项目报价分析表"中较高的人工费和机械费，而材料则往往采用市场价，因而可获得较高的收益。

（7）在议标时，投标人一般都要压低标价。这时应该首先压低那些工程量少的单价，这样即使压低了很多单价，总的标价也不会降低很多，而给发包人的感觉却是工程量清单上的单价大幅度下降，投标人很有让利的诚意。

（8）在"其他项目清单计价定额"中要报工日单价和机械台班单价时，可以高些，以便在日后招标人用工或使用机械时可多盈利。对于其他项目中的工程量要具体分析，是否报高价、高多少有一个限度，不然会抬高总报价。

虽然不平衡报价对投标人可以降低一定的风险，但报价必须建立在对工程量清单表中的工程量风险仔细核对的基础上，特别是对于降低单价的项目，如工程量一旦增多，将造成投标人的重大损失。同时一定要控制在合理幅度内，一般控制在10%以内，以免引起招标人反对，甚至导致个别清单项报价不合理而废标。如果不注意这一点，有时招标人会挑选出报价过高的项目，要求投标人进行单价分析，而围绕单价分析中过高的内容压价，以致投标人得不偿失。

2）多方案报价法

有时招标文件中规定，可以提一个建议方案。如果发现有些招标文件工程范围不是很明确、条款不清楚或很不公正、技术规范要求过于苛刻时，则要在充分估计风险的基础上，按多方案报价法处理。即按原招标文件报一个价，然后再提出如果某条款作某些变动，报价可降低的额度。这样可以降低总造价，吸引招标人。

投标人这时应组织一批有经验的设计和施工工程师，对原招标文件的设计方案仔细研究，提出更合理的方案以吸引招标人，促成自己的方案中标。这种新的建议可以降低总造价或提前竣工。但要注意的是对原招标方案一定也要报价，以供招标人比较。

增加建议方案时，不要将方案写得太具体，保留方案的技术关键，防止招标人将此方案交给其他投标人。同时要强调的是,建议方案一定要比较成熟,或过去有这方面的实践经验。因为投标时间往往较短,如果仅为中标而匆忙提出一些没有把握的建议方案,可能引起很多不良后果。

3) 突然降价法

报价是一件保密的工作,但是对手往往会通过各种渠道、手段来刺探情报,因之用此法可以在报价时迷惑竞争对手。即先按一般情况报价或表现出自己对该工程兴趣不大,到快要投标截止时,才突然降价。采用这种方法时,一定要在准备投标报价的过程中考虑好降价的幅度,在临近投标截止日期前,根据情况信息与分析判断,再做最后决策。采用突然降价法往往降低的是总价,而要把降低的部分分摊到各清单项内,可采用不平衡报价进行,以期取得更高的效益。

4) 先亏后盈法

对于大型分期建设的工程,在第一期工程投标时,可以将部分间接费分摊到第二期工程中去,并减少利润以争取中标。这样在第二期工程投标时,凭借第一期工程的经验、临时设施以及创立的信誉,比较容易拿到第二期工程。如第二期工程遥遥无期时,则不可以这样考虑。

5) 开标升级法

在投标报价时把工程中某些造价高的特殊工作内容从报价中减掉,使报价成为竞争对手无法相比的低价。利用这种"低价"来吸引招标人,从而取得与招标人进一步商谈的机会,在商谈过程中逐步提高价格。当招标人明白过来当初的"低价"实际上是个钓饵时,往往已经使招标人在时间上处于谈判弱势,丧失了与其他投标人谈判的机会。利用这种方法时,要特别注意在最初的报价中说明某项工作的缺陷,否则可能会弄巧成拙,真的以"低价"中标。

6) 许诺优惠条件

投标报价附带优惠条件是行之有效的一种手段。招标人评标时,除了主要考虑报价和技术方案外,还要分析别的条件,如工期、支付条件等。所以在投标时主动提出提前竣工、低息贷款、赠给施工设备、免费转让新技术或某种技术专利、免费技术协作、代为培训人员等,均是吸引招标人、利于中标的辅助手段。

7) 争取评标奖励

有时招标文件规定,对某些技术指标的评标,若投标人提供的指标优于规定指标值时,给予适当的评标奖励。因此,投标人应该使招标人比较注重的指标适当地优于规定标准,可以获得适当的评标奖励,有利于在竞争中取胜。但要注意技术性能优于招标规定,将导致报价相应上涨,如果投标报价过高,即使获得评标奖励,也难以与报价上涨的部分相抵,这样评标奖励也就失去了意义。

第二节 施工合同管理

一、工程量清单下的施工合同

1. 施工合同的签订

我国现在推行的建设工程施工合同是 2013 年 4 月住房城乡建设部、国家工商行政管理总局印发的《建设工程施工合同(示范文本)》(GF—2013—0201)(以下简称《示范文本》)。示范文本的推行依据《中华人民共和国合同法》第十二条第二款"当事人可以参考各类合同的示范文本订立合同"的规定。

1）工程量清单与施工合同主要条款的关系

已标价工程量清单与施工合同关系密切，示范文本内有很多条款是涉及工程量清单的，现分述如下。

（1）已标价工程量清单是合同文件的组成部分。施工合同不仅仅指发包人和承包人签订的协议书，它还应包括与建设项目施工有关的资料和施工过程中的补充、变更文件。《建设工程工程量清单计价规范》颁布实施后，工程造价采用工程量清单计价模式的，其施工合同也即通常所说的"工程量清单合同"或"单价合同"。

《示范文本》第1.5条规定：组成合同的各项文件应互相解释，互为说明。除专用合同条款另有约定外，解释合同文件的优先顺序如下：① 合同协议书；② 中标通知书（如果有）；③ 投标函及其附录（如果有）；④ 专用合同条款及其附件；⑤ 通用合同条款；⑥ 技术标准和要求；⑦ 图纸；⑧ 已标价工程量清单或预算书；⑨ 其他合同文件。

从解释合同文件的优先顺序可知，已标价工程量清单是施工合同的组成部分。

（2）已标价工程量清单是计算合同价款和确认工程量的依据。工程量清单中所载工程量是计算投标价格、合同价款的基础，承发包双方必须依据工程量清单所约定的规则，最终计量和确认工程量。

（3）已标价工程量清单是计算工程变更价款和追加合同价款的依据。工程施工过程中，因设计变更或追加工程影响工程造价时，合同双方应依据工程量清单和合同其他约定调整合同价格。一般按以下原则进行：① 已标价工程量清单或预算书有相同项目的，按照相同项目单价认定；② 已标价工程量清单或预算书中无相同项目，但有类似项目的，参照类似项目的单价认定；③ 变更导致实际完成的变更工程量与已标价工程量清单或预算书中列明的该项目工程量的变化幅度超过15%的，或已标价工程量清单或预算书中无相同项目及类似项目单价的，按照合理的成本与利润构成的原则，由合同当事人按照合同示范文本第4.4款〔商定或确定〕确定变更工作的单价。

（4）已标价工程量清单是支付工程进度款和竣工结算的计算基础。工程施工过程中，发包人应按照合同约定和施工进度支付工程款，依据已完项目工程量和相应单价计算工程进度款。工程竣工验收通过，承发包人应按照合同约定办理竣工结算，依据已标价工程量清单约定的计算规则、竣工图纸对实际工程进行计量，调整已标价工程量清单中的工程量，并依此计算工程结算价款。

（5）已标价工程量清单是索赔的依据之一。在合同履行过程中，对于并非自己的过错，而是应由对方承担责任的情况造成的实际损失，合同一方可向对方提出经济补偿和（或）工期顺延的要求，即"索赔"。《示范文本》第19条对索赔的程序、处理、期限等作出了规定。当一方向另一方提出索赔要求时，要有正当索赔理由，且有索赔事件发生时的有效证据，工程量清单作为合同文件的组成部分也是理由和证据。当承包人按照设计图纸和技术规范进行施工，其工作内容是工程量清单所不包含的，则承包人可以向发包人提出索赔；当承包人履行不符合清单要求时，发包人可以向承包人提出反索赔要求。

2）清单合同的特点

建设工程采用工程量清单的方式进行计价最早诞生在英国，并逐步在英殖民国家使用。经过数百年实践检验与发展，目前已经成为世界上普遍采用的计价方式，世行和亚行贷款项目也都推荐或要求采用工程量清单的形式进行计价。工程量清单计价之所以有如此生命力,主要依赖于清单合同的自身特点和优越性。

(1) 单价具有综合性和固定性。工程量清单报价均采用综合单价形式,综合单价中包含了清单项目所需的材料、人工、施工机械、管理费、利润以及风险因素,具有一定的综合性。与以往定额计价相比,清单合同的单价简单明了,能够直观反映各清单项目所需的消耗和资源。并且,工程量清单报价一经合同确认,竣工结算不能改变,单价具有固定性。在这方面,国家施工合同示范文本和国际 FIDIC 土木工程施工合同示范文本对增加工程作出了同样的约定。综合单价因工程变更需要调整时,可按《建设工程工程量清单计价规范》的第 9.3.1款、9.3.2款、9.3.3款的规定执行,在签订合同时应予以说明。

(2) 便于施工合同价的计算。施工过程中,发包人代表或工程师可依据承包人提交的经核实的进度报表,拨付工程进度款;依据合同中的计日工单价、依据或参考合同中已有的单价或总价,有利于工程变更价的确定和费用索赔的处理。工程结算时,承包人可依据竣工图纸、设计变更和工程签证等资料计算实际完成的工程量,对与原清单不符的部分提出调整,并最终依据实际完成工程量确定工程造价。

(3) 清单合同更加适合招标投标。清单报价能够真实地反映造价,在清单招标投标中,投标单位可根据自身的设备情况、技术水平、管理水平,对不同项目进行价格计算,充分反映投标人的实力水平和价格水平。由招标人统一提供工程量清单,不仅增大了招标投标市场的透明度,杜绝了腐败的源头,而且为投标企业提供了一个公平合理的基础和环境,真正体现了建设工程交易市场的公开、公平和公正。

招标文件是招标投标的核心,而工程量清单是招标文件的关键。准确、全面和规范的工程量清单有利于体现业主的意愿,有利于工程施工的顺利进行,有利于工程质量的监督和工程造价的控制;反之,将会给日后的施工管理和造价控制带来麻烦,造成纠纷,引起不必要的索赔,甚至导致与招标目的背道而驰的结果。对于投标人来说,不准确的工程量将会给投标人带来决策上的错误。因此,投标时施工单位应依据设计图纸和现场情况对工程量进行复核。

清单合同可以激活建筑市场竞争,促进建筑业的发展。传统的计价模式计算很大程度上束缚了投标单位根据实力投标竞争的自由。《建设工程工程量清单计价规范》颁布实施后,采用工程量清单计价模式,由施工企业依据单位实力自主报价,并通过市场竞争调整和形成价格。作为施工单位要在激烈的竞争中取胜,必须具备先进的设备、先进的技术和管理方法,这就要求施工单位在施工中要加强管理、鼓励创新,从技术中要效率、从管理中要利润,在激烈的竞争中不断发展、不断壮大,促进建筑业的发展。

3) 营造清单合同的社会环境

经济体制的改革是一项极其复杂繁琐的工作,往往牵一发而动全身。《建设工程工程量清单计价规范》颁布实施后,更需要各级政府管理部门的跟踪和监督,尤其是工程造价管理部门。政府要为工程量清单计价创造良好的社会、经济环境,工程造价管理部门要转变观念、与时俱进,出台相应的配套措施,确保清单计价的顺利实施和健康发展。

(1) 建立合同风险管理制度。风险管理就是人们对潜在的损失进行辨识、评估、预防和控制的过程。风险转移是工程风险管理对策中采用最多的措施。工程保险和工程担保是风险转移的两种常用方法。工程保险可以采取建安工程一切险,附加第三者责任险的形式。工程担保能有效地保障工程建设顺利地进行,许多国家的政府都在法规中规定进行工程担保,在合同的标准条款中也有关于工程担保的条文。目前,我国工程担保和工程保险制度仍不健全,亟待政府出台有关的法律法规。

(2)尽快建立起比较完善的工程价格信息系统,包括综合项目和独立项目及相应的综合单价的基价数据。因为工程造价最终要做到随行就市,不但承包人要通晓,业主也要了如指掌,造价管理部门更要熟悉市场行情。否则的话,这种新机制就不会带来应有的结果。价格信息系统可以利用现代化的传媒手段,通过网络、新闻媒体等各种方式让社会有关各方都能及时了解工程建设领域内的最新价格信息。要建立工程量清单项目数据库。

(3)完善工程量清单计价的操作。有了可操作的工程量清单计价办法,还要辅以完善的实施操作程序,才能使该工作在规范的基础上有序运作。为了保障推行工程量清单计价的顺利实施,必须设计研制出界面直观、操作快捷、功能齐全的高水平工程量清单计价系统软件,解决编制工程量清单、招标控制价和投标报价中的繁杂运算程序,为推行工程量清单计价扫清障碍,满足参与招标、投标活动各方面的需求。

(4)各地造价管理部门应更新观念,转变职能,由"行政管理"走向"依法监督"。将发布指令性的工程费率标准改为发布指导性的工程造价指数及参考指标;将定期发布材料价格及调整系数改为工程市场参考价、生产商价格信息、投标工程材料报价等。加强服务工作,引导施工企业按自身的施工技术及管理水平编制企业内部定额。做好基础工作,强化资料、信息的收集积累。新形势下,工程造价管理部门应加强基础工作,全面及时收集整理工程造价管理资料,整理后发布相关的政策、宏观指标、指数,服务社会、引导市场,促使建筑市场形成有序的竞争环境。

(5)提高造价执业队伍的水平,规范执业行为。清单计价对工程造价专业队伍特别是执业人员的个人素质提出了更高要求。要顺利实施工程量清单计价,当务之急就是必须加大管理力度,促进工程造价专业队伍的健康发展。一是对人员的管理转变为行业协会管理,专业队伍的健康发展、素质教育、规章制度的制定、监督管理等具体工作由行业协会负责;二是建章立制,实施规范管理,制定行业规范、人员职业道德规范、行为准则、业绩考核等可行办法,使造价专业队伍自我约束,健康发展;三是加强专业培训,实施继续教育制度,每年对专业队伍进行规定内容的培训学习,定期组织理论讨论会、学术报告会,开展业务交流、经验介绍等活动,提高自身素质。

各级造价管理部门在推行《建设工程工程量清单计价规范》的时候,应有组织、有步骤地进行,所需的其他改革配套措施要及时跟上,建立一个良好的社会环境,为《建设工程工程量清单计价规范》的顺利实施服务。

2. 施工合同的履行

订立合同是双方当事人为了达到一定的目的,通过订立合同固定双方责任关系,明确双方的权利义务。所以说订立合同是前提,履行才是达到目的的关键。为了保护当事人的合法利益,维护正常的交易行为、市场秩序,《中华人民共和国合同法》(以下简称《合同法》)规定了全面履行原则,包括履行约定义务和附随义务;为了"治疗"三角债的顽症,规定了当事人可以约定向第三人履行债务和由第三人履行债务;为了防范欺诈,规定了完整的抗辩权制度;为了保护债权,规定了合同保全制度。

1)全面履行合同义务的原则

《合同法》第六十条规定:"当事人应当按照约定全面履行自己的义务。"

当事人应当遵循诚实信用的原则,根据合同性质、目的和交易习惯履行通知、协助、保密等义务。本条法律规定的是全面履行合同义务的原则。全面履行义务，包括约定的义务和附随义务。

（1）约定义务。本条法律规定的约定义务，是指合同已经约定和本应约定的义务，双方当事人除应当全面履行的义务并享有以下权利和承担违反约定的责任。① 约定不明确的可以通过协议补充完善。约定义务因当事人疏忽未约定或者约定不明确时，可以依照法律规定予以确定。《合同法》第六十一、六十二条对约定不明确的事项的补救方法作了具体规定。② 违反约定义务当事人承担的责任是《合同法》第七章规定的违约责任；违反约定义务符合《合同法》第九十四、九十五条规定的情形时，对方当事人享有法定解除权。

（2）附随义务。附随义务在《民法通则》及前三部合同法中没有规定，《合同法》规定的附随义务有以下内容。① 及时通知，当事人应当将履行义务的有关情况及时通知对方，使义务得以顺利履行。② 协助，为使履行的义务得以实现，当事人应当互相协助，包括创造必要的条件，提供一定的方便。③ 保密，为使当事人双方的利益不受第三方的侵害，对于双方的商业秘密、新产品设计、建设工程设的招标控制价等，都不得向第三人泄露。④《示范文本》中通用条款的设计变更一节根据《合同法》关于合同变更的法律规定来处理，因此对这一款，不再论述。

对于建设工程合同，我们经常提到，凡与外商订立的合同，在履行过程中我方被对方索赔已经是司空见惯之事了，但为防止损失扩大，如发生不可抗力情形，以及一方当事人违反约定义务，给对方造成损害的，双方当事人均负有防止损失扩大的责任。

（3）附随义务是指无需约定，依诚实信用原则当事人应当承担的义务，它的确定方式与承担的责任均不同于约定义务。① 附随义务是根据诚实信用原则、合同性质、目的和交易习惯确定的；② 违反附随义务当事人承担的责任是受害方有权请求致害方承担过错赔偿责任。违反附随义务，不应当导致合同解除，当事人不享受《合同法》第九十四、九十六条规定的解除权。

2）约定不明确的条款可以补充

《合同法》第六十一、六十二条对订立合同约定不明确的条款和内容作了补充完善的规定。对于建设工程施工合同，因为是施行《示范文本》确定合同书的形式，同时大量的建设工程是通过招标投标来确立当事人双方发包、承包关系的，这样通过要约——新要约——更新要约——承诺成立的合同书，一般情况下在订立合同时不会有太多的疏漏，即使是由于建设工程的特点，在建造过程中出现的设计变更，当事人双方也可以通过《示范文本》中通用条款的设计变更一节与《合同法》关于合同变更法律规定来处理，因此对这一款不再论述。

对于建设工程合同，我们经常提到，凡与外商订立的合同，在履行过程中，我方被对方索赔已经是司空见惯之事，但是在国内的建筑市场索赔一直不能健康地进行。溯其源，一方面是建筑业自新中国成立以来长期实行计划体制管理，基本建设一律作为完成国家的计划投资，根本未列入国民经济的生产部门，没有确认从事工程建设的发包、承包双方的行为属于民事责任行为，更没有承认过合同法权法，工程一旦被索赔就被视为行政责任。所以改革开放二十多年了，建筑业的合同履行中仍然是不会索赔、不能索赔、不让索赔，索赔工作不能正常进行，其根本原因是没有立法、没有法律保障。这次合同法立法，借鉴了国际的大陆法系、英美法系相关制度的优点，设立了完整的抗辩制度，是市场经济发展的需要，使建筑业健全索赔制度有了法律依据，其意义在于：

（1）我国现行合同制度由于没有完整的抗辩制度，在一方不履行合同义务或者履行不符合约定时,另一方没有保护自己的手段,还必须履行合同,否则,就是双方违约,这是极不公平的。

(2)具体对当前建筑市场一些不正当的行为,如垫资施工屡禁不止、招标过程中提级(指质量)压价、超越科学与技术限度的压缩工程期限、施工企业低成本投标竞争、不按中标内容订立合同等问题十分严重,已经成为建筑市场的一大公害。而现行的规定不能有力地防范欺诈,因为在一方欺诈时,另一方还必须履行,否则就是双方违约。

二、合同风险管理

1. 风险的概念及产生的原因

在人类历史的长河中,风险是无时不在、无处不在的,尤其是当代社会,在政治、经济、科技、军事,甚至人们生活的各个层次、各个方面都充斥着风险。人们在不断地接受风险的挑战的同时,也在不断地探求各类有效的方法和手段去分析风险、防范风险,甚至利用风险。

那么,风险究竟为何物呢?概括地说,风险就是活动或事件发生的潜在可能性和导致的不良后果。

风险既然是无处不在而又随时发生,其产生的原因究竟是什么?风险是活动或事件发生并产生不良后果的可能性,显然其主要是由不确定的活动或事件造成。而活动或事件的确定或不确定是由信息的完备与否决定的,即风险是由于人们无法充分认识客观事物及其未来的发展变化而引起的。大千世界,万事万物,都是在不断地发展变化的,由于人类认识客观事物的能力存在着局限性,造成人们对未来事物发展和变化的某些规律无法感知,从而不能作出行之有效的解决方案,这是造成信息不完备导致风险的主要原因之一;其次信息本身的滞后性是导致风险发生的另一个原因。从理论上讲,完全绝对的完备信息是不存在的,对信息本身来说,其完备性也是相对的。人类总是在不断地探索事物、认识事物、并通过各种数据和信息去描述事物,而这种认识和描述只有当事物发生或形成之后才能进行,况且这种认识和描述需要一个过程,所以,这种数据或信息的形成总是要滞后于事物的形成和发展,导致信息滞后现象的必然性。

2. 工程项目风险

1) 工程项目风险的概念

风险既然是无处不在的,对建设工程项目来讲,其存在风险也是必然的。工程项目风险,是指工程项目在设计、采购、施工及竣工验收等各个阶段、各个环节可能遭遇的风险,可将其定义为:在工程项目目标规定的条件下,该目标不能实现的可能性,包括工程项目风险率和工程项目风险量两个指标。

2) 工程项目风险的特性

工程项目风险具有以下特性:(1)工程项目风险的客观性和必然性。客观事物的存在和发展是不以人的意志为转移的客观实在,决定了工程项目风险的客观性和必然性。(2)工程项目风险的不确定性。风险活动或事件的发生及其后果都具有不确定性。表现在:风险事件是否发生、何时发生,以及发生后造成的后果怎样都是不确定的。但人们可以根据历史的记录和经验,对其发生的可能性和后果进行分析预测。(3)工程项目风险的可变性。在一定条件下,事物总会发生变化,风险也不例外,当引起风险的因素发生变化,也会导致风险产生变化。风险的可变性主要表现在:① 风险的性质发生变化。② 风险造成的后果发生变化。③ 出现新的风险或风险因素已消除。(4)工程项目风险的相对性。主要表现在：① 风险主体是相对的。相同的风险对不同的主体产生的后果是不同的,对一方是风险,对另一方来说也可能是机会。② 风险大小是相对的。同样大小的风险对不同承受能力的主体,产生的后果是不同的。(5) 工程项目风险的阶段性。风险的发展是分阶段的,通常认为包括三个阶段：① 潜在阶段,是指风险正在酝酿之中,尚未发生的阶段。② 发作阶段,是指风险已成事实正在发展的阶段。③ 后果阶段,是指风险发生后,已造成无法挽回的后果的阶段。

以往,我国在计划经济体制下,工程项目的建设一直采取的是无险建设状态。所谓"无险"并不是工程建设无风险,而是指参与工程建设的各方都不承担风险,而由国家承担工程的全部风险。这样,造成我国企业既无风险防范意识,又无抗风险能力。

为了适应建筑市场的要求,使我国建筑企业逐步适应市场经济规则的要求,参与国际竞争,我国适时制定实施了"工程量清单计价"的管理模式,要求企业在进行工程计价时,充分考虑工程项目风险的因素,体现工程项目风险发包、风险承包的意识。

风险贯穿于工程的全过程,也体现在工程实施过程中各方面主体上,即业主、承包商、咨询机构及监理工程师。业主与承包商签订工程承包合同(包括咨询机构及监理工程师签订其他形式的合同),双方各自分担相应的工程风险,但由于工程承包业竞争激烈,受"买方市场"规则的制约,业主和承包商承担的风险程度并不均等,往往主要风险都落到承包商一方。

从国际建设工程项目来看,作为业主一方,其承担的主要风险有战争、暴乱以及政局发生变化的风险。不可抗拒的自然力造成的风险,如：地震、山洪、台风等。经济局势动荡,通货膨胀、税收增加等经济类风险。此外,还有项目决策失误,以及项目实施不当造成的风险。

对于业主方的风险,其可以要求承包方购买保险、订立苛刻的合同条件,以及工程实施过程中及工程实施完成后的反索赔措施等转移风险；此外,业主还要筹备一笔资金作为风险基金。

对于承包商来讲,其承担的风险较多,一般包括政治风险(战争与内乱、业主拒付债务、工程所在国对外关系的变化、制裁与禁运、工程所在国社会管理与社会风气的好坏)；经济风险(物价上涨与价格调整风险、外汇风险、工程所在地保护主义)；技术风险(气候条件、设备材料供应、技术规范、工程变更、运输问题等)；公共关系等方面的风险(与业主的关系、与工程师的关系、联合体内部各方关系、与工程所在地政府部门的关系)；管理方面的风险,主要包括承包商机构的素质和协调能力等。

对于具体工程项目来讲,承包商在进行项目决策、缔约及实施工程中,还要面临如下风险：(1) 决策错误风险,包括：信息取舍失误或信息失真风险、中介代理风险、买保与保标风险、报价失误风险。(2) 缔约和履约风险,包括：不平等的合同条款及合同中定义不准确、合同条款遗漏、工程实施中的各项管理风险。(3) 责任风险,包括：职业责任、法律责任、人事责任,以及他人归咎责任——替代责任。

由于承包商在工程承包过程中承担了巨大的风险,所以其在投标报价和生产经营的过程中,要善于分析风险因素,正确估计风险的大小,认真地研究风险防范措施,以避免或减轻风险,把风险造成的损失控制在最低限度。

承包商在进行工程项目投标报价时,还要建立风险成本观念,并将工程项目风险成本作为项目成本的组成部分,应体现在工程造价成本费用中。

所谓工程项目风险成本,一般是指风险活动或事件引起的损失或减少的收益,以及为防止风险活动或事件发生采取的措施而支付的费用。风险成本包括：(1) 风险有形成本。风险有形成本是指风险活动或事件造成的直接损失和间接损失。直接损失是指发生在风险活动或事件现场的财产损失或伤亡人员的价值;间接损失是指发生在风险活动或事件现场以外的损失,以及收益的减少。(2)风险无形成本。风险无形成本也称隐形成本,是指风险活动或事件发生前后,使风险主体付出的代价。主要包括:① 减少获利的机会;② 阻止了生产率的提高;③ 引起资源配置不合理;④ 影响了人的积极性,引起了人的恐惧心理。(3)风险管理费用:工程项目风险管理费用包括风险识别、风险分析、风险预防和风险控制所发生的费用,包括:向保险公司投保、向有关方面咨询、购买必要的预防或减损设备、对有关人员进行必要的培训等。

三、合同索赔管理

1. 索赔的概念

施工索赔这个名词对于我们来说并不陌生,作为调剂合同双方经济利益的有效杠杆之一,它已在西方经济发达国家的工程建设活动中广泛施行,工程参建各方充分利用索赔,维护各自的经济利益。但在我国,在工程建设活动中使用索赔的实例并不普遍,尤其是在目前施工队伍猛增、出现"僧多粥少"的局面下,施工单位处于弱势地位,往往忽略、轻视或者害怕发生索赔,认为索赔无足轻重,或是担心由于索赔影响双方的正常合作,甚至认为索赔是一种奢望,甲方能够按照施工合同支付工程款就可以了。

随着我国家加入世界贸易组织和《建设工程工程量清单计价规范》的实施,建设工程的计价方法发生了根本的变化,实行工程量清单计价,将逐步走向市场形成价格,准确反映各个企业的实际消耗量,全面体现企业技术装备水平、管理水平和劳动生产率。计价方法的改变,随之带来工程承包风险因素的增加,根据合同约定,承包人认为有权得到追加付款和(或)延长工期的,均可按规定的程序在规定的时限内向发包人提出索赔。

索赔是在工程施工合同的履行过程中,合同一方因对方不履行或没有全面适当履行合同所规定的义务而遭受损失时,向对方提出索赔或补偿要求的行为。

反索赔的内容则包括索赔发生前的索赔防范和索赔发生后的索赔反击。

索赔防范,要求当事人严格执行合同,预防违约。

反击对方的索赔,通常采取的措施是:① 用我方提出的索赔对抗对方的索赔要求,以求双方互做让步,互不支付。② 反驳对方的索赔报告,找出理由和证据,证明对方的索赔报告不符合实际情况,或不符合合同规定、计算不准确,以推卸或减轻自己的索赔责任,少受或免受损失。

恪守合同是工程施工合同双方共同的义务,索赔是双方各自享有的权利。只有坚持双方共同守约,才能保证合同的正常执行。

索赔是双向的,既可以是承包方向发包方的索赔,也可以是发包方向承包方的索赔。但实际工作中索赔主要是指承包方向发包方的索赔,这是索赔管理的重点。因为发包方在向承包商的索赔中处于主动地位,可以直接从应付给承包方的工程款中扣抵,也可以从履约保证金或保留金中扣款以补偿损失。

承包方提出的索赔一般称为施工索赔,即由于发包方或其他方面的原因,致使承包方在项目施工中付出了额外的费用或造成了损失,承包方通过合法途径和程序,通过谈判、诉讼或仲裁,要求发包方对承包方在施工中的费用损失给予补偿或赔偿。

索赔是法律和施工合同赋予合同双方共同享有的权利。综上所述,索赔的含义一般包括以下三个方面:①一方违约使另一方蒙受损失,受损方向对方提出赔偿损失的要求;②发生了应由发包方承担责任的特殊风险事件或遇到不利的自然条件等情况,使承包方蒙受较大的损失,从而向发包方提出补偿损失的要求;③承包方本人应当获得的正当利益,由于未能及时得到工程师的确认和发包方给予的支付,从而以正式函件的方式向发包方索要。

2. 索赔的分类

从承包方角度看,索赔的内容分为费用和工期两类。

在工程施工过程中,一旦出现索赔事件,承包方应及时、准确、客观地估算索赔事件对工程成本的影响,对索赔要求进行量化分析。费用索赔是施工索赔的主要内容,工期索赔在很大程度上也是为了费用索赔,通常以补偿实际损失包括直接损失和间接损失为原则。

(1)费用索赔。费用索赔是指承包方向发包方提出补偿自己的额外费用支出或赔偿损失的要求。承包方在进行费用索赔时,应遵循以下两个原则:① 所发生的费用是承包方履行合同所必需的。如果没有该费用支出,合同无法履行。② 给予补偿后,承包方应处于假设不发生索赔事件的同样地位,承包方不应由于索赔事件的发生而额外受益或额外受损。承包方可以对哪些费用提出索赔要求,取决于法律和合同的规定。

(2)工期索赔。工期索赔是指承包方在索赔事件发生后向发包方提出延长工期、推迟竣工日期的要求。工期索赔的目的是避免承担不能按原计划施工并完工而需承担的责任。对于不应由承包方承担责任的工期延误,后果应由发包方承担,发包方应给予展延工期。

3. 常见的承包方索赔的内容

1)不利的自然条件与人为障碍引起的索赔

(1)不利的自然条件指施工中遇到的实际自然条件比招标文件中所描述的更为困难和恶劣,增加了施工的难度,导致承包方必须花费更多的时间和费用,承包方可提出索赔的要求。例如:地质条件变化引起的索赔。然而,这种索赔经常会引起争议,一般情况下,招标文件中都介绍工程的地质情况,有的还附有简单的地质钻孔资料。在有些合同条件中,往往写明承包方在投标前已确认现场的环境和性质(包括地表以下条件、水文和气候条件等),即要求承包方承认已检查和考察了现场及周围环境,承包方不得因误解或误释这些资料而提出索赔。如果在施工期间,承包方遇到不利的自然条件,确实是"有经验的承包方"不能预见到的,承包方可提出索赔。

(2)工程施工中人为障碍引起的索赔。如在挖土方工程中,承包方发现地下构筑物或文物,只要是图纸上并未说明的,且处理方案导致工程费用增加,承包方即可提出索赔。由于地下构筑物和文物等,确属是"有经验的承包商"难以合理预见的人为障碍,这种索赔通常较易成立。

2)工期延长和延误的索赔

这类索赔的内容通常包括两方面:一是承包方要求延长工期,二是承包方要求偿付由于非承包方原因导致工程延误而造成的损失。这两方面的索赔报告要分别编写,因为工期和费用的索赔并不一定同时成立。例如,由于特殊恶劣天气等原因,承包方可以要求延长工期,但不能要求费用索赔;也有些延误时间并不影响关键线路的施工,承包方可能得不到延长工期。但是,如果承包方能提出证明其延误造成损失,就可能有权获得这些损失的赔偿。可补偿的延误包括:场地条件的变更;设计文件的缺陷;发包方或建筑师的原因造成的临时停工;处理不合理的施工图纸而造成的耽搁;发包方供应的设备和材料推迟到货;工程其他主要承包方的干扰;场地准备工作不顺利;和发包方取得一致意见的工作变更;发包方关于工程施工方面的变更等。对以上延误,承包方有权要求费用补偿和工期适当延长,至于因罢工、异常恶劣气候等造成的工期拖延,应给承包方以适当推迟工期的权力,但一般不给承包方费用补偿。

3）因施工中断和工效降低提出的施工索赔

由于发包方和建筑师原因引起施工中断和工效降低,特别是根据发包方不合理的指令压缩合同规定的工作进度,使工程比合同规定日期提前竣工,从而导致工程费用的增加,承包方可提出人工费用增加、机械费用增加、材料费用增加的索赔。

4）因工程终止或放弃提出的索赔

由于发包方不正当地终止或非承包方原因而使工程终止,承包方有权提出以下施工索赔:

（1）盈利损失。其数额是该项工程合同条款与完成遗留工程所需花费的差额。

（2）补偿损失。包括承包方在被终止工程上的人工、材料、机械的全部支出,以及各项管理费用的支出(减去已结算的工程款)。

5）关于支付方面的索赔

工程款涉及价格、支付方式等方面的问题,由此引起的索赔也很常见。

（1）关于价格调整方面的索赔。如合同条件规定工程实行动态结算的,应根据当地规定的材料价格(价差)调整系数和材料差价对合同价款进行调整。

（2）关于货币贬值导致的索赔。在一些外资或中外合资项目中,承包方不可能使用一种货币,而需使用两种、三种货币从不同国家进口材料、设备和支付第三国雇员部分工资及补偿费用,因此合同中一般有货币贬值补偿的条款。索赔数额按一般官方正式公布的汇率计算。

（3）拖延支付工程款的索赔。一般在合同中都有支付工程款的时间限制,如果发包方不按时支付中期工程款,承包方可按合同条款向发包方索赔利息。发包方严重拖欠工程款,可能导致承包方资金周转困难,产生中止合同的严重后果。

4. 发包方索赔的内容

由于承包方未能按合同约定履行自己的义务,或者由于承包方的错误使发包方受到损失时,发包方可向承包方提出索赔。常见的索赔内容有:

（1）工期延误索赔。在工程施工过程中,由于承包方的原因,使竣工日期拖后,影响到发包方对该工程的利用,给发包方带来经济损失,发包方有权对承包方进行索赔,要求承包方支付延期竣工违约金。工程合同中的误期违约金,由发包方在招标文件中确定。发包方在确定违约金的费率时,一般考虑以下因素:① 发包方盈利损失;② 由于工期延长而引起的货款利息增加;③ 工程拖期带来的附加监理酬金;④ 由于工程拖期竣工不能使用,租用其他建筑物时的租赁费。

违约金的计算方法,在合同中应有具体规定,一般按每延误一天赔偿一定的款额计算。但累计赔偿额不能超过合同价款的 10%。

（2）施工缺陷索赔。当承包方的施工质量不符合施工及验收规范的要求,或使用的设备和材料不符合合同规定,或在保修期未满以前未完成应该负责修补的工程时,发包方有权向承包方追究责任。如果承包方未在规定的期限内进行修补工作,发包方有权另请他人来完成工作,发生的费用由承包方负担。

（3）承包方未履行的保险费用索赔。如果承包方未能按照合同条款约定投保,并保证保险有效,发包方可以投保并保证保险有效,发包方所支付的必要的保险费可在应支付给承包方的款项中扣回。

（4）对超额利润的索赔。在实行单价合同的情况下，如果实际工程量比估算工程量增加很多，会使承包方预期的收入增大。因为工程量增加，承包方并不增加很多固定成本，合同价应由双方讨论调整，发包方收回部分超额利润。另外，由于行政法规的变化导致承包方在工程实施中降低了成本，产生了超额利润，可重新调整合同价格，发包方收回部分超额利润。

（5）对指定分包商的付款索赔。在承包方未能提供已向指定分包商付款的合理证明时，发包方可将承包方未付给指定分包商的所有款项（扣除保留金）付给这个分包商，并从应付给承包方的任何款项中如数扣回。

（6）承包方不正当的放弃工程的索赔。如果承包方不合理地放弃工程，则发包方有权从承包方手中收回由新的承包方完成全部工程所需的工程款超出原合同未付工程款的差额。

5．索赔程序

1）索赔的具体规定

我国施工合同示范文本对索赔的提出作出了具体规定：

（1）当一方向另一方提出索赔时，要有正当索赔理由，且有索赔事件发生时的有效证据。

（2）发包人未能按合同约定履行自己的各项义务或履行义务时发生错误，以及应由发包人承担责任的其他情况，造成工期延期和（或）承包人不能及时得到合同价款及承包人的其他经济损失，承包方以书面形式按以下程序向发包人索赔：① 索赔事件发生后 28 天内，向工程师发出索赔意向通知；② 发出索赔意向通知后 28 天内，向工程师提出延长工期和（或）补偿经济损失的索赔报告及有关资料；③ 工程师在收到承包人送交的索赔报告和有关资料后，于 28 天内给予答复，或要求承包人进一步补充索赔理由和证据；④ 工程师在收到承包人送交的索赔报告和有关资料后 28 天内未予答复或未对承包人进一步要求的，视为该项索赔已经认可；⑤ 当该索赔事件持续进行时，承包人应当阶段性地向工程师发出索赔意向，在索赔事件终了后 28 天内，向工程师送交索赔的有关资料和最终索赔报告，索赔答复程序与③、④规定相同。

（3）承包人未能按合同约定履行自己的各项义务或履行义务时发生错误，给发包人造成经济损失，发包人可按上述确定的时限向承包人提出索赔。

2）索赔程序

为了顺利地进行索赔工作，必须有充分的证据，同时必须谨慎地选择证实损失的最佳方法，并根据合同规定，及时提出索赔要求。如超过索赔期限，则无权提出索赔要求。

（1）具有正当的索赔理由。所谓有正当的索赔理由，必须具有索赔事件发生时的有关证据，因为进行索赔主要是靠证据说话。因此，对索赔的管理必须从宏观的角度上与项目管理有机地结合起来，这样才能不放过任何索赔的机会和证据。一旦出现索赔机会，承包方应做好以下工作：① 进行事态调查，对事件进行详细了解。② 对这些事件的原因进行分析，并判断其责任应由谁承担，分析发包方承担责任的可能性。③ 对事件的损失进行调查和计算。

（2）发出索赔通知。索赔事件发生后 28 天内，承包方应向发包方发出要求索赔意向通知。

承包方在索赔事件发生后,应立即着手准备索赔通知。索赔通知应是合同管理人员在其他管理人员配合协助下起草的,包括承包方的索赔要求和支持该要求的有关证据,证据应力求详细和全面,但不能因为证据的收集而影响索赔通知的按时发出。

(3)索赔的批准。工程师在接到索赔报告后 28 天内给予答复,或要求承包方进一步补充索赔理由和证据,工程师在 28 天内未予答复,视为该项索赔已经认可。

在这一步骤中,承包方应及时补充理由和证据。这就要求承包方在发出索赔通知和报告后不能停止或完全放弃索赔的取证工作,而对工程师来讲,则应抓紧时间对索赔通知和报告(特别是有关证据)进行分析,并提出处理意见。

6. 索赔时效

建设工程施工合同索赔时效是基于合同当事人双方约定在建筑业广泛使用的一项法律制度,但对其基本性质在民法理论中尚缺少相应的深入研究。这里特别强调建设工程施工合同索赔时效的功能、法律基础、效力、适用范围等相关问题,重点解析应该如何计算索赔时效的期间。

建设工程施工合同索赔时效,是指施工合同履行过程中,索赔方在索赔事件发生后的约定期限内不行使索赔权的,视为放弃索赔权利,其索赔权归于消灭的合同法律制度。约定的期限即索赔时效期间,未在合同中作特别约定的,一般为 28 天。该种索赔时效,属于消灭时效的一种。

索赔时效的规定,可在各类合同范本中反映。如国家住建部、工商总局制定的《建设工程施工合同(示范文本)》(GF—2013—0201)通用条款 91.1 条规定:"承包人应在知道或应当知道索赔事件发生后 28 天内,向监理人递交索赔意向通知书,并说明发生索赔事件的事由;承包人未在前述 28 天内发出索赔意向通知书的,丧失要求追加付款和(或)延长工期的权利";国际咨询工程师联合会编写的土木工程施工合同条件 1987 年第四版(FIDIC 条款)53.1 条也规定:"承包商的索赔应在引起索赔的事件第一次发生之后 28 天内,将他的索赔意向通知工程师",53.4 条同时规定:"如果承包商未能遵守规定,他有权得到的有关付款将只能由工程师核实估价"。

在实践中,一些具体工程施工合同条款中,尤其是工程量清单报价模式下的合同,对于索赔时效有更具体的规定,如香港某测量师行起草的某地时代广场施工合同"总承包人的额外索赔"的条款规定:"总承包人的索赔必须在引起要求的事件发生后一个月内向建筑师提出,并在事件发生后两个月内呈交详细及有证据的申请,超出上述期限提出的任何索偿要求则应视为不合理逾期申请,而承包人则应被视为放弃此等要求赔偿之权利";另外如某地世纪朝阳花园工程的总承包合同就"总承包方的索偿"规定如下:"在引致有索赔事件发生后 14 天内,总承包方须向发包方提出有意索偿的书面报告,并在书面报告后 21 天内提交索偿额的具体计算资料,总承包方迟提出或迟交资料的索偿将不获考虑。"

索赔方如不严格遵守索赔时效的规定,逾期提出索赔要求,则其胜诉权将得不到法律支持。如北京仲裁委员会 2002 年裁决的北京某建筑集团公司与北京某科技发展有限公司之间的索赔争议案中,申请人北京某建筑公司提出了十余项索赔要求,金额近千万元,其中若干索赔要求因其提出索赔的时间超过了合同规定的索赔期限而被仲裁委员会认定为索赔无效,最终仅获 80 余万元的索赔款。

承包人应在知道或应当知道索赔事件发生后 28 天内,向监理人递交索赔意向通知书,并说明发生索赔事件的事由;承包人未在前述 28 天内发出索赔意向通知书的,丧失要求追加付款和(或)延长工期的权利。

1)索赔时效的功能

(1)促使权利人行使权力。索赔时效是由其本质决定的,索赔时效是时效制度中的一种。也就是说,超过法定期间,权利人不主张自己的权利,则诉讼权消灭,人民法院不再强制对该实体权利进行保护。通过此种方法来督促权利人积极行使自己的权利,这也是索赔时效的功能。

(2)索赔时效具有平衡业主和建筑承包商利益的功能。在施工合同索赔中,业主通常是作为被索赔方,其与建筑承包商比较而言,对施工过程的参与程度和熟悉程度相对较为肤浅,施工记录也相对较为简单。由于索赔事件(如由于发包人错误指令造成连续浇注的混凝土施工异常中断,额外增加施工缝处理费用)往往持续时间短暂,事后难以复原,业主难以在事后查找到有力证据来确认责任归属,或准确评估所发生的费用数额。因此,如果允许承包商隐瞒索赔意图,对其索赔权不加时间限制,无疑将置业主于不利状态。索赔时效平衡了业主和承包商的利益。一方面,在索赔时效制度下,凡索赔时效期间届满,即视为不行使索赔权的承包商放弃索赔权利,业主可以以此作为证据的代用,避免举证的困难;另一方面,只有促使承包商及时地提出索赔要求,才能警示业主充分履行合同义务,避免相类似索赔事件的再次发生。

(3)索赔时效有利于索赔的客观、公正、经济的解决。索赔肯定会有分歧,尤其是引起索赔的事件已经完成很长时间后才提起索赔,分歧会更加严重。如果没有索赔时效的限制,索赔权利人甚至可能会在工程完工后才提出索赔。时过境迁、人员变动,使得索赔事件的真实状况很难复原,因而导致业主和承包商均依据各自的记录阐述各自理由,而双方必然都认为自己才真实地记录了索赔事件,使得索赔很难通过协商解决,由此引发的合同争端只能通过调解、仲裁或诉讼等方式解决,增加了双方的费用和成本。

2)索赔时效的法律基础

虽然索赔时效已通行于建筑业,几成行业惯例,但在法律未将之纳入明文规定之前,仍不属于法定制度,仅属当事人的合同约定。然而,基于意思自治、合同自由的合同法原则,施工合同当事人在不违反法律、法规禁止性规定的前提下,其协商一致的索赔时效合同条款,应属合法有效。

根据《合同法》第八条"依法成立的合同,对当事人具有法律约束力"的规定,施工合同索赔时效的约定,据此具有了法律约束力。因此,对于那些超过索赔期限的索赔要求,根据索赔时效的特性和合同的性质,不再具有法律约束力,自然难以获得法律支持。

3)索赔时效的效力

索赔时效有两个方面的效力,一是索赔时效期间届满则索赔权即诉权的消灭,即权利人未在约定的索赔时效期间内提出索赔,其索赔权利消灭;二是索赔时效为有效的抗辩理由,即索赔时效期间届满,请求权的相对人因而取得否认对方请求的权利。

索赔时效期间届满后的请求权,因诉权消灭,变为不可诉请求权,此种请求权不受法律强制实施的约束力和保障。因为基于索赔时效的效力,义务人取得了抗辩权,可拒绝权利人的索赔主张。虽则如此,但权利人的实体权利并未就此丧失,因为,一方面如果被索赔方即请求权利义务人主动放弃索赔时效的抗辩权,其仍可自愿履行该债务,给权利人以补偿,索赔方有权接受该赔款,不构成不当得利。即使被索赔方不知道时效届满的事实,也不能以不知时效届满为由要求返还。另一方面,被索赔方也可在时效届满提出索赔时效抗辩的同时,仍可基于道义或公平原则,给予索赔方适当补偿,即所谓的道义索赔,索赔方也有权接受该赔款,不构成不当得利。

此外,虽然索赔时效是基于合同约定产生的,但其仍属于时效的一种。按照时效制度的原则,即时效只能由当事人主张而不能由法庭主动援用。因此,法院或仲裁庭在审理该类案件时,一般不能主动援用索赔时效,只有在被索赔方提出该项抗辩理由时,才能予以支持。

4)索赔时效的适用范围

索赔时效的适用范围应根据合同约定确定,一般而言,对于合同有具体时间约定的事项不适用索赔时效。如合同规定设计变更对总价的增减在竣工结算时调整,则设计变更引起的索赔,无须遵守索赔时效规定。此外,法律对时效有明文规定的事项,如保险索赔时效,应按法律规定处理,而不得以合同约定为准。

5)索赔时效期间的计算

由于索赔时效关系到索赔权利的得丧,决定了索赔结果,因此索赔时效期间的计算,尤其是索赔时效期间的起算时间的确定就显得十分重要。

确定索赔时效期间起算点的一个重要问题是,确定是以索赔事件发生时间为起算点,还是以索赔事件结束时间为起算点。

尽管任何事件的发生或长或短都有持续时间,但是索赔时效期间的起算时间应该是索赔事件发生的当时。在上例仲裁案中,申请人北京某建筑集团公司提出,被申请人逾期未支付工程款的违约行为是持续的事件,只有在事件结束后才能评估具体的损失(即索赔额),因此申请人主张,虽然其提交索赔报告的时间超过了按事件发生时间起算的期间,但并未超过按事件结束时间起算的期间,由此认为其索赔要求并未超过索赔时效期间。仲裁庭指定的鉴定人指出,被申请人拖欠工程款是一个持续的事件,甚至在争议提交给仲裁庭时,事件仍有可能处于继续状态,如果按申请人的逻辑,索赔时效期间甚至尚未开始计算,其索赔要求甚至还不能提出。显然,申请人的理由是自缚手脚,不能成立。从司法实践的理解来看,认为从索赔事件开始发生起,当事人就应该知道其具有了索赔权利,就应该积极行使自己的权利。

事实上,在规定较为详细的合同条款中,对于持续时间较为长久的索赔事件,其索赔时效期间的起算仍然是事件发生时间,只是在这种情况下,索赔权利人在索赔时效期间内提出的索赔要求不是最终的索赔要求,而仅仅是索赔意向。如示范文本第19.1条规定:"索赔事件具有持续影响的,承包人应按合理时间间隔继续递交延续索赔通知,说明持续影响的实际情况和记录,列出累计的追加付款金额和(或)工期延长天数;在索赔事件影响结束后28天内,承包人应向监理人递交最终索赔报告,说明最终要求索赔的追加付款金额和(或)延长的工期,并附必要的记录和证明材料。"FIDIC条款53.3条规定:"当提出索赔的事件具有连续影响时,承包商提出的索赔报告应被认为是临时详细报告,承包商应在索赔事件所产生的影响结束后28天之内发出一份最终详细报告。"

但是如果索赔权利人确实对索赔事件已经发生不知情,应如何确定计算起点呢?例如承包商误以为业主的工程款已经通过银行到账,而实际并未到账的情形。此时,时效期间应从知道或者应当知道索赔事件发生时起计算。但索赔权利人不能以"不知道权利被侵害"为由,提出索赔期间延长。原因在于是否知道事件发生,较容易凭借客观情形作出判断,而是否认识到索赔事件发生后权利已被侵害乃是人的主观心理活动,很难成为一个客观标准,作为权利人免责的理由。

索赔时效期间计算中另一重要的问题是,索赔时效期间是否可以中止?所谓时效期间的中止,又称时效期间的不完成,指在时效期间即将完成之际,有与权利人无关的事由使权利人无法行使其请求权,法律为保护权利人而使时效期间暂停计算,待中止事由消灭后继续计算。根据索赔时效的功能和性质,而且由于在实践中当事人约定的索赔期间一般较短,因此应该严格限定能够引起索赔时效期间中止的事由。应该仅限于权利人因不可抗力的障碍导致其不能行使索赔权的情形,而且双方当事人应在合同中明确不可抗力的范围。也就是说,索赔时效期间应是固定不变的期限,只以不可抗力为特定的时效终止事由。

7. 索赔证据和索赔文件

1) 索赔证据的要求

(1) 具备真实性。索赔证据必须是在实施合同过程中确实存在和发生的,必须完全反映实际情况,能经得住对方的推敲。(2) 具备关联性。索赔的证据应当能够互相说明,相互具有关联性,不能零乱和支离破碎,更不能相互矛盾。(3) 具备及时性。索赔证据的及时性主要体现在证据的取证和证据的提出这两个方面都应当及时。(4) 具备可靠性。索赔证据应当是可靠的,一般应是书面的,有关的记录、协议应有当事人的签字认可。

2) 索赔证据的种类

以下文件和资料都有可能成为索赔证据:(1) 招标文件、施工合同文本及附件,其他各种签约(如备忘录、补充协议等),经认可的工程实施计划、各种工程图纸、技术规范等,这些索赔的依据可在索赔报告中直接引用。(2) 双方的往来信件。(3) 各种会谈纪要。在施工合同履行过程中,定期或不定期的工程会议所做出的决议或决定,是施工合同的补充,应作为施工合同的组成部分,但会谈纪要只有经过各方签署后才可作为索赔的依据。(4) 施工进度计划和具体的施工进度安排。(5) 施工现场的有关文件。如施工记录、施工备忘录、施工日报、工长或检查员的工作日记等。(6) 工程照片。照片可以清楚、直观地反映工程具体情况,照片上应注明日期。(7) 气象资料。(8) 工程检查、验收报告和各种技术鉴定报告。(9) 工程中送停电、送停水、道路开通和封闭的记录和证明。(10) 国家公布的物价指数、工资指数。(11) 各种会计核算资料。(12) 建筑材料的采购、订货、运输、进场、使用方面的凭据。(13) 国家有关法律、法令、政策文件。

3) 索赔文件

索赔文件是承包方向发包方索赔的正式书面材料,也是工程师审议承包方索赔请求的主要依据,包括索赔意向通知、索赔报告、详细计算书与证据。

(1) 索赔意向通知是承包方致发包方或其代表的简短信函,是提纲挈领的材料,它把其他材料贯通起来。索赔意向通知应包括以下内容:① 说明索赔事件;② 列举索赔理由;③ 提出索赔金额与工期;④ 附件说明。

(2) 索赔报告是索赔的正式文件,一般包含三个主要部分:① 报告的标题。应言简意赅地概括索赔的核心内容。② 事实与理由。这部分应该叙述客观事实,合理引用合同规定,建立事实与损失之间的因果关系,说明索赔的合理合法性。③ 损失计算书与要求赔偿金额及工期。这部分无须详细公布计算过程,只须列举各项明细数字及汇总数据即可。

(3) 详细计算书是为了证实索赔金额的真实性而设置的,可以大量运用图表。

(4) 索赔证据是为了证实整个索赔的真实性。

8. 索赔费用的确定

1）处理索赔的一般原则

（1）必须以合同为依据。必须对合同条款有详细了解，以合同为依据处理合同双方的利益纠纷。

（2）必须注意资料的积累。积累一切可能涉及索赔论证的资料，建立业务往来的文件编号档案等业务记录制度，做到处理索赔时以事实和数据为依据。

（3）必须及时处理索赔。索赔发生后必须依据合同的准则，及时对索赔进行处理。任何在中间付款期将问题搁置下来留待以后处理的想法都将会带来意想不到的后果。此外，在索赔的初期和中期，可能只是普通的信件往来，拖到后期综合索赔，将会使矛盾进一步复杂化，大大增加处理索赔的难度。

（4）费用索赔均以赔偿或补偿实际损失为原则，实际损失可作为费用索赔值。实际损失包括两部分：① 直接损失，即索赔事件造成的财产的直接减少，实际工程中常表现为成本增加或实际费用超支。② 间接损失，即可能获得的利益的减少。

2）费用索赔的项目

索赔费用的组成同工程造价类似，主要含有以下几个方面：

（1）人工费。指完成合同之外的额外工作所花费的人工费用；由于非承包方责任的工效降低所增加的人工费用；法定的人工费增长以及非承包方责任工程延误导致的人员窝工费等。

（2）材料费。包括：由于索赔事项的材料实际用量超过计划或定额用量而增加的材料费；由于客观原因材料价格大幅度上涨；由于非承包方责任工程延误导致的材料价格上涨和材料超期贮存费等。

（3）机械费。包括：由于完成额外工作增加的机械使用费；非承包方责任的工效降低增加的机械使用费；由于发包方原因导致的机械停置费等。停置费的计算，如系租赁施工机械，一般按实际租金计算；如系承包方自有施工机械，一般按机械折旧费和人工费计算。

（4）分包费用。指分包商的索赔费，一般也包括人工、材料、机械费的索赔。分包商的索赔应如数列入总承包方的索赔款总额内。

（5）现场管理费。指承包方完成额外工程、索赔事项工作以及工期延长期间的现场管理费，包括管理人员工资、办公费等。但如果对部分工人窝工损失索赔时，因其他工程仍然进行，可不予计算现场管理费的索赔。

（6）企业管理费。主要指的是工程延误期间所增加的公司管理费。

（7）利息。包括拖期付款的利息；由于工程变更和工程延误增加资金投入的利息；索赔款的利息；错误扣款的利息等。利息率在实践中可采取不同的标准，主要有：按当时的银行贷款利率；按当时的银行透支利率；按合同双方协议的利率等。

（8）利润。一般来说由于工程范围的变更和施工条件变化引起的索赔，承包方是可以列入利润的。但对于工程延误的索赔，由于延误工期并未影响、削减某些项目的实施，从而导致利润减少，所以一般很难同意在延误的费用索赔中加进利润损失。

索赔利润的款额计算通常是与原报价单中的利润百分率保持一致，即在分部分项工程费内，在人工费和机械费（区别于老定额）的基础上，乘以原报价单中的利润率，作为该项索赔款的利润。

3）索赔费用的计算方法

索赔值的计算没有共同认可、统一的计算方法，但计算方法的选择却对索赔值影响很大，要求具备丰富的工程估价经验和索赔经验。

索赔事件的费用计算，一般是先计算有关的人工费和机械费，然后计算应分摊的管理费。每一项费用的具体计算方法，基本上与报价计算相似。总体而言，一般采用总费用法和分项法进行索赔事件的分部分项工程费用的计算，并选择合理的分摊方法进行管理费的分配。

（1）总费用法。总费用法又称总成本法。当发生多次索赔事件以后，重新计算该工程的实际总费用，实际总费用减去投标价时的估算总费用，即为索赔金额。计算公式是：

索赔金额＝实际总费用－投标报价估算总费用

总费用法的基本思路是将固定总价合同转化为成本加酬金合同，按成本加酬金的方法来计算索赔值，即以承包方的额外增加的成本为基础，加上相应的管理费、利润作为索赔值。

不少人对采用该方法计算索赔费用持批评态度，因为实际发生的总费用中可能包括承包方的原因如施工组织不善而增加的费用，同时投标报价的总费用却因为想中标而过低。这种方法在工程实践中用得很少，不容易被认可。该方法的应用必须满足以下四个条件：① 合同实际发生的总费用应计算准确，计算的成本应符合普遍接受的会计原则，若需要分配成本，则分摊方法和基础选择要合理。② 承包方的报价合理，符合实际情况。③ 合同总成本的超支系其他当事人行为所致，承包方在合同实施过程中没有任何失误，但这一般在工程实际中基本是不可能的。④ 合同争执的性质不适合采用其他计算方法。

（2）修正总费用法。修正总费用法是在总费用计算的原则上，去掉一些不合理的因素，使其更合理。修正的内容如下：① 将计算索赔款的时段局限于受到外界影响的时间，而不是整个施工期。② 只计算受影响时段内的某项工作所受影响的损失，而不计算该时段内所有施工工作所受的损失。③ 与该项工作无关的费用不列入总费用中。④ 对投标报价费用重新进行核算。受影响时段内该项工作的实际单价，乘以实际完成的该项工作的工程量，得出调整后的报价费用。

按修正后的总费用计算索赔金额的公式如下：

索赔金额＝某项工作调整后的实际总费用－该项工作的报价费用

修正的总费用法与总费用法相比，有了实质性的改进，它的准确程度已接近于实际费用。

（3）分项法。分项法是对每个引起损失的事件和各费用项目单独分析计算，最终求和。该方法比总费用法复杂、困难，但比较合理、清晰，能反映实际情况，可为索赔报告的分析、评价及其最终索赔谈判和解决提供方便，是广泛采用的方法。分项法计算，通常分三步：① 每个或每类索赔事件所影响的费用项目，即引起哪些费用损失，不得有遗漏。这些费用项目通常应与合同报价中的费用项目一致。② 计算每个费用项目受索赔事件影响后的数值，通过与合同价中的费用值进行比较即可得到该项费用的损失值即索赔值。③ 将各费用项目的索赔值列表汇总，得到总的费用索赔值。

分项法中索赔费用主要包括该分项工程施工过程中所发生的额外人工费、材料费、机械费以及在人工费和机械费基础上应得的管理费和利润等。由于分项法所依据的是实际发生的成本记录或单据，所以对施工过程第一手资料的收集整理显得非常重要。

例 4.1 某大型综合性娱乐场所单独装饰工程系外商投资项目，业主与承包商按照FIDIC《土木工程施工合同条件》签订了施工合同。施工合同《专用条款》规定：木地板、地毯、幕墙玻璃由业主供货到现场仓库,其他装饰材料由承包商自行采购。某年3月24日至3月27日,因停电、停水使第三层天棚吊顶停工。当工程施工至最后一层第五层楼地面工程时,因"非典"原因业主提供的甲供材实木地板不能及时到位,使该项作业从4月1日至4月14日停工。为此承包商于4月20日向监理工程师提交了一份索赔意向书,并于4月23日送交一份工期、索赔计算书依据的详细材料。

索赔通知

甲方代表(或监理工程师):

您好!

(1)3月24日至3月27日,因停电、停水使第三层天棚吊顶停工。(该项作业总时差为5天)。

(2)我方在施工至最后一层第五层楼地面时,因"非典"原因业主提供的甲供材实木地板(地板木楞做法)存货不足,同类材料市场缺货未到位,致使该项作业从4月1日至4月14日停工(该项作业总时差为0)。

由于第1、2条,造成我方窝工而引起进度拖延。

上述情况,造成我方的经济和工期损失,为此向你方提出工期索赔和费用索赔要求,具体工期索赔及费用索赔依据与计算书在随后的索赔报告中。

承包商:×××

××××年4月20日

索赔报告

(1)工期索赔

① 天棚吊顶安装:3月24日至3月27日停工,计4天

② 楼地面铺设地板:4月1日至4月14日停工,计14天

总计请求顺延工期18天

(2)费用索赔

① 窝工机械设备费:

龙门架　90×(14+4)=1 620(元)

平刨机　8×14=112(元)

小　计　1 732元

② 窝工人工费(按照甲乙双方合同约定计算人工费):

木工吊顶　10人×40×4=1 600(元)

地板安装　20人×45×14=12 600(元)

小　计　14 200元

③ 管理费增加、利润损失:(1 732+14 200)×(48%+15%)=10 037.16(元)

经济索赔合计:25 969.16(元)

经过甲方代表(监理工程师)的紧张调查取证认定,在5月5日回复如下:

索赔回复

×××施工单位:

你单位提出的因"3月24日至3月27日因停电、停水使第三层天棚吊顶停工;4月1日至4月14日因'非典'原因甲供材供应不到位,致使该项作业停工"而提出索赔的通知我方已经收到。经我方认真审查核实,认定其中部分事实成立,随后附索赔审定书。

投资商:×××

××××年5月5日

索赔审定书

(1) 工期索赔

① 天棚吊顶安装:不予工期补偿。因为该项作业虽属于业主原因造成,但该项作业不在关键线路上,且未超过工作总时差。

② 楼地面铺设地板停工14天,应予补偿工期10天。这是由于业主原因造成的,且该项作业处于工程的最后阶段,但计划铺设地板作业同时进行其他工作,位于关键线路的是后10天的铺设时间,故工期补偿10天时间。

同意工期补偿:0+10=10(天)。

(2) 费用索赔

① 窝工机械设备费:

龙门架   90×(14+4)×65%=1 053(元);(按惯例闲置和因停电闲置机械只应计取折旧费)

平刨机 8×14×65%=72.8(元);(按惯例闲置机械只应计取折旧费)

小   计   1 125.8元。

② 窝工人工费(按照甲乙双方合同约定计算人工费):

木工吊顶   10人×10×4=400(元);(业主原因造成,但窝工人工已做其他工作,所以只补偿工效差)

地板安装   20人×10×14=2 800(元);(业主原因造成,只补偿工效差)

小   计   3 200元。

③ 未造成管理费增加和利润损失,不予补偿,为0。

经济补偿合计:1 125.8+3 200+0=4 325.8(元)。

第五章 "营改增"后工程造价的计算

第一节 概述

　　李克强总理在今年政府工作报告中指出:从5月1日起,将营改增试点范围扩大到建筑业、房地产业、金融业、生活服务业,并确保所有行业税负只减不增。其中,建筑业因涉及企业众多,利益调整复杂,如何确保税负只减不增成为行业关注的焦点。自2012年起,住房和城乡建设部计划财务司会同建筑市场监管司、标准定额司多次组织企业进行模拟测算,并积极沟通财政部,反馈情况,提出建议。在调研过程中,有企业提出了增值税下工程造价中税金如何计算的问题,标准定额司高度重视,专门安排了课题研究,并在北京和湖北进行测算,提出了工程计价规则的调整办法。2016年,住房和城乡建设部印发《关于做好建筑业营改增建设工程计价依据调整准备工作的通知》(建办标〔2016〕4号),明确了"价税分离"的调整方案,全面部署工程计价依据调整准备工作,要求各地4月底前完成调整准备工作。经过2个月准备,特别是4月11日,住房和城乡建设部召开全国建筑业和房地产业营改增工作电视电话会议后,为贯彻落实"尽快调整工程计价依据"的要求,全国31个省(自治区、直辖市)和有关专业工程造价管理机构已经全部完成了计价依据的调整工作。本章主要介绍实施"营改增"后江苏省建设工程计价定额及费用定额的调整内容及方法。

第二节 "营改增"后计价依据的调整

　　江苏省建筑业自2016年5月1日起纳入营业税改征增值税(以下简称"营改增")试点范围。按照住房和城乡建设部《关于做好建筑业营改增建设工程计价依据调整准备工作的通知》(建办标〔2016〕4号),以下简称《通知》,结合我省实际,按照"价税分离"的原则,现就实施"营改增"后江苏省建设工程计价依据调整的有关内容和实施要求作一简单介绍:(1)"营改增"调整后的建设工程计价依据适用于本省行政区域内,合同开工日期为2016年5月1日以后(含2016年5月1日)的建筑和市政基础设施工程发承包项目(以下简称"建设工程")。合同开工日期以《建筑工程施工许可证》注明的合同开工日期为准;未取得《建筑工程施工许可证》的项目,以承包合同注明的开工日期为准。(2)按照《关于全面推开营业税改征增值税试点的通知》(财税〔2016〕36号),营改增后,建设工程计价分为一般计税方法和简易计税方法。除清包工工程、甲供工程、合同开工日期在2016年4月30日前的建设工程可采用简易计税方法外,其他一般纳税人提供建筑服务的建设工程,采用一般计税方法。(3)甲供材料和甲供设备费用不属于承包人销售货物或应税劳务而向发包人收取的全部价款和价外费用范围之内。因此,在计算工程造价时,甲供材料和甲供设备费用应在计取甲供材料和甲供设备的现场保管费后,在税前扣除。(4)一般计税方法下,建设工程造价＝税前工程造价×(1+11%),其中税前工程造价中不包含增值税可抵扣进项税额,即组成建设工程造价的要素价格中,除无增值税可抵扣项的人工费、利润、规费外,材料费、施工机具使用费、管理费均按扣除增值税可抵扣进项税额后的价格(以下简称

"除税价格")计入。由于计费基础发生变化,费用定额中管理费、利润、总价措施项目费、规费费率需相应调整。现行各专业计价定额中的材料预算单价、施工机械台班单价均按除税价格调整。其中,定额材料预算单价的调整数值详见《通知》的附表2,即:江苏省现行专业计价定额材料含税价和除税价表。定额施工机械台班单价的调整数值详见《通知》的附表3,即:江苏省机械台班定额含税价和除税价表。同时,城市建设维护税、教育费附加及地方教育附加,不再列入税金项目内,调整放入企业管理费中。(5)简易计税方法下,建设工程造价除税金费率、甲供材料和甲供设备费用扣除程序调整外,仍按"营改增"前的计价依据执行。

第三节 "营改增"后费用定额的调整

一、装饰工程费用组成

1. 一般计税方法

(1)根据住房和城乡建设部《关于做好建筑业营改增建设工程计价依据调整准备工作的通知》(建办标〔2016〕4号)规定的计价依据调整要求,营改增后,采用一般计税方法的建设工程费用组成中的分部分项工程费、措施项目费、其他项目费、规费中均不包含增值税可抵扣进项税额。

(2)企业管理费组成内容中增加第(19)条附加税:国家税法规定的应计入建筑安装工程造价内的城市建设维护税、教育费附加及地方教育附加。

(3)甲供材料和甲供设备费用应在计取现场保管费后,在税前扣除。

(4)税金定义及包含内容调整为:税金是指根据建筑服务销售价格,按规定税率计算的增值税销项税额。

2. 简易计税方法

(1)营改增后,采用简易计税方式的建设工程费用组成中,分部分项工程费、措施项目费、其他项目费的组成,均与《江苏省建设工程费用定额》(2014年)原规定一致,包含增值税可抵扣进项税额。

(2)甲供材料和甲供设备费用应在计取现场保管费后,在税前扣除。

(3)税金定义及包含内容调整为:税金包含增值税应纳税额、城市建设维护税、教育费附加及地方教育附加。

二、取费标准调整

1. 一般计税方法

1)企业管理费和利润取费标准(表5.1)

表5.1 单独装饰工程企业管理费和利润取费标准表

项目名称	计算基础	企业管理费率(%)	利润率(%)
单独装饰工程	人工费+除税施工机具使用费	43	15

2)措施项目费及安全文明施工措施费取费标准(表5.2、表5.3)

表 5.2　措施项目费取费标准表

项目	计算基础	单独装饰
临时设施	分部分项工程费＋单价措施项目费－工程设备费	0.3～1.3
赶工措施		0.5～2.2
按质论价		1.1～3.2

注：本表中除临时设施、赶工措施、按质论价费率有调整外，其他费率不变。

表 5.3　安全文明施工措施费取费标准表

工程名称	计费基础	基本费率(%)	省级标化增加(%)
单独装饰工程	分部分项工程费＋单价措施项目费－除税工程设备费	1.7	0.4

3）其他项目取费标准

暂列金额、暂估价、总承包服务费中均不包括增值税可抵扣进项税额。

4）规费取费标准（表 5.4）

表 5.4　社会保险费及公积金取费标准表

工程类别	计算基础	社会保险费率(%)	公积金费率(%)
单独装饰工程	分部分项工程费＋措施项目费＋其他项目费－除税工程设备费	2.4	0.42

5）税金计算标准及有关规定

税金以除税工程造价为计取基础，费率为 11％。

2. 简易计税方法

税金包括增值税应缴纳税额、城市建设维护税、教育费附加及地方教育附加：(1)增值税应纳税额＝包含增值税可抵扣进项税额的税前工程造价×适用税率，税率为 3％；(2)城市建设维护税＝增值税应纳税额×适用税率，税率：市区 7％、县镇 5％、乡村 1％；(3)教育费附加＝增值税应纳税额×适用税率，税率为 3％；(4)地方教育附加＝增值税应纳税额×适用税率，税率为 2％。

以上四项合计，以包含增值税可抵扣进项额的税前工程造价为计费基础，税金费率：市区为 3.36％、县镇为 3.30％、乡村为 3.18％。如各市另有规定的，按各市规定计取。

三、计算程序

1. 一般计税方法（表 5.5）

表 5.5　(一)工程量清单法计算程序(包工包料)

序号	费用名称		计算公式
一	分部分项工程费		清单工程量×除税综合单价
	其中	1. 人工费	人工消耗量×人工单价
		2. 材料费	材料消耗量×除税材料单价

序号	费用名称		计算公式
一	其中	3. 施工机具使用费	机械消耗量×除税机械单价
		4. 管理费	(1+3)×费率或(1)×费率
		5. 利润	(1+3)×费率或(1)×费率
二	措施项目费		
	其中	单价措施项目费	清单工程量×除税综合单价
		总价措施项目费	(分部分项工程费+单价措施项目费-除税工程设备费)×费率或以项计费
三	其他项目费		
四	规费		
	其中	1. 工程排污费	
		2. 社会保险费	(一+二+三-除税工程设备费)×费率
		3. 住房公积金	
五	税金		(一+二+三+四-除税甲供材料和甲供设备费/1.01)×费率
六	工程造价		一+二+三+四-除税甲供材料和甲供设备费/1.01+五

2. 简易计税方法(表 5.6)

包工不包料工程(清包工工程),可按简易计税法计税。原计费程序不变。

表 5.6　(三)工程量清单法计算程序(包工包料)

序号	费用名称		计算公式
一	分部分项工程费		清单工程量×综合单价
	其中	1. 人工费	人工消耗量×人工单价
		2. 材料费	材料消耗量×材料单价
		3. 施工机具使用费	机械消耗量×机械单价
		4. 管理费	(1+3)×费率或(1)×费率
		5. 利润	(1+3)×费率或(1)×费率
二	措施项目费		
	其中	单价措施项目费	清单工程量×综合单价
		总价措施项目费	(分部分项工程费+单价措施项目费-工程设备费)×费率或以项计费
三	其他项目费		
四	规费		
	其中	1. 工程排污费	
		2. 社会保险费	(一+二+三-工程设备费)×费率
		3. 住房公积金	

序号	费用名称	计算公式
五	税金	(一＋二＋三＋四－甲供材料和甲供设备费/1.01)×费率
六	工程造价	一＋二＋三＋四－甲供材料和甲供设备费/1.01＋五

例 5.1 某装饰施工企业单独施工江苏省扬州市市区内的某综合楼二层花岗岩楼面工程,合同人工单价为 110 元/工日,楼面采用紫罗红花岗岩面层,其构造为:20 mm 厚 1∶3 水泥砂浆找平层,刷素水泥浆一道,8 mm 厚 1∶1 水泥砂浆粘贴石材面,面层酸洗打蜡。所有材料采用卷扬机运输。假设按计价定额规定,计算出的工程量为 620 m²,施工单位进行调研后,紫罗红花岗岩市价为 531.68 元/m²(除税价),其他材料及机械费不调整(除税价),试按一般计税方法计算该二层花岗岩楼面的装饰造价(已知:工程排污费率为 1‰,社会保障费为2.4%,公积金为 0.42%,临时设施费为 1.1%,税金为 11%,安全文明施工措施费基本费率1.7%,省级标化增加费率为 0.4%)。

相关知识

① 一般计税方法下,建设工程造价＝税前工程造价×(1＋11%)。② 原 14 计价定额中的材料预算单价、施工机械台班单价均按除税价格调整。③ 综合单价中的材料、机械市场价均应按除税市场价计算。④ 由于计费基础发生变化,原 14 费用定额中的管理费、总价措施项目费、规费费率应按现行规定作相应调整。

解

1) 分部分项工程费

(1) 13-47　水泥砂浆粘贴石材块料面板

人工费　3.8×110＝418(元/10 m²)

材料费　2 270.05＋10.2×(531.68－214.39)＝5 506.41(元/10 m²)

机械费　8.28 元/10 m²

管理费　(418＋8.28)×43%＝183.3(元/10 m²)

利　润　(418＋8.28)×15%＝63.94(元/10 m²)

小　计　418＋5 506.41＋8.28＋183.3＋63.94＝6 179.93 元/10 m²

复　价　6 179.93×62＝383 155.66(元)

(2) 13-110　　楼地面块料面层酸洗打蜡

人工费　0.43×110＝47.3(元/10 m²)

材料费　5.97 元/10 m²

机械费　0 元/10 m²

管理费　(47.3＋0)×43%＝20.34(元/10 m²)

利　润　(47.3＋0)×15%＝7.1(元/10 m²)

小　计　47.3＋5.97＋20.34＋7.1＝80.71 元/10 m²

复　价　80.71×62＝5 004.02(元)

以上合计得分部分项工程费 383 155.66＋5 004.02＝388 159.62(元)

2) 措施项目费

(1) 垂直运输费

查定额"13-47"及"13-110"可知"石材块料面板"及"面层酸洗打蜡"中的人工工日数共

为：$(3.8+0.43)\times62=262.26$(工日)

23-30 垂直运输费

人工费　0元/10工日

材料费　0元/10工日

机械费　29.57元/10工日

管理费　$(0+29.57)\times43\%=12.72$(元/10工日)

利　润　$(0+29.57)\times15\%=4.44$(元/10工日)

小　计　$0+0+29.57+12.72+4.44=46.73$元/10工日

复　价　$262.26\div10\times46.73=1\ 225.54$(元)

(2)临时设施费：$(388\ 159.62+1\ 225.54)\times1.1\%=389\ 385.16\times1\%=4\ 283.24$(元)

(3)安全文明施工措施费

$(388\ 159.62+1\ 225.54)\times(1.7+0.4)\%=389\ 385.16\times2.1\%=8\ 177.09$(元)

措施项目费合计：$1\ 225.54+4\ 283.24+8\ 177.09=13\ 685.87$(元)

3)总造价计算程序

(1)分部分项工程费　388 159.62(元)

(2)措施项目费　13 685.87(元)

其中：单价措施项目费　1 225.54元

总价措施项目费　$4\ 283.24+8\ 177.09=12\ 460.33$(元)

(3)其他项目费　0元

(4)规费$(388\ 159.62+13\ 685.87+0)\times(0.1\%+2.4\%+0.42\%)=11\ 733.89$(元)

(5)税金$(388\ 159.62+13\ 685.87+11\ 733.89)\times11\%=45\ 493.73$(元)

(6)总价　$388\ 159.62+13\ 685.87+11\ 733.89+45\ 493.73=459\ 073.11$(元)

主要材料一览表

序号	材料编码	材料名称	单位	数量	除税定额价(元)	除税市场价(元)	含税市场价(元)	税率(%)	采保费率(%)	除税定额合价(元)	除税市场合价(元)
1	03652403	合金钢切割锯片	片	2.604	68.60	68.60	80	17	2	178.63	178.63
2	04010611	水泥	kg	9 892.162	0.27	0.27	0.31	17	2	2 670.88	2 670.88
3	04010701	白水泥	kg	62	0.60	0.60	0.70	17	2	37.20	37.20
4	04030107	中砂	t	25.233	67.39	67.39	69.37	3	2	1 700.47	1 700.47
5	05250502	锯(木)屑	m³	3.72	47.17	47.17	55	17	2	175.47	175.47
6	07112130~1	紫罗红花岗岩	m²	632.4	531.68	531.68	620	17	2	135 580.24	336 234.43
7	12010903	煤油	kg	24.8	4.29	4.29	5.0	17	2	106.39	106.39
8	12030111	松节油	kg	3.286	12.01	12.01	14	17	2	39.46	39.46
9	12060318	清油	kg	3.286	13.72	13.72	16	17	2	45.08	45.08
10	12070307	硬白蜡	kg	16.43	7.29	7.29	8.5	17	2	119.77	119.77
11	12310309	草酸	kg	6.2	3.86	3.86	4.5	17	2	23.93	23.93
12	31110301	棉纱头	kg	12.4	5.57	5.57	6.5	17	2	69.07	69.07
13	31130106	其他材料费	元	310	0.857 5	0.857 5	1	17	2	265.83	265.83
14	31150101	水	m³	21.706	4.57	4.57	4.7	3	2	99.20	99.20

参考文献

［1］ 中华人民共和国住房和城乡建设部. 建设工程工程量清单计价规范［M］. 北京：中国计划出版社,2013.

［2］ 中华人民共和国住房和城乡建设部. 房屋建筑与装饰工程工程量计算规范［M］. 北京：中国计划出版社,2013.

［3］ 江苏省住房和城乡建设厅. 江苏省建筑与装饰工程计价定额［M］. 南京：江苏凤凰科学技术出版社,2014.

［4］ 江苏省住房和城乡建设厅. 江苏省建设工程费用定额［M］. 南京：江苏凤凰科学技术出版社,2014.

［5］ 江苏省造价总站. 建筑与装饰工程技术与计价［M］. 南京：江苏凤凰科学技术出版社，2014.